学ぶ人は、
変えてゆく人だ。

目の前にある問題はもちろん、
人生の問いや、
社会の課題を自ら見つけ、
挑み続けるために、人は学ぶ。
「学び」で、
少しずつ世界は変えてゆける。
いつでも、どこでも、誰でも、
学ぶことができる世の中へ。

旺文社

生 物

［生物基礎・生物］

基礎問題精講

五訂版

大森 徹 著

Basic Exercises in Biology

旺文社

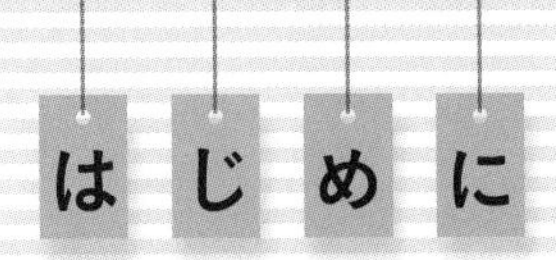

「基礎」という文字を見て，「あ～易しいんだ」「簡単なんだ」と思った方，それは間違いです！　もちろん「生物基礎の範囲だけ」でもありません。

「基礎」というのは，その単元をきちんと理解し，マスターするためにどうしても必要なもの，という意味です。逆に言えば，この「基礎」をおろそかにして，「考察問題が…」，「応用力が…」，「思考問題が…」なんてことは，恥ずかしくて口に出せない，という意味です。同時に，この「基礎」というのは毎年必ずどこかの大学入試で出題される，超頻出の内容という意味でもあります。

この『生物（生物基礎・生物）基礎問題精講［五訂版］』には，本物の確かな基礎力を養うために必要な重要かつ良問だけを，選びに選んで取り上げています。そしてその単元をマスターするために必要な内容を **精講** として解説し，入試問題を解くときの鍵となるポイントを **Point** としてまとめてあります。また，多くの受験生が間違えやすい点を中心に，解き方や考え方，論述のポイントなどを **解説** として丁寧に説明しました。何度も改訂を繰り返してきたこの『生物基礎問題精講』は，その都度，より新しいテーマ，今後出題が増えると予想される問題を追加し，新傾向にもしっかり対応できるようになっています。

量的には決して多くはありませんが，ちょうどエッセンスの詰まった濃縮ジュースのようなものです。一滴残らず飲み干してしっかり吸収し栄養源とすれば，合格に必要な底力がきちんと効率よく養える内容になっています。

ぜひ本書を最大限に活用して，生物が得意に，そして大好きになってくれることを期待しています。

最後に，編集部の小平雅子さんには，本当に多くのご協力をいただきました。心よりお礼申し上げます。また，いつも見守ってくれる愛妻（幸子），愛娘（香奈），愛犬（来夢，香音），愛猫（美毛，夢音，琴音）に心から感謝します。

大森徹

本書の特長と使い方

本書は，共通テストや国公立大2次・私立大の入試問題を徹底的に分析し，入試に頻出の標準的な問題の解き方を，わかりやすく，ていねいに解説したものです。

「基礎問」といっても，決して「易しい問題」というわけではありません。入試での実戦力・応用力を身につけるために押さえておく必要のある重要問題を厳選してあるので，本書をマスターすれば，さまざまな応用問題にも対応できる実力を十分に身につけることができます。

本書は，9章29項目で構成されています。学習の進度に応じてどの項目からでも学習できるので，自分に合った学習計画を立て，効果的に活用してください。

実戦基礎問

生物基礎・生物の分野から，入試での実戦力・応用力を身につけるために必要な典型的な重要問題を厳選し，必修基礎問 実戦基礎問 に分けました。さらに，使いやすいように 生物基礎 生物 の分野を示しました。実戦基礎問 は，少し応用力の必要な問題になっていますが，どちらの問題もマスターするようにしましょう。なお，問題は適宜改題してあります。

問題に関連する知識を整理し，必要に応じて，その知識を使うための実戦的な手段も説明しました。また，重要事項・必須事項については Point として示しました。

解法の手順，問題の具体的な解き方をまとめ，出題者のねらいにストレートに近づく糸口を早く見つける方法を示しました。答 は下に示してあります。解けなかった場合はもちろん，答えがあっていた場合も読んでおきましょう。

章末には演習問題を掲載しました。必修基礎問 実戦基礎問 で身につけた実力を，さらに定着させてください。答・解説 は巻末に示してあります。

大森　徹（おおもり とおる）
生徒がつまづきやすい点を，段階を追って懇切丁寧に解説することで，一気に苦手意識を払しょくさせ，苦手を得意に変える救世主として有名。
既刊の Do 大森徹の生物シリーズ『入試生物の講義』，『計算・グラフ問題の解法』，『遺伝問題の解法』，『記述・論述問題の解法』，『実験・考察問題の解法』（以上，旺文社）でも，苦手分野を得意にさせる手法は実証済み。『大森徹の最強講義117講』（文英堂），『理系標準問題集』（駿台文庫）など，わかりやすさで人気の著書多数。

目次

第 4 章 遺伝情報とその発現

第 5 章 発生と遺伝子発現

第 6 章 動物の体内環境の維持

第1章 細胞と組織

必修基礎問 1. 細胞の構造と働き

01 生物の多様性と共通性

生物基礎

地球上には，森林や草原，海や湖沼などさまざまな環境があり，それぞれの環境に［ア］した多種多様な生物が生活している。地球全体では，aの名前を付けられたものだけでも約［イ］種の生物が知られている。現在生きているすべての生物は，共通の祖先から由来したものであると考えられている。その理由は，bすべての生物が共通の特徴をもっているためである。生物がもつ形や性質が，世代を重ねて受け継がれていく過程で変化していくことを［ウ］という。生物が［ウ］してきた道筋を［エ］と呼ぶ。

問1 上の文中の空欄に当てはまる語句および数値を入れよ。ただし［イ］には最も適当なものを次から1つ選べ。

① 1万9千　② 19万　③ 190万　④ 1900万
⑤ 1億9000万

問2 下線部aに関して，現生の名前が付いている生物種の内訳において，いちばん高い割合を占める生物種として最も適当なものを，次から1つ選べ。

① 菌類　② 細菌類　③ 原生生物　④ 植物
⑤ 昆虫類　⑥ 脊椎動物

問3 下線部bに関する記述として正しいものを，次からすべて選べ。

① 遺伝情報として，DNAをもつ。
② エネルギーを利用して，生命活動を行う。
③ からだが，複数の細胞からできている。
④ 細胞膜をもつ。
⑤ 生命活動に必要な有機物を，無機物から合成する。

（中部大）

精講

●**種**　交配によって生殖能力のある子孫を残すことができる集団を種という。現在名前が付けられている生物種は約190万種で，その内訳を示したのが次ページの図である。

●**生物の共通性**　生物には次のような共通性がみられる。これは，すべての生物が共通の祖先に由来するからである。

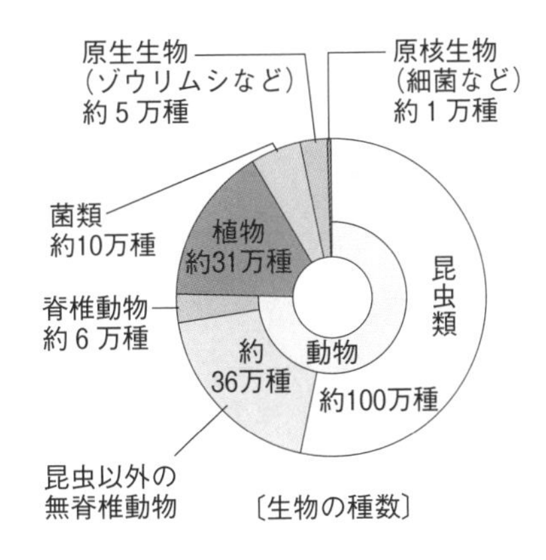

(1) すべての生物は細胞を基本単位としている。細胞には細胞膜があり，内部を外界と隔てた状態に保っている。

(2) すべての生物は遺伝情報としてDNAをもち，このDNAを親から子へと伝える。

(3) すべての生物はエネルギーを用いて活動し，そのエネルギーの受け渡しを行う物質としてATPを用いる。

●**生物の多様性**　現在，多種多様な生物が生息するのは，長い年月をかけて，さまざまな環境に適応しながら進化してきたからである。

Point 1　生物の多様性と共通性

① 名前が付けられている生物種は，約190万種。

② 生物の共通点は，

1．細胞膜に囲まれた細胞からなる。
2．遺伝物質としてDNAをもつ。
3．生命活動にエネルギー(ATP)を利用する。

問2　190万種のうち，約100万種は昆虫類である。

問3　③　アメーバやゾウリムシのような単細胞の生物もいるので誤り。

⑤　無機物から有機物を合成できるのは，植物のような独立栄養生物のみ。

問1　ア－適応　イ－③　ウ－進化　エ－系統
問2　⑤
問3　①，②，④

必修
基礎問

02 顕微鏡の操作とミクロメーターによる測定

問1 図1はこの実験に用いた顕微鏡を示している。図中のa～hに適切な名称を下の語群から1つずつ選べ。

〔語群〕 反射鏡，対物レンズ，接眼レンズ，調節ねじ，レボルバー，鏡身(アーム)，ステージ，クリップ，しぼり，鏡台，フィルター，鏡筒

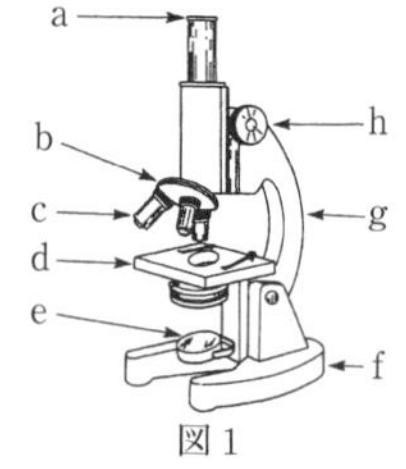

図1

問2 この顕微鏡を使ってプレパラートを検鏡したい。その手順を，次の文の①を最初にして適切な順序に並べよ。

① eを動かして光線を正しくレンズに入れる。
② dの穴の中央にプレパラートの目的物が位置するようにする。
③ cを横から見ながら鏡筒をできるだけ下げる。
④ aをのぞきながらhを手前に回して鏡筒を上げ，ピントを合わせる。
⑤ 低倍率でピントを合わせた後，bを指で挟んで回す。
⑥ 高倍率のcがセットされたら，微調節を行う。
⑦ dの下にあるしぼりを動かして光量と焦点深度を調節する。

問3 ある倍率のcがついた顕微鏡をのぞいたところ，対物ミクロメーターの目盛りと接眼ミクロメーターの目盛りが図2のように見えた(対物ミクロメーターには1mmを100等分した目盛りがついている)。この接眼ミクロメーターである植物細胞の長径を測定したところ，図3のようになった。この細胞の実際の長さを求めよ。

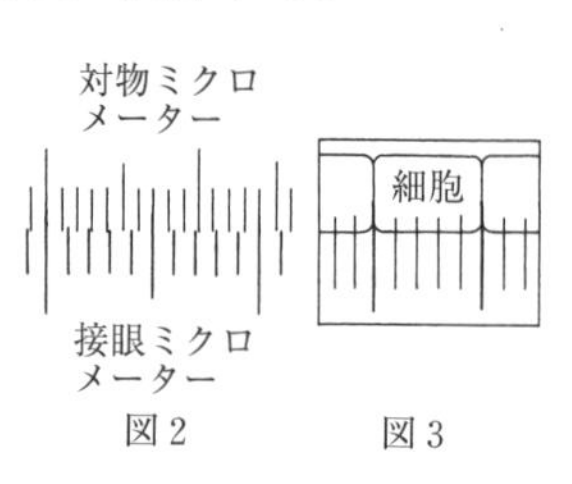

図2　図3

(和歌山大)

精講

●顕微鏡の操作 まずは，顕微鏡の各部の名称(下図参照)を覚えよう！ 顕微鏡の操作の手順は次の通り。

手順1：まず接眼レンズ，次に対物レンズを取り付ける。
手順2：ステージにプレパラートを載せる。
手順3：横から見ながら対物レンズとプレパラートを接近させる。
手順4：対物レンズとプレパラートを少しずつ遠ざけてピントを調節する。

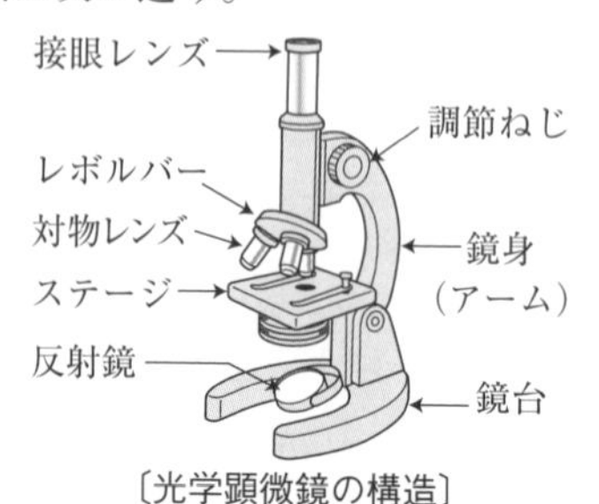

〔光学顕微鏡の構造〕

手順5：反射鏡で光量を調節し，さらにしぼりを調節する。しぼりを絞ると，視野は暗くなるが，ピントの合う厚みが増す＝焦点深度が深くなるという。

手順6：観察したいものを視野の中央にもってくる。上下左右逆に見えていることに注意する。

手順7：対物レンズは，低倍率で対象物を見つけてから高倍率にかえる。

●ミクロメーターによる測定

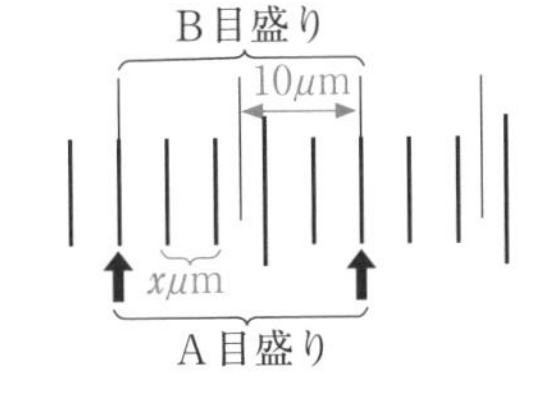

手順1：接眼ミクロメーターは接眼レンズの中，対物ミクロメーターはステージの上に装着する。

手順2：両方のミクロメーターの目盛りが一致する場所を2か所探す。

手順3：一致した2か所の間の目盛りの数を数え，接眼ミクロメーター1目盛りの大きさ(x μm)を次の式より求める。対物ミクロメーター1目盛りは10μm。 $x \times \mathrm{A} = 10(\mu\mathrm{m}) \times \mathrm{B}$

手順4：対物ミクロメーターをはずし，プレパラートを載せ長さを測定する。

① 視野の像は**上下左右逆**に見えている！

② 両ミクロメーターの目盛りが一致する場所を2か所探し，接眼ミクロメーター1目盛りの大きさを計算により求める。

解説

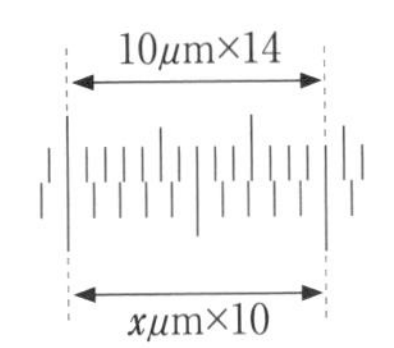

問3 両ミクロメーターの目盛りが一致する場所は右図の通り。よって接眼ミクロメーター1目盛りの大きさは，$x(\mu\mathrm{m}) \times 10 = 10(\mu\mathrm{m}) \times 14$ より，$x = 14(\mu\mathrm{m})$。対物ミクロメーター7目盛りと接眼ミクロメーター5目盛りを使ってもよい。細胞の長さは接眼ミクロメーター5目盛り分なので，$14(\mu\mathrm{m}) \times 5 = 70(\mu\mathrm{m})$ となる。

問1 a－接眼レンズ b－レボルバー c－対物レンズ d－ステージ e－反射鏡 f－鏡台 g－鏡身(アーム) h－調節ねじ

問2 ①→②→③→④→⑦→⑤→⑥

問3 70μm

必修
基礎問
03　細胞の構造と働き　生物基礎　生物

生物の基本単位は細胞である。ほとんどの細胞は，小さくて肉眼では見えない。細胞の存在は，顕微鏡による観察によって明らかになった。［ア］は，薄切りにしたコルクを顕微鏡で観察し，蜂の巣状に並んだ構造を見つけて，これを cell（細胞）と名付けた。19世紀になって，植物学者［イ］と動物学者［ウ］は，生物の基本構造単位は細胞であるという［エ］説を提唱した。病理学者の［オ］は，「細胞は既存の細胞から生じる。個体の病は細胞レベルの障害を反映している。」と主張した。

問1　上の文中の空欄に適語を入れよ。

問2　右図は電子顕微鏡で見たある細胞の内部構造を模式的に表している。図中のカ～コの名称を答え，主な働きや特徴を次から1つずつ選べ。

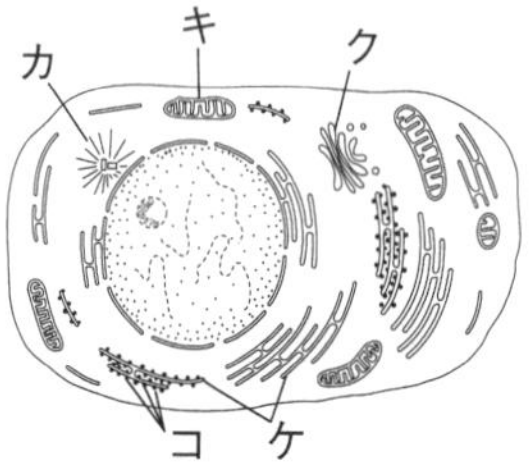

① 細胞分裂に関係する。
② 物質の分泌に関係する。
③ 生命活動の根幹をなし，遺伝物質を含む。
④ 発酵の場である。
⑤ クエン酸回路や電子伝達系の場であり，多量の ATP を産生する。
⑥ 糖，有機酸，無機イオン，アントシアンなどを貯蔵する。
⑦ セルロースを主成分とする。　⑧ 光合成を行う。
⑨ 物質の通り道である。　⓪ タンパク質合成の場である。

（近畿大・大阪公大）

精講

●細胞の研究史

フック：コルクを観察し，細胞（cell）と名付けた（1665年）。
レーウェンフック：原生動物や細菌，赤血球を発見（1674年）。
ブラウン：細胞には核があることを発見（1831年）。
シュライデン：植物の細胞説「植物体は細胞を基本単位とする」を提唱（1838年）。
シュワン：動物の細胞説「動物体も細胞を基本単位とする」を提唱（1839年）。
フィルヒョー：「すべての細胞は細胞から生じる」と唱える（1858年）。

●細胞内構造体とその特徴　（＊は光学顕微鏡では見えない構造）

核：二重の核膜に囲まれている。DNA とタンパク質からなる染色体を含む。
ミトコンドリア：二重膜からなる。内膜はくびれこんでクリステをつくる。内部の基質はマトリックスという。呼吸のクエン酸回路や電子伝達系によって

ATP を生成する。独自の DNA とリボソームをもつ。

葉緑体：二重膜からなる。扁平な袋状のチラコイドと基質部分のストロマからなる。光合成の場で植物細胞にのみ存在。独自の DNA とリボソームをもつ。

ゴルジ体：扁平な袋が重なったもの。タンパク質に糖を添加したり，分泌に関与する。分泌を行う細胞(消化酵素を分泌する細胞など)で特に発達する。

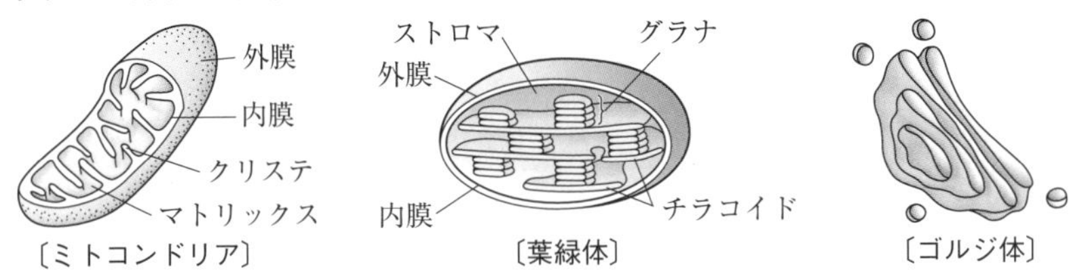

中心体：細胞分裂時に紡錘体の起点となる。べん毛形成にも関与する。被子植物には存在しない。

リボソーム*：タンパク質合成の場。リボソーム RNA(rRNA)とタンパク質からなる顆粒。膜構造はもたない。

小胞体*：物質の輸送路となる網目状に広がる扁平な袋。表面にリボソームが付着する粗面小胞体と，付着しない滑面小胞体がある。

リソソーム*：加水分解酵素を含み，不要物質などを分解する。

細胞壁：セルロースを主成分とする丈夫な構造。動物細胞にはない。

液胞：内部には糖・有機酸・無機イオンなどを含む細胞液を満たし，細胞の浸透圧を保つ。花弁などではアントシアンという色素を含む。植物細胞で発達。

細胞質基質(サイトゾル)：構造体のない隙間。解糖系および発酵の場となる。

Point 3 ① 光学顕微鏡で見えないのは，リボソーム・小胞体・リソソーム。
② ミトコンドリア・葉緑体・核膜 は二重膜。

解説 問2 この図は動物細胞なので，葉緑体や細胞壁などは存在しない。ケは網目状に広がった袋状の構造，コは顆粒を指している。
③は核，④は細胞質基質，⑥は液胞，⑦は細胞壁，⑧は葉緑体の説明。

答
問1 アーフック イーシュライデン ウーシュワン エー細胞 オーフィルヒョー
問2 カー中心体，① キーミトコンドリア，⑤ クーゴルジ体，② ケー小胞体，⑨ コーリボソーム，⓪

実戦 基礎問

01 リソソームとオートファジー

生物

リソソーム内の分解酵素は，タンパク質の合成の場である［ア］でつくられ，細胞小器官である［イ］に送り込まれた後，別の細胞小器官である［ウ］を経由してリソソーム内に運ばれる。リソソームは食作用に関わっており，［エ］によって細胞外の物質が取り込まれてできた小胞と融合してその物質の分解を行う。一方，消化酵素のように細胞外に分泌される分解酵素は［ウ］を経由して小胞に包まれた後，［オ］によって小胞から細胞外に分泌される。

問1 上の文中の空欄に適語を入れよ。

問2 細胞質基質は弱アルカリ性に保たれているのに対し，リソソーム内は酸性に保たれている。そのことから予想されるリソソーム内の分解酵素の性質を答えよ。また，リソソーム内の酸性は，水素イオン(H^+)を輸送する膜タンパク質(H^+ポンプ)によって維持されている。そのH^+ポンプの働きを推定して述べよ。

問3 酵母は動物細胞のリソソームに相当する細胞小器官として液胞をもつ。酵母は飢餓条件下では，自分自身の細胞小器官などを分解する(自食作用)。自食作用ではまず，2枚の生体膜が細胞小器官を包み，自食胞(オートファゴソーム)が形成される。その後，自食胞が液胞と融合して膜で包まれた球状の小胞が生じ，やがてその小胞の内容物(顆粒)が分解される。液胞内にはタンパク質分解酵素が存在し，それを指定する遺伝子を野生株はもっている。この遺伝子に変異が生じた突然変異体(変異体A)では飢餓条件下で小胞の内容物が蓄積してくるようすが光学顕微鏡で観察された。

(1) ミトコンドリアを完全に包み込んだ自食胞の模式的二次元断面図を描け。ただしミトコンドリアは正常な構造を保っているとする。

(2) 変異体Aにさらに突然変異を起こさせる処理を行って，飢餓条件下で液胞中に内容物が蓄積しない二重突然変異体(変異体B)を得た。変異体Bでは自食作用において液胞内に顆粒が生じるまでのどのような過程が進まなくなっていると推定できるか，考えられる可能性を2つ，それぞれ20字以内であげよ。ただし，変異体Bでは変異体Aにおける遺伝子の変異に加えて，それ以外の遺伝子にも変異が生じている。

(大阪医大)

●自食作用(オートファジー)　古くなった細胞小器官やタンパク質などを分解する反応。それによって生じたアミノ酸などを再利用する。細胞が飢餓状態になるとこの反応は促進される。自食作用は次のような過程を経て行われる。

①　2枚の生体膜で古くなった細胞小器官などが包まれる。
　⇒ 生じた小胞をオートファゴソームという。

②　各種分解酵素を含むリソソーム(酵母では液胞)とオートファゴソームが融合し，分解酵素によって内容物が分解される。

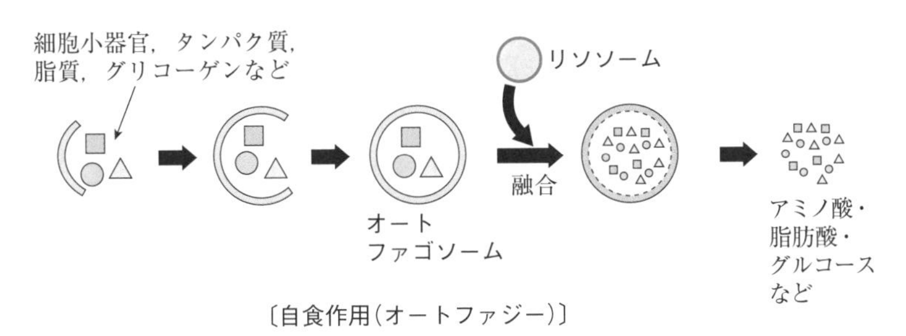

〔自食作用(オートファジー)〕

解説

問1　リボソームで合成されたタンパク質は小胞体 → ゴルジ体を経由する。小胞を介して細胞外の物質を取り込む反応はエンドサイトーシス，小胞を介して細胞内の物質を細胞外に分泌する反応はエキソサイトーシスという。

問3　(2)　液胞内に顆粒が生じるまでの過程には，2枚の生体膜が細胞小器官を包んで自食胞を形成する反応と，生じた自食胞と液胞が融合する反応がある。

問1　ア－リボソーム　イ－小胞体　ウ－ゴルジ体
　エ－エンドサイトーシス　オ－エキソサイトーシス

問2　性質：酸性の環境で活性が高い。
　H^+ ポンプの働き：H^+ をリソソーム内に能動輸送する。

問3　(1)　右図

　(2)　自食胞を形成する過程が進まない。(16字)
　　自食胞と液胞が融合する反応が進まない。(19字)

必修基礎問 2. 生体膜の構造と働き

04 生体膜・細胞骨格

生物

原核細胞の細胞壁は a植物の細胞壁とは構成成分が異なり，主にペプチドグリカンからできている。一方，細胞膜は基本的にどの細胞でも共通した構造をもち，主にリン脂質とタンパク質から構成されている。リン脂質は［ ア ］性部分と［ イ ］性部分をあわせもつため，水中では［ ア ］性部分を内側に，［ イ ］性部分を外側にしてリン脂質どうしが集合し，リン脂質二重層膜を形成する。このリン脂質二重層膜中に各種のタンパク質がモザイク的に入っている。リン脂質二重層は［ ウ ］性をもつため，そこに組み込まれているタンパク質は比較的自由に動くことができる。

真核細胞の細胞質には，細胞骨格があり，それによって多様な形態の細胞がつくられたり，細胞の形が維持されたりしている。細胞骨格は前述の役割以外にも，bモータータンパク質と呼ばれるいくつかのタンパク質と共同して，細胞内での物質輸送などで中心的な働きをしている。モータータンパク質の多くは，cATP を加水分解することでエネルギーを得ている。したがって，それらのタンパク質の多くは ATP アーゼとしての活性をもつ。

問1　上の文中の空欄に適語を入れよ。

問2　下線部 a について，植物の細胞壁の構成成分について主なものを 2 つ答えよ。

問3　下線部 b について，以下の語群の中からモータータンパク質に分類されるタンパク質を 2 つ選べ。

〔語群〕 インスリン，ダイニン，バソプレシン，フィブリン，キネシン，カタラーゼ，アセチルコリン，アドレナリン，ヒストン，クレアチン

問4　下線部 c について，骨格筋を構成するタンパク質の中で，ATP アーゼとして働くタンパク質は何か答えよ。

（群馬大）

精講

●**生体膜**　真核細胞がもつ細胞膜や葉緑体・ミトコンドリアなどの細胞小器官がもつ膜は基本的に同じ構造をしており，生体膜という。生体膜はリン脂質の二重層とタンパク質からなる。

リン脂質分子には，水になじみやすい親水性の部分と水になじみにくい疎水性の部分があり，親水性の部分を外側に，疎水性の部分を内側に向けて，2 層並んだ構造をしている。このリン脂質の部分

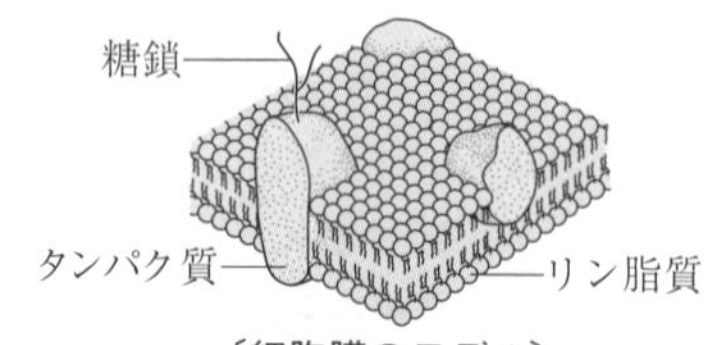

〔細胞膜のモデル〕

は固定されているわけではなく流動的に動くことができ，リン脂質の層に含まれるタンパク質も比較的自由に動くことができる。これを流動モザイクモデルという。

●輸送タンパク質　イオンのように荷電している物質などはリン脂質の層を通過しにくく，膜を貫通している輸送タンパク質によって膜を通過する。輸送タンパク質にはチャネル，担体，ポンプの3種類がある。

チャネル：特定のイオンなどを濃度勾配に従い受動輸送する。

〔例〕　ナトリウムチャネル，カルシウムチャネル，アクアポリン

担体(輸送体)：輸送する物質と結合して，物質を輸送する。受動輸送の場合と能動輸送の場合とがある。〔例〕　グルコース輸送体

ポンプ：ATPなどのエネルギーを利用して，濃度勾配に逆らってでも物質を能動輸送する。〔例〕　ナトリウムポンプ

●細胞骨格　アクチンフィラメント，微小管，中間径フィラメントの3種類。

アクチンフィラメント：アクチンというタンパク質が重合してできた繊維。アメーバ運動や筋収縮に関与。細胞骨格の中で最も細い。

微小管：チューブリンというタンパク質からなる。細胞小器官の移動や物質輸送，鞭毛・繊毛運動に関与。細胞骨格の中で最も太い。

中間径フィラメント：繊維状タンパク質を束ねた繊維。細胞膜や核膜の内側にあり，細胞や核の形を保つ働きをする。

●モータータンパク質　ミオシン，ダイニン，キネシンの3種類。ミオシンはアクチンフィラメントと，ダイニンやキネシンは微小管と結合し，ATPのエネルギーを利用してその上を移動し，物質移動や鞭毛・繊毛運動を行う。

①　輸送タンパク質による輸送

チャネル ⟶ 受動輸送　　　ポンプ ⟶ 能動輸送

②　細胞骨格とモータータンパク質のコンビ

アクチンフィラメントとミオシン，微小管とダイニン・キネシン

解説　**問2**　植物の細胞壁は多糖類のセルロースにペクチンが組み合わさってできた構造をしている。また，細胞壁には原形質連絡という孔があり，これによって隣の細胞とつながっている。

問1　アー疎水　イー親水　ウー流動　**問2**　セルロースとペクチン
問3　ダイニン，キネシン　**問4**　ミオシン

実戦 基礎問

02 細胞間結合

生物

イモリの初期神経胚から予定表皮域と予定神経域を切り取って，aトリプシンで処理したところ，細胞がバラバラになった。これらの細胞を混ぜ合わせて培養すると，神経板の細胞は中に潜って神経管をつくり，これを包みこむように予定表皮域の細胞が外側に集まった。このような同種の細胞どうしを接着させる物質の1つがカドヘリンである。カドヘリンには100以上の種類があり，同じ型のカドヘリンをもつ細胞どうしを強く接着させる。たとえば神経細胞には主にN型カドヘリンがあり，ほとんどすべての表皮細胞にはE型カドヘリンがある。カドヘリンの立体構造の維持には［ア］が必要であるため，細胞培養液から［ア］を完全に除いた場合，カドヘリンの機能が弱まり，細胞集団が形成されにくくなる。イモリの発生過程においては，b神経板を形成する細胞では神経胚の時期にカドヘリンの発現量が変化する。そのため，神経板は表皮から離れたあと神経管を形成する。

問1 ［ア］に当てはまるイオンを次から選べ。

① Na^{+}　② K^{+}　③ Mg^{2+}　④ Ca^{2+}　⑤ Fe^{2+}

問2 下線部aで，トリプシン処理により，なぜ細胞がバラバラになったのか。25字以内で述べよ。

問3 下線部bのカドヘリンの変化について，E型およびN型の発現量は具体的にどのように変化するか。35字以内で述べよ。

問4 カドヘリンによるこのような接着は接着結合と呼ばれる。接着結合ではカドヘリンが細胞内の細胞骨格と結合している。この細胞骨格は何か。

問5 接着結合以外で，中空のタンパク質によって行われる結合を何というか。

（群馬大）

精講

●細胞間結合　同じ種類の細胞が互いを認識して膜タンパク質によって結合する。このような細胞どうしの結合を細胞間結合という。上皮組織でみられる細胞間結合には次のような種類がある。

密着結合：上皮細胞どうしが，膜を貫通する接着タンパク質(クローディン)によって低分子物質も通れないほど密着して結合している。

接着結合：上皮細胞どうしが，膜タンパク質であるカドヘリンどうしで結合する。細胞内では付着タンパク質が細胞骨格であるアクチンフィラメントと結合している。上皮組織が湾曲したりするときの動きに対応している。

デスモソームによる結合：接着結合とは異なるカドヘリンどうしで結合する。

細胞内では付着タンパク質が細胞骨格である中間径フィラメントと結合している。組織全体が張力などに耐えられるようになっている。

ギャップ結合：中空のタンパク質(コネクソン)による結合で，ここを低分子物質やイオンが直接移動する。

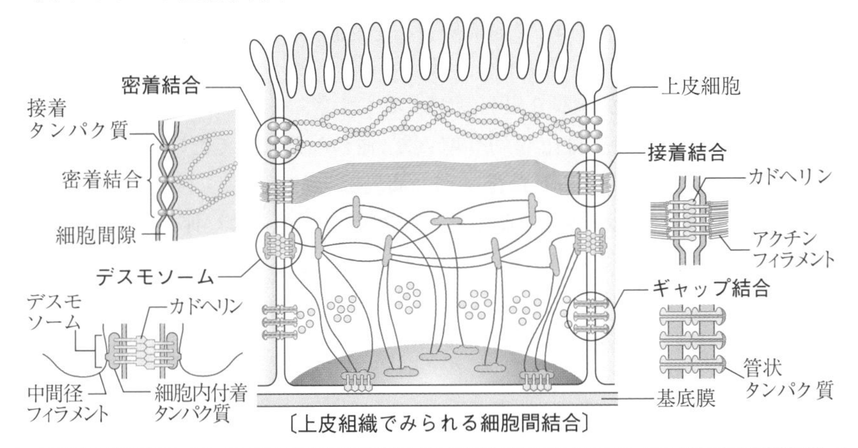

〔上皮組織でみられる細胞間結合〕

Point 5　細胞間結合

接着タンパク質による結合 ⟶ 密着結合
カドヘリンとアクチンフィラメントが関与 ⟶ 接着結合
カドヘリンと中間径フィラメントが関与 ⟶ デスモソーム
中空のタンパク質による結合 ⟶ ギャップ結合

問1　カドヘリンどうしの結合にはカルシウムイオンが必要となる。

問2　カドヘリンはタンパク質の一種。トリプシンはタンパク質分解酵素の一種である。

問3　表皮細胞ではE型カドヘリンが発現しており，神経板の細胞ももともとは予定表皮の細胞と結合しているのでE型カドヘリンが発現していたと考えられる。そのE型カドヘリンの発現量が減少して予定表皮の細胞と結合できなくなった結果，表皮から離れ，N型カドヘリンの発現量が増加することで神経管を形成するようになる。

答

問1　④　　**問2**　細胞間結合に必要なカドヘリンが分解されたから。(23字)

問3　E型カドヘリンの発現量が減り，N型カドヘリンの発現量が増加する。(32字)

問4　アクチンフィラメント　　**問5**　ギャップ結合

05 体細胞分裂の観察

生物基礎

タマネギを用いて次の顕微鏡観察実験を行った。以下は実験方法である。

① あらかじめ発根させたタマネギの種子から，根端を約 1 cm 切り取った。
② 切り取った根端を，冷却した45％ [ア] に5分間浸した。
③ 根端を [ア] から取り出し，60°C に保った [イ] に2分間浸した。
④ 根端を [イ] から取り出し蒸留水ですすぎ，スライドガラス上に置いた。
⑤ 根端を先端から約 2 mm 切り取った（他の部分は捨てた）。
⑥ [ウ] 液を1滴たらした後，10分間放置した。
⑦ カバーガラスをかけ，ろ紙で覆って親指で上から強く押しつぶした。
⑧ プレパラートを顕微鏡にセットして検鏡した。

問1 上の文中の空欄に適語を入れよ。

問2 ②の操作を何と呼ぶか。

問3 ③の操作を何と呼ぶか。

問4 右図は観察された細胞をスケッチしたものである。エ，オ，カの名称を答えよ。

問5 図中のa～fの細胞を分裂段階の早い順番に並べよ。

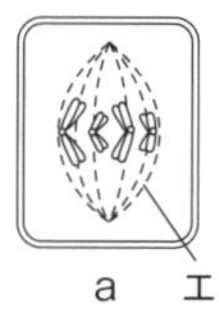

a

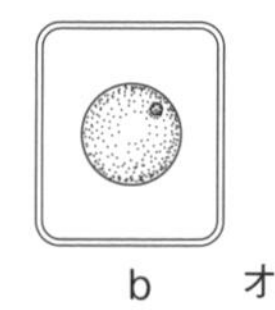

b

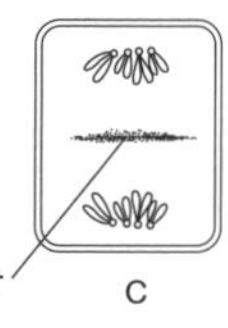
c

d

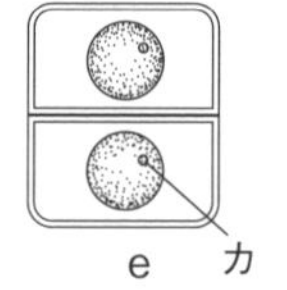

e

f

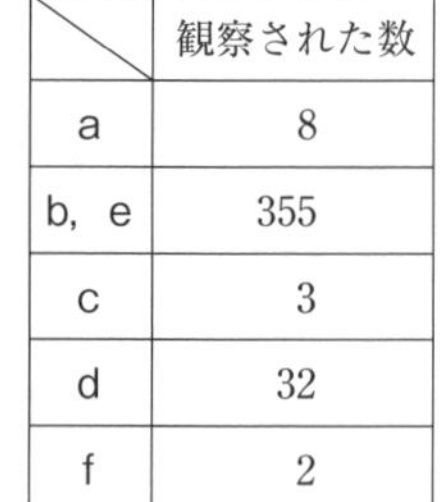

	観察された数
a	8
b，e	355
c	3
d	32
f	2
合計	400

問6 表は，図のa～fの各段階にある細胞の数を，同一の観察視野の中で調べた結果である。どの細胞も分裂開始から次の分裂開始までに20時間を要するとすると，aの段階は何時間かかると考えられるか。ただし，分裂は細胞ごとに独立に始まり進行するものとする。（京都産業大）

精講

●**押しつぶし法**

手順1：根端を45％酢酸につける（固定）。
手順2：60℃ に温めた3％塩酸につけ細胞壁どうしの接着物質を分解（解離）。
手順3：スライドガラスに載せ，酢酸オルセインをかけて染色体を染色する。
手順4：カバーガラスをかけて上から押しつぶし，細胞の重なりをなくす。

固定 ⟶ 解離 ⟶ 染色　の順番を覚えておこう。

●**体細胞分裂**

間期：DNA を複製し，分裂の準備を行う時期。

前期：核膜・核小体が消失，紡錘体が形成され始め，染色体が太く短縮する。

中期：紡錘体が完成し，紡錘体の赤道面に染色体が並ぶ。

後期：各染色体が縦裂面から分離する。

終期：前期の逆の現象＋細胞質分裂 が起こる。

●**体細胞分裂における動物細胞と植物細胞の違い**

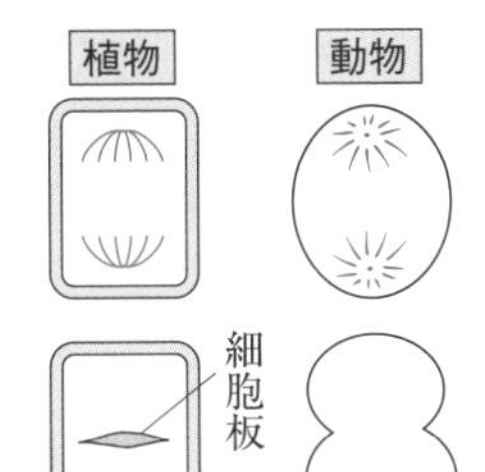

前期での違い：動物細胞では**中心体**が両極に分離し，その周囲に**星状体**が形成されるが，植物細胞には中心体がなく，星状体も形成されない。

終期での違い：動物細胞では細胞膜が外側からくびれて細胞質分裂するが，植物細胞では中央から**細胞板**を形成して細胞質分裂する。

●**細胞周期の各時間と観察細胞数の関係**　細胞周期の各期にかかる時間の長さは，観察したそれぞれの時期の細胞数の割合に比例する。細胞周期の長さを A 時間，観察細胞数を M 個，ある時期の細胞数を m 個とすると，その時期に要する時間は，A(時間)$\times m/M$　で求められる。

Point 6　① 押しつぶし法の手順：固定 → 解離 → 染色

② 細胞周期における染色体の挙動
複製(間期) → 出現(前期) → 整列(中期) → 分離(後期) → 消失(終期)

③ 動物細胞では前期で星状体形成，終期で外側からくびれる。
植物細胞では星状体形成せず，終期で細胞板形成。

④ ある時期の細胞数の割合は，その時期に要する時間に比例する。

問1　ウは酢酸カーミンでもよい。

問4　それぞれの糸を紡錘糸，その集まりを紡錘体という。

問5　a は中期，b は間期，c は終期，d は前期，e は間期，f は後期を示す。

問6　$20(\text{時間})\times\frac{8}{400}=0.4(\text{時間})$

問1　ア－酢酸　イ－塩酸　ウ－酢酸オルセイン　**問2**　固定

問3　解離　**問4**　エ－紡錘糸　オ－細胞板　カ－核小体

問5　b→d→a→f→c→e　**問6**　0.4時間

実戦 基礎問

03 体細胞分裂におけるDNA量の変化

生物基礎

動物細胞を培養していると，右図1に示すような細胞周期を繰り返しながら増え続けるようになる。分裂を行っている時期を分裂期(M期)という。分裂期は，主に染色体の構造の変化や細胞内での位置の違いに基づいて前期・中期・後期・終期に分けられる。分裂が終了してから次の分裂が始まるまでは間期と呼ばれ，さらにG_1期，S期，G_2期に分けられる。

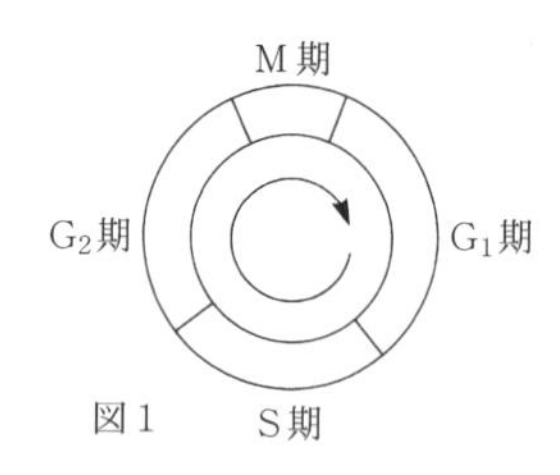

図1

図2は盛んに体細胞分裂を繰り返している動物の培養細胞から8000個を採取して，細胞1個当たりのDNA量を測定した結果である。

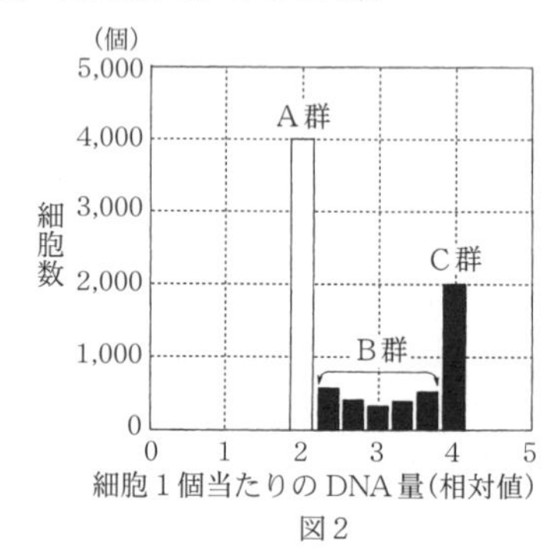

図2

問1　この動物細胞の分裂期において次の①～⑦の現象は何期で観察されるか。それぞれの時期を答えよ。もし観察されないものがあれば×を書け。

①　各染色体が縦裂する。

②　染色体は細い糸状になり，核膜や核小体が現れる。

③　各染色体は紡錘体の赤道面に並ぶ。

④　染色体は凝縮して太く短くなる。

⑤　中心体が両極に分離し，星状体が形成される。

⑥　細胞板を形成して細胞質分裂が起こる。

⑦　各染色体は縦裂面から分離して両極に移動する。

問2　放射性同位元素で標識したチミジン(DNAの材料)を含む培養液で短時間培養すると，S期の細胞のみが放射性同位元素で標識された。8000個の細胞のうち，理論的には何個の細胞が標識されていることになるか。

問3　8000個の細胞のうち分裂期(M期)の細胞数は400個であった。G_1期，S期，G_2期，M期に要する時間を求めよ。ただし，細胞周期の時間を20時間とする。

(神戸大)

精講　**●体細胞分裂におけるDNA量変化**　間期はさらにG_1期(DNA合成準備期)，S期(DNA合成期)，G_2期(分裂準備期)の3段階に分けられる。細胞当たりのDNA量の変化は次ページ図1の通り。

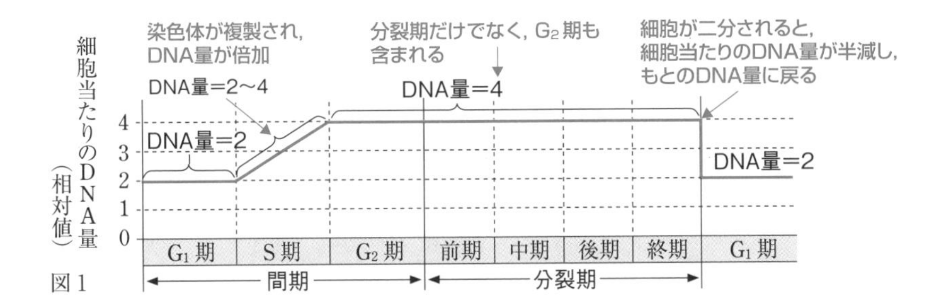

図1

問1 ① 染色体が縦裂するとは右図2のような染色体になることで，後期ではなく前期の現象。

図2　図3

⑥ 細胞質が分裂するのは終期の現象だが，使われている材料に注意しよう！ **細胞板を形成するのは植物細胞**で，この問題は「動物細胞」である。

⑦ 染色体が縦裂面から分離するのは図3のような現象で，これは後期。

問2 チミジンは塩基の一種であるチミンと糖が結合したもので，DNA を合成するときの材料として使われる。したがって，DNA を合成している細胞，すなわちS期にある細胞だけが，放射性チミジンを取り込み標識される。

問題の図2で，細胞当たりの DNA 量が2倍なのは G_1 期なので，**A群は G_1 期**の細胞。DNA 量が4倍になっている**C群の細胞は，G_2 期とM期**の細胞である。2倍と4倍の間にある**B群の細胞がS期の細胞**を表す。A群とC群の合計が $4000+2000=6000$ 個なので，残り2000個がS期の細胞となる。

問3 **Point 6** の④(p. 21)を使う。

A群すなわち G_1 期の細胞が4000個なので，G_1 期の細胞数の割合は $\frac{4000}{8000}$。

よって G_1 期に要する時間は，$20(\text{時間})\times\frac{4000}{8000}=10(\text{時間})$。

S期の細胞は問2より2000個だったので，S期の細胞数の割合は $\frac{2000}{8000}$。

よってS期に要する時間は，$20(\text{時間})\times\frac{2000}{8000}=5(\text{時間})$。

M期の細胞数が400個なので，M期に要する時間は，$20(\text{時間})\times\frac{400}{8000}=1(\text{時間})$。

残りが G_2 期なので，$20\text{時間}-(10+5+1)\text{時間}=4(\text{時間})$ となる。

問1 ①－前期　②－終期　③－中期　④－前期　⑤－前期　⑥－×
⑦－後期　**問2** 2000個
問3 G_1 期：10時間　S期：5時間　G_2 期：4時間　M期：1時間

必修基礎問

4. 生物体の構造

06 動物の組織

生物基礎 生物

問1 次の文中の空欄に適語を入れ，{ イ }の中からは正しいものを選べ。

単細胞生物には原核細胞からなる［ ア ］類や真核細胞からなる原生動物などがある。単細胞生物といっても大きさも多様で，原生動物であるゾウリムシは長さが約{イ．2 μm，20 μm，200 μm，2 mm}で，肉眼でも見ることができる。ゾウリムシの細胞質には食物を取り込む［ ウ ］，食物を消化する［ エ ］，浸透圧調節を行う［ オ ］などがある。

生物の中には単細胞生物と多細胞生物の中間に位置するものがある。その例としてオオヒゲマワリとも呼ばれる［ カ ］があげられる。［ カ ］は単細胞生物である［ キ ］に似た細胞が多数集まって統制された生活をしている。このように多数の細胞が集合体となって生活しているものを［ ク ］という。このような［ ク ］の中でさらに分業化が進み，多細胞生物に進化したと考えられている。

同じ形と働きをもつ細胞の集まりは［ ケ ］と呼ばれる。多細胞動物の［ ケ ］は，体の表面を覆っている$_{\text{a}}$［ コ ］組織，収縮性のある細胞からなる$_{\text{b}}$［ サ ］組織，興奮を伝えたりする$_{\text{c}}$［ シ ］組織，そして$_{\text{d}}$［ ス ］組織の4つに分類される。［ ス ］組織は，細胞と細胞の間に多量の［ セ ］物質を含んでいるのが特徴である。

問2 次の①～⑧は上の文中のa～dのどの組織に分類されるか。

① 血液　② インスリン分泌腺　③ 汗腺　④ 大腿骨
⑤ 皮下脂肪　⑥ 血管内皮　⑦ 網膜の視細胞　⑧ 心筋

（東海大）

精講

●**単細胞生物**　1つの細胞で1個体となっている生物。
〔例〕 大腸菌・乳酸菌などの細菌類，アメーバ・ゾウリムシ(下図)などの原生動物，クロレラ，クラミドモナス，カサノリ，ケイソウなど。

ゾウリムシでは細胞内に種々の小器官が発達。

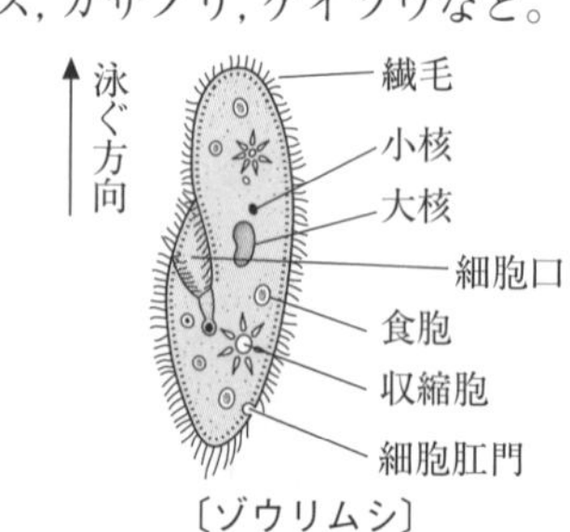

〔ゾウリムシ〕

細胞口：食物を取り込む。
食胞：食物の消化を行う。
収縮胞：主に水を排出し浸透圧調節を行う。
繊毛：運動を行う。
小核：生殖(接合)のときに働く核。
大核：通常の生活のときに働く核。

●細胞群体　単細胞生物と多細胞生物の中間的な存在。単細胞生物が集まって生活するが，各細胞に分化や分業化があまりみられない。

〔例〕　パンドリナ・ボルボックス(オオヒゲマワリ) → いずれも単細胞生物であるクラミドモナスによく似た細胞が集まってできている。クラミドモナスそのものが集まっているのではないことに注意。

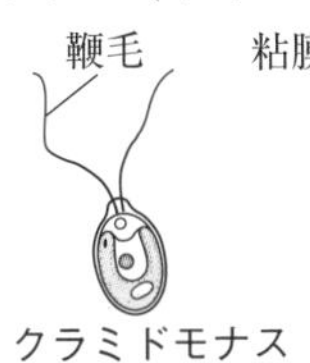

クラミドモナス
(20μm)
〔単細胞〕

パンドリナ
(20～200μm)
〔細胞群体〕

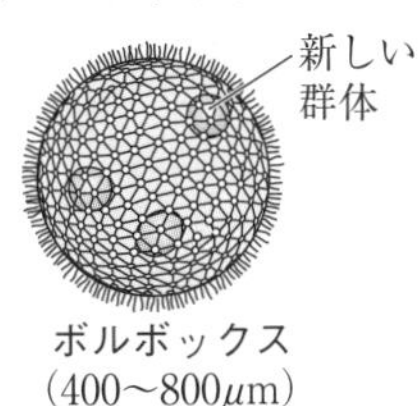

ボルボックス
(400～800μm)
〔細胞群体〕

●動物の組織　同じような形をし同様の働きをもつ細胞の集まりを組織という。動物の組織は次の4つに大別される。

(1) **上皮組織**　体の外表面や内表面を覆い，保護や吸収，分泌，感覚の感知などに働く組織。細胞どうしが密着している(表皮組織とは呼ばないので注意)。
〔例〕　皮膚の表面，消化管・血管の内壁，分泌腺，視細胞などの感覚細胞

(2) **結合組織**　組織や器官どうしを結びつけたり，それらに栄養を補給する組織。細胞と細胞は密着せず，その間に種々の**細胞間物質**を含む。
〔例〕　骨，腱，血液，リンパ液，皮下脂肪

(3) **筋(肉)組織**　収縮性があり，運動に働く組織。
〔例〕　横紋筋(骨格筋・心筋)，平滑筋(内臓筋)

(4) **神経組織**　ニューロンからなり，興奮の伝導・伝達に働く組織。
〔例〕　脳，脊髄，交感神経，副交感神経

問1　イ．肉眼で見える大きさは約 0.1mm(100μm)以上。ゾウリムシは200～300μm。

ク．サンゴやカツオノエボシなどのように多細胞生物がさらに集まった群体とは区別して，単に群体ではなく**細胞群体**と答える。

問2　②　インスリンは血糖濃度を低下させるホルモンの一種。
⑦　視細胞は感覚細胞で上皮組織，視神経は神経細胞で神経組織に分類される。

問1　ア－細菌　イ－200μm　ウ－細胞口　エ－食胞　オ－収縮胞
カ－ボルボックス　キ－クラミドモナス　ク－細胞群体　ケ－組織
コ－上皮　サ－筋　シ－神経　ス－結合　セ－細胞間

問2　①－d　②－a　③－a　④－d　⑤－d　⑥－a　⑦－a　⑧－b

必修 基礎問

07 植物の組織

陸上植物には，根・茎・葉の区別が明確なシダ植物と種子植物，および，それらの区別が不明確な［ア］がある。シダ植物と種子植物では維管束がよく発達している。維管束は，師管からなる師部と道管または［イ］からなる木部からなる。双子葉植物や［ウ］植物の維管束では師部と木部の間に分裂組織の［エ］が発達し，根や茎はこの組織の働きにより肥大成長する。このような根や茎の肥大成長は，伸長に伴って先端部で生ずる一次的な肥大成長と区別して，二次的肥大成長という。単子葉植物では［エ］を欠き，二次的肥大成長はみられない。一方，垂直方向の伸長成長は，根と茎の先端部の［オ］組織の働きによる。種子植物の葉は表皮系，維管束系，および，葉肉を構成する［カ］系からなる。表皮系は主に表皮細胞とそれが特殊化した孔辺細胞からなり，孔辺細胞は一対で［キ］を構成する。葉の維管束が走行する部分は［ク］と呼ばれる。

問1　上の文中の空欄に適語を入れよ。

問2　師管および道管の役割をそれぞれ30字以内で述べよ。

問3　道管の代わりに［イ］のみをもつ植物は何か。本文に記載されている植物の分類群から2つ選べ。

問4　表皮系で孔辺細胞だけにみられる細胞小器官は何か。

問5　下図は双子葉類の根(A)と葉(B)の断面図である。a，d，e，j，kの名称をそれぞれ答えよ。

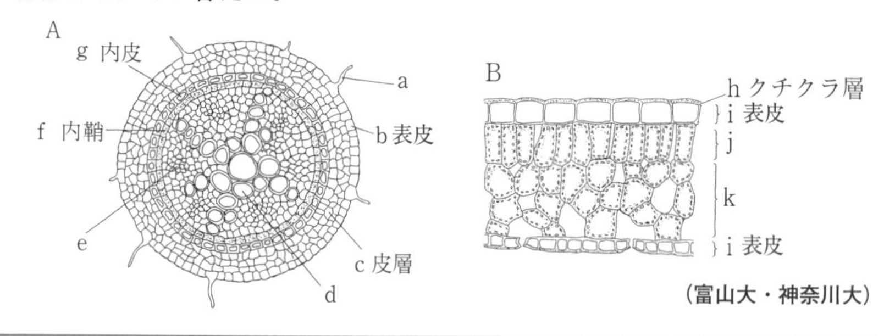

（富山大・神奈川大）

精講　●**植物の組織**　盛んに分裂を行う頂端分裂組織(根端分裂組織・茎頂分裂組織)・形成層のような**分裂組織**と，分裂しない**永久組織**に大別される。永久組織はさらに次の4つに分類される。

(1) **表皮組織**　外表面を覆う一層の組織。**孔辺細胞**以外は葉緑体をもたない。

(2) **柔組織**　同化や貯蔵などに働く組織。細胞壁は薄い。

⑶ **機械組織**　植物体を支えるのに働く組織。細胞壁が厚く木化している。

⑷ **通道組織**　根で吸収した水や無機塩類の通路(**道管・仮道管**)や葉で合成した同化産物の通路(**師管**)となる組織。道管・仮道管は細胞壁が木化した死細胞からなる。師管は細胞壁があまり厚くなく，生細胞からなる。師管の上下の細胞壁には小さな穴が空いている(このような細胞壁を**師板**という)。

●**組織系**　組織が集まって一定の働きをもつ集団。次の3つに大別する。

⑴ **表皮系**　表皮組織と同じ。

⑵ **維管束系**　道管・仮道管とその周囲の細胞からなる**木部**，師管とその周囲の細胞からなる**師部**がある。シダ植物と種子植物にのみ存在する。裸子植物と被子植物の双子葉類では**形成層**(茎の肥大成長に働く分裂組織)も含まれる。

⑶ **基本組織系**　表皮系，維管束系以外の組織系。

●**器官**

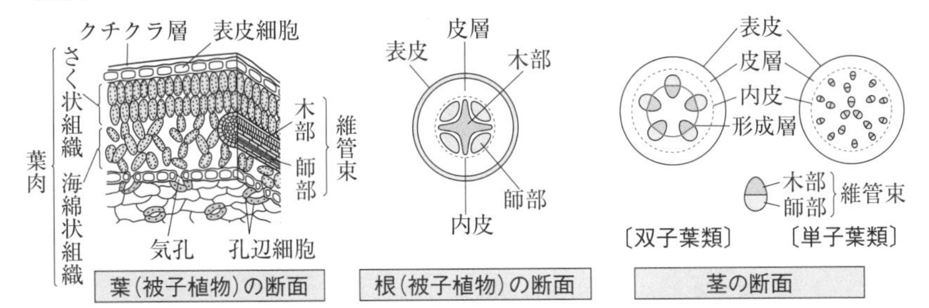

Point 7　**植物の組織**

① 維管束をもつのは，シダ植物と種子植物(裸子植物と被子植物)。
② 形成層をもつのは，裸子植物と，被子植物の双子葉類。
③ 道管をもつのは，被子植物(双子葉類と単子葉類)。

問1　根の先端に根端分裂組織，茎の先端に茎頂分裂組織がある。
問5　aは表皮細胞の一部が突出した根毛。水や無機塩類を吸収する。

答

問1　アーコケ植物　イー仮道管　ウー裸子　エー形成層　オー頂端分裂　カー基本組織　キー気孔　クー葉脈
問2　師管：葉で合成した同化産物を他の器官に運ぶ通路となる。(24字)
道管：根で吸収した水や無機塩類を上昇させる通路となる。(24字)
問3　シダ植物と裸子植物　**問4**　葉緑体　**問5**　aー根毛　dー道管(木部)　eー師管(師部)　jーさく状組織　kー海綿状組織

演習問題

⇨ 解答は312ページ

1 ↪ 必修基礎問 03

右の図は，電子顕微鏡で見た被子植物の細胞構造を，模式的に示したものである。次の問いに答えよ。

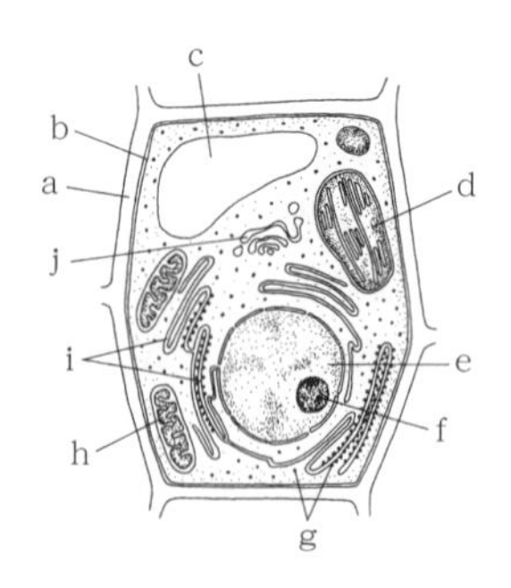

問1 次の問2の説明文も参考にして，図中のａ～ｊの構造体の名称を記せ。

問2 次の説明文のうち，正しいものには○を，正しくないものには×を記せ。

ア．ａはセルロースを主成分とし，細胞に機械的強度を与える。

イ．ａは被子植物だけでなく菌類や原核生物にもある。

ウ．植物細胞を適当な酵素で処理するとａが除かれ，四角いプロトプラストになる。

エ．道管や師管の細胞ではａは木化している。

オ．植物細胞を低張液に入れると細胞内の水が奪われ，ｂがａから離れて原形質分離が起こる。

カ．ｂを電子顕微鏡で観察すると，暗・明・暗の構造に見える。このような膜構造は，ｄ，ｅ，ｈなどの膜にもみられ，生体膜と総称される。

キ．ｃは若い細胞ほど大きく，細胞が成熟するにしたがって小さくなる。

ク．赤や青の花の色やカエデなどの紅葉の色は，ｃ内の細胞液中のキサントフィルという色素による。

ケ．ｄはチラコイドという膜構造が積み重なったグラナと，それ以外のストロマとからなる。

コ．ｄではまずクロロフィルが光エネルギーを吸収して水が分解され，つづく反応でカルビン回路により二酸化炭素から有機物が合成される。

サ．光合成反応の水の分解反応はｄのストロマで，カルビン回路はチラコイドで行われる。

シ．光合成産物はデンプン粒としてｄ内に蓄えられるが，必要に応じてｄの外でスクロースに分解され，転流によって道管を通って他の組織に運ばれて使われる。

ス．ｅは生命活動の中心で，遺伝情報を二重らせん構造の DNA として蓄積している。

セ．ｅ内の DNA 上の情報は，tRNA(転移 RNA)によって細胞質に運ばれ，ｇでは tRNA の遺伝暗号(コドン)にしたがってアミノ酸が結合されて，酵素などのタンパク質が合成される。

ソ．合成されたタンパク質の一部は，さらにｊなどに運ばれて，糖などによる修飾を受けることにより，一定の機能をもつようになる。

タ．hの中では解糖系によりグルコースがピルビン酸に分解され，その後，クエン酸回路と電子伝達系によって，グルコース1分子から最大38分子の ATP がつくられる。

チ．dとhは，細胞内で二分裂によってふえる。

ツ．細胞が分裂するときには，まず，eが2つに分かれて両極に移動し，その後に細胞質が二分される。

テ．被子植物などの真核細胞のdとhは，細胞進化の過程で，光合成機能をもつシアノバクテリアと好気性細菌とが共生してできたとする仮説があり，これを細胞内共生説という。

ト．a～jのうち，動物の細胞でみられないのは，aだけである。

〈大阪公大〉

2

必修基礎問 03，20

右図は植物の葉の細胞分画の手順を示したものである。

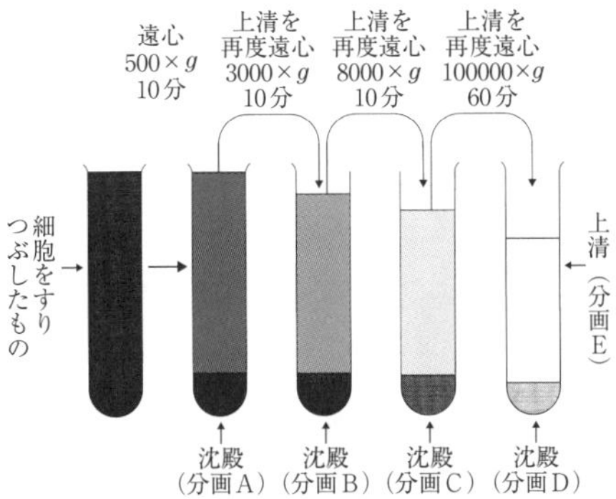

問1 図中の g は何を表しているか。

問2 次の特徴があるのはどの分画か。

① 解糖系の反応に関与する酵素が多く存在する分画。

② クエン酸回路に関与する酵素が多く存在する分画。

③ タンパク質合成の場となる構造体が多く含まれる分画。

④ 光合成の場となる構造体が多く含まれる分画。

問3 細胞分画の操作はどのような温度条件で行えばよいか。次から1つ選び，その理由を35字以内で説明せよ。

① 35～40℃　　② 10～20℃　　③ 4℃以下

〈昭和薬大〉

3

必修基礎問 05，実戦基礎問 03

ある哺乳類の胚からとった細胞を培養した。これらの培養細胞の細胞周期の各期の長さは，G_1期＝10時間，S期＝8時間，G_2期＝4時間，M期＝2時間である。ただし，全体としてみると細胞周期の各期にいる細胞が混じりあっている。

問1 (1) 細胞を ^{3}H で標識したチミジン(チミンを塩基としてもつヌクレオシド)を含む培地で短時間培養した。このチミジンは細胞周期のどの期の細胞のどこに取り込まれるか。またそれはなぜか。60字以内で述べよ。

(2) その後，^{3}H で標識したチミジンを含まない培地にかえて，細胞を16時間培養した。^{3}H で標識したチミジンを取り込んだ細胞は，細胞周期のどの期にいるか。

問 2　この細胞の細胞周期における細胞当たりの DNA の相対量を，右の図1に実線で記入せよ。ただし，G_1 期の最初の DNA の相対量を2とすること。

図1

問 3　これらの細胞1個当たりの DNA の相対量を横軸に，細胞数を縦軸に示したグラフは右の図2のようになる。

(1) 細胞培養の培地中に DNA ポリメラーゼを阻害するアフィディコリンという試薬を加えて30時間おいた。このときの細胞1個当たりの DNA の相対量と細胞数との関係をグラフに示せ。なお，グラフの縦軸・横軸・目盛りは，図2と同じものを使用すること。

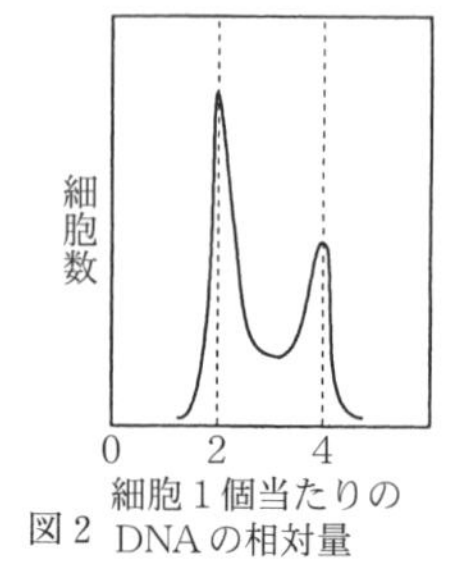

図2

(2) その後，アフィディコリンを含まない培地にかえて，細胞を10時間培養した。次に再びアフィディコリンを加えて16時間培養した。このときの細胞1個当たりの DNA の相対量と細胞数との関係をグラフに示せ。なお，グラフの縦軸・横軸・目盛りは，図2と同じものを使用すること。

〈千葉大〉

4 必修基礎問 04

細胞膜は，主に脂質とタンパク質からなり，細胞の中と外を分ける仕切りをつくっている。ほとんどの物質の細胞への出入りは，細胞膜にあるタンパク質の働きで調節されている。水の出入りも水チャネルと呼ばれるタンパク質によって調節されている。

水チャネルの働きは，次のような実験からわかった。まず，3つのアフリカツメガエルの卵母細胞P，QおよびRを用意した。(a)卵母細胞Pには水チャネルの遺伝子から転写されたmRNA の水溶液を注入した。一方，(b)卵母細胞Qには mRNA を含まない水だけを注入し，卵母細胞Rには注入操作を行わなかった。これらの卵母細胞を3日間等張液の中に置いた後，水で液を3倍に薄めて卵母細胞の容積を調べたところ，右図に示した結果が得られ，卵母細胞Pで新たにつくられた水チャネルが，細胞膜の水透過性を高める働きがあ

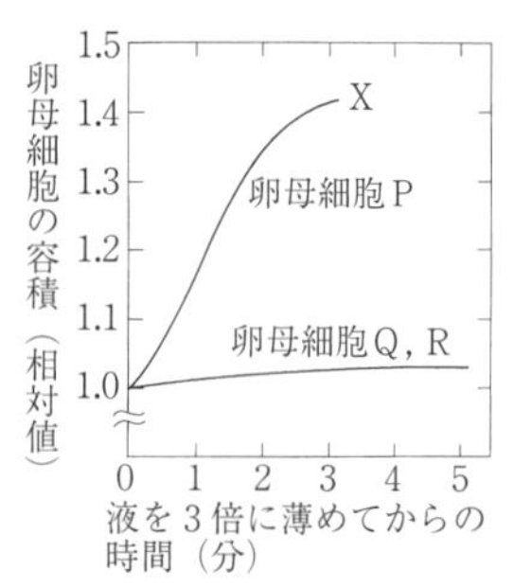

図　卵母細胞の容積変化
卵母細胞QとRの結果はほぼ同じであったので1本の線で表してある。

ることがわかった。その後の研究によって，水チャネルが卵母細胞の細胞膜に運ばれるまでにゴルジ体を経ること，また，運ばれる途中では4分子集まっていることもわかった。

腎性尿崩症と呼ばれる病気の一部は，腎臓の主に集合管にある水チャネルの遺伝子の突然変異によってアミノ酸が置き換わったことが原因となって起こり，(c)腎臓がバソプレシンに応答できなくなってしまう。この突然変異による病気の遺伝様式には，アミノ酸の置き換わり方によって，顕性の場合と潜性の場合の両方がある。このうち，(d)潜性変異をヘテロにもつ細胞を調べたところ，細胞膜とゴルジ体には正常型の水チャネルが存在し，細胞膜の水チャネルは正常に働いていた。また，変異型の水チャネルは転写・翻訳はされているものの，ゴルジ体にも細胞膜にも存在しなかった。一方，(e)顕性変異をヘテロにもつ細胞を調べたところ，細胞膜の水チャネルの働きは著しく低下していた。また，この細胞のゴルジ体には，正常型と変異型の両方の水チャネルが存在していた。

問1　下線部(a)について。図のX印の点で卵母細胞Pに起こったことを，類似した例をあげて30字以内で述べよ。

問2　下線部(b)について。卵母細胞QとRを用意したのは，どのようなことを調べるためか。2つの目的を50字以内で述べよ。

問3　下線部(c)について。どのような応答か，20字以内で述べよ。

問4　下線部(d)について。潜性変異型の水チャネルは，翻訳後どのようになると考えられるか。2つの可能性を予想し，合わせて30字以内で述べよ。

問5　下線部(e)について。

(1)　この細胞における水チャネルの機能低下を，野生型と顕性変異型の水チャネルの輸送過程における集まり方に着目して，100字以内で説明せよ。

(2)　この細胞の細胞膜には機能的な水チャネルがどれほどの量，存在するか。野生型の水チャネル遺伝子をホモにもつ細胞と比較して，80字以内で述べよ。

〈東大〉

第2章 生物の進化と系統

必修基礎問 5. 生命の起源と生物の変遷

08 生命の起源

生物

現在地球上には，約190万の生物種が記録されている。その生物は地球上に誕生した単一種が起源であると考えられている。それは(ア)すべての生物がその生化学的基盤をお互いに共有しているからである。しかし，地球が約46億年前に誕生したときは，有機物はなく生命は存在しなかった。パスツールは1861年に実験によって自然発生説を否定した。しかし，地球上で生命の誕生を考えるとき無機物からの有機物の生成や，原始生命体の発生を説明しなければならない。

地球の幼年期において，大気と原始の海に含まれたさまざまな無機化合物から，火山活動の熱エネルギー，太陽からの紫外線などによって有機物が合成されたと推定されている。これを検証するために，ミラーは1953年に実験を行った。その結果，無機物から有機物の合成に成功した。さらに細胞の起源については，オパーリンのコアセルベートと呼ばれる原始的な細胞に似たものを想定した説や，原田とフォックスによるミクロスフェアなどのいくつかの仮説がある。現在化石として発見されている最も古い生物は，約35億年前の地層からの原核生物である。最初の生物が従属栄養生物か独立栄養生物かはまだよくわかっていない。やがて，約27億年前にシアノバクテリアが出現したと考えられている。さらに真核生物が出現し，その出現は約21億年前と推定されている。(イ)真核生物の細胞の起源については，その細胞内に共生した好気性細菌がミトコンドリアに，共生したシアノバクテリアの一種が葉緑体になったという説が有力である。そして，それらの共生によって真核生物は進化したと考えられている。

問1　下線部(ア)に述べられた全生物に共通する特徴を２つ述べよ。

問2　生物進化以前の，細胞が誕生するまでの過程を何と呼ぶか答えよ。

問3　ミラーの行った実験を簡潔に説明せよ。

問4　シアノバクテリアの出現によって形成された堆積岩を何というか答えよ。

問5　シアノバクテリアのような光合成生物の出現によって，地球の大気は出現前と比べて，どう変化したか説明せよ。

問6　生物は細胞の構造や性質から，原核生物と真核生物に分けられる。その特徴のうち，原核生物のみ・真核生物のみ・どちらにも共通する特徴をそれぞれ説明せよ。

問7　下記の生理作用の反応式の主要過程は，原核生物・真核生物のいずれの細胞にも存在している。その過程の名称と細胞のどこにその働きがあるかを答えよ。

$C_6H_{12}O_6 \rightarrow 2C_3H_4O_3 + 2[H_2]^*$　$[H_2]^*$ は $NAD^+ \rightarrow NADH + H^+$ の反応を示す。

問8　下線部(イ)の仮説を支持する根拠として，ミトコンドリアと葉緑体がもつ共通性があげられる。二重膜をもつこと以外の根拠を35字以内で述べよ。

(愛知教育大)

精講

●化学進化　無機物から，生命誕生に必要なアミノ酸や糖，核酸塩基などの有機物ができる過程を化学進化という。ミラーは仮想した原始大気であるアンモニア・メタン・水素・水蒸気からアミノ酸や有機酸が合成されることを示した。今日では，原始大気は，二酸化炭素・一酸化炭素・窒素・水蒸気などを主体としていたと考えられている。

化学進化 ⟶ **生命誕生**(40億年前)嫌気性・原核生物 ⟶ **シアノバクテリア**(27億年前) ⟶ **好気性生物**(25億年前) ⟶ **真核生物**(21億年前) ⟶ **多細胞生物**(10億年前)

●マーグリスの細胞内共生説　好気性の細菌やシアノバクテリアが他の細胞内に共生してミトコンドリアや葉緑体になったという説。これらが独自のDNAやリボソームをもち，半自律的に分裂・増殖することが根拠とされる。

答

問1　①　遺伝暗号が共通している。　②　エネルギー通貨としてATPを利用する。　**問2**　化学進化

問3　アンモニア・メタン・水素・水蒸気を閉じ込めた装置に放電を行い，有機酸やアミノ酸を合成した。

問4　ストロマトライト　**問5**　酸素濃度が上昇した。

問6　原核生物のみ：核膜がなく，DNAは細胞質中に存在し，膜に囲まれた細胞小器官をもたない。　**真核生物のみ**：核膜に囲まれた核をもち，ミトコンドリア・葉緑体・ゴルジ体などの細胞小器官をもつ。

共通：細胞膜に囲まれ，遺伝子の本体としてDNAをもち，細胞小器官としてはリボソームをもつ。

問7　解糖系，細胞質基質

問8　独自のDNAやリボソームをもち，半自律的に分裂・増殖すること。(31字)

必修基礎問

09 生物の変遷

多細胞生物の化石がはじめて大量に見つかるのは，先カンブリア時代末の地層からである。世界各地に分布するこの時代の地層からは，クラゲなど多種の［ア］のほか，現存種との類縁関係が不明な比較的大形の多細胞生物の化石が知られている。これらの生物群は，最初に発見された場所(オーストラリア)の地名にちなんで，［A］生物群と呼ばれている。

先カンブリア時代の末から古生代のはじめにかけては，(a)生物の陸上への進出が可能となる環境条件ができた。また，(b)カンブリア紀からはじまる古生代から中生代にかけては，いろいろな生物の出現や繁栄，さらには絶滅などが起こった。たとえば，カンブリア紀にはゴカイなどの［イ］や三葉虫などの［ウ］をはじめとする多種多様な生物が出現している。さらに新生代になると，哺乳類と被子植物の時代と呼ばれるようになり，私たちヒトの祖先もこの時代に出現した。

問1 上の文中の［ア］～［ウ］に最も適した語句を次から1つずつ選べ。

① 脊椎動物　② 節足動物　③ 線形動物
④ 扁形動物　⑤ 刺胞動物　⑥ 環形動物
⑦ 原索動物　⑧ 軟体動物　⑨ 棘皮動物

問2 文中の［A］に最も適した語句を入れよ。

問3 下線部(a)について，生物の陸上進出を可能にした主な条件を，その成立過程とともに80字以内で記せ。

問4 下線部(b)について，以下のaからfは中生代と古生代を構成する地質時代を，①から⑧はこれらの時代に起こった生物の出来事を述べたものである。まず，aからfを年代の早い(古い)順にならべ，①から⑧の出来事については，古生代と中生代に分けて右の欄に示せ。

地質時代		出来事
古生代	カンブリア紀	(7)
	(1)	
	(2)	
	(3)	
	(4)	
	ペルム(二畳)紀	
中生代	三畳紀	(8)
	(5)	
	(6)	

a．石炭紀　b．白亜紀
c．シルル紀　d．オルドビス紀　e．デボン紀　f．ジュラ紀

① 魚類の出現　② 恐竜類の絶滅　③ は虫類の出現
④ 木生シダ類の繁栄　⑤ 被子植物の出現　⑥ 三葉虫の絶滅
⑦ 藻類の繁栄　⑧ 哺乳類の出現

(東京海洋大)

●先カンブリア時代(地球誕生～5.4億年前)　化学進化，生命誕生，シアノバクテリア出現，好気性生物出現，真核生物出現，多細胞生物出現。

エディアカラ生物群：オーストラリアのエディアカラ丘陵で発見された最古(約6億年前)の多細胞生物の化石群。

●古生代(5.4～2.45億年前)

植物：シルル紀に陸上植物，石炭紀に木生シダの大森林形成，裸子植物出現。

動物：カンブリア紀に種の多様性が一気に増加，デボン紀に両生類出現，石炭紀には虫類出現，ペルム紀(二畳紀)に三葉虫絶滅。

バージェス動物群：カナダのバージェス峠で発見された，約5.3億年前の化石動物群。アノマロカリスやオパビニアなど。

●中生代(2.45～0.65億年前)

植物：白亜紀に被子植物出現。

動物：三畳紀(トリアス紀)に卵生哺乳類出現，ジュラ紀に鳥類出現，恐竜繁栄，白亜紀に恐竜・アンモナイトなど絶滅。

●新生代(0.65億年前～現在)

植物：被子植物繁栄。

動物：哺乳類繁栄，ヒトの出現と繁栄。

●地質時代と生物変遷のまとめ

古生代：**カンブリア紀→オルドビス紀→シルル紀**(陸上植物出現)**→デボン紀**(両生類出現)**→石炭紀**(木生シダの大森林，は虫類出現)**→ペルム紀**

中生代：**三畳紀**(卵生哺乳類出現)**→ジュラ紀**(鳥類出現，恐竜繁栄)**→白亜紀**(被子植物出現，恐竜絶滅)

新生代：**第三紀→第四紀**(ヒトの出現)

問3　酸素増加 → オゾン層形成 → 紫外線吸収 → 地表に到達する紫外線量の減少　の4点を書く。

問1　ア－⑤　イ－⑥　ウ－②　**問2**　エディアカラ

問3　シアノバクテリアの光合成によって大気中の酸素が増加し，オゾン層が形成された。これが生物に有害な紫外線を吸収したため，地表に到達する紫外線量が減少した。(75字)

問4　(1)　d　(2)　c　(3)　e　(4)　a　(5)　f　(6)　b
(7)　①，③，④，⑥，⑦　(8)　②，⑤，⑧

必修基礎問

6. 有性生殖と遺伝的多様性

10 減数分裂

生物

精子や卵のような配偶子を形成する際には減数分裂が行われる。減数分裂では，第一分裂と第二分裂と呼ばれる2回の連続した分裂を経て，4個の娘細胞に染色体が分配される。第一分裂の前期では相同染色体どうしは平行に並んで［ア］し，［イ］を形成する。また，［イ］を構成する相同染色体の間で交さが起こり，染色体が部分的に交換される［ウ］が起こることが多い。この染色体で交さが起こっている部分を［エ］という。［ウ］を起こした相同染色体間で新たな遺伝子の組み合わせが生じることを［オ］という。その後，中期には［イ］が紡錘体の赤道面に並び，後期には［イ］が［ア］面で分離して両極へ移動する。終期には［カ］が二分されて第一分裂が終了し，第二分裂へと続く。

問1　上の文中の空欄に適語を入れよ。

問2　染色体数が $2n=6$ の生物について，次の問いに答えよ。

(1)　第一分裂前期に［ウ］が起こらなかったとすると，減数分裂により生じる配偶子の染色体の組み合わせは何通りか。

(2)　この生物において，卵と精子が受精して生じた子の染色体の組み合わせは何通りになるか。ただし［ウ］は起こらなかったものとする。

(3)　一般に，［ウ］が起こると，配偶子がもつ遺伝子の組み合わせの数は(1)の場合に比べて増えるか，減るか，変わらないか答えよ。

問3　これから減数分裂を行う細胞について，G_1 期の細胞1個当たりのDNA量を2Cとすると，(1)第一分裂中期，(2)第二分裂中期，および(3)生じた配偶子の，細胞1個当たりのDNAの相対量はそれぞれいくらになるか。1C～4Cの記号で答えよ。　（麻布大・大阪歯大）

精講

●減数分裂の特徴

(1)　第一分裂前期で相同染色体どうしが対合（たいごう）し，二価染色体を形成する。

(2)　このとき，相同染色体間で乗換えが起こり，その結果，遺伝子の組換えが起こる。

(3)　第一分裂後期で，相同染色体どうしが対合面から分離する。

⇒ その結果，染色体数が半減する。

(4)　2回の分裂が連続して行われる（第二分裂の前にDNA複製が行われない）。

(5)　減数分裂の結果生じる娘細胞の染色体の組み合わせは，染色体数を $2n$ で表すと，乗換えがなければ 2^n 通りになる。

Point 8　$2n$ 本の染色体をもつ細胞から減数分裂で生じる娘細胞の染色体の組み合わせは，2^n 通り。（ただし，乗換えがない場合）

問1　相同染色体どうしが対合したとき，染色体間で交さが起こる。染色体の交さ部分をキアズマという(右図)。交さが起こった結果，染色体の一部が交換されることを乗換えという。染色体が乗換えた結果，新たな遺伝子の組み合わせが生じることを組換えという。

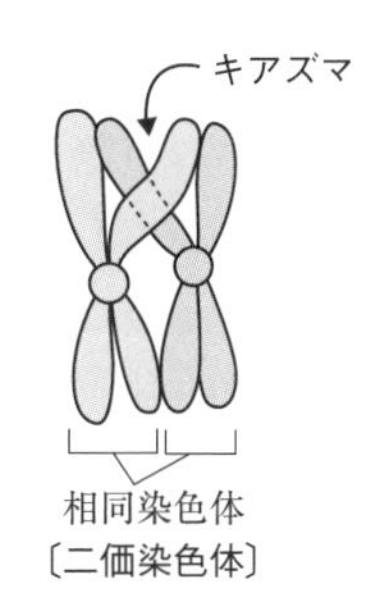

問2　(1)　この場合は $2n=6$ なので，$n=3$。よって，乗換えがなければ生じる配偶子の染色体の組み合わせは 2^3 通りになる。

(2)　卵が 2^3 通り，精子も 2^3 通りなので，それらの受精で生じる子は $2^3 \times 2^3$ 通りとなる。

(3)　乗換えがなければ生じる配偶子がもつ遺伝子の組み合わせは 2^n 通りだが，実際には染色体間で乗換えが起こり，遺伝子の組換えが生じるので，生じる配偶子の遺伝子の組み合わせは 2^n 通りよりも非常に大きくなる。

問3　減数分裂に伴うDNA量の変化をグラフにすると下図のようになる。

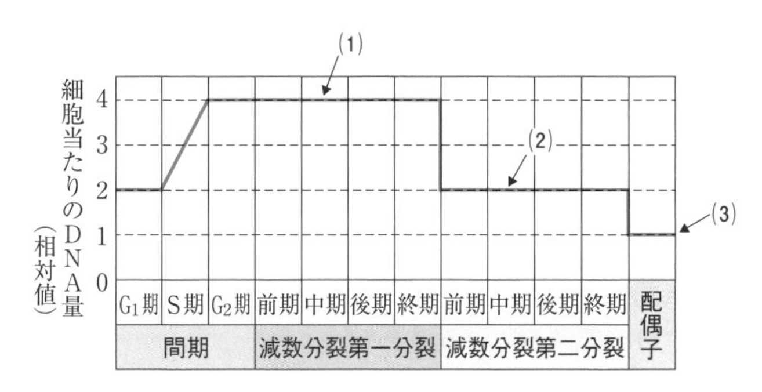

答

問1　ア－対合　イ－二価染色体　ウ－乗換え　エ－キアズマ
　オ－組換え　カ－細胞質

問2　(1)　8通り　(2)　64通り　(3)　増える

問3　(1)　4C　(2)　2C　(3)　1C

11 独立と連鎖

ある生物の遺伝子型 $AABB$ の個体と $aabb$ の個体の交配で生じた F_1 について，以下の問いに答えよ。

問1 遺伝子 $A(a)$ と遺伝子 $B(b)$ が別々の染色体上に存在すると仮定すると，F_1 から生じる配偶子の遺伝子型とその比はどうなるか。

問2 実際にはこれらの遺伝子は同一染色体上にあり連鎖している。

(1) もし乗換えが起こらないと仮定すると，F_1 から生じる配偶子の遺伝子型とその比はどうなるか。

(2) 組換えが10%の割合で起こると仮定すると，F_1 から生じる配偶子の遺伝子型とその比はどうなるか。

（神戸女大）

精講 **●独立の関係にある（別々の染色体上に遺伝子がある）場合の配偶子形成** 遺伝子型が $AaBb$ の個体から生じる配偶子は，下図のように $AB : Ab : aB : ab = 1 : 1 : 1 : 1$ になる。

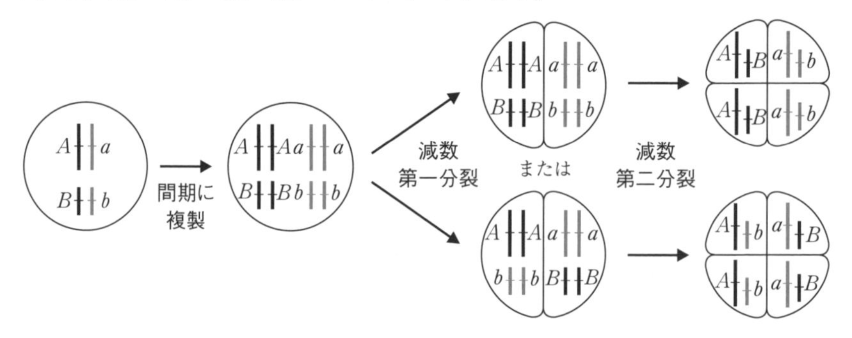

●連鎖している（同一の染色体上に遺伝子がある）場合の配偶子形成

① A と B（a と b）が連鎖している場合

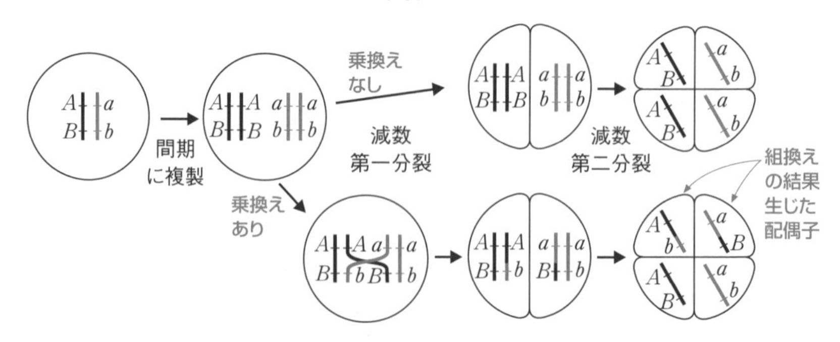

結果的に，$AB:Ab:aB:ab$＝多：少：少：多　という配偶子が生じる。

組換えがなければ(完全連鎖)，少の部分が0となる。

② Aとb(aとB)が連鎖している場合

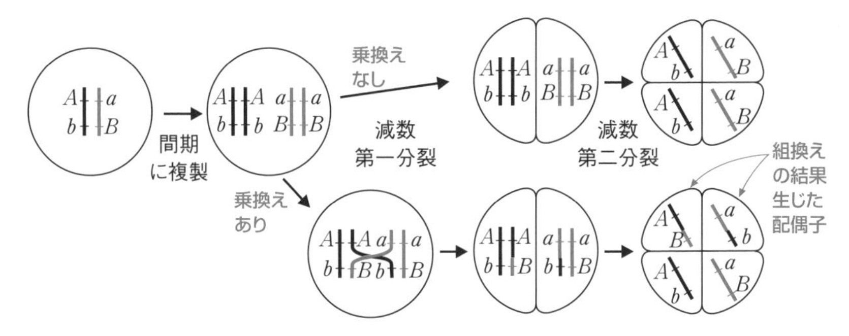

$AB:Ab:aB:ab$ ＝少：多：多：少　となる。

●組換え価の求め方

$$組換え価(\%) = \frac{組換えの結果生じた配偶子の数}{全配偶子数} \times 100$$

Point 9　$AaBb$から生じる配偶子のパターン

① 独立の場合　$AB:Ab:aB:ab$ ＝1：1：1：1

② AとBの連鎖の場合　$AB:Ab:aB:ab$ ＝多：少：少：多

③ Aとbの連鎖の場合　$AB:Ab:aB:ab$ ＝少：多：多：少

解説

問1　別々の染色体上＝独立の関係にある。

問2　(1)　親の組合せ($AABB \times aabb$)から考えて，この場合はAとB(aとb)が連鎖している。もし親が$AAbb$と$aaBB$ならば，Aとb(aとB)が連鎖していると判断する。

「乗換えがない＝完全連鎖」という仮定なので，生じる配偶子は$AB:ab$=1：1となる。

(2)　組換え価が10%なので，配偶子は$AB:Ab:aB:ab$=9：1：1：9となる。

答

問1　$AB:Ab:aB:ab$=1：1：1：1

問2　(1)　$AB:ab$=1：1　(2)　$AB:Ab:aB:ab$=9：1：1：9

実戦基礎問 04 性決定と伴性遺伝

生物

A．右図はある動物の体細胞の染色体構成を模式的に示したものである。

問1 この動物の性決定様式は次のうちのいずれか。

① ZW 型　② ZO 型　③ XY 型　④ XO 型

問2 常染色体の1組をAで表すものとすると，この動物の雄がつくる精子の染色体構成を例にならって答えよ。　例） 2A＋XY

問3 染色体の乗換えが起こらないと仮定すると，この動物の雌がつくる卵の染色体の組合せは何通りあると考えられるか。

B．キイロショウジョウバエは XY 型の性決定をする。赤眼は白眼に対して顕性で，これらの形質はX染色体上に存在する1対の対立遺伝子に支配されている。いま，赤眼の雌と白眼の雄を交配すると，F_1 はすべて赤眼となった。

問4 F_1 の雌雄を交配して得られる F_2 の表現型とその比はどうなるか。雌雄に分けて別々に答えよ。

C．カイコガは ZW 型の性決定をする。幼虫の体色には正常と油蚕があり正常が顕性である。いま，正常体色の雌と油蚕の雄を交配すると，F_1 の雌はすべて油蚕，雄はすべて正常体色となった。

問5 F_1 の雌雄を交配して得られる F_2 の表現型とその比はどうなるか。雌雄に分けて別々に答えよ。

(東京慈恵会医大)

精講

●**性決定**　性染色体による性決定の様式には，下表の4種類がある。

性の決定様式		♂	♀	生物例
雄ヘテロ型	XY 型	2A＋XY	2A＋XX	キイロショウジョウバエ，ヒト
	XO 型	2A＋ X	2A＋XX	バッタ
雌ヘテロ型	ZW 型	2A＋ZZ	2A＋ZW	ニワトリ，カイコガ
	ZO 型	2A＋ZZ	2A＋ Z	ミノガ

●**伴性遺伝**　X染色体上，あるいはZ染色体上に存在する遺伝子による遺伝を伴性遺伝という。キイロショウジョウバエの赤眼の雄(X^RY)と白眼の雌(X^rX^r)を交配すると，F_1 の雄は白眼(X^rY)，雌は赤眼(X^RX^r)となる。

このように，生じる子供の雌雄で表現型が異なる場合があるのが伴性遺伝の特徴である。

Point 10 性決定と伴性遺伝

① XO 型や ZO 型のヘテロ型の性では染色体数が奇数。
② 生じた子供の雌雄で，表現型が異なれば伴性遺伝。

解説 **問1** 雌の染色体数は8本だが，雄は7本しかない。これは雄ヘテロ型で，Y染色体が存在しないためで XO 型とわかる。ZO 型であれば雄は偶数で，雌が奇数になる。XY 型や ZW 型であれば雌雄とも偶数になる。

問2 雄の7本のうちの6本は常染色体で，この半数(3本)をAとおくと，この図の染色体構成は 2A+X と表すことができる。これが減数分裂すれば，3本の常染色体とX染色体をもつ細胞(A+X)と，3本の常染色体をもち性染色体をもたない細胞(A)の2種類が生じる。

問3 雌は $2n=8$ で4種類の相同染色体をもつ。減数分裂で相同染色体どうしが離れ離れになるので，1種類の相同染色体につき2通りずつ，4種類の相同染色体からでは 2^4 通りの組合せが生じる。

問4 赤眼の雌(X^RX^R)と白眼の雄(X^rY)を交配すると，F_1 の雄は X^RY，雌は X^RX^r となる。この F_1 どうしを交配すると右表のようになり，雌は $X^RX^R：X^RX^r=1：1$，雄は $X^RY：X^rY=1：1$ となる。

♀＼♂	X^R	Y
X^R	X^RX^R	X^RY
X^r	X^RX^r	X^rY

問5 F_1 の雌雄で表現型が異なるので，伴性遺伝とわかる。カイコガは ZW 型なので，Z染色体上に遺伝子がある。

正常体色の雌を Z^AW，油蚕の雄を Z^aZ^a とすると，F_1 は Z^aW と Z^AZ^a となり，確かに雌は油蚕，雄は正常体色となる。この F_1 どうし，すなわち $Z^aW×Z^AZ^a$ の交配を行えばよいので，右表のようになる。雌は $Z^AW：Z^aW=1：1$，雄は $Z^AZ^a：Z^aZ^a=1：1$ となる。

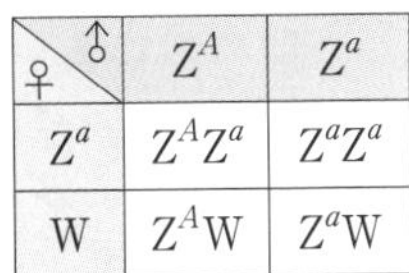

♀＼♂	Z^A	Z^a
Z^a	Z^AZ^a	Z^aZ^a
W	Z^AW	Z^aW

問1 ④　**問2** A+X，A　**問3** 16通り
問4 雌－すべて赤眼　雄－赤眼：白眼=1：1
問5 雌－正常：油蚕=1：1　雄－正常：油蚕=1：1

実戦 基礎問

05 三遺伝子雑種

ある種のハエで，互いに連鎖している白眼(w)，切れ翅(t)，棒眼(b)は，野生型の赤眼(W)，正常翅(T)，丸眼(B)に対して潜性である。白眼・切れ翅・棒眼のハエと野生型のハエを交配すると F_1 はすべて野生型であった。この F_1 に白眼・切れ翅・棒眼の個体を交配して右表に示す1000個体を得た。

形　質	個体数
白眼，切れ翅，棒眼	407
赤眼，正常翅，丸眼	405
白眼，正常翅，丸眼	56
赤眼，切れ翅，棒眼	52
白眼，正常翅，棒眼	35
赤眼，切れ翅，丸眼	33
白眼，切れ翅，丸眼	7
赤眼，正常翅，棒眼	5

問1　F_1 の遺伝子型を答えよ。

問2　w と b の間で組換えの起こった個体は，1000個体のうちの何個体か。

問3　w，t，b の染色体地図を作成した。右図の空欄に適切な数値や記号を入れよ。

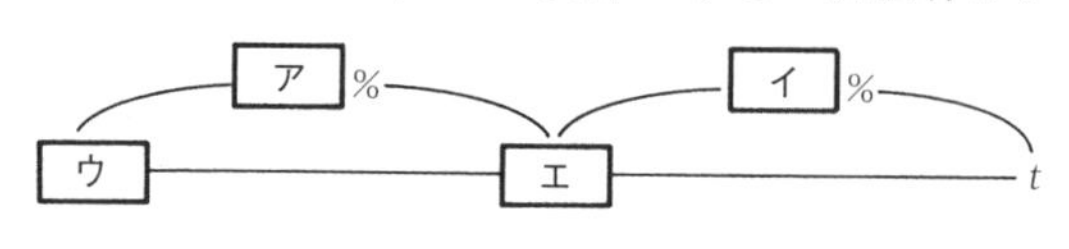

問4　表の個体のうち，二重乗換えによって生じた個体の表現型を答えよ。

（静岡大）

精講

●染色体地図　遺伝子間の距離が大きければ，その間で乗換えが起こり，遺伝子間に組換えが生じる可能性が高い。たとえば，$a-b$ 間の組換え価が10%，$b-c$ 間の組換え価が３%，$a-c$ 間の組換え価が７%であるとすると，右図のように遺伝子が配列していると判断できる。

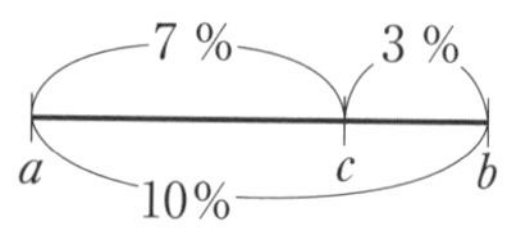

このようにして描いた図を染色体地図といい，モーガンがキイロショウジョウバエを用いて作成した。

●二重乗換え　遺伝子間で２回乗換えが起こることを二重乗換えという。二重乗換えが起こると，結果的に遺伝子間の組換えは起こらない。そのため，$a-b-c$ の順に並んでいる遺伝子で，$b-c$ 間の組換え価が３%，$a-b$ 間の組換え価が７%で，$a-c$ 間に二重乗換えが起こると，$a-c$ 間の組換え価は10%よりも小さくなる。

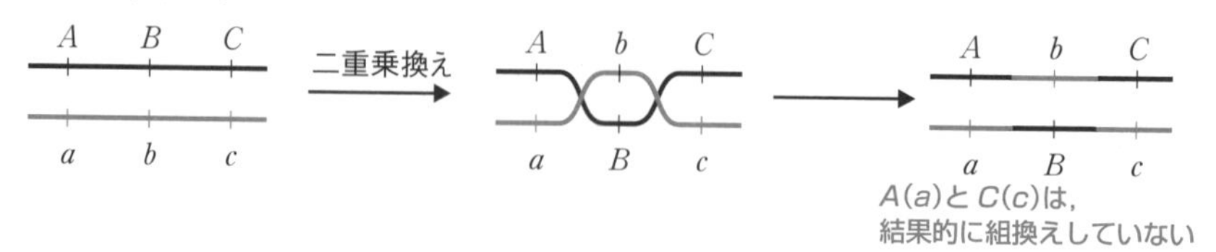

 ① 組換え価が小さい＝乗換えしにくい＝遺伝子間の距離が短い。
② 染色体地図は，モーガンがキイロショウジョウバエを使って作成した。

解説 問1　F_1 がすべて野生型になったので，親はホモ接合体とわかる。

$$wwttbb \times WWTTBB \longrightarrow WwTtBb$$

問2　この F_1 に $wwttbb$ を交配，すなわち検定交雑したので，問題文の表は F_1 から生じる配偶子の比率を示している。これを配偶子の遺伝子型に直すと右表のようになる。

遺伝子型	個体数
wtb	407
WTB	405
wTB	56
Wtb	52
wTb	35
WtB	33
wtB	7
WTb	5

$W(w)$ と $B(b)$ に注目してまとめると，

$WB : Wb : wB : wb = 405+33 : 52+5 : 56+7 : 407+35$
$= 438 : 57 : 63 : 442$

問3　同様に $T(t)$ と $B(b)$ についてまとめると，

$TB : Tb : tB : tb = 405+56 : 35+5 : 33+7 : 407+52$
$= 461 : 40 : 40 : 459$

$W(w)$ と $T(t)$ についてまとめると，

$WT : Wt : wT : wt = 410 : 85 : 91 : 414$

よって，$W-B$ 間の組換え価は，$\dfrac{57+63}{438+57+63+442} \times 100 = 12\%$

$T-B$ 間の組換え価は，$\dfrac{40+40}{461+40+40+459} \times 100 = 8\%$

$W-T$ 間の組換え価は，$\dfrac{85+91}{410+85+91+414} \times 100 = 17.6\%$

問4　F_1 の染色体は下図のようになっている。これが減数分裂の際に二重乗換えを起こすと，WTb や wtB といった配偶子が生じる。

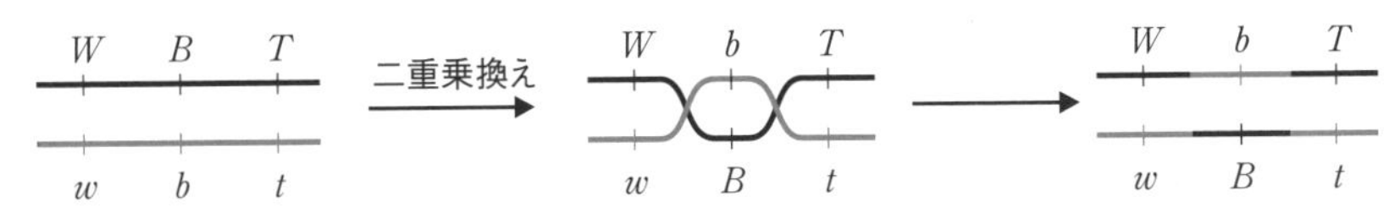

答
問1 $WwTtBb$　問2 120個体
問3 ア－12　イ－8　ウ－w　エ－b
問4 白眼・切れ翅・丸眼 と 赤眼・正常翅・棒眼

12 進化のしくみと集団遺伝

生物

進化が起こるためには突然変異による遺伝子の変化が必要であり，個体レベルで生じた突然変異が集団全体に広がっていく必要がある。そこで，集団がもつ遺伝子の集合全体を［ア］と呼び，［ア］における対立遺伝子の頻度(遺伝子頻度)の変化によって進化を考える必要がある。

遺伝子頻度はさまざまな要因によって変化するが，集団の大きさが十分に大きく自由に交配する，個体間に生存・繁殖力の差がない，［A］，［B］という一定の条件を備えた［ア］をもつ集団では，遺伝子頻度は世代をこえて変化しない。これをハーディ・ワインベルグの法則といい，これらの条件が満たされなければ，進化が起こる可能性がある。

生息環境において生存・繁殖に有利な突然変異が生じた個体は，他の個体よりも子を残しやすくなる。これを［イ］といい，［イ］の過程で集団内の遺伝子頻度が変化する。しかし，ゲノム中のDNAの塩基配列に起こる突然変異の中で，生存・繁殖に有利なものは非常にまれであり，［イ］に対して有利でも不利でもないものがほとんどである。このような考えを［ウ］説といい，［ウ］的な突然変異が生じた遺伝子は偶然によって集団全体に広がることがある。このような偶然による遺伝子頻度の変化を［エ］という。

問1 上の文中の［ア］～［エ］に適語を入れよ。

問2 ［A］および［B］に当てはまる，ハーディ・ワインベルグの法則が成立するために必要な条件をそれぞれ10字以内で記せ。ただし，解答の順序は問わない。

問3 ある生物の個体群において，対立遺伝子Aとaで決まる形質があり，遺伝子Aはaに対して顕性で，顕性形質をもつ個体が全体の91％存在したとする。この集団では，ハーディ・ワインベルグの法則が成立するものとして，以下の問いに答えよ。

(1) この個体群における遺伝子Aとaの遺伝子頻度を，それぞれpとq(ただし$p+q=1$)とする。pとqの値を求めよ。

(2) この個体群のある世代において一時的に環境の変化が起こり，潜性形質をもつ個体がすべて死亡したとする。潜性形質をもつ個体がすべて死亡してから，次の世代が生じるまでに環境が元に戻ったとする。次の世代の集団における遺伝子Aの遺伝子頻度を四捨五入して小数第2位まで記せ。

(長崎大)

●**自然選択**　生じた変異の中で生存に不利なものは淘汰され，生存に有利なものが残っていくという考え方。ダーウィンが提唱。

●**中立説**　生存に有利な変異はほとんど生じず，生存に不利なものは淘汰され，生存に有利でも不利でもないものが残るという考え方。木村資生が提唱。

●**遺伝的浮動**　偶然によって遺伝子頻度が変化するという現象。

●**ハーディ・ワインベルグの法則**　Point 12 にあげたような条件が成立すると，遺伝子プール内の遺伝子頻度は代を経ても変化しない。このような条件が成立しなくなると遺伝子頻度が変化し，進化が起こる。

Point 12　ハーディ・ワインベルグの法則が成立する条件

1. 十分に大きい集団であること。
2. 自由な交配が行われること。
3. 生存率や繁殖力に差がなく，自然選択が働かないこと。
4. 新たな突然変異が起こらないこと。
5. 他の集団との間で移出・移入がないこと。

問3　(1)　$(pA+qa)^2=p^2AA+2pqAa+q^2aa$

ここで，顕性形質が91％なので，潜性形質は９％。

よって，$q^2=0.09$　より，$q=0.3$　　$\therefore\ p=1-0.3=0.7$

(2)　aa がすべて死亡すると，

$$AA:Aa=p^2:2pq=p:2q=0.7:2\times0.3=7:6$$

となる。この集団における A の遺伝子頻度は，$\dfrac{7\times2+6\times1}{(7+6)\times2}=\dfrac{10}{13}\fallingdotseq0.769$

問われているのは次世代の集団における遺伝子頻度だが，ハーディ・ワインベルグの法則が成立しているので，次世代の遺伝子頻度もこの集団と同じである。念のために次の集団を求めると次のようになる。

A の遺伝子頻度 $=\dfrac{10}{13}$ より，a の遺伝子頻度 $=1-\dfrac{10}{13}=\dfrac{3}{13}$

$\therefore$　$A:a=10:3$　だから，次世代は，

$AA:Aa:aa=100:60:9$　　A の遺伝子頻度 $=\dfrac{100\times2+60\times1}{(100+60+9)\times2}=\dfrac{10}{13}$

問１　アー遺伝子プール　イー自然選択　ウー中立　エー遺伝的浮動
問２　突然変異が生じない。(10字)　移出・移入がない。(９字)
問３　(1)　$p=0.7,\ q=0.3$　　(2)　0.77

必修基礎問

13 分子時計

ある生物群における特定の遺伝子の塩基配列，あるいはタンパク質のアミノ酸配列を比較すると，種間で部分的な違いがみられる。このような差異は種の分岐後の経過時間に比例して増加する傾向がある。これは進化の時間をはかる指標として使えることから，［ア］と呼ばれる。a化石から推定されている一部の祖先種の生息年代と［ア］の概念を用いることにより，解析対象の系統樹におけるそれぞれの分岐が起きた年代を推定することができる。

一般に，生物が生存や繁殖するうえで有利な形質をもたらす遺伝子は，［イ］選択によって，世代を経るごとに集団中に広まっていくと考えられる。一方，個々の遺伝子あるいはタンパク質が変化する速度について，以下の３つの傾向が認められている。(1)重要な機能をもつ遺伝子あるいはタンパク質が変化する速度は［ i ］。(2)b遺伝子のなかで，スプライシングの結果，翻訳されない領域では，塩基配列の変化する速度は［ ii ］。(3)cmRNA のコドンにおける３番目の塩基は１番目と２番目の塩基と比べ，変化する速度が［ iii ］ことが多い。このような分子進化の傾向に基づいて木村資生が提唱した［ウ］説によると，d分子レベルでは大部分の突然変異は中立であり，遺伝的浮動によって頻度が変化し集団内に固定される。遺伝的浮動による固定が起こるまでの時間は，集団が［エ］ほど短い。

問１ 上の文中の［ア］～［エ］に適語を入れよ。

問２ 上の文中の［ i ］～［ iii ］にはそれぞれ「速い」か「遅い」のどちらかを入れよ。

問３ 下線部 a に関して，生息年代の推定には特定の時代の地層からよく見つかる化石が利用される。このような化石を何と呼ぶか答えよ。

問４ 下線部 b に関して，このような領域を何と呼ぶか答えよ。

問５ 下線部 c に関して，１番目と２番目の塩基に比べて３番目の塩基が変化する速度が異なる理由を65字以内で述べよ。

問６ 下線部 d に関して，遺伝的浮動とはどのようなものか，20字以内で述べよ。

（岐阜大）

精講

●分子進化の速さ 生じた変異が生存に不利に働く場合は，そのような変異は残りにくく，結果的にそのような変異の速度は遅くなる。生存に不利に働かない変異は，そのまま残る可能性が高く，変異の速度は速くなる。例えば酵素を構成するタンパク質のアミノ酸配列については，活性部位の立体構造に影響を与える領域のアミノ酸置換の速度は遅いと考えられる。

●びん首効果　偶然によって遺伝子頻度が変化する遺伝的浮動は，個体数が少ない方がより顕著に表れる。これをびん首効果という。

●示準化石　生息年代を決定する手がかりとなる化石。

〔例〕　三葉虫(古生代)，アンモナイト(中生代)

●示相化石　その当時の環境を知る手がかりとなる化石。

〔例〕　サンゴ(暖かい浅い海)

Point 13

生存に不利に働くような変異 ⟹ 分子進化速度が遅い
生存に不利に働かないような変異 ⟹ 分子進化速度が速い

解説　**問2**　ⅱ．エキソンに変異が生じると，生じるタンパク質のアミノ酸配列に影響があるが，翻訳されない領域(イントロン)に変異が生じても，アミノ酸配列には影響しないことが多い。

ⅲ．タンパク質を構成するアミノ酸の種類は20種類だが，アミノ酸を指定するコドンは61種類あるので，複数のコドンが同じアミノ酸を指定する場合がある。特にコドンの3番目の塩基が変化しても同じアミノ酸を指定する場合が多い。(→ 問5)

問1　ア－分子時計　イ－自然　ウ－中立　エ－小さい

問2　ⅰ－遅い　ⅱ－速い　ⅲ－速い

問3　示準化石

問4　イントロン

問5　3番目の塩基が変化しても同じアミノ酸を指定する場合が多いので，アミノ酸配列に変化が生じにくく，生存に不利になりにくいから。(61字)

問6　偶然によって遺伝子頻度が変化する現象。(19字)

実戦基礎問 06 分子系統樹

DNAの遺伝情報は，RNAに転写され，タンパク質のアミノ酸配列に翻訳される。アミノ酸配列を生物種間で比較すると類縁関係を推測できる。右表の5生物種のヘモグロビンα鎖(141アミノ酸からなる分子)を比較し，2生物種間で異なるアミノ酸の数を示した。分子時計(アミノ酸の違い方と分岐してからの年代とには直線的な関係がある)が成り立つ条件のもとで，以下の問いに答えよ。

生物種	ウシ	イヌ	イモリ	コイ
ヒト	17	23	62	68
ウシ		28	63	65
イヌ			65	67
イモリ				74

問1 ヒトとウシがその共通祖先から分岐したのが約8,000万年前と考えられている。ヘモグロビンα鎖のアミノ酸座位1個にアミノ酸置換の起こる率は，1年当たりどの位になるか，次から1つ選べ。

① 1.5×10^{-9}　② 3×10^{-9}　③ 5×10^{-9}　④ 8×10^{-9}
⑤ 1.5×10^{-10}　⑥ 3×10^{-10}　⑦ 5×10^{-10}　⑧ 8×10^{-10}

問2 ヒト，ウシ，イヌの共通の祖先からイヌが分岐したのは，今からおよそ何年前になるのか，次から1つ選べ。

① 1,000万年前　② 5,000万年前　③ 1億年前
④ 2億年前　⑤ 4億年前　⑥ 8億年前

問3 a，b，c，d，eの5生物種のある領域の塩基配列の相対的な違い方を右表で示した。これら5生物種について，分子時計を基に系統樹を作成した。どの様な形になったか下から1つ選べ。

生物種	a	b	c	d	e
a	0	1	2	4	4
b		0	2	4	4
c			0	4	4
d				0	3

①
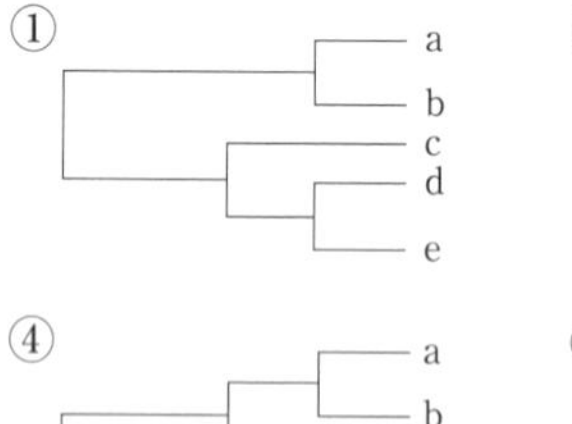

②
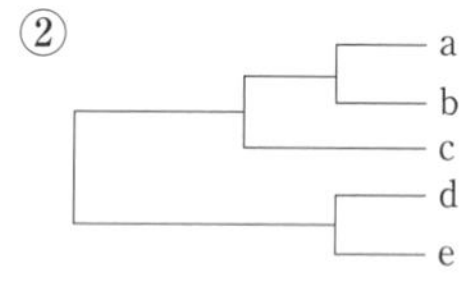

③
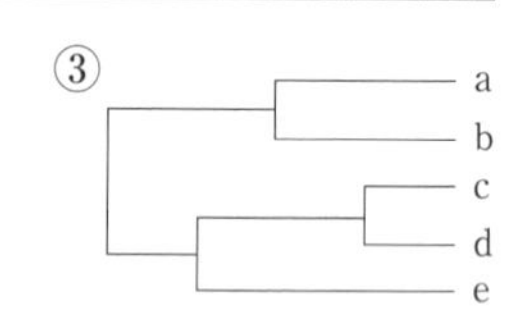

④
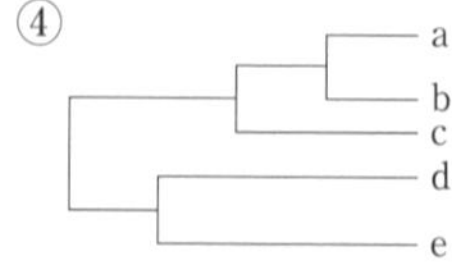

⑤
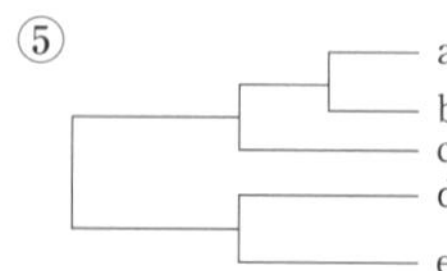

⑥
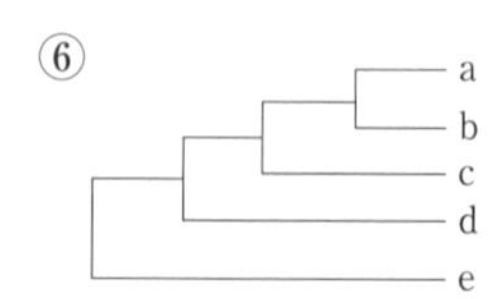

形態的な類似性は収れん(収束進化)の結果生じた可能性があり，必ずしも類縁関係の近さを示しているとはいえない。そこで近年，DNA の塩基配列やタンパク質のアミノ酸配列などの分子データを比較することで類縁関係を推定し，系統樹を作成する方法が用いられるようになってきている。

例えば ATAGCA という塩基配列をもつ祖先から，それぞれ1つずつ突然変異が生じて ATGGCA および ATAGCT という塩基配列が生じたとすると，生じた ATGGCA と ATAGCT を比べると2か所に違いがある。

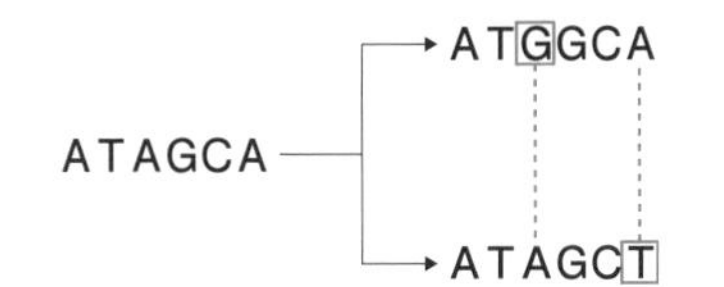

すなわち，生物間で塩基配列に2か所違いがあれば，共通の祖先からそれぞれ1つずつ変異が生じたと考えることができる。このように，現在種における塩基やアミノ酸の違いの数の $\frac{1}{2}$ が共通の祖先から生じた変異の数と考える。

問1　ヒトとウシは17個の違いがある。すなわち共通の祖先からそれぞれ17÷2＝8.5個ずつ変異(アミノ酸置換)が生じたと考えられる。141個のアミノ酸のうち8.5個が変異したので，アミノ酸座位1個当たりの置換率は $\frac{8.5}{141}$ である。これだけ変異するのに8000万年(8×10^7 年)かかったので，1年当たりでは，$\frac{8.5}{141}\div(8\times10^7)=7.5\times10^{-10}$

問2　ヒトとイヌは23，ウシとイヌは28の違いがある。しかし理論的にはこれらの共通の祖先から同じだけの年月が経過しており，同じだけ変異が生じるはずである。そこで，このようにばらつきがある場合は違いの数の平均をとる。$\frac{23+28}{2}=25.5$

さらに共通の祖先からの変異はその $\frac{1}{2}$ なので，$25.5\div2=12.75$

8.5個置換するのに8000万年かかるので，12.75個置換するには，

$$12.75\times\frac{8000}{8.5}〔万年〕=12000〔万年〕$$

が経過していると考えられる。

問3　最も近縁なのは違いの数が1の a と b である。それらと次に近縁なのが違いの数が2の c である(これで①③は誤りとわかる)。これらと d や e とは最も離れている(これで②④⑤の3つに絞られる)。d と e の違いは3なので，abc が分岐したよりも早く分岐したと考えられるので④となる。

問1　⑧　　**問2**　③　　**問3**　④

必修基礎問

8. 生物の系統と分類

14 生物の分類

1735年，スウェーデンの［ア］は「自然の体系」を著し，今日まで続く分類学の基礎を築いた。彼は生物分類の基本単位である種の名前の付け方について［イ］の採用と生物を階層のあるグループに類別する分類の体系を確立した。イネの学名は *Oryza sativa* L.であるが，“*Oryza*”は属名で，“*sativa*”は［ウ］を示し，この２語の組合せで学名が表現されている。なお，３語目の“L.”は命名者を示している。

［ア］の時代には生物を植物界と動物界に分ける二界説が用いられていたが，20世紀に入ってからは，ホイッタカーやマーグリスらにより提唱された［エ］が用いられるようになった。［エ］では，最も原始的な生物である原核生物を独立した原核生物(モネラ)界としてまとめ，［オ］類を植物界から分けて［オ］界とした。さらに真核生物のうち単細胞生物と体制の単純な多細胞生物の一部をまとめて［カ］界とした。

生物は細胞の構造に着目すると原核生物と真核生物に二分されるが，原核生物の中にもきわめて大きな多様性のあることが近年わかってきた。1977年にウーズらは，［キ］RNAの塩基配列をもとに生物の系統関係を調べ，３ドメイン説を提唱した。真核生物は１つのドメインにまとまるが，原核生物は２つのドメインに分かれることが明らかになった。２つのドメインに分かれた原核生物の一方は大腸菌や乳酸菌などが属する［ク］ドメインと呼ばれ，もう１つのドメインはいわゆる極限環境に生息する超好熱菌や高度好塩菌などが含まれ［ケ］ドメインと名付けられた。

問１　文中の空欄に適する人名，語句を入れよ。

問２　３ドメインの系統樹として最も適切なものを，次から１つ選べ。

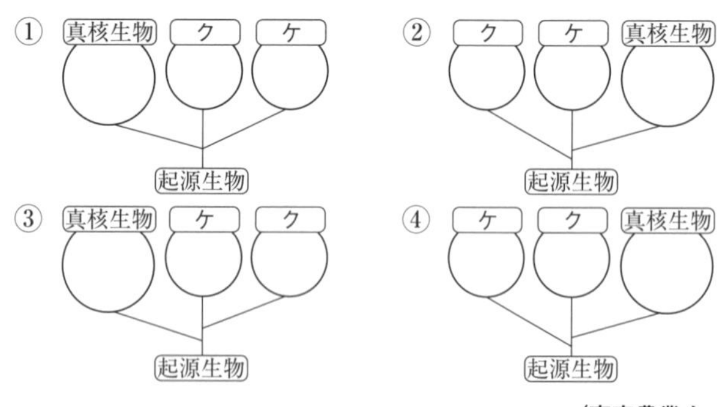

（東京農業大・大阪薬大）

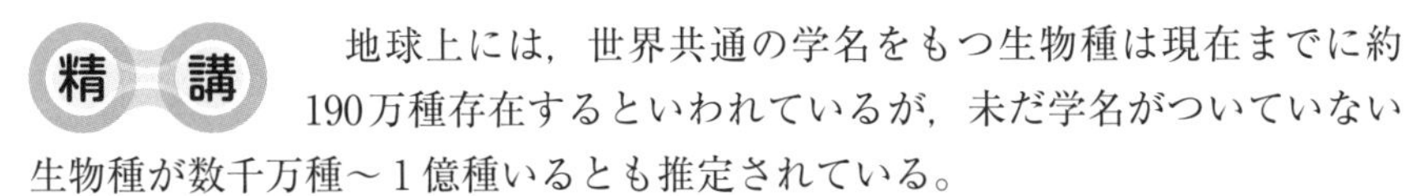

地球上には，世界共通の学名をもつ生物種は現在までに約190万種存在するといわれているが，未だ学名がついていない生物種が数千万種～1億種いるとも推定されている。

●**二名法**　「自然の体系」を著したリンネが提唱した二名法は，学名を属名と種小名で示すというものである。

●**二界説と五界説**　リンネは生物を動物界と植物界の2つの界に分けた(二界説)が，ヘッケルは動物界と原生生物界と植物界に分ける三界説を提唱した。ホイッタカーやマーグリスは原核生物界(モネラ界)，原生生物界，動物界，菌界，植物界を設ける五界説を提唱した。

●**3ドメイン説**　ウーズらは，全生物が共通にもつリボソームRNA (rRNA)の塩基配列の解析から，界よりさらに上位のグループとしてドメインを設け，細菌(バクテリア)ドメイン，アーキア(古細菌)ドメイン，真核生物(ユーカリア)ドメインの3つに分ける3ドメイン説を提唱した。

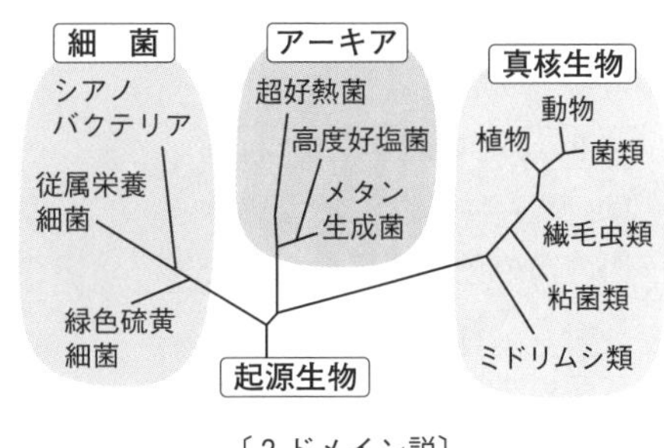

〔3ドメイン説〕

問1　細菌(バクテリア)ドメインには，大腸菌・乳酸菌・硝酸菌・シアノバクテリアなどが属する。アーキア(古細菌)ドメインには，超好熱菌・高度好塩菌・メタン生成菌などが属する。

問2　真核生物は，細菌よりもアーキアに近縁である。

問1　アーリンネ　イー二名法　ウー種小名　エー五界説　オー菌
カー原生生物　キーリボソーム　クー細菌(バクテリア)
ケーアーキア(古細菌)

問2　②

必修基礎問 15 動物の分類

昔から人々は生物の分類を試みてきた。異なる種類の生物の特徴を比較すると，それらの間には共通点と相違点が見出される。生物が本来もつ特徴を総合し，そこから予測される類縁関係を基準に行われる分類を［ 1 ］という。一方，人間にとっての有用さなど，便宜的な基準に基づく分類を［ 2 ］という。

最近では，［ 1 ］の基準として，生物の進化過程を用いることが一般的である。このような分類は［ 3 ］と呼ばれる。右図は，現存する代表的な動物門の間の分岐関係を示したもので，特定の遺伝子の塩基配列を異なる種間で比較することで推定されたものである。図の枝上にあるA，Bの記号は，動物の進化過程で生じた重要な事象をそれぞれ示している。

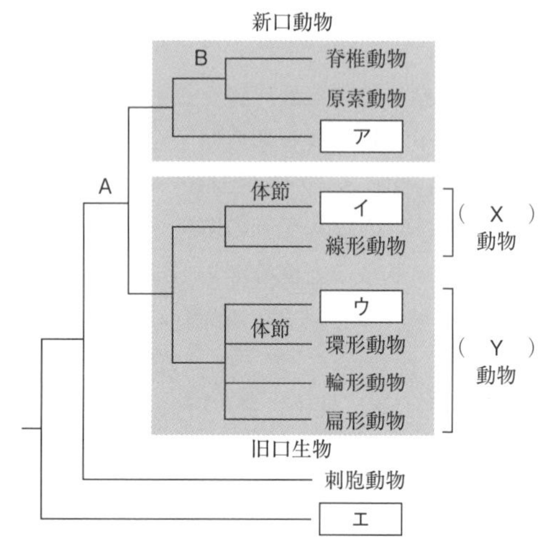

問1 文中の空欄［ 1 ］～［ 3 ］に適語を入れよ。

問2 下線部について，このような図は何と呼ばれるか。

問3 図中の空欄［ ア ］～［ エ ］に入る動物門の名称を答えよ。

問4 図のAは，新口動物と旧口動物の共通祖先で生じたある進化的な事象を示している。

(1) Aの時期に，現在みられる新口動物と旧口動物の祖先となる種が急増したことが知られている。この事象を何というか。

(2) 新口動物と旧口動物の違いについて，発生過程に着目して50字以内で説明せよ。

問5 図のBは，発生過程で生じるある器官の出現を示している。

(1) ある器官とは何か答えよ。

(2) それはどの胚葉に由来するか答えよ。

(3) 図の［ ア ］の動物門では，この器官は発生が進むと最終的にどうなるか。10字以内で説明せよ。

問6 (1) 旧口動物について，図のX，Yにそれぞれ適切な語句を入れよ。
(2) (Y)動物に共通する幼生(輪形動物では成体)の形態を何というか。
(3) 図のように，旧口動物では体節構造の進化が2回，独立に生じている。このように異なる生物群で同様な性質が生じる進化現象を，一般に何というか答えよ。 (大阪医大)

●動物界の分類 海綿動物門は胚葉の分化がみられない無胚葉性。刺胞動物門は，外胚葉と内胚葉の2つの胚葉が生じる二胚葉性。他はすべて三胚葉性である。原腸胚で生じた原口がそのまま口になる旧口動物は，成長過程で脱皮を行う脱皮動物と，脱皮を行わず，トロコフォア幼生あるいはそれに類する構造を生じる冠輪動物とに大別される。

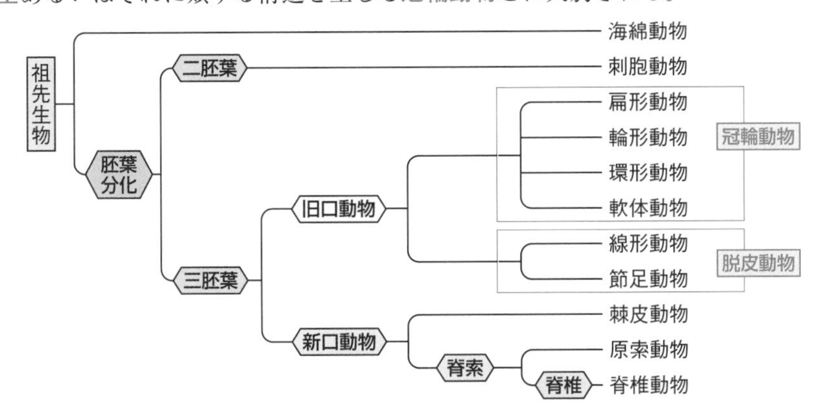

解説

問4 (1) カンブリア紀に，現存するほとんどの動物門が一気に出現した。この現象をカンブリア大爆発という。

問5 原索動物と脊椎動物では，発生過程で脊索が生じる。そのためこの2つを合わせて脊索動物門とする場合もある。

問1 1－自然分類 2－人為分類 3－系統分類 問2 系統樹
問3 ア－棘皮動物 イ－節足動物 ウ－軟体動物 エ－海綿動物
問4 (1) カンブリア大爆発
(2) 原口がそのまま口になるのが旧口動物，原口は肛門側になり反対側に口が生じるのが新口動物である。(46字)
問5 (1) 脊索 (2) 中胚葉 (3) 退化して消失する。(9字)
問6 (1) X－脱皮 Y－冠輪 (2) トロコフォア幼生
(3) 収れん(収束進化)

必修基礎問 16 植物の系統

A．植物の系統に関する次の各問いに答えよ。

問1　維管束をもたない植物を，次からすべて選べ。

①　藻類　②　コケ植物類　③　シダ植物類
④　裸子植物類　⑤　被子植物類

問2　仮道管がよく発達している植物を，問1の選択肢からすべて選べ。

問3　配偶体が胞子体より発達しているものを問1の②〜⑤からすべて選べ。

問4　イチョウやソテツにおいて精子が発見されたことは，植物の系統上どのようなことを示唆しているか述べよ。

問5　被子植物はシダ植物より陸上生活に適応していると考えられている。その理由を述べよ。

問6　独立栄養型の植物と藻類が共通にもっている光合成色素名を記せ。

問7　紅藻類と緑藻類はともに共通した光合成色素をもつが，異なる種類の色素ももっている。異なる光合成色素をもつことはこれらの分布の違いと深く関わっている。どのような違いか具体的に述べよ。

B．右図は下の例文をもとに描いた系統樹である。

例文　細菌類とシアノバクテリアは原核生物という点では共通の祖先をもっているが，光合成色素などの点では異なるグループである。

問8　次の文章を読んで緑藻類(A)，陸生植物(B)，ユーグレナ類(C)の間の系統樹を書け。分類群の名称にはA〜Cの記号を用いよ。

緑藻類と陸生植物は多くの共通した特徴をもつので共通の祖先をもつと考えられる。ユーグレナ類は緑藻類と共通の光合成色素クロロフィルａとｂをもち，これらも祖先は共通している。しかし，緑藻類には多細胞の種類があるが，ユーグレナ類はほとんど単細胞である。　（東京慈恵会医大）

精講

●植物界の分類　すべてクロロフィルａとｂをもつ。

コケ植物：維管束がない。配偶体が本体で，胞子体は配偶体に寄生する。〔例〕スギゴケ，ゼニゴケ

シダ植物：維管束をもつが，道管はなく，仮道管が発達している。胞子体が本体だが配偶体も独立生活できる。

〔例〕ワラビ，ゼンマイ，クラマゴケ，サンショウモ，マツバラン

種子植物：種子をつける。裸子植物と被子植物に分ける。

裸子植物：維管束をもつが道管はなく，仮道管が発達している。胚乳の核相はn。〔例〕 マツ，スギ，イチョウ，ソテツ

被子植物：維管束をもち道管がある。重複受精を行い，胚乳の核相は$3n$。〔例〕 サクラ，ブナ，アサガオ，エンドウ，イネ，トウモロコシ

●藻類の分類

緑藻類：クロロフィルaとbをもつ。
〔例〕 アオサ，アオノリ，クロレラ，ボルボックス

車軸藻類：クロロフィルaとbをもつ。〔例〕 シャジクモ

接合藻類：クロロフィルaとbをもつ。陸上植物に最も近縁。
〔例〕 アオミドロ，ミカヅキモ

褐藻類：クロロフィルaとcをもつ。 〔例〕 コンブ，ワカメ，ヒジキ

紅藻類：クロロフィルaをもつ。 〔例〕 テングサ，アサクサノリ

ケイ藻類：クロロフィルaとcをもつ。細胞壁にセルロース以外にケイ酸を含む。
〔例〕 ハネケイソウ

渦べん毛藻類：クロロフィルaとcをもつ。 〔例〕 ツノモ

ミドリムシ(ユーグレナ)類：クロロフィルaとbをもつ。細胞壁無し。
〔例〕 ミドリムシ

Point 14 光合成色素による分類

クロロフィルa：シアノバクテリア，紅藻類
クロロフィルaとb：緑藻類，ミドリムシ類，車軸藻類，接合藻類，コケ植物，シダ植物，種子植物
クロロフィルaとc：褐藻類，ケイ藻類，渦べん毛藻類

問7 緑藻類は赤色や青紫色をよく吸収する。紅藻類は緑色をよく吸収する。水中では赤色の光は底には届かず，緑色の光の方が届きやすい。そのため緑藻類は赤色光が届く水面近くにしか生育できず，紅藻類は緑色光が届く深さまで生育できる。

答

問1 ①，② **問2** ③，④ **問3** ②

問4 イチョウやソテツのような裸子植物はシダ植物から進化した。

問5 受精の際に外界の水を必要とせず，乾燥に耐える種子を形成する。 **問6** クロロフィルa

問7 水面に近いところから順に，緑藻類，紅藻類の順で分布する。 **問8** 右図

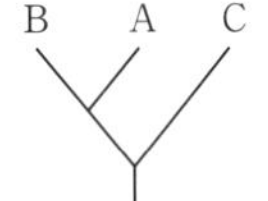

必修
基礎問
17 菌類の分類

菌類は，そのからだが細長い［ア］からできていて，他の生物や死体に［ア］が侵入し，消化酵素を分泌して［イ］消化を行っており，［ウ］栄養生物である。分類上は［エ］ドメインに属する。

問1 文中の空欄に適語を入れよ。

問2 菌類には，代表的なものに接合菌類，担子菌類，子のう菌類がある。次の(1)，(2)の特徴はどの菌類に当てはまるか，答えよ。

(1) 「きのこ」と呼ばれる大型の子実体をつくるものが多く，子実体にできる器官に胞子ができる。

(2) 菌糸からなり，子実体をつくるものがある。袋状の子実体に胞子ができる。

問3 次の(1)～(4)の菌類は，接合菌類，担子菌類，子のう菌類のいずれに属しているか，それぞれ答えよ。

(1) アカパンカビ　　(2) クモノスカビ

(3) シイタケ　　(4) マツタケ

問4 右図は菌類の系統関係を示したものであるが，最初に分岐したグループはどれだと考えられるか，答えよ。

菌類の祖先
ツボカビ類
接合菌類
グロムス菌類
子のう菌類
担子菌類

問5 問4で答えた菌類の一種が，ある動物群に感染して世界的な問題になっている。その動物群とは次のうちのどれか，答えよ。

① イヌ　② キツネ　③ ニワトリ　④ カエル　⑤ コイ

（日本福祉大）

精講

●菌類　菌界に属する生物の多くは，細胞が一列に連なった菌糸と呼ばれる細い糸状の構造からなる。菌糸には多糖類の一種のキチンからなる細胞壁がある。体外消化を行い従属栄養生物で，多くは胞子で繁殖する。動物と菌類はいずれも鞭毛をもつ単細胞の原生生物から進化したと考えられており，菌類は植物よりも動物に近縁である。

●菌界の分類　菌界はツボカビ類，接合菌類，グロムス菌類，子のう菌類，担子菌類に分類される。菌類において，胞子を生じる菌糸が集合した構造体を子実体といい，子のう菌類と担子菌類が子実体をつくる。

ツボカビ類：最初に分岐したと考えられるのがツボカビ類で，菌界の中で唯一，鞭毛をもつ運動性のある胞子(**遊走子**)を形成する。

接合菌類：接合菌類は，菌糸の一部が配偶子のうを形成し，接合により接合子を形成する。

〔例〕 クモノスカビ，ケカビ

グロムス菌類：グロムス菌類は，多くの植物の根に侵入して共生し，菌根を形成する。

〔例〕 アーバスキュラー菌根菌

子のう菌類：子のう菌類は，**子のう**という袋状の器官の中に，通常8個の胞子(子のう胞子)を形成する。

〔例〕 アカパンカビ，アオカビ，キイロチャワンタケ，アミガサタケ

担子菌類：担子菌類は，菌糸が発達して「きのこ」と呼ばれる**子実体**を形成し，そこに生じた担子器に4個の胞子(担子胞子)を形成する。

〔例〕 マツタケ，シイタケ，シメジ，サルノコシカケ

酵母：子のう菌類と担子菌類のうち，例外的に一生を単細胞で生活するものを酵母と呼ぶ。一般に，出芽で増える。

地衣類：子のう菌類や担子菌類と，緑藻類あるいはシアノバクテリアが**相利共生**した共生体を**地衣類**という。極端に栄養分が乏しい環境でも生育できる。

〔例〕 ウメノキゴケ，サルオガセ

問5 ツボカビ類の一種のカエルツボカビが原因で，世界各地でカエルの大量死が問題になっている。感染すると皮膚にツボの形をした胞子のうが形成され，致死率は非常に高い。

問1 ア－菌糸 イ－体外 ウ－従属 エ－真核生物

問2 (1) 担子菌類 (2) 子のう菌類

問3 (1) 子のう菌類 (2) 接合菌類 (3) 担子菌類
(4) 担子菌類

問4 ツボカビ類

問5 ④

必修基礎問

18 ヒトの進化

中生代には ア 類が大きな繁栄を遂げたが，その中の哺乳類型 ア 類を祖先として進化した哺乳類は， イ 代に入ると爆発的な繁栄を遂げていった。哺乳類では胚が発育するために必要な栄養を ウ を通して母体から受ける様式である胎生の発達をはじめ，乳腺や体毛の発達，聴覚・嗅覚と大脳の発達，体温に関しては エ 性の確保などを特徴とし，地球上のほとんどあらゆるところに適応放散していった。哺乳類の中で， ウ の発達の悪い オ 類は多くの地域で有 ウ 類との競争に敗れ絶滅していったが，有 ウ 類が移動してくる前に他の大陸から孤立した カ 大陸では オ 類が独自の進化を遂げた。

哺乳類の中で最も広く適応放散した有 ウ 類の中で，霊長類は原始的な キ 類から分化し， ク 生活に適応して進化したと考えられている。この適応に伴って，a大部分の霊長類には主として前肢と視覚器に他の哺乳類と異なる特徴がみられる。

b人類はテナガザルやオランウータンなどの類人猿と共にヒト上科に属しているが，人類と類人猿は ケ 歩行を行う点で大きく異なっている。最初に ケ 歩行をするようになったc猿人は約700万年前アフリカ大陸に出現し，その後，原人， コ 人，新人へと進化していくとともに，その分布域を広げていった。

問1 上の文中の空欄に適語を入れよ。

問2 下線部aの特徴について，正しいものを次から2つ選べ。

① かぎ爪によって，しっかりと握ることができるようになった。

② 親指が他の4本と向き合い，しっかりと握ることができるようになった。

③ 眼が顔の前面に位置し，両眼で見ることにより遠近感がつかみやすく，立体視が可能になった。

④ 眼が顔の側面に位置することにより，側方や後方まで広い視野を確保できるようになった。

⑤ 視覚依存から嗅覚依存に移行した。

問3 類人猿と比較した際の下線部bの形態上の特徴として，正しいものを次から3つ選べ。

① 頭骨が脊椎に連結する部位(大後頭孔)が頭骨の下面中央(真下)に位置している。

② 脊椎は後方にふくらむように湾曲し，前方には湾曲していない。
③ 骨盤の幅がせまい。
④ 後肢(下肢)が長く，後肢の親指は他の4本と平行している。
⑤ 顎が小さく，顔の前面への突出度が小さい。
⑥ 歯列は半円形(放物線形)で，犬歯が大きい。

問4 下線部cのような猿人から新人への変化について，正しいものを次から2つ選べ。

① 脳容積は変化しない。 ② 頭の高さが高くなる。
③ 顔の前面が突出してくる。 ④ おとがいが突出してくる。

(長崎大)

精講

●霊長目の特徴 原始食虫類(現在のツパイのような動物)のなかまから，樹上生活に適応したものの中に霊長目(サル目)が出現した。霊長目は，爪が平爪で，親指が他の指と向かい合い(拇指対向性)，枝を握るのに適している，両眼が前を向き立体視ができる，などの特徴をもつ。

●ヒトの特徴 霊長目の中からヒトが進化したが，ヒトに最も近い類人猿(チンパンジー，ボノボ，ゴリラ，オランウータン)と異なるのは，直立二足歩行を行うことである。大後頭孔が真下にあり，頭部を真下から支えることで，脊椎骨がS字型に湾曲，骨盤の位置が高く幅が広くなり，脳容積の増大が引き起こされた。

●ヒトの進化 眼窩上隆起や犬歯が退化し，おとがいが発達してきた。ホモ・サピエンスは20万～30万年前にアフリカに出現し，約10万年前にアフリカからユーラシア大陸へ移住を始め，ホモ・ネアンデルターレンシス(ネアンデルタール人)と交雑があったと考えられている。

Point 15 ① 霊長目は樹上生活に適応。
② ヒトの最も大きな特徴は，直立二足歩行を行うこと。

解説

問2 かぎ爪は食肉目(トラ，ライオン)などがもつ爪で，獲物を引き裂いたりするのに適している。

答

問1 アーは虫 イー新生 ウー胎盤 エー恒温 オー有袋
カーオーストラリア キー食虫 クー樹上 ケー直立二足 コー旧
問2 ②，③ **問3** ①，④，⑤ **問4** ②，④

演習問題

⇨ 解答は314ページ

5 必修基礎問 08，09

地球は約46億年前に誕生した。このとき地球上に生命は存在しなかったが，(1)原始の海などでさまざまな有機物が合成され，それらをもとに，やがて生命が誕生したと考えられている。

現在知られている最古の生物の化石は30億年以上前の地層から発見されている。この生物は核をもたない原核生物であり，のちに核をもつ真核生物が登場した。(2)真核生物では，現在にいたるまでの間に，非常に多様な種が分化してきた。(3)二酸化炭素が多く，酸素がほとんど存在しなかった原始の大気の組成は，生物の進化とともに，大きく変化してきたと考えられている。海中に生じた最初の生命体は，従属栄養の生物という説と独立栄養の生物という説があり，まだよくわかっていない。独立栄養生物としてはまず化学合成細菌，ついで光合成細菌，やがてシアノバクテリアが出現し，シアノバクテリアの光合成によって生じた(4)酸素が大量に放出されたと考えられている。その後，この酸素を利用して呼吸を行う生物が現れた。酸素が増加し大気にオゾン層が形成された結果，生物は陸上で生存することが可能になった。そのため，生物は陸上へと活動の範囲を広げ，最初の陸上植物が現れたと考えられている。植物に続いて，まず無脊椎動物が陸上に進出し，遅れて(5)脊椎動物が陸上生活を始めた。

問1　下線部(1)で，無機物から有機物を経て生命が誕生するまでの過程を何というか，答えよ。

問2　下線部(2)の原因となった真核生物の特徴として，最も適当なものを次から１つ選べ。

① 有性生殖を行うものが多い。
② 細胞分裂が非常に複雑である。
③ 出現までに非常に長い時間を要した。
④ 細胞が大きいものが多い。
⑤ 運動能力の高いものが多い。

問3　下線部(3)において，生物のどのような働きによって，原始地球の大気で大量に存在していた二酸化炭素が減少したか，述べよ。

問4　グルコースを基質にした場合，発酵を行う生物と呼吸を行う生物とでは，エネルギー効率の点で違いがある。どのような違いがあるか，述べよ。

問5　下線部(4)において，放出された酸素は発酵型生物の生活環境をせばめることになった。現在，発酵型生物が自然状態で生活しているのはどんな場所か，答えよ。

問6　下線部(5)において，乾燥した陸上での繁殖に適応した脊椎動物は，は虫類であると考えられている。

(1) 原始的なは虫類が出現したのはいつ頃か。最も適当な年代を次から１つ選べ。

① カンブリア紀　② オルドビス紀　③ 石炭紀
④ 三畳紀　⑤ ジュラ紀　⑥ 白亜紀

(2) 乾燥した陸上での生活に適応するために，は虫類が獲得した特徴を述べよ。

〈島根大〉

6

必修基礎問 11，実戦基礎問 04

ショウジョウバエの正常眼の遺伝子 E とその突然変異である異常眼の遺伝子 e，正常翅の遺伝子 W と異常翅の遺伝子 w の遺伝のしかたを調べるため，以下の実験を行った。なお，E は e に対して，W は w に対して顕性である。

実験 1　野生型(正常眼・正常翅)の雄と，異常眼・異常翅の雌を交配して生じた F_1 は，すべて正常眼で正常翅であった。

実験 2　F_1 の雄と異常眼・異常翅の雌を交配すると，野生型：異常眼・異常翅＝1：1 となった。

実験 3　F_1 の雌と異常眼・異常翅の雄を交配すると，野生型：正常眼・異常翅：異常眼・正常翅：異常眼・異常翅＝4：1：1：4 となった。

問 1　この F_1 どうしを交配すると F_2 の表現型とその比はどうなるか。

問 2　正常眼・異常翅の雄と異常眼・正常翅の雌を交配すると，F_1 はすべて野生型であった。この F_1 どうしを交配すると，F_2 の表現型とその比はどうなるか。

〈東海大〉

7

必修基礎問 11，実戦基礎問 04，05

潜性遺伝子 a～d によって発現するキイロショウジョウバエの潜性形質〔a〕～〔d〕について交配実験①～⑥を行い，下表のような結果を得た。表には，親の表現型および交雑によって得られた F_1(雑種第一代)の表現型，また F_1 の雌雄を交配して得られた F_2(雑種第二代)の表現型とその分離比をそれぞれ示している。なお，交雑に用いた親はすべて純系である。また，潜性遺伝子 a～d に対応する顕性遺伝子を A～D とし，顕性遺伝子 A が現す表現型は〔A〕，潜性遺伝子 a が現す表現型は〔a〕のように表すものとする。

交配実験	親の表現型		F_1 の表現型		F_2 の表現型とその分離比	
	雌	雄	雌	雄	表現型(雌雄とも)	分離比
①	〔aB〕	〔Ab〕	〔AB〕	〔aB〕	〔AB〕：〔Ab〕：〔aB〕：〔ab〕	3：1：3：1
②	〔aC〕	〔Ac〕	〔AC〕	〔aC〕	〔AC〕：〔Ac〕：〔aC〕：〔ac〕	3：1：3：1
③	〔aD〕	〔Ad〕	〔AD〕	〔aD〕	〔AD〕：〔Ad〕：〔aD〕：〔ad〕	3：1：3：1
④	〔bC〕	〔Bc〕	〔BC〕	〔BC〕	〔BC〕：〔Bc〕：〔bC〕：〔bc〕	9：3：3：1
⑤	〔bD〕	〔Bd〕	〔BD〕	〔BD〕	〔BD〕：〔Bd〕：〔bD〕：〔bd〕	33：15：15：1
⑥	〔cD〕	〔Cd〕	〔CD〕	〔CD〕	〔CD〕：〔Cd〕：〔cD〕：〔cd〕	9：3：3：1

問1　潜性形質〔a〕～〔d〕を現す潜性遺伝子 a～d のうち，性染色体に存在すると考えられるものはどれか。a～d の記号で答えよ。また，その遺伝子は何と呼ばれる性染色体に存在するか。その名称を記せ。

問2　遺伝子 $A(a)$～$D(d)$のうち，同じ染色体に存在するものがあれば，その組換え価を求めよ。ただし，該当する遺伝子がない場合は「なし」と答えよ。

問3　交配実験①～⑥の結果から，遺伝子 $A(a)$～$D(d)$は何種類の連鎖群に分けられるか。

問4　交配実験①で，親の形質〔aB〕と〔Ab〕を雌雄で入れかえて交配実験を行った場合，F_2 に現れる表現型〔AB〕:〔Ab〕:〔aB〕:〔ab〕の分離比はどのようになるか。ただし，分離比は F_2 の雌雄を合わせた結果を示すこと。

問5　交配実験⑥の F_1 の雌〔CD〕と，表現型〔cd〕の雄とを交配した。このような交配を特に何というか。また，この交配で得られた次代では表現型〔CD〕:〔Cd〕:〔cD〕:〔cd〕の分離比はどのようになるか。

〈東京慈恵会医大〉

8

必修基礎問 12

ヒトのABO式血液型は，ある赤血球膜抗原を支配する遺伝子座に存在する3つの対立遺伝子 I^A，I^B および I^O の違いによって区別される。そして，これらの複対立遺伝子の組合せによって4種類の血液型が発現される。ヒトのある集団において血液型の頻度分布を調べたところ，次の表に示したような頻度分布がみられた。

表　ABO式血液型とその遺伝子型および集団における頻度

赤血球の抗原に対応する血液型	血清中の抗体	遺伝子型	集団中の頻度
O	抗A，抗B	I^OI^O	25%
A	抗B	I^AI^A あるいは I^AI^O	39%
B	抗A	I^BI^B あるいは I^BI^O	24%
AB	なし	I^AI^B	12%

問1　3つの対立遺伝子 I^A，I^B および I^O の顕性・潜性関係について述べよ。

問2　この表に示した各血液型の頻度から，このヒト集団に占める I^A，I^B および I^O 遺伝子の頻度を記せ。

〈北大〉

9

必修基礎問 16

植物が水中から陸上に進出したのは，今から4～4.5億年前である。進出した初期は湿潤な水辺などに生育していたが，やがてより乾燥した陸地へと生育範囲を拡大していった。それを可能にしたのは，乾燥に適応できる分化した組織をもつ植物が出現したからである。それらの植物は，水分や養分の移動と，植物体を支えるという2つの機能を果たすために［ア］をもつようになった。さらに，水分の発散を防ぐために植物体を［イ］組織で被った。［イ］組織には，空気や水蒸気などのガス交換のため［ウ］がつくられた。陸上に進出した初期には，茎のみであった植物はやがて葉をもち，太陽エネルギーの吸収を増大させ，光合成の効率を高めた。多細胞からなる生殖器官をつくり，生殖細胞を乾燥から防げるようになったことも重要である。

陸上へ進出した植物のうち，(a)などのコケ植物の［エ］体は［オ］体の上で依存した生活をしている。(b)などのシダ植物では，大きな［エ］体と小さな［オ］体がそれぞれ独立に生活する。種子植物の本体は［エ］体であって，［オ］体は小さく，本体に依存的である。種子植物には，(c)などの裸子植物と(d)などの被子植物がある。裸子植物の花には花被がなく，［カ］は裸出している。一方，被子植物の花には花被が発達し，［カ］は子房に包まれ，［キ］受精を行う。

問1　上の文中の［ア］～［キ］に適切な語句を入れよ。

問2　上の文中の(a)～(d)に適切な植物名を，次からそれぞれ2つずつ選べ。

① ヒノキ	② ゼンマイ	③ ウメノキゴケ
④ イチョウ	⑤ ユリ	⑥ ツノゴケ
⑦ クラミドモナス	⑧ クロレラ	⑨ ヒカゲノカズラ
⑩ ホンダワラ	⑪ コスギゴケ	⑫ リトマスゴケ
⑬ ナズナ	⑭ アオサ	

問3　褐藻類，紅藻類，接合藻類のうち，接合藻類が陸上の植物の祖先型と考えられている。理由の1つは，光合成色素に共通な特徴がみられるからである。その共通な特徴について説明せよ。

〈長崎大〉

第3章 代　　謝

必修基礎問 9. タンパク質の働き

19 タンパク質の構造

生物基礎　生物

　生物が合成するタンパク質の構造はきわめて複雑であり，その働きも触媒として機能する酵素やシグナル伝達に関わるホルモンなど，きわめて多様である。タンパク質を構成するアミノ酸は，窒素を含む［ア］基と炭素を含む［イ］基が1つの炭素原子に結合し，さらに［ウ］種類ある［エ］と水素原子がそれぞれ炭素原子に結合した構造をもっている。アミノ酸がペプチド結合でつながっている分子をペプチドといい，(a)2分子のアミノ酸がつながったものはジペプチド，3分子のアミノ酸がつながったものはトリペプチドと呼ばれる。ペプチド結合によるアミノ酸はさらに繰り返して結合することができ，多数のアミノ酸がつながったものはポリペプチドと呼ばれる。(b)タンパク質の立体構造は，ポリペプチドを構成するアミノ酸の配列によって決まり，ポリペプチド鎖は［オ］などの作用を受けて一定の立体構造になるように折りたたまれる。立体構造の形成には，ポリペプチドに組み込まれたアミノ酸残基の側鎖の間で形成される水素結合や(c)ジスルフィド結合が重要な働きを担っている。このような立体構造は，タンパク質ごとに限られたpHや温度など周囲の条件が適切な範囲である場合のみ維持されるものであり，タンパク質の機能が適切に発揮されるためには適切な条件が必要である。

問1　上の文中の空欄に適当な語句，数値を入れよ。

問2　下線部(a)について，ジペプチドおよびトリペプチドを構成するアミノ酸配列は，それぞれ最大何通りになるか。

問3　下線部(b)について，タンパク質の立体構造に関する説明として適当なものを次からすべて選べ。

① タンパク質の主成分であるポリペプチドを構成するアミノ酸の配列順序を，タンパク質の一次構造という。

② さまざまなタンパク質にみられるらせん構造（α ヘリックス構造）を二次構造，ジグザグ構造（β シート構造）を三次構造という。

③ 水素結合などによりポリペプチドが折りたたまれることで，より安定的な立体構造をもったタンパク質ができる。

④ 四次構造をもったタンパク質の例として，4つのサブユニットで構成されるミオグロビンがある。

⑤ 高温によって熱変性したタンパク質では一次構造が変化するため，再び低温に戻してもタンパク質の機能は回復しない。

問4 下線部(c)について，ジスルフィド結合は，特定のアミノ酸Xの側鎖どうしの間で形成される共有結合である。ジスルフィド結合で連結される元素と，その結合が生じるアミノ酸Xの名称を答えよ。

(玉川大)

精講 **●アミノ酸** タンパク質の最小単位はアミノ酸で，20種類あり，右図のような構造をしている。

アミノ酸どうしが，アミノ基とカルボキシ基の間で脱水してペプチド結合し，多数結合する(下図)。

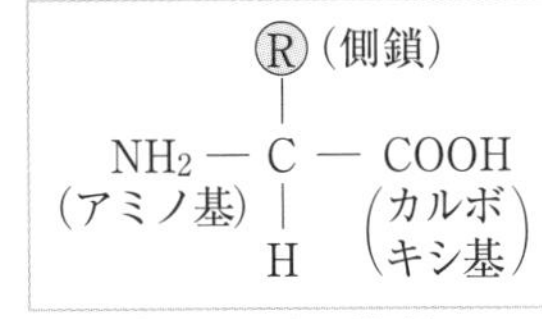

〔アミノ酸の構造〕

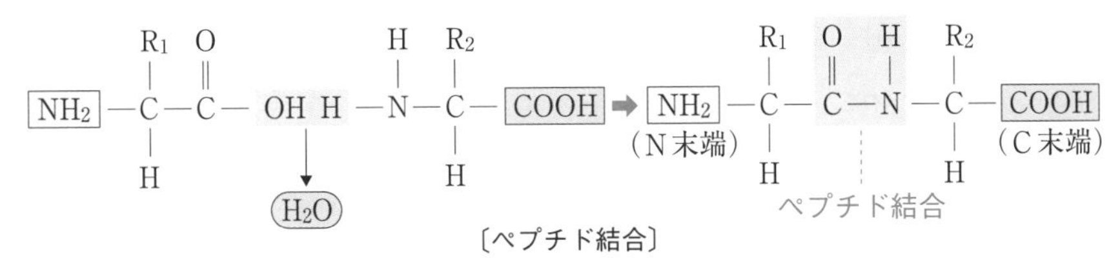

〔ペプチド結合〕

●タンパク質 アミノ酸が多数結合したポリペプチドでのアミノ酸の配列順序を一次構造，ポリペプチドの部分的な立体構造(αヘリックス構造，βシート構造など)を二次構造，二次構造がさらに折りたたまれてできた立体構造を三次構造という。タンパク質の種類によっては三次構造をもつサブユニットが複数集合して四次構造をとるものもある。たとえばミオグロビンは三次構造しかとらないが，ヘモグロビンは4つのサブユニットが結合した四次構造をとる。

Point 16 タンパク質の構造

一次構造：アミノ酸の配列順序。

二次構造：αヘリックス構造やβシート構造による，部分的な立体構造。

三次構造：ポリペプチド鎖全体が示す立体構造。

四次構造：複数のサブユニットからなる立体構造。

問２　タンパク質を構成するアミノ酸は20種類なので，アミノ酸が２つ並ぶ配列は20×20通り，３つ並ぶ配列は20×20×20通りとなる。

問３　②　βシート構造も二次構造である。

④　４つのサブユニットで構成されるのはヘモグロビン。ミオグロビンは１本のポリペプチド鎖とヘムからなる三次構造をとる。

⑤　熱変性してもアミノ酸配列が変化するのではない。立体構造が変化するだけ。

問４　アミノ酸は，一般的にはＣ・Ｈ・Ｏ・Ｎの４元素からなるが，メチオニンとシステインだけはＣ・Ｈ・Ｏ・Ｎ以外にＳ(硫黄)をもつ。システインは下図のような構造で，システインの側鎖のSH基のＨが取れてＳどうしで行われる結合がジスルフィド結合(S-S結合)である。

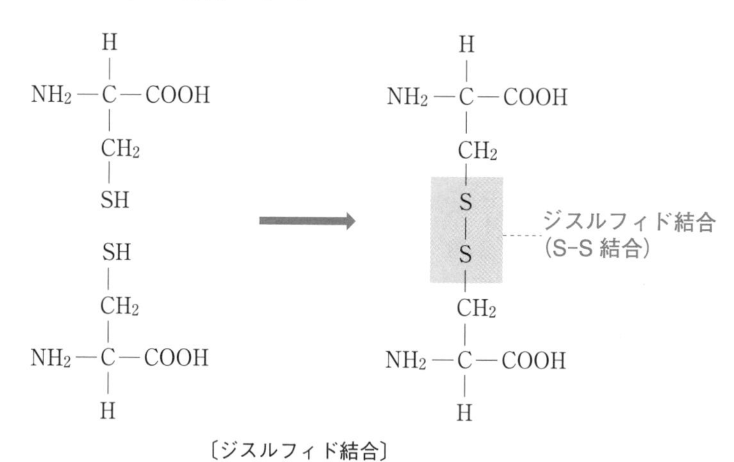

〔ジスルフィド結合〕

問１　アーアミノ　イーカルボキシ　ウー20　エー側鎖　オーシャペロン

問２　ジペプチド：400通り　　トリペプチド：8000通り

問３　①，③

問４　元素：硫黄（Ｓ）　　アミノ酸Ｘの名称：システイン

必修基礎問 20

酵素の特性

生物基礎 生物

生体内では，主成分が ア である酵素によって，さまざまな化学反応が触媒されている。酵素は，特定の基質としか反応しないという イ 性をもつ。その理由は，酵素には固有の立体構造をもつ ウ があり，その構造に適合する基質だけが反応するからである。基質が酵素の ウ に結合すると， エ が生じる。すると基質は，酵素の作用を受けて生成物となり，酵素から離れる。また，酵素作用には最適 pH や最適温度があり，例えばトリプシンの最適 pH は オ ，ペプシンの最適 pH は カ である。右図1は，ある酵素反応の反応時間と生成物量との関係を示したものである。

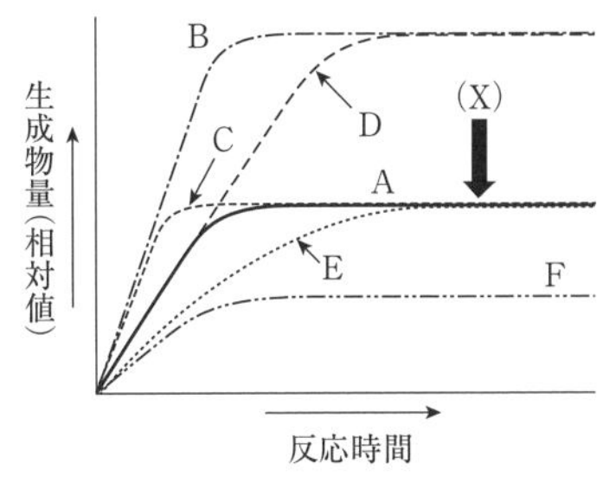

図1　反応時間と生成物量との関係

問1　上の文中の空欄に適する語句，数値を入れよ。

問2　一定量の基質に酵素を加え，時間経過に伴う生成物の量を調べると，図1の太線Aのようになった。この反応は最適温度かつ最適 pH の条件で行われ，酵素活性も安定であった。

(1)　基質濃度のみを2倍にして同様の実験をしたとき，グラフAはどのように変化するか。最も適切なものを，図1の曲線A～Fの中から選べ。

(2)　酵素濃度のみを2倍にして同様の実験をしたとき，グラフAはどのように変化するか。最も適切なものを，図1の曲線A～Fの中から選べ。

(3)　図1に示す反応時間(X)の段階で，酵素濃度のみを増加させたときグラフAはその後どのようになるか。最も適切なものを次から1つ選べ。

①　生成物量が増加する　　②　生成物量が減少する

③　変化しない

(共立女大)

精講

●**酵素**　酵素が基質と結合する部分を**活性部位**といい，ここで基質と結合して**酵素－基質複合体**を形成して触媒作用を現す。そのため，酵素の種類によって基質は決まっている。これを**基質特異性**という。

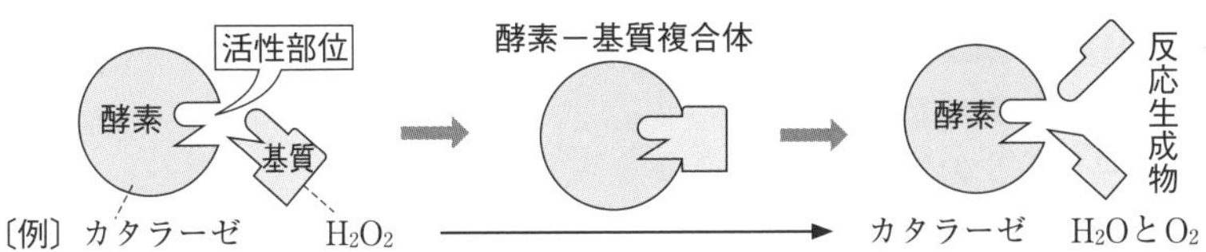

酵素作用は温度やpHの影響を受け，高温では失活する。最もよく働くときの温度やpHをそれぞれ最適温度，最適pHという。最適pHは酵素によって決まっており，ペプシンの最適pHは2，トリプシンの最適pHは8である。

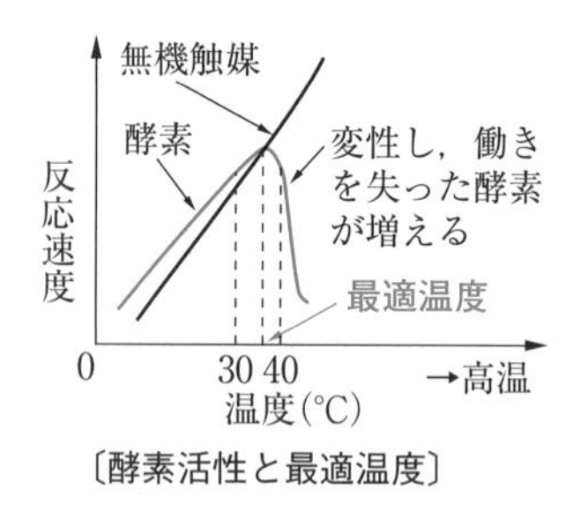

〔酵素活性と最適温度〕

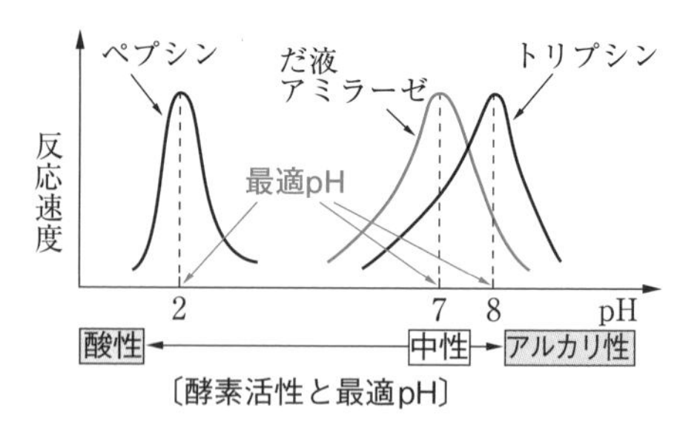

〔酵素活性と最適pH〕

●時間と生成物量の関係を表すグラフ

一定量の基質に酵素を加え，時間経過に伴う生成物の量を調べると右の実線のようなグラフになる。右図でグラフが水平になり，生成物が増加しなくなるのは，基質が消費されたためである。たとえば酵素濃度を2倍にして同様の実験をすると，基質が消費されるまでの時間が$\frac{1}{2}$になるが，最終的な生成物の量は変化しない(上図の点線)。

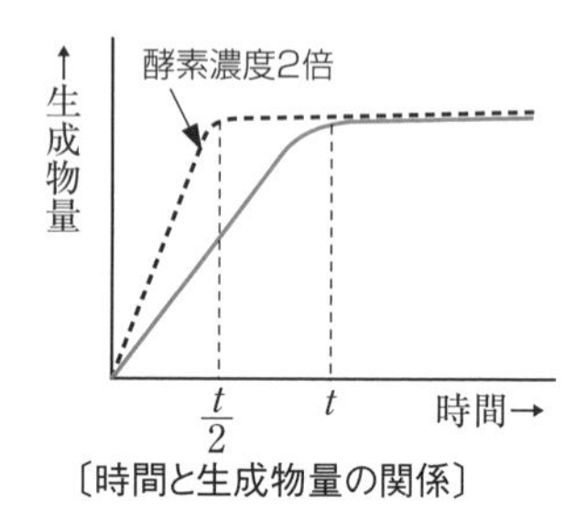

〔時間と生成物量の関係〕

●基質濃度と反応速度の関係を表すグラフ

基質濃度を変え，反応速度(単位時間当たりの生成物の量)を調べてグラフにすると，右図の実線のようになる。反応速度は酵素－基質複合体の量によって決まる。右図でグラフが水平になり，反応速度が上昇しないのは，すべての酵素が酵素－基質複合体を形成している状態になったからである。たとえば，酵素濃度を2倍にして同様の実験を行うと，どの基質濃度であっても反応速度は2倍になり，上図の点線のようなグラフになる。

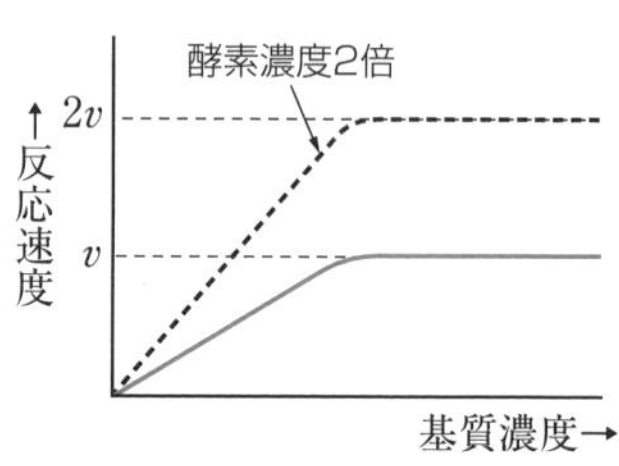

〔基質濃度と反応速度の関係〕

Point 17　酵素の最適pH

ペプシンの最適pH：pH2
トリプシンの最適pH：pH8

問2 (1) 生成物量が一定になるのは，基質がすべて消費されたからである。基質濃度が2倍になれば生成物量も2倍になる(グラフBあるいはD)。また，酵素濃度は一定のままなので，基質濃度が2倍になれば基質が消費されるまでの時間もほぼ倍になるはずである。よって，グラフBではなくDと判断できる。

(2) 酵素濃度が2倍になっても，基質の量は同じなので，最終的な生成物量は変わらない(グラフAかCかE)。しかし，酵素濃度が2倍になれば基質を消費し尽くすまでにかかる時間は約半分になるはずなので，グラフCと判断できる。もしも酵素濃度を $\frac{1}{2}$ にすると，Eのようなグラフになる。

(3) (X)の時点ではすべての基質が消費されているので，酵素濃度を増加させてもそれ以上反応は起こらず，生成物量も増加しない。もし(X)の時点で基質を追加すれば，生成物量は増加することになる。

第3章 代謝

答

問1 ア－タンパク質　イ－基質特異　ウ－活性部位
エ－酵素－基質複合体　オ－8　カ－2

問2 (1) D　(2) C　(3) ③

実戦
基礎問
07

酵素の反応速度

生物

タンパク質は生体内で，a輸送，b貯蔵，c防御，d収縮，e情報伝達，触媒，構造の形成などの多様な役割を果たしている。

触媒作用をもつタンパク質を酵素といい，酵素が作用する物質を基質という。酵素は基質と活性部位で結合するが，f活性部位の［ア］構造は基質の［ア］構造に対応しており，基質とは異なる［ア］構造をもつ物質はそこに結合できない。この性質を酵素の［イ］と呼ぶ。

反応溶液中の酵素濃度を一定にして，加える基質濃度を変化させるという酵素反応実験において，基質濃度が低い範囲では基質濃度の増加とともに反応速度は増加する。しかし，ある濃度以上になると基質濃度を増しても変化しなくなる。これは，酵素と基質の結合によって［ウ］の量が飽和するためと考えられる。

g［ア］構造が基質によく似た物質を酵素反応溶液に加えると，酵素反応が阻害されることがある。この現象を酵素反応の［エ］阻害という。

問1　上の文中の空欄に適語を入れよ。

問2　下線部a～eの機能を果たす最も適当なタンパク質を，次から1つずつ選べ。

①　ミオグロビン　　②　γ-グロブリン　　③　インスリン
④　ヘモグロビン　　⑤　トリプシン　　⑥　ミオシン

問3　タンパク質を構成するアミノ酸は何種類あるか，数字で答えよ。さらに下線部fに関して，酵素活性をもつ生体物質はほとんどの場合，核酸ではなくタンパク質からできている。その理由を80字程度で説明せよ。

問4　酵素濃度一定のもとで基質濃度と反応速度の関係について右図の実線に示すような曲線が得られた。下線部gのような阻害剤の一定量を同じ酵素反応に加えた場合，どのような曲線になると予想されるか。図中の点線A～Eから1つ選べ。また，その理由として適当なものを次から1つ選べ。

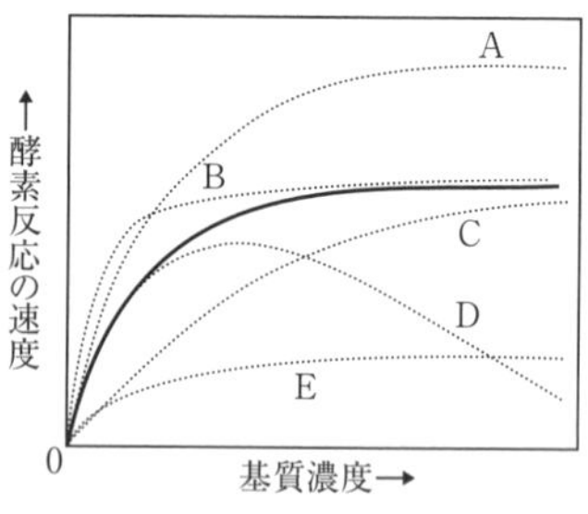

①　酵素の活性部位をめぐって基質と阻害剤の間で奪い合いが起こるため，反応速度は低下するが，基質濃度が高くなるにつれて低下の程度は小さくなる。

②　阻害剤は基質に結合することによって反応速度を低下させるが，最大

反応速度を与える基質濃度は変化しない。

③　阻害剤は酵素の活性部位とは別の部位に結合するため，かえって最大反応速度は大きくなる。

④　阻害剤は酵素の活性部位とは別の部位に結合するため，最大反応速度は低下するが，最大反応速度となる基質の濃度範囲は阻害剤のない場合とほぼ同じになる。

⑤　阻害剤は酵素の活性部位への基質の結合を促進するので，より低い基質濃度で最大反応速度を示す。

⑥　基質が酵素に結合した後に，さらに阻害剤が結合することによって酵素タンパク質が変性するので，基質濃度の増加に伴って反応速度は低下する。 (大阪公大)

第3章 代謝

精講

●**競争的阻害**

基質と類似した物質を加えると，類似物質が活性部位と結合し，類似物質が酵素から離れるまでは基質と酵素の結合が阻害されるため，反応速度が低下する。このような阻害を**競争的阻害**という。

基質濃度が低い場合は阻害剤と酵素が出会う機会が多く，阻害の程度も大きいが，基質濃度が高くなると，阻害剤と酵素が出会う機会が減り，阻害の程度も小さくなる。そのため，最大反応速度は阻害剤があっても阻害剤がない場合と同じになる(右図)。

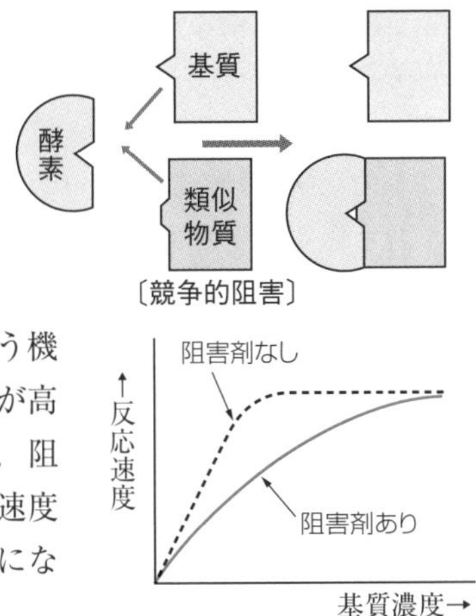

問1　ア－立体　イ－基質特異性　ウ－酵素－基質複合体　エ－競争的

問2　a－④　b－①　c－②　d－⑥　e－③

問3　20種類　　理由：核酸は4種類のヌクレオチドからなるが，タンパク質は20種類のアミノ酸からなるので，活性部位の立体構造をより多様なものにし，さまざまな反応を特異的に行うことができるから。(83字)

問4　C，①

実戦基礎問 08 競争的阻害と非競争的阻害

生物

酵素が特定の物質としか反応しない性質を［ア］という。酵素にはそれぞれ特有の立体的な構造をもつ［イ］部位があり，この部位に適合する物質だけが酵素と結合し，酵素の作用を受けて生成物となる。この酵素反応の阻害には，競争的阻害と非競争的阻害がある。酵素の［イ］部位とは異なる部位である［ウ］部位に基質以外の物質が結合することで［イ］部位の立体構造が変化し，その酵素の活性が変化することがある。このような酵素を［ウ］酵素といい，非競争的阻害に関わっていることが多い。

問1　上の文中の空欄に適語を入れよ。

問2　ある酵素反応について，酵素濃度を一定にして基質濃度を変えて反応速度を調べた。反応速度は，基質濃度が高くなると上昇したが，やがて基質濃度に関係なく一定になった。反応速度が一定になった理由を60字程度で説明せよ。

問3　下線部について，(1)競争的阻害に働く阻害物質がある場合と，(2)非競争的阻害に働く阻害物質がある場合について，それぞれ阻害物質がない場合と阻害物質がある場合の基質濃度と反応速度の関係を示した最も適切なグラフを，次から1つずつ選べ。

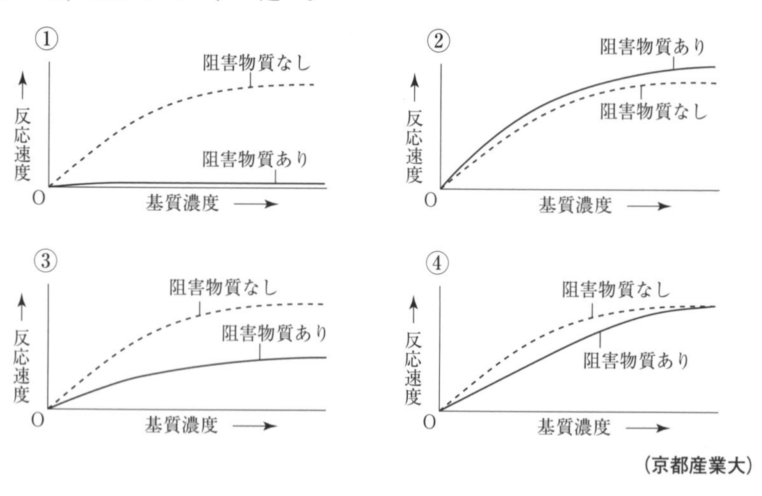

（京都産業大）

精講　●**競争的阻害と非競争的阻害**　実戦基礎問07の精講(p. 71)にあったように，競争的阻害は，基質の類似物質が酵素の活性部位と結合し，酵素と基質の結合を邪魔して，酵素の反応速度を低下させる現象である。それに対して，阻害物質が活性部位以外の部位(アロステリック部位)に結合し，その結果，酵素の反応速度が低下する場合を非競争的阻害と呼ぶ。アロステリック部位をもち，ここに基質以外の物質が結合すると活性部位の立体構造が変化し機能が変わる酵素をアロステリック酵素という。競争的阻害の場合は，基質濃度が高くなると阻害程度は小さくなり，反応の最大速度は阻害剤がない場合と同じになる。しかし，非競争的阻害の場合は，阻害物質によって常に一定濃度の酵素の反応が阻害されるので，基質濃度にかかわらず一定の割合で反応速度は低下し，最大速度も阻害剤なしの場合より低くなる。

基質　活性部位　アロステリック部位　阻害物質

〔アロステリック酵素〕

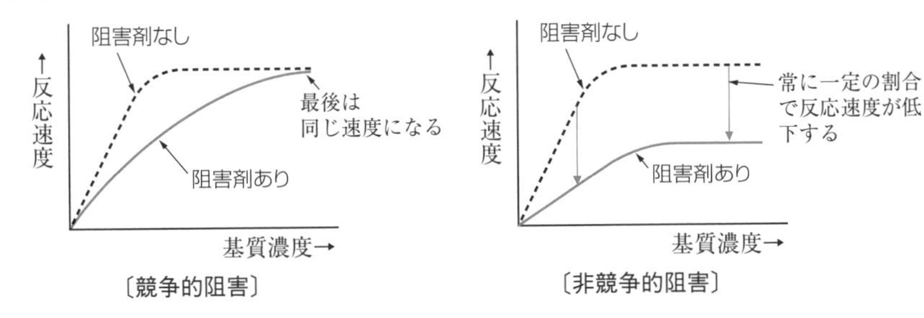

〔競争的阻害〕　〔非競争的阻害〕

Point 18 競争的阻害と非競争的阻害

	競争的阻害	非競争的阻害
阻害物質が結合する場所	活性部位	アロステリック部位
反応の最大速度	変化なし	低下する

問2　指定字数が30字程度であれば，『すべての酵素が常に酵素－基質複合体を形成するようになったから。』(31字)でOKである。「酵素－基質複合体」はキーワード。

答

問1　アー基質特異性　イー活性　ウーアロステリック

問2　すべての酵素が常に酵素－基質複合体を形成するようになり，それ以上基質濃度を高くしても酵素－基質複合体濃度が上昇しなくなったから。(64字)

問3　(1)　④　　(2)　③

21　呼　吸

生物体内で起こる化学反応の過程は大きく次の2つに分けられる。生物が外界から取り入れた物質をその生物にとって必要な生体物質につくり変える[ア]と，生体物質を体内で分解して他の物質に変化させる[イ]である。これらはまとめて代謝と呼ばれ，数多くの化学反応が一定の順序で進行する。[イ]のうち，生命活動のエネルギーを取り出す反応には2種類あり，酸素を利用する[ウ]と，酸素を利用しない[エ]とに分けられる。これらの過程で物質の分解により生じたエネルギーは[オ]という物質に蓄えられ，生物は[オ]を使って，さまざまな生命活動を営んでいる。

問1　上の文中の空欄に適語を入れよ。

問2　右図は[ウ]に関するものである。次の文中の空欄に適語を入れよ。

[ウ]は[A]→[B]→[C]という3つの連続して起こる過程に分けられる。[A]は細胞質基質で起こり，[D]が最初に分解される過程であり，1分子の[D]は多くの段階を経て2分子の[E]になる。[A]では，[エ]と同様，酸素が用いられることなく2分子の[オ]が生成される。[A]で生じた[E]はミトコンドリア内に取り込まれ，別の物質Xと結合して[F]になる。一連の生体反応によって[F]より[G]と二酸化炭素が生み出され，反応の終りに再び物質Xを生じる。[A]と[B]との過程で生じる[G]は，ミトコンドリアの内膜にある[C]と呼ばれる反応系に運ばれ，最終的に外部から取り込まれた酸素と結合し，[H]になるとともに，多くの[オ]が生成される。

問3　次の文は[オ]の構造に関する記述である。文中の空欄に適語を入れよ。

[オ]は，核酸の構成成分の1つである[I]という塩基に，糖の一種である[J]が結合した[K]に3個のリン酸が結合した化合物である。2つのリン酸結合は特に[L]と呼ばれ，末端の1つが利用さ

れると オ は M とリン酸に分解される。

問4 次の記述から，下線部に示す生命活動に該当するものを4つ選べ。

① 赤血球中に存在するヘモグロビンが酸素と結合する。
② 植物が光エネルギーを用いて無機物から有機物を合成する。
③ ホタルがルシフェラーゼの作用により発光する。
④ 唾液に含まれるアミラーゼによってデンプンがマルトース(麦芽糖)に速やかに分解される。
⑤ シビレエイが体内の発電器官で電気を発生する。
⑥ 細尿管で Na^{+} や糖が濃度に逆らって再吸収される。
⑦ 肝臓に存在するアルコールデヒドロゲナーゼがエタノールを酸化し，アセトアルデヒドに変える。
⑧ 葉緑体のチラコイドに含まれる色素が太陽光線から光エネルギーを吸収する。

(大阪公大)

精講 ●呼吸の概略

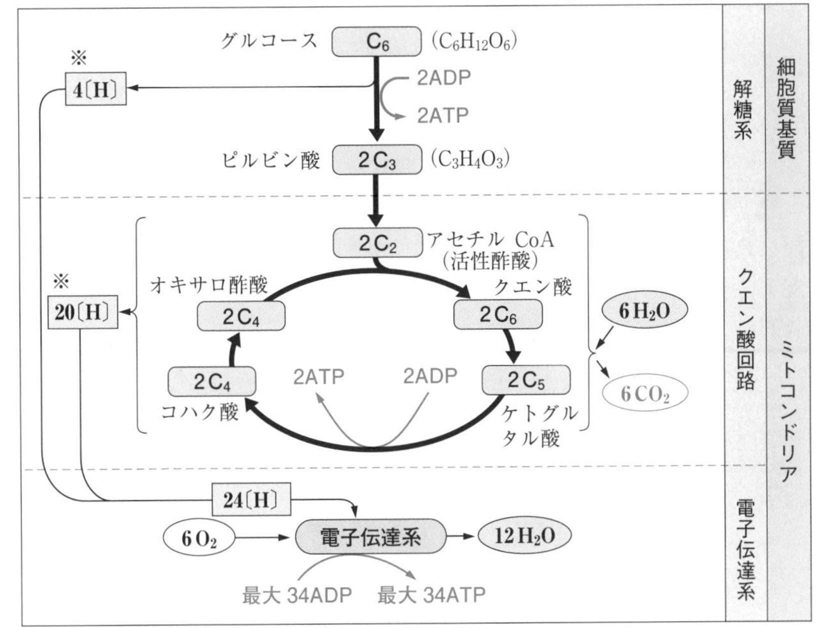

※ NAD^{+} あるいはFADに結合して，NADH，$FADH_2$ となる。

〔呼吸のしくみ〕

●呼吸のしくみ　呼吸は次の３段階に分けられる。

(1) 解糖系：細胞質基質で行われる。

グルコースが２分子のピルビン酸になる。ここまでは発酵と全く同じ反応である。

$$C_6H_{12}O_6 + 2NAD^+ \longrightarrow 2C_3H_4O_3 + 2(NADH + H^+)$$

(2) クエン酸回路：ミトコンドリアのマトリックスで行われる。

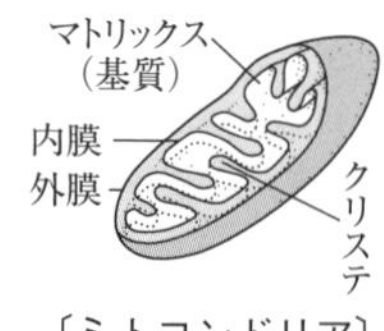

〔ミトコンドリア〕

ピルビン酸は脱水素，脱炭酸されアセチルCoA（活性酢酸）になり，これがオキサロ酢酸と結合してクエン酸となる。クエン酸はさらに脱水素，脱炭酸されオキサロ酢酸に戻る。結果的にクエン酸回路で８分子の$(NADH+H^+)$と２分子の$FADH_2$，６分子の二酸化炭素が生じる。

$$2C_3H_4O_3 + 6H_2O + 8NAD^+ + 2FAD \longrightarrow 8(NADH + H^+) + 2FADH_2 + 6CO_2$$

(3) 電子伝達系：ミトコンドリアの内膜で行われる。

解糖系やクエン酸回路で生じた水素は，いったん補酵素（NAD^+やFADなど）に預けられ，電子伝達系に入り，最終的に酸素と結合して水になる。

$$10(NADH + H^+) + 2FADH_2 + 6O_2 \longrightarrow 10NAD^+ + 2FAD + 12H_2O$$

(4) 全体としては次のような反応式になる。

$$C_6H_{12}O_6 + 6H_2O + 6O_2 \longrightarrow 6CO_2 + 12H_2O$$

解糖系で２ATP，クエン酸回路で２ATP，電子伝達系で最大34ATP（実際には約28ATP）が生成されるので，呼吸全体ではグルコース１分子から38ATP（最大）が生成される。

●ATP　ATPは次のような構造をしている。

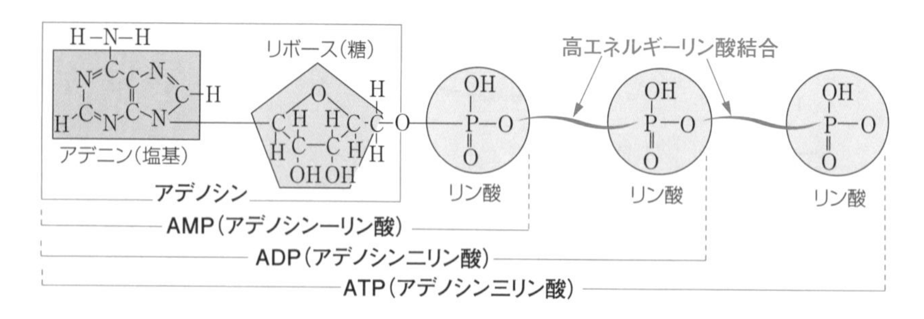

ATPはアデノシン三リン酸の略で，アデニンという塩基，リボースという

糖にリン酸が3つ結合したものである。アデニンとリボースが結合したものをアデノシンという。リン酸どうしの結合は高エネルギーリン酸結合と呼ばれる。ATPを加水分解するとADP(アデノシン二リン酸)とリン酸になる。

$$ATP + H_2O \longrightarrow ADP + H_3PO_4$$

このとき生じるエネルギーが筋収縮や能動輸送，種々の物質合成に利用される。これ以外にもホタルの発光，電気ウナギの発電などもATPのエネルギーを使って行われる。

また，呼吸で生じたエネルギーはADPをATPにするときのエネルギーに使われ，ATPの化学エネルギーとして蓄えられる。

このようにATPはエネルギーの受け渡し役として働くので，エネルギー通貨の役割をしている。

Point 19 呼吸

① **解糖系**：細胞質基質で行われる。2 ATP生成。
② **クエン酸回路**：ミトコンドリアのマトリックスで行われる。2 ATP生成。
③ **電子伝達系**：ミトコンドリアの内膜で行われる。最大 34 ATP生成。

問3 塩基と糖が結合したものを一般にはヌクレオシドというが，特にアデニンとリボースが結合したものはアデノシンと呼ばれる。リン酸どうしの結合は多くのエネルギーを蓄えた特殊な結合で，高エネルギーリン酸結合と呼ばれる。

問4 ATPのエネルギーを用いて，同化(②)や筋収縮，能動輸送(⑥)，発光(③)，発電(⑤)などが行われる。①，④，⑦，⑧はATPを利用しないで行われる反応。

問1 ア－同化　イ－異化　ウ－呼吸　エ－発酵　オ－ATP
問2 A－解糖系　B－クエン酸回路　C－電子伝達系　D－グルコース　E－ピルビン酸　F－クエン酸　G－水素　H－水
問3 I－アデニン　J－リボース　K－ヌクレオシド(アデノシン)　L－高エネルギーリン酸結合　M－ADP
問4 ②，③，⑤，⑥

必修
基礎問

22 発　酵

生物は，エネルギーを用いて低分子物質を高分子物質に合成するが，この反応を［ア］という。一方，高分子物質を低分子物質に分解してエネルギーを取り出す反応を［イ］という。［イ］では炭水化物などの有機物を分解し放出されるエネルギーを用いてATPを合成する。［イ］は，酸素を用いて有機物を無機物にまで分解しATPを効率的に合成する呼吸と，酸素を用いず，有機物を完全に無機物にまで分解せずATPを合成する発酵に分けることができる。両者の反応において［ウ］の反応は共通であり，反応に関わる10種の酵素は細胞内の［エ］中に存在している。［ウ］の反応によりグルコース1分子は2分子の［オ］に分解され，この過程で差し引き［カ］分子のATPが合成される。発酵には，酵母が行うアルコール発酵や乳酸菌が行う乳酸発酵などがある。また，嫌気条件において筋肉中で行われる［キ］も乳酸発酵と同様の反応である。

問1　上の文中の空欄に適当な語句，数字を入れよ。

問2　酵母と乳酸菌について，正しい文を次から1つ選べ。

① いずれも細菌のなかまである。
② いずれの細胞にもミトコンドリアがある。
③ 酵母には核があるが，乳酸菌には核がない。
④ 酵母はDNAをもつが，乳酸菌にはDNAがない。

問3　乳酸発酵では，乳酸菌は酸素を用いずにグルコースを［オ］に分解してATPを合成した後，最終産物として乳酸を生成する。この乳酸発酵において，［オ］で反応が終わらず，乳酸を生成する化学反応が必要である理由を50字程度で説明せよ。

問4　酵母は，嫌気条件ではアルコール発酵のみを行うが，好気条件では呼吸も行う。ある条件下において酵母をグルコース水溶液中で培養したところ，酸素を96mg吸収し，二酸化炭素を220mg放出した。このとき，アルコール発酵および呼吸で消費されたグルコースはそれぞれ何mgか。原子量はC：12，H：1，O：16とする。

（芝浦工大・京都産業大・麻布大）

精講

●同化と異化　無機物から有機物を合成する反応を同化，有機物を無機物に分解する反応を異化という。

●アルコール発酵　主に酵母が行う発酵。細胞質基質で行われる。

反応式：$C_6H_{12}O_6 \longrightarrow 2CO_2 + 2C_2H_5OH$

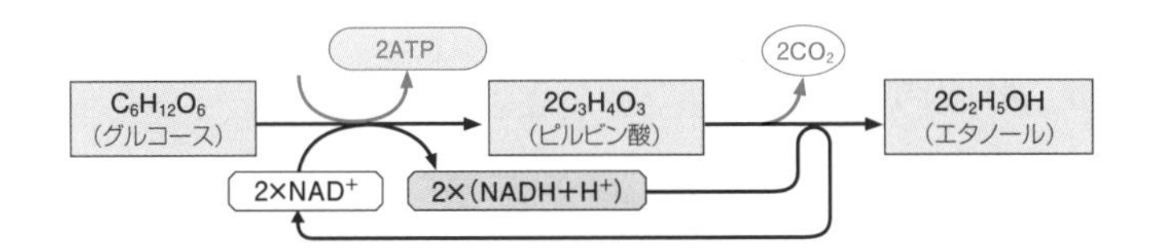

●乳酸発酵　主に乳酸菌が行う発酵。細胞質基質で行われる。動物の筋肉中でも同様の反応が行われるが，その場合は解糖と呼ぶ。

反応式：$C_6H_{12}O_6 \longrightarrow 2C_3H_6O_3$

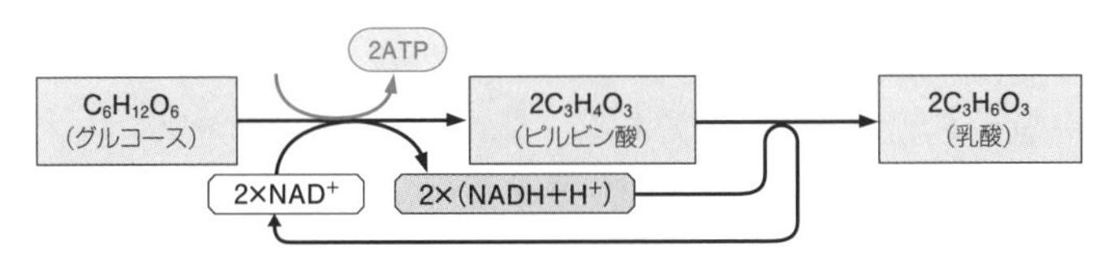

Point 20　発　酵

① アルコール発酵では CO_2 が発生するが，乳酸発酵では CO_2 は発生しない。
② 筋肉中で行われる，乳酸発酵と同じ反応を解糖という。
③ 発酵はいずれも細胞質基質で行われ，2 ATP が生成する。

問 2　酵母は菌類で真核生物，乳酸菌は細菌類で原核生物。

問 3　解糖系を進行させるために必要な NAD^+ は，ピルビン酸から乳酸になる過程で生じる。

問 4　呼吸では 1 モルの $C_6H_{12}O_6$ の消費で 6 モルの O_2 が吸収され 6 モルの CO_2 が放出される。96〔mg〕の O_2 が吸収されたので，グルコースは $\frac{96\times180}{6\times32}=90$〔mg〕消費され，$CO_2$ は $\frac{96\times6\times44}{6\times32}=132$〔mg〕放出される。よって $220-132=88$〔mg〕がアルコール発酵で生じた CO_2 である。アルコール発酵では 1 モルのグルコースから 2 モルの CO_2 が生じるので，消費されたグルコースは $\frac{88\times180}{2\times44}=180$〔mg〕となる。

答

問 1　ア－同化　イ－異化　ウ－解糖系　エ－細胞質基質
オ－ピルビン酸　カ－2　キ－解糖　**問 2**　③

問 3　ピルビン酸から乳酸を生成する過程で NADH が酸化され，解糖系の反応に必要な NAD^+ が供給されるから。(50字)

問 4　アルコール発酵：180〔mg〕　呼吸：90〔mg〕

必修
基礎問

23 呼吸商

植物の発芽種子の呼吸基質がどのような物質であるかを調べるために，右図に示すような装置A，Bを用いて実験を行った。これらの装置は，容器内で生じた気体量の変化を目盛りつきガラス管内の着色液の移動から測定するものである。なお，装置Aのフラスコ内には20%水酸化カリウム水溶液が，装置Bのフラスコ内には蒸留水がそれぞれ入れてある。実験の操作手順は以下の通りである。

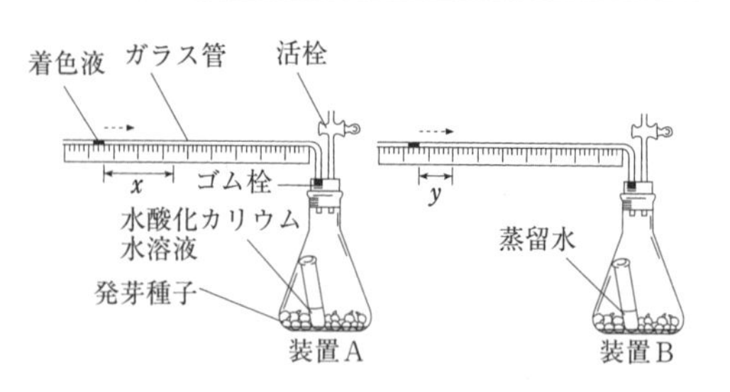

(1) コムギ，エンドウ，トウゴマの3種の発芽種子をそれぞれ用意した。

(2) 装置A，Bにそれぞれ同量のコムギの発芽種子を入れ，フラスコの口をゴム栓でふさいだ。

(3) フラスコ内の温度を 25℃ に保温し，活栓を閉じた。

(4) 30分後，ガラス管にある着色液の右方向への移動距離(x および y)を測定した。

(5) エンドウ，トウゴマの発芽種子にそれぞれ同様の実験を行い，ガラス管内の着色液の移動距離から，最終的に右表に示すような結果を得た。

植物種	x(mm)	y(mm)
①	157	45
②	180	30
③	154	3

問1 装置Aの水酸化カリウム水溶液はどのような働きをするか，簡潔に述べよ。

問2 装置Aで観測された気体量の変化は何を表しているか，簡潔に述べよ。

問3 装置Bで観測された気体量の変化は何を表しているか，簡潔に述べよ。

問4 表の植物種①，②，③の種子の呼吸商はそれぞれいくらか。ただし，答えはそれぞれ小数点以下第三位を四捨五入して二位まで求めよ。

問5 呼吸商の値から，表の植物種①，②，③はそれぞれコムギ，エンドウ，トウゴマのどの植物種に対応するか。最も適切な植物種名を1つずつ記せ。

精講 **●呼吸商** 呼吸によって吸収する酸素の体積と放出する二酸化炭素の体積の比を呼吸商といい，次の式で求めることができる。質量比ではなく体積比であることに注意しよう。

$$呼吸商 = \frac{放出した二酸化炭素の体積}{吸収した酸素の体積}$$

●呼吸基質と呼吸商　呼吸基質の種類により，呼吸商はほぼ決まった値となる。

呼吸基質	呼吸商
炭水化物	1.0
タンパク質	0.8
脂肪	0.7

Point 21　呼吸商

① 呼吸商＝$\frac{CO_2}{O_2}$

② 呼吸商の値から呼吸基質が推定できる。

③ 炭水化物 → 1.0　　タンパク質 → 0.8　　脂肪 → 0.7

解説　水酸化カリウム水溶液や水酸化ナトリウム水溶液には二酸化炭素を吸収する働きがあるので，装置Aでは発芽種子が放出した二酸化炭素は水酸化カリウム水溶液に吸収されてしまう。その結果，装置Aでは発芽種子が吸収した酸素の分だけ体積が減少する。装置Bには水酸化カリウム水溶液が入っていないので，吸収した酸素と放出した二酸化炭素の差の分だけ体積が変化する。

問4　x が酸素吸収量，$x-y$ が二酸化炭素放出量を示すので，それぞれ式にあてはめればよい。①であれば $\frac{157-45}{157} \fallingdotseq 0.713$ となる。

問5　①の呼吸商は0.7に近いので主に呼吸基質が脂肪，すなわち蓄えてある栄養分が主に脂肪の種子を示す。同様に②は主にタンパク質，③は主に炭水化物を蓄えている種子であることを示す。コムギ，エンドウ，トウゴマの中で脂肪を多く蓄えているのはトウゴマ，炭水化物を多く蓄えているのはコムギである。

答

問1　二酸化炭素を吸収する。

問2　発芽種子が吸収した酸素量

問3　発芽種子が吸収した酸素量と放出した二酸化炭素量の差

問4　①　0.71　　②　0.83　　③　0.98

問5　①　トウゴマ　　②　エンドウ　　③　コムギ

11. 同　化

24 光合成のしくみ

光合成の反応は，次の4つの反応に分けられる。

反応a：光化学系Ⅰおよび光化学系Ⅱと呼ばれる反応系がある。これらの反応系のなかの光合成色素が光エネルギーを吸収し，反応中心のクロロフィルに集められる。エネルギーを受け取った反応中心のクロロフィルは，活性化された後，電子(e^-)を放出する。

反応b：光化学系Ⅱでは，電子(e^-)を放出した反応中心のクロロフィルは，［ア］の分解により生じた電子(e^-)を受け取り，元の状態に戻る。［ア］から電子(e^-)が引き抜かれると，［イ］と［ウ］を生じる。光化学系Ⅱの反応中心のクロロフィルから放出された電子(e^-)は電子伝達系を移動し，光化学系Ⅰの反応中心のクロロフィルに受け渡される。活性化された光化学系Ⅰの反応中心のクロロフィルから生じた電子(e^-)は，［エ］を還元し［オ］を生成する。

反応c：反応bの結果，［カ］膜を挟んで［ウ］の濃度勾配が形成される。この濃度勾配に従って，［ウ］はATP合成酵素を通って移動し，これに伴ってADPからATPが合成される。

反応d：反応bと反応cでつくられた［オ］とATPを用いて，外界から取り込んだ［キ］から有機物が合成される。

問1　上の文中の空欄に適語を入れよ。

問2　反応cでのATP合成のしくみは何と呼ばれるか。

問3　反応dは何と呼ばれるか。また主に葉緑体のどこで行われているか。

問4　反応dにおいて，リブロースビスリン酸と［キ］が反応して生じる物質の名称およびその物質の炭素数を答えよ。また，この反応を触媒する酵素の名称を答えよ。

（関東学院大）

精講

●光化学反応　反応中心にあるクロロフィルが光エネルギーを吸収して活性化され，電子を放出する。光化学系Ⅱでは水が分解されて酸素が発生する。光化学系Ⅰでは$NADP^+$が電子およびH^+と反応してNADPHが生じる。

●光リン酸化　生じた電子がチラコイド膜に埋め込まれたタンパク質の間を受け渡される。このとき生じたエネルギーを用いてH^+がストロマからチラコイド内に輸送される。この結果生じたH^+の濃度勾配に従って，ATP合成酵素内をH^+がチラコイド内からストロマへ拡散する。このときADPがリン酸化されてATPが生じる。このようなATP合成のしくみを光リン酸化という。

●**カルビン回路**　外界から取り込んだCO_2とチラコイドでの反応で生じたNADPHとATPを用いて有機物を合成する。まず1分子のCO_2は炭素数5のリブロースビスリン酸1分子と反応して炭素数3のホスホグリセリン酸2分子が生じる。この反応を触媒する酵素はルビスコ(RubisCO)と呼ばれる。

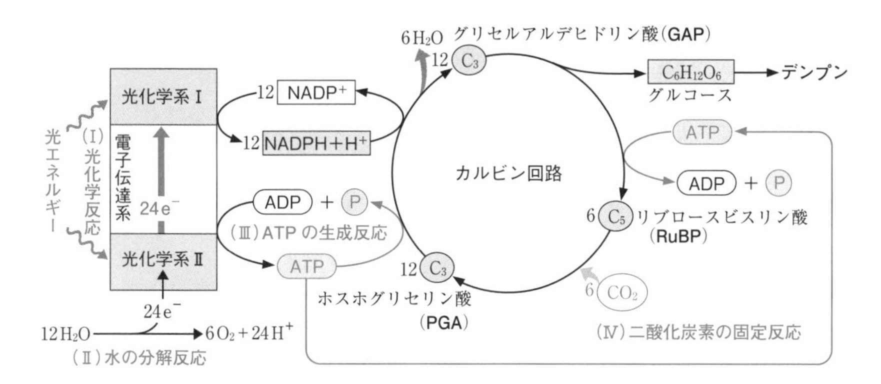

$$12H_2O + 6CO_2 \longrightarrow 6O_2 + 6H_2O + C_6H_{12}O_6$$

Point 22　光合成

① **光化学系Ⅰ**：NADPHの生成。

② **光化学系Ⅱ**：水の分解。酸素の発生。

③ **光リン酸化**：チラコイドでのATP合成。

④ **カルビン回路**：ストロマで行われる。まず1分子のリブロースビスリン酸(C_5)と1分子のCO_2から，2分子のホスホグリセリン酸(C_3)が生じる。この反応を触媒する酵素はルビスコである。

解説　**問1**　電子伝達で生じたエネルギーを用いて，ストロマからチラコイド内へH^+が輸送されるのは能動輸送，その結果生じたH^+の濃度勾配に従って，チラコイド内からストロマへH^+が拡散するのは受動輸送である。

答

問1　ア－水　イ－酸素　ウ－水素イオン　エ－$NADP^+$　オ－NADPH　カ－チラコイド　キ－二酸化炭素

問2　光リン酸化　**問3**　名称：カルビン回路　場所：ストロマ

問4　物質名：ホスホグリセリン酸　炭素数：3　酵素名：ルビスコ

必修基礎問 25

見かけの光合成速度

光合成によってグルコースがつくられる反応全体をまとめると，

$6CO_2 + 12H_2O +$ 光エネルギー $\longrightarrow 6O_2 + C_6H_{12}O_6 + 6H_2O$ となる。

光合成は，(1)光合成色素であるクロロフィルが光エネルギーを吸収して水を水素イオンと酸素とに分解し，ATP を合成する反応と，(2)ATP と NADPH $+H^+$を利用して，二酸化炭素を還元して有機物を合成する反応とに分けられる。

光合成速度は，光の強さ，二酸化炭素の濃度，温度，水などの外界の要因によって変化する。光の強さと二酸化炭素の吸収速度との関係を表すと，右図1のようになる。なお，図中の二酸化炭素の吸収速度が負(−)とは，二酸化炭素を放出することを意味する。

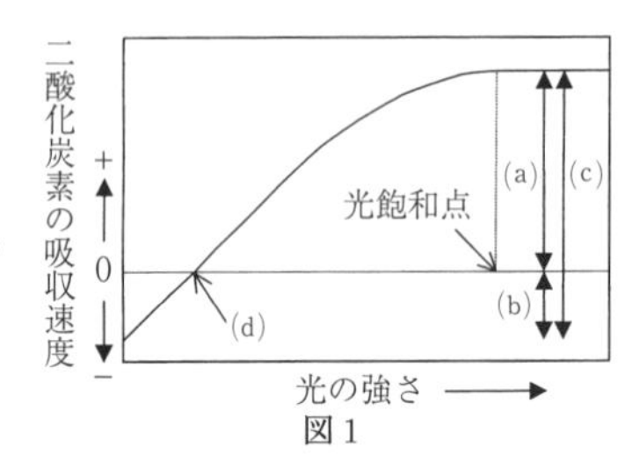

図1

問1　文中の下線部(1)と(2)の反応が行われている葉緑体の部分の名称を記せ。

問2　ある植物が光合成の過程で二酸化炭素を 35.2mg 吸収し，そのすべてをグルコースの合成に用いた。このとき合成されたグルコースの量を記せ。ただし，炭素，酸素，水素の原子量はそれぞれ，12，16，1とせよ。

問3　図1の矢印に示される(a)，(b)の値の名称をそれぞれ記せ。ただし，(c)は光合成速度である。また，二酸化炭素の吸収速度が0になる(d)の光の強さの名称を記せ。

問4　図1において，二酸化炭素の吸収速度と置き換えてもグラフの形がほとんど変化しないものは何か。最も適当なものを次から1つ選べ。

① 水の蒸散速度　　② 酸素の放出速度

③ 単位葉面積当たりの葉緑体量

問5　右図2の破線は，陽生植物の光の強さと二酸化炭素吸収速度との関係を表すグラフである。陰生植物はどのようなグラフとなるか。図2に実線で描き加えよ。ただし，陰生植物の飽和した光合成速度は，陽生植物の飽和した光合成速度より低いものとする。

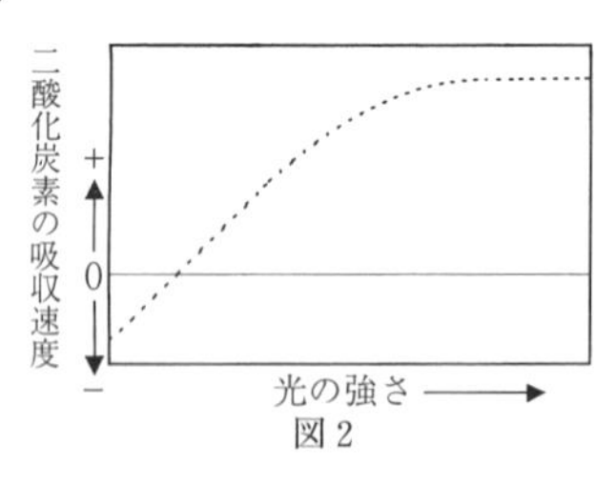

図2

問6　陽生植物が生育できないような弱い光でも，陰生植物が生育できる理由をわかりやすく述べよ。　　(大阪公大)

●見かけの光合成速度

光合成速度から呼吸速度を差し引いた値を見かけの光合成速度という。

右図のA点では，光合成速度と呼吸速度が等しく，見かけの光合成速度が0となっている。このような光の強さを光補償点という。

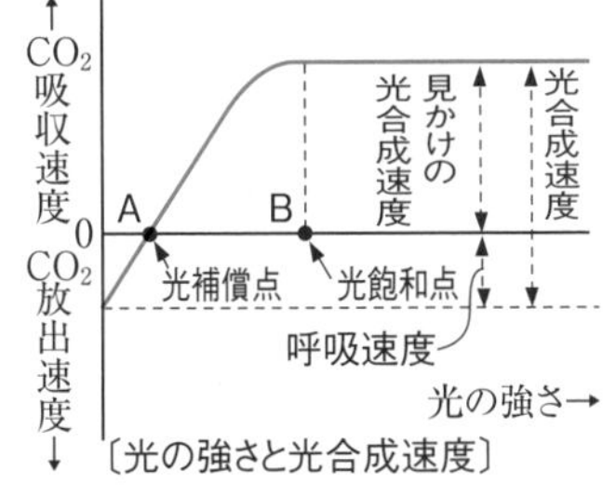

〔光の強さと光合成速度〕

B点以上では，これ以上光の強さが強くなっても光合成速度は一定のままになっている。これを光飽和の状態といい，この状態になる光の強さを光飽和点という。

●陽生植物と陰生植物　陰生植物は陽生植物に比べ，呼吸速度が小さく，光補償点や光飽和点が小さい。そのため弱光下での生育に適している。

Point 23　見かけの光合成速度

① 見かけの光合成速度＝光合成速度－呼吸速度

② 光合成速度と呼吸速度が等しく，見かけの光合成速度が0のときの光の強さを**光補償点**という。

解説

問2　光合成の反応式より，CO_2(分子量44) 6モルから $C_6H_{12}O_6$(分子量180)が1モル生じるので，6×44gの二酸化炭素から180gのグルコースが生じる。よって，35.2mgの二酸化炭素からは $\frac{180\times35.2}{6\times44}=24.0$〔mg〕のグルコースが生じる。

問4　光合成が行われると，二酸化炭素を吸収し酸素を放出するので，縦軸に酸素放出量をとっても図1と同じ形のグラフが得られる。

答

問1　(1) チラコイド　(2) ストロマ

問2　24.0mg

問3　(a) 見かけの光合成速度
(b) 呼吸速度　(d) 光補償点

問4　②　**問5**　右図実線

問6　陰生植物は光補償点が小さいので，弱光下でも見かけの光合成速度が正の値になるから。

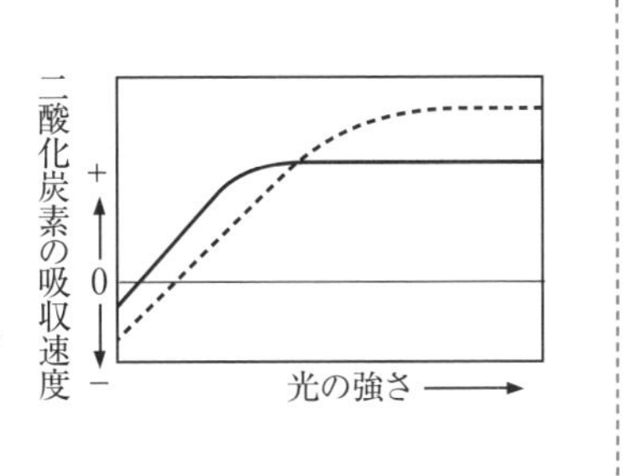

実戦基礎問

09 カルビン回路

光合成の反応は，大きく分けて以下の4つに分けられる。

反応A：主要色素であるクロロフィルは光エネルギーを吸収し，活性化する。この反応を［ア］反応という。

反応B：活性型クロロフィルのエネルギーの一部を使って，1分子の［イ］を2個の水素イオンと電子および1/2個の［ウ］に分解する。この際，生じた［ウ］は細胞外へと放出される。また，電子は［エ］系により $NADP^+$ を［オ］して，最終的にNADPHを生成する。この反応は葉緑体内の［カ］で行われる。

反応C：反応Bの［エ］の過程で遊離するエネルギーを利用して［キ］を生産する。

反応D：葉緑体内の［ク］において，外界から取り込んだ CO_2 と，反応Cで生産された［キ］を利用して炭素化合物を生成する。この反応経路は，放射線を出す炭素原子(放射性同位元素)である ^{14}C を含む(a)$^{14}CO_2$ を用いたトレーサー実験により①CO_2 受容体となる物質は炭素数［ケ］のリブロースビスリン酸(RuBP)であること，②初期産物は炭素数［コ］の3-ホスホグリセリン酸(PGA)であること，③この反応は複雑な回路(循環)の反応であることなどがわかった。この回路反応は，［サ］回路と呼ばれる。

問1　上の文中の空欄に適切な語句または数字を記せ。

問2　成育中の植物内で起こる反応Aに関する記述として誤っているものを次からすべて選べ。

① 反応Aは，温度の影響を受ける。

② 反応Aは，光の強さの影響を受ける。

③ クロロフィルは，青色光や赤色光より緑色光をよく吸収する。

④ クロロフィル以外の光合成色素の1つに，アントシアニンがあげられる。

問3　下線部(a)の実験に関して，以下の問いに答えよ。

(1) 十分な光の条件下で緑藻に $^{14}CO_2$ を10分間供給して光合成をさせると，PGAとRuBPの分子のすべての炭素原子の位置に ^{14}C が一様に分布した。この状態で急に光を遮断し，

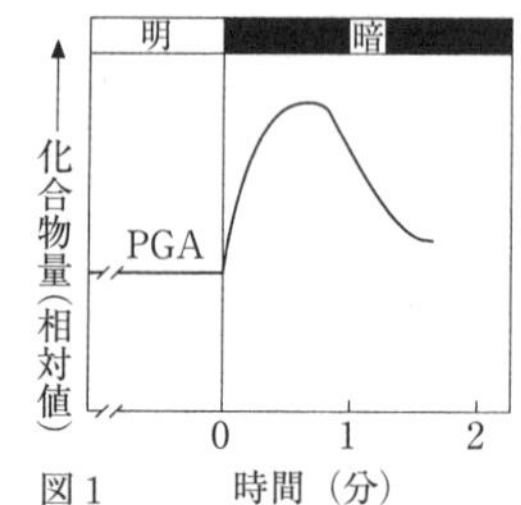

図1

^{14}C を含む PGA の量を経時的に測定した。すると PGA 量は一時的に増加したが，その後減少した(図1)。

この実験で，PGA が増加した理由として考えられることを簡潔に述べよ。

(2) 十分な光の条件下で緑藻に $^{14}CO_2$ を含む 1％ CO_2 濃度の空気を10分間供給して光合成をさせると，PGA と RuBP の分子のすべての炭素原子の位置に ^{14}C が一様に分布した。この状態で CO_2 濃度を0.003％に下げ，^{14}C を含む PGA と RuBP の量を経時的に測定した。ただし，全 CO_2 中の $^{14}CO_2$ の割合は変化させなかった。

このときの，PGA と RuBP の変化を示した図として最も近いものを図2の(a)〜(d)から選べ。

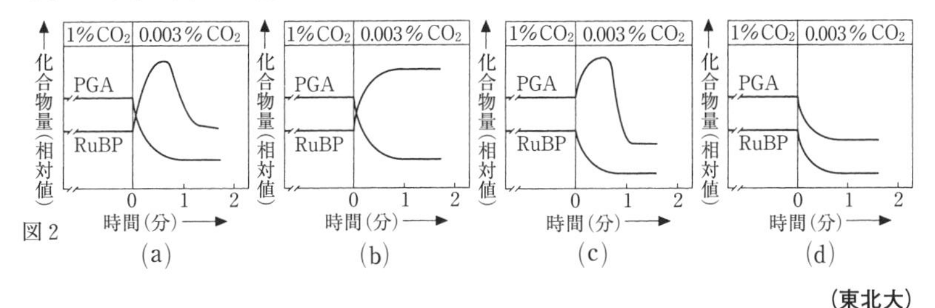

図2

（東北大）

精講 **●カルビン回路** カルビン回路において，二酸化炭素はまずルビスコの働きで炭素数5の化合物であるリブロース二リン酸(RuBP)と反応し，炭素数3の化合物であるホスホグリセリン酸(グリセリン酸リン酸，PGA)となる。このとき二酸化炭素1分子と RuBP 1分子から PGA が2分子生じる。グルコース1分子を生じるためには二酸化炭素は6分子使われるので，RuBP も6分子，PGA は12分子生じることになる。PGA はチラコイドで生成された NADPH＋H$^+$ の水素や ATP を利用して再び RuBP に戻る。

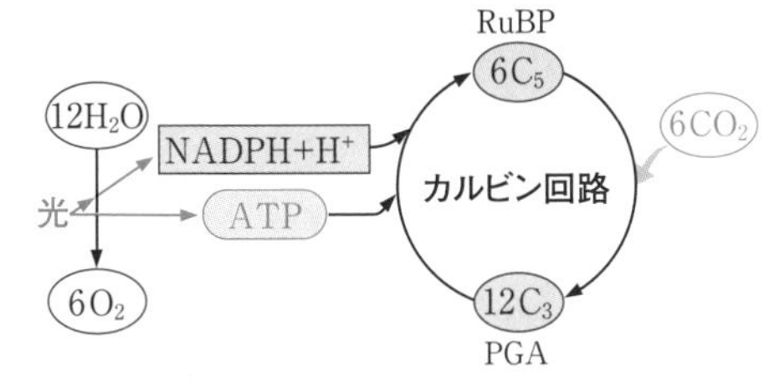

●光合成と外的要因 光化学反応は光の強さの影響は受けるが，温度には影響されない。水の分解や ATP 合成，カルビン回路などは光の影響は受けないが温度の影響は受ける。カルビン回路は温度以外に二酸化炭素の濃度の影響も受ける。

Point 24 カルビン回路

① CO_2 + RuBP(炭素数 5) ⟶ 2 PGA(炭素数 3)
この反応を触媒する酵素はルビスコである。

② 光の強さの影響を受けるのは光化学反応だけ。他は温度の影響を受ける。

問1 リブロースビスリン酸はリブロース二リン酸のこと。リブロース二リン酸は炭素数 5，ホスホグリセリン酸(グリセリン酸リン酸)は炭素数 3 の化合物である。

問2 クロロフィルは主に赤色光や青紫色光を吸収し，緑色光はあまり吸収しない。光合成色素としてはクロロフィル以外にカロテンやキサントフィルがある。アントシアニンは液胞中の色素で，花弁の色などになる。

問3 (1) 光がないと光化学反応は行えず，水の分解も停止する。その結果 NADPH $+H^+$ や ATP も生成されなくなる。PGA から RuBP への反応には NADPH や ATP が必要だが，RuBP から PGA へは二酸化炭素があれば進行する。

PGA から RuBP へは光照射で生成された NADPH や ATP が必要なこと，PGA から RuBP の反応は停止するが RuBP から PGA への反応は進行することの 2 点について書く。

(2) 二酸化炭素の供給量が減少するので RuBP から PGA への反応速度は低下する。しかし，PGA から RuBP へは NADPH や ATP があれば進行するので，RuBP が増加し，PGA は減少する。よって，(a)か(b)まで絞れる。(1)の実験の図 1 でも PGA の増加は一時的なので，(2)でも RuBP の増加は一時的と考えられる。

よって，(a)となる。

問1 ア－光化学　イ－水　ウ－酸素　エ－電子伝達　オ－還元
カ－チラコイド　キ－ATP　ク－ストロマ　ケ－5　コ－3
サ－カルビン

問2 ①，③，④

問3 (1) 光が遮断されると，PGA から RuBP への反応に必要な NADPH や ATP が供給されなくなり，PGA から RuBP への反応は停止する。しかし，RuBP から PGA への反応は進行するため PGA が増加する。

(2) (a)

実戦 基礎問

10 いろいろな炭酸同化

生物

植物やある種の細菌などはCO_2から有機物をつくり出す炭酸同化を行う。植物は葉緑体で光エネルギーを化学エネルギーに変換し，大気中のCO_2を固定することで有機物を合成する。このプロセスを光合成という。原核生物の中にも a 光合成を行う細菌がいる。さらに，光の届かない土壌中や深海底の熱水噴出孔の周辺には b 無機物の酸化により生じる化学エネルギーを用いて炭酸同化を行う細菌もいる。このような細菌を総称して［ア］細菌という。

植物は葉緑体における光合成の反応過程の違いによって，C_3植物，C_4植物，CAM植物に区別される。C_3植物は，気孔から取り入れたCO_2をC_3化合物である［イ］として固定する。しかし，C_4植物では，CO_2は［ウ］細胞でC_3化合物であるホスホエノールピルビン酸(PEP)に取り込まれ，C_4化合物である［エ］として固定され，［オ］に変換される。変換された［オ］は［ウ］細胞から［カ］細胞に渡され，カルビン回路に送られる。CAM植物は，夜間に気孔を開けてC_4植物と同様の過程でCO_2を取り込み，［オ］として［キ］に貯える。昼間になると，［オ］は再びCO_2に分解されカルビン回路で有機物合成に利用される。

問1 上の文中の空欄に適語を入れよ。

問2 下線部aに関して，酸素を発生する光合成を行う細菌を次からすべて選べ。

① 硫黄細菌　② 紅色硫黄細菌　③ ネンジュモ　④ クロレラ

問3 下線部bに関して，亜硝酸菌はどのような無機物を酸化して炭酸同化を行うか答えよ。

問4 C_3植物，C_4植物，CAM植物の例として最も適切なものを，次からそれぞれ2つずつ選べ。

① イネ　② サトウキビ　③ ベンケイソウ　④ エンドウ
⑤ パイナップル　⑥ トウモロコシ

問5 右図はCO_2濃度とCO_2吸収速度の関係を模式的に示したものである。点線がC_3植物とした場合，C_4植物におけるグラフはA～Cのいずれか。

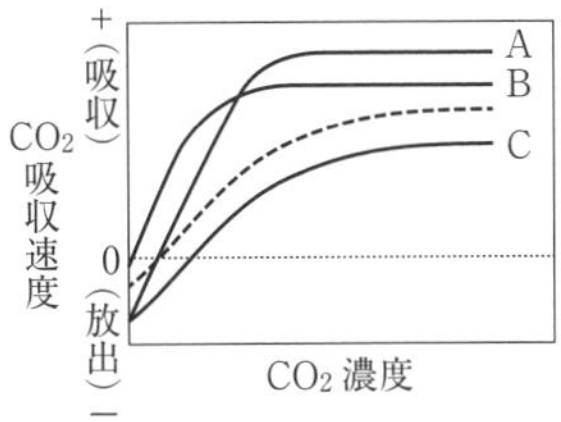

（東京農工大・石川県大）

精講

●細菌の光合成 紅色硫黄細菌や緑色硫黄細菌の光合成では，二酸化炭素の還元に必要な電子(e^-)を水ではなく硫化水素から得ているため酸素は発生せず，硫黄が生じる。

$$12H_2S + 6CO_2 \longrightarrow 12S + 6H_2O + C_6H_{12}O_6$$

シアノバクテリアは植物と同様，水を分解して酸素を発生する光合成を行う。

●化学合成 亜硝酸菌・硝酸菌・硫黄細菌などは，光エネルギーではなく，無機物の酸化で生じるエネルギーによって炭酸同化を行う。これを化学合成という。

亜硝酸菌はアンモニウムイオン，硝酸菌は亜硝酸イオン，硫黄細菌は硫化水素をそれぞれ酸化してエネルギーを得る。亜硝酸菌と硝酸菌をまとめて硝化細菌(硝化菌)とも呼び，これらの細菌によってアンモニウムイオンから硝酸イオンが生じる作用を硝化作用という。

①　亜硝酸菌の無機物酸化の反応式

$$2NH_4^+ + 3O_2 \longrightarrow 2NO_2^- + 2H_2O + 4H^+$$

②　硝酸菌の無機物酸化の反応式

$$2NO_2^- + O_2 \longrightarrow 2NO_3^-$$

③　硫黄細菌の無機物酸化の反応式

$$2H_2S + O_2 \longrightarrow 2S + 2H_2O$$

●C_3植物 外界から取り込んだCO_2から，最初に炭素数3のホスホグリセリン酸(PGA)を生じる光合成を行う植物をC_3植物という。CO_2を固定する酵素はルビスコである。

●C_4植物 外界から取り込んだCO_2を葉肉細胞において濃縮しておき，最終的に維管束鞘細胞で有機物を合成するという光合成を行う植物をC_4植物という。CO_2から最初に生じる有機物は炭素数4のオキサロ酢酸で，最初にCO_2を固定する酵素をPEPカルボキシラーゼという。PEPカルボキシラーゼはルビスコに比べて非常にCO_2親和性が高いので，気孔開度が小さくても十分に有機物合成が行える。そのためCO_2補償点(見かけの光合成速度が0になる時のCO_2濃度)が非常に低く，強光条件での光合成速度が非常に大きい。サトウキビやトウモロコシは代表的なC_4植物である。

●CAM植物 反応そのものはC_4植物と同様だが，外界からCO_2を取り込んで濃縮する反応は夜間に行い，昼間に有機物合成を行うという光合成を行う植物をCAM植物という。夜間に気孔を開けてCO_2を吸収し，取り込んだCO_2はリンゴ酸として液胞に蓄積しておく。それにより，砂漠などで極端に乾燥する昼間は気孔を閉じておき，昼間の蒸散を防ぐことができる。サボテン・ベンケイソウ・パイナップルなどは代表的なCAM植物である。

C_3 植物の反応経路

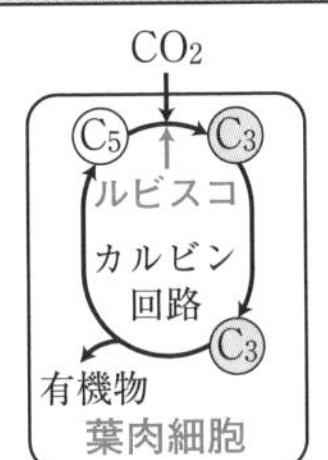

C_4 植物の反応経路

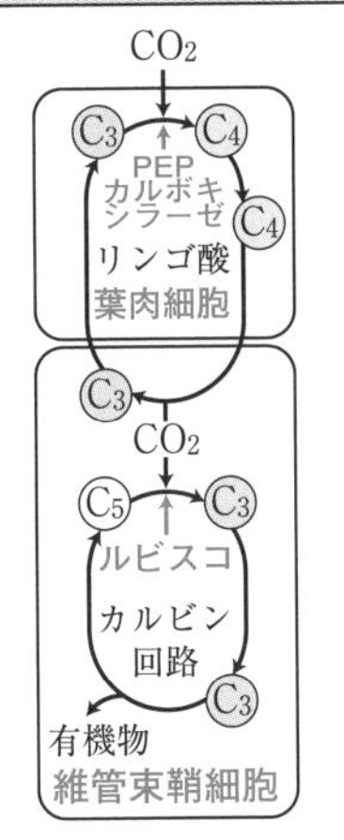

CAM 植物の反応経路

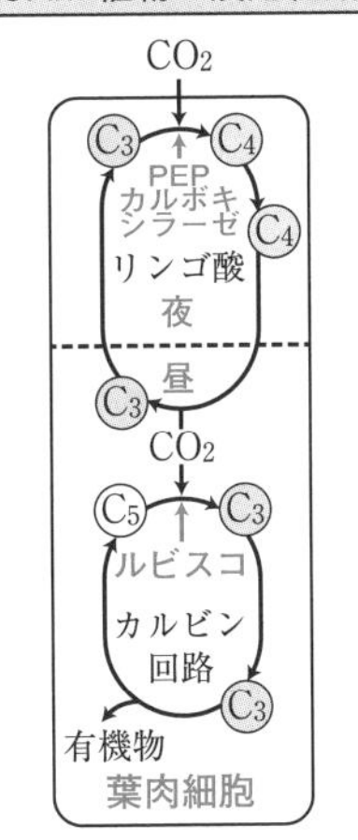

〔CO_2 固定経路〕

Point 25 C_3 植物，C_4 植物，CAM 植物の光合成

	CO_2 から最初に生じる有機物	例
C_3 植物	ホスホグリセリン酸	イネ，エンドウ，アサガオなど
C_4 植物	オキサロ酢酸	サトウキビ，トウモロコシ
CAM 植物	オキサロ酢酸	サボテン，ベンケイソウ，パイナップル

解説　**問2**　①は化学合成細菌，②は光合成を行う細菌だが酸素は発生せず硫黄が生じる。③はシアノバクテリアの一種で，酸素を発生する光合成を行う。④も酸素を発生する光合成を行うが，細菌ではなく緑藻類である。

問5　C_4 植物は，非常に CO_2 補償点が低いという特徴がある。

答

問1　ア－化学合成　イ－ホスホグリセリン酸　ウ－葉肉
　エ－オキサロ酢酸　オ－リンゴ酸　カ－維管束鞘　キ－液胞

問2　③　　**問3**　アンモニウムイオン

問4　C_3 植物：①，④　　C_4 植物：②，⑥　　CAM 植物：③，⑤

問5　B

実戦
基礎問

11 電子伝達系

生物

真核生物の呼吸では，解糖系や［ア］回路の脱水素反応の過程でH^+とe^-が生じ，それらは(a)補酵素の還元に使われる。生じた還元型補酵素はミトコンドリアの電子伝達系に運ばれ，そこで還元型補酵素からe^-とH^+が放出される。放出されたe^-は電子伝達系を構成する分子に順次伝達され，この移動に伴いミトコンドリアの［イ］を挟んで［ウ］と［エ］との間にH^+の濃度勾配が形成される。［エ］に蓄積されたH^+が［イ］にある［オ］酵素を通って［ウ］に拡散するときにATPが合成される。このようなATP合成の過程は［カ］リン酸化と呼ばれる。電子伝達系を移動したe^-は，最終的にH^+と［キ］に受け渡され，［ク］を生じる。

一方，植物や藻類の光合成では，［ケ］の分解によってH^+とe^-が生じる。e^-はその後，葉緑体の［コ］にある電子伝達の反応系を移動し，最後は(b)補酵素の還元に使われる。e^-の移動に伴って，［コ］を挟んで［サ］との間にH^+の濃度勾配が形成される。ここでも濃度勾配が解消するようにH^+が［オ］酵素を通って［サ］に拡散するときに，ATPが合成される。このATP合成の過程は［シ］リン酸化と呼ばれる。

問1　文中の空欄に適語を入れよ。ただし，同じ語を2回以上使ってもよい。

問2　下線部(a)と下線部(b)の補酵素として適切なものを，次からそれぞれすべて選べ。ただし，同じ選択肢を2回以上使ってもよい。

① FAD　② $FADH_2$　③ NAD^+
④ NADH　⑤ $NADP^+$　⑥ NADPH

（上智大）

精講　●呼吸における電子伝達系でのATP合成のしくみ(酸化的リン酸化)

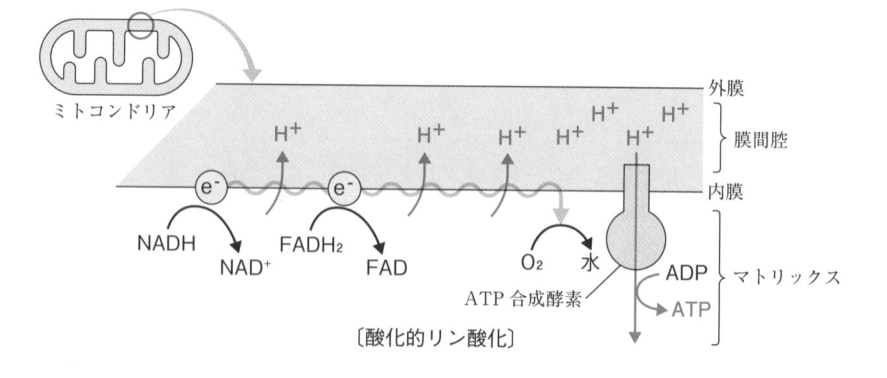

〔酸化的リン酸化〕

●光合成における電子伝達系での ATP 合成のしくみ(光リン酸化)

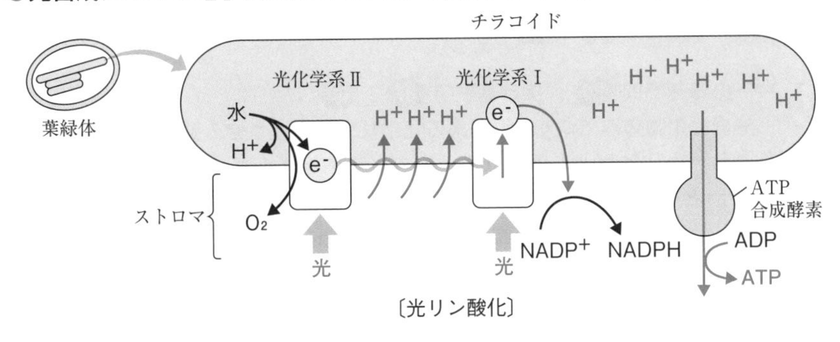

〔光リン酸化〕

Point 26 酸化的リン酸化と光リン酸化の違い

	呼吸(酸化的リン酸化)	光合成(光リン酸化)
電子伝達系に電子を供給する物質	NADH, $FADH_2$	水
電子伝達系で最後に電子を受け取る物質	酸素	$NADP^+$
H^+が ATP 合成酵素を通って移動する方向	膜間腔 → マトリックス	チラコイド → ストロマ

解説

問1 酸化的リン酸化と光リン酸化のそれぞれについて，H^+ の移動の方向，電子を供与する物質，電子を受け取る物質を整理しておくこと。Point 26 を覚えよう。

問2 解糖系やクエン酸回路において電子を受け取る補酵素は，NAD^+ や FAD である。葉緑体のチラコイドにおいて電子を受け取る補酵素は $NADP^+$ である。

答

問1 アークエン酸　イー内膜　ウーマトリックス　エー膜間腔
オー ATP 合成　カー酸化的　キー酸素　クー水　ケー水
コーチラコイド膜　サーストロマ　シー光

問2 (a) ①, ③　(b) ⑤

演習問題

⇨ 解答は316ページ

10 必修基礎問 20，実戦基礎問 07，08

酵素は生物体内でつくられ，ある化学反応を促進させる働きをもつ物質と定義され，生体触媒とも呼ばれる。アスパラギン酸カルバモイルトランスフェラーゼ(ACT)という酵素は，アスパラギン酸を出発材料としてピリミジンヌクレオチドが合成される一連の経路の最初に位置し，その反応速度は，デオキシシチジン三リン酸(dCTP)やデオキシアデノシン三リン酸(dATP)の存在によって影響を受ける。

右図1の曲線aは，ACTの反応速度に対する基質濃度の効果を示している。曲線aの反応系に，一定濃度のdATPを追加して加えた場合，ACTの反応速度は曲線bのようになる。また，dCTPを添加した場合には曲線cのようになる。なお，dATPはプリンヌクレオチド合成系の，dCTPはピリミジンヌクレオチド合成系の最終生成物であり，ここで加えたdATPにはエネルギー源としての意味はない。

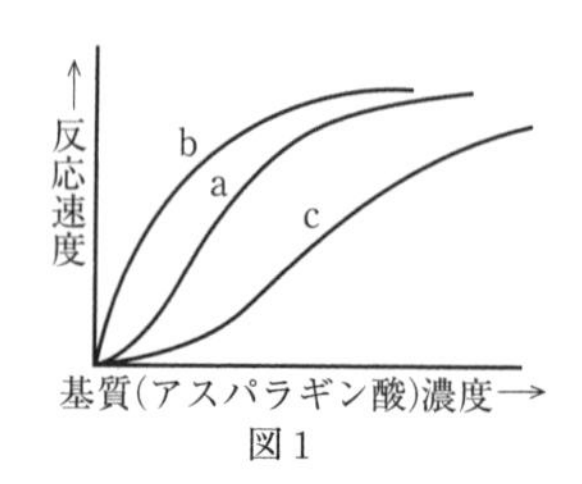

図1

問1 酵素と無機触媒の共通点を，50字以内で述べよ。

問2 ACTの反応速度がdCTPの存在によって影響を受けることは，細胞内でどのようなことに役立っているか，50字以内で述べよ。

問3 ACTの反応速度がdCTPだけでなく，dATPの存在によっても影響を受けることは，細胞内でどのようなことに役立っているか，50字以内で述べよ。

問4 アスパラギン酸からdCTPが合成されるときのような，最終産物が反応経路のより前の段階を触媒する酵素の活性に影響を与えるしくみを何と呼ぶか，答えよ。

問5 以下の文中の空欄に，最も適切な語句を入れよ。ただし，同じ語句を複数回用いる場合もある。

酵素の反応速度が基質とは異なる物質の影響を受けることがある。クエン酸回路の酵素であるコハク酸脱水素酵素(SDH)の反応がマロン酸によって阻害されるのは，その例である。これはSDHの基質である［ア］とよく似た構造のマロン酸がSDHの［イ］に結合して，本来の基質と酵素の結合を［ウ］に阻害することによる。このような阻害様式を［エ］という。その場合，本来の基質の濃度を上げてゆくと，阻害の程度はしだいに［オ］なる。

これに対し，dCTPによるACTの阻害は，ACTの基質であるアスパラギン酸とdCTPが構造的に異なることから，両物質の構造の類似性からは説明できない。この場合には，dCTPがACTの［カ］に結合することにより，ACTの［キ］の構造を変化させ，反応速度を低下させることがわかっている。

問6 SDHの反応速度と基質濃度との関係を示すグラフが，次ページの図2に描いてある。問５の文章を参考に，SDHの反応系に一定濃度のマロン酸を加えた場合の反応速度を示す曲線を，図２のグラフ上に描け。なお，マロン酸によるSDH反応阻害の特徴がわかるよう，曲線は反応速度が一定になるまで描くこと。

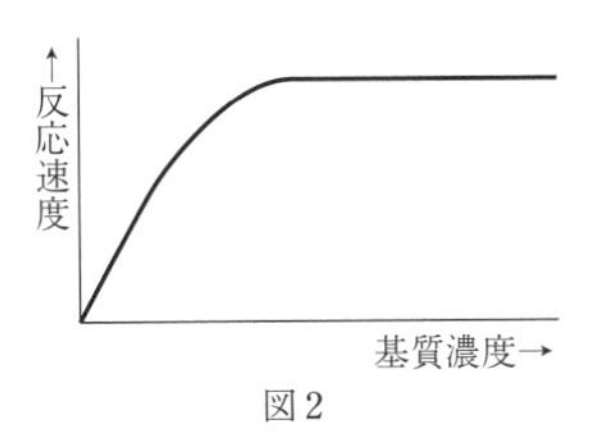

図２

問７　以下の①～④の関係をグラフで示したとき，図１の曲線ａのようにＳ字状になるのはどれか。

①　温度と酵素の反応速度　　②　酵素の反応時間と産物の生成量
③　浸透圧と赤血球の体積　　④　酸素濃度とヘモグロビンの酸素飽和度

〈東京海洋大〉

11　必修基礎問 21 ， 23

動物の体内では，食物に含まれる有機物が酸化されて化学エネルギーが取り出される。右表は，ある哺乳類の体内で炭水化物，脂肪，タンパク質それぞれ１gが酸化された場合に消費される酸素の量，呼吸商，そして得られるエネルギー(熱量)を示す。

酸化される物質	酸素消費量(L/g)	呼吸商	得られるエネルギー(kcal/g)
炭水化物	0.84	1.0	4.2
脂肪	2.0	0.7	9.4
タンパク質	0.96	0.8	4.3

問１　動物の多くは脂肪を主な貯蔵物質としている。その理由を40～60字で述べよ。

問２　脂肪の方が炭水化物よりも呼吸商が小さい理由を40～60字で述べよ。

問３　この動物が一定時間内に60Lの酸素を消費し，54Lの二酸化炭素を放出した。このとき，体内で酸化されたタンパク質の量は3.0gであった。酸化された炭水化物と脂肪の量(g)を，小数第一位までの数値で示せ。

問４　体外の試験管の中で酸化させた場合，炭水化物および脂肪は体内と同じ熱量を発生したが，タンパク質は5.3kcal/gの熱量を発生した。この動物の体内でタンパク質が酸化されたときに得られるエネルギーが，この値よりも少ない理由を40～60字で述べよ。

問５　体内で酸化される物質によって，酸素消費量も得られるエネルギーも異なるにもかかわらず，生物の代謝量の指標として酸素消費量が用いられる。その理由の１つは，酸素消費量の測定が比較的容易であるからである。それ以外に，どのような理由が考えられるか。80～120字で述べよ。

〈大阪公大〉

12　必修基礎問 25 ，実戦基礎問 10

生物に含まれる元素は十数種類あるが，そのうち，炭素，酸素，水素，窒素の４元素だけで，全体の99％(重量比)以上を占めている。それらの元素はいろいろ結合し，有機化合物などとして生体物質を構成している。植物は一般的に光エネルギーを用いて無機物である［ア］と［イ］からグルコースなどの有機化合物を合成するとともに酸素を発生する。この働きは光合成と呼ばれ，生物界に有機化合物をもたらす最も重要な反応である。

問1　上の文中の空欄に適語を入れよ。

問2　下線部の酸素を発生する生物を酸素発生型光合成生物という。一方，光合成細菌と呼ばれている光合成生物は，光合成を行っても酸素を発生しない。これらの光合成細菌は光合成を行っても，なぜ酸素を発生しないのか，50字以内で説明せよ。

問3　ある植物の葉にいろいろな強さの光を当て，CO_2 の吸収あるいは放出速度に及ぼす温度の影響について調べ，表1の結果を得た。ただし，いずれの場合も測定前の CO_2 濃度を一定にして測定した。

表1

光の強さ（キロルクス＊2）	CO_2 の吸収または放出の速度＊1（mgCO_2/葉面積 100cm^2/時）測定温度 20℃	30℃
0	−5	−12
2	1	−6
4	7	0
8	17	12
12	21	22
15	22	31
20	23	38
25	23	41
30	23	41

＊1　CO_2の放出をマイナス（−）として表した。
＊2　ルクスは明るさの単位であるが，同じ光源を使用すると，明るさは光の強さに比例するので，光の強さをルクスとして表した。

⑴　30℃で測定したときの光の補償点はどれだけか答えよ。

⑵　20℃，25キロルクスのとき，葉面積 100cm^2 当たり，1時間の光合成量は，二酸化炭素としてどれだけか答えよ。ただし，呼吸速度は明暗によらず一定とする。

⑶　30℃で，25キロルクスの光を12時間当て，その後12時間，同じ温度で暗所においたとき，葉面積 100cm^2 の葉が1日で同化するグルコース量はどれだけか。小数点以下は四捨五入して求めよ。ただし，呼吸速度は明暗によらず一定とし，原子量は C＝12，H＝1，O＝16 として計算せよ。

⑷　20℃と30℃の光合成速度と光の強さとの関係を下のグラフ1に記入せよ。また，その図から明らかになった光合成の性質について150字以内で説明せよ。

問4　次ページの図1は海藻Aと海藻Bの植物体の吸収スペクトルを示している。また，図2は海中での深さと光の波長別の強さの関係を示している。

グラフ1

⑴　海藻を陸上で見たとき海藻Aと海藻Bは，それぞれ何色に見えるか答えよ。

⑵　680nm に吸収ピークを示す色素は何か答えよ。

⑶　海藻Aで 650nm 付近に吸収を示す色素は何か答えよ。

⑷　深さ 20m の海底を調査したところ，

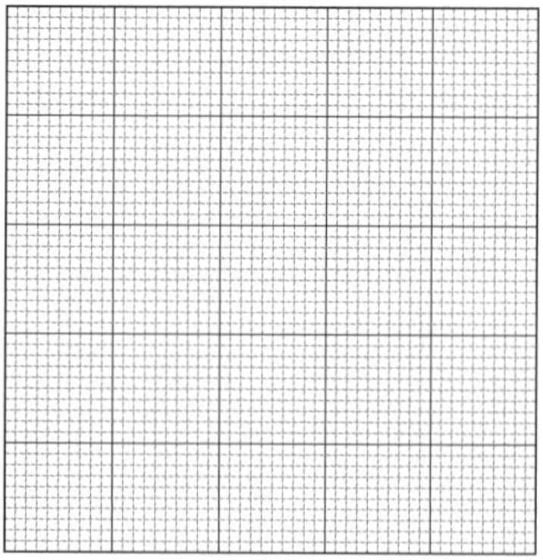

海藻Bは生育していたが，海藻Aは見つからなかった。その理由を，図1，図2をもとに80字以内で説明せよ。

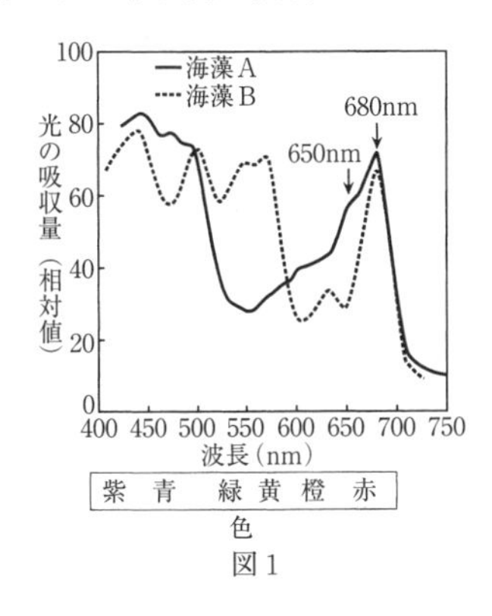

図1

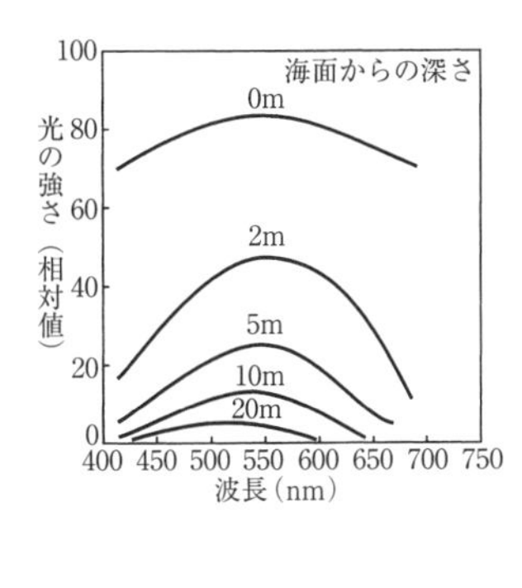

図2

〈金沢大〉

13 必修基礎問 21，24，実戦基礎問 09，11

植物の光合成は，数多くの化学反応が連続して起こることによって進んでおり，主に4つの反応系に大別される。まず，①葉緑体のチラコイドにある光合成色素が光エネルギーを吸収し，そのエネルギーが特定のクロロフィルに集められる。活性化されたクロロフィルからは電子が放出される。この反応に続き，②チラコイドにおいて水が分解され酸素ができるとともに，NADPH＋H^+ が生成される。②の反応とほぼ同時に③チラコイドでエネルギー物質であるATPがつくられる。これら一連の反応においてつくられたNADPH＋H^+ およびATPを利用して，④ストロマで細胞外から取り込まれた二酸化炭素からグルコースがつくられる。

呼吸では，グルコース($C_6H_{12}O_6$)のもつ化学エネルギーを利用してATPがつくられる。次ページの図は，植物の呼吸の概略を示したものである。まず解糖系で，グルコース1分子が分解や脱水素反応を経て2分子の［ア］に変換される。このとき4個のe^-がNAD^+ に受け取られて2分子のNADH＋H^+ がつくられ，また，差し引き［イ］分子のATPがつくられる。次のクエン酸回路では，2分子の［ア］に6分子の［ウ］が添加される過程で，［エ］反応や［オ］反応を経て最終的に6分子の［カ］が生成される。このとき［キ］分子のATPが生産され，⑤20個のe^-がa分子のNAD^+ ならびにb分子のFADに受け取られ，それぞれa(NADH＋H^+)およびb($FADH_2$)がつくられる。解糖系およびクエン酸回路においてつくられたNADH＋H^+ および$FADH_2$がすべて電子伝達系でのATP生産に用いられるとすると，合計24個のe^-が6分子の［ク］に渡され12分子の［ウ］ができる過程において30分子以上のATPがつくられる。

問1 図を参考に［イ］，［キ］には適切な数字を，その他の空欄には適切な語句を記せ。

問2　下線部②の水の分解と $NADPH+H^+$ 生成はそれぞれ異なった反応系によって行われている。水の分解を伴う反応系を何と呼んでいるか記せ。

問3　下線部③の反応で ATP が合成されるときの基質を記せ。

問4　下線部①～④の反応のうち，低温下でも影響を受けない反応をすべて選び，下線部の番号で記せ。

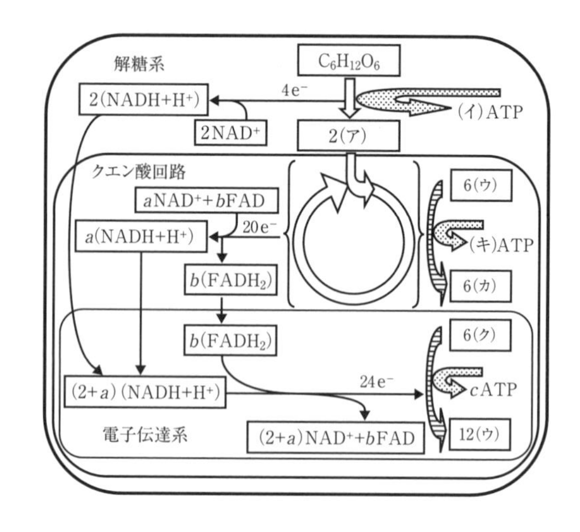

問5　クエン酸回路では $NADH+H^+$ と $FADH_2$ の 2 種類の還元型補酵素がつくられる。$NADH+H^+$，$FADH_2$ ともに 1 分子で 2 個の e^- を蓄え運ぶことができる。電子伝達反応では，1 分子の $NADH+H^+$ および $FADH_2$ がもつエネルギーによってそれぞれ 3 分子および 2 分子の ATP が生成され，また，電子伝達系でつくられる ATP の数がグルコース 1 分子当たり34分子（図，$c=34$）であるとする。図を参考に下線部⑤で生成される $NADH+H^+$ および $FADH_2$ の分子数 a および b がそれぞれいくつか記せ。

問6　植物と動物のエネルギー代謝の違いを100字程度で簡潔に説明せよ。その際「光合成」および「呼吸」の語句を用いよ。

〈京大〉

14

必修基礎問 23

通常，呼吸基質として炭水化物が用いられるが，脂肪やタンパク質も呼吸基質となる（次ページの図１）。脂肪は脂肪酸とモノグリセリドに分解されたのち，脂肪酸は［ア］回路に，モノグリセリドはグリセリンとなって［イ］系に入る。タンパク質の分解によって生じたアミノ酸は［ウ］反応によって，有機酸と［エ］に分解される。有機酸は［ア］回路に入り，有毒な［エ］は尿素回路（オルニチン回路）と呼ばれる回路に入り，毒性の弱い尿素となる。尿素は血流に乗り，腎臓で濾過（ろか）されて尿中へ排泄される。

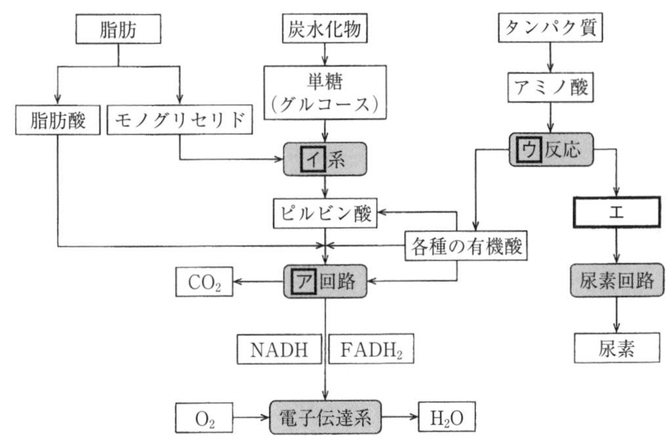

図1　各呼吸基質の分解経路

問1　文中，図1中の空欄に適語を入れよ。

問2　炭水化物であるグルコースの反応式を例に示す。

例）$C_6H_{12}O_6 + 6O_2 + 6H_2O \longrightarrow 6CO_2 + 12H_2O$

(1) 脂肪酸である(i)オレイン酸($C_{18}H_{34}O_2$)，アミノ酸である(ii)バリン($C_5H_{11}NO_2$)の反応式を，それぞれ例にならって両辺に水を含む反応式で示せ。ただし，係数は整数とする。

(2) (i)オレイン酸，(ii)バリンの呼吸商を計算せよ。値は四捨五入して小数点以下第2位までの数で答えよ。

問3 (1) 中程度の強度の有酸素運動と強い強度の無酸素運動では，いずれの方が効率よく脂肪の減量が期待できるか。理由とともに180字以内で説明せよ。

(2) 無酸素運動時に比べ，有酸素運動を行うと呼吸商はどのように変化すると考えられるか。35字以内で答えよ。

問4　ヒトは，1日に細胞1個当たり約0.8ナノグラムのATPを使用している。ところが，細胞内には，0.0008ナノグラムのATPしか存在していない。ヒトの体内ではATPは1時間当たりおよそ何回繰り返して使われているか。最も適切な回数を，次から1つ選べ。

①　4回　②　10回　③　20回　④　40回　⑤　100回　⑥　200回

〈大阪大〉

第4章 遺伝情報とその発現

必修基礎問 12. 遺伝子の本体と働き

26 DNAの構造と複製

生物基礎　生物

1953年，[ア]と[イ]によりDNAが[ウ]構造をとることが提案され，世界中の注目を集めた。この構造を導き出すにあたっては，①DNA中の塩基であるシトシンと[エ]の比率，アデニンと[オ]の比率がいつも1対1であるという実験的な成果も参考にされた。さらに，彼らは[ウ]構造から，DNAの複製が②[カ]複製であるという仮説を提唱した。1958年，これを見事に証明したのが[キ]と[ク]である。彼らは，大腸菌を窒素の同位体である ^{15}N で標識した[ケ]を含む培地で14世代にわたって培養し，全DNAの[コ]中に ^{15}N を組み込んだ。その後，この大腸菌を通常の窒素である ^{14}N のみを含む培地で数世代にわたり培養した。その間，世代ごとに大腸菌からDNAを抽出した。そして，塩化セシウム溶液中で遠心分離することで[サ]に勾配を作り，抽出したDNAを，^{14}N のみを含むDNA($^{14}N+^{14}N$)，^{14}N と ^{15}N を両方含むDNA($^{14}N+^{15}N$)，^{15}N のみを含むDNA($^{15}N+^{15}N$)に分離し，その比率を比較した。その結果，③DNAは[カ]に複製され，④保存的複製および非保存的複製ではないことを明らかにした。この発見は，偶然にも大腸菌のDNAがそろって複製するという幸運によって導き出された。

問1　上の文中の空欄に適語を入れよ。

問2　下線部①に記した特徴は，2本のDNA鎖が結合していることを示すデータの1つになった。2本のDNA鎖の結合とその塩基配列の特徴について100字以内で答えよ。

問3　下線部②について，その複製様式を100字以内で答えよ。

問4　下線部③について，親のDNAを1代目として，2代目と4代目の $^{14}N+^{14}N:^{14}N+^{15}N:^{15}N+^{15}N$ の分離比率を答えよ。

問5　親のDNAがそのまま残り，新しい2本の鎖からなるDNAができる複製様式を保存的複製(下線部④)という。DNAの複製が保存的複製ならば，$^{14}N+^{14}N:^{14}N+^{15}N:^{15}N+^{15}N$ の分離比率はどうなるか。親のDNAを1代目として，2代目と4代目の分離比率を答えよ。　(岩手大)

●DNAの構造　DNAの最小単位は，デオキシリボースと塩基とリン酸からなるヌクレオチドで，塩基にはアデニン，チミン，シトシン，グアニンの4種類が含まれる。アデニンとチミンが，シトシンとグアニンがそれぞれ相補的に水素結合によって結合して2本鎖となっている。

●半保存的複製　DNAの2本鎖がほどけると，それぞれの鎖の塩基に相補的な塩基をもつヌクレオチドが順に結合して新しい鎖を合成する。このように一方の鎖を鋳型にして他方だけを新しくつくる複製を半保存的複製という。

Point 27
① DNAのヌクレオチドは，デオキシリボース＋塩基(A，T，G，C)＋リン酸。
② DNAではアデニン(A)とチミン(T)，グアニン(G)とシトシン(C)が対をなす。
③ DNAの二重らせん構造の解明はワトソンとクリック，半保存的複製を証明したのはメセルソンとスタール。

解説

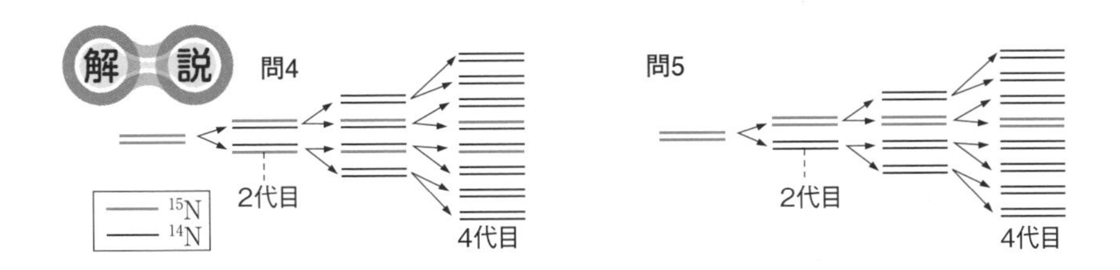

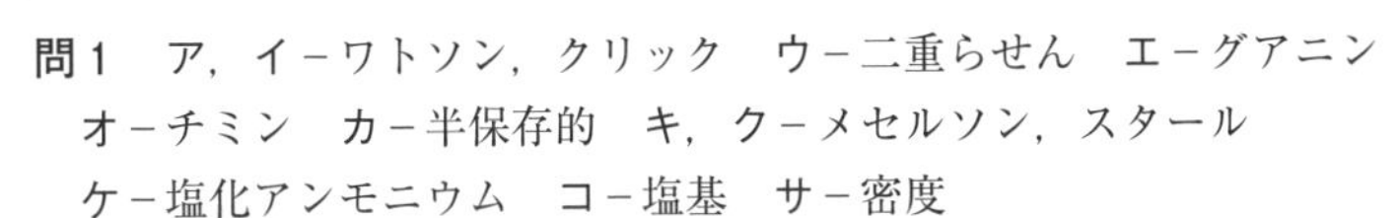

答

問1　ア，イ－ワトソン，クリック　ウ－二重らせん　エ－グアニン　オ－チミン　カ－半保存的　キ，ク－メセルソン，スタール　ケ－塩化アンモニウム　コ－塩基　サ－密度

問2　DNAを構成する一方のヌクレオチド鎖の塩基がアデニンであれば他方の塩基はチミン，チミンとはアデニン，シトシンとグアニン，グアニンとシトシンとがそれぞれ対をなして水素結合で結合し，2本鎖となっている。(99字)

問3　DNAの2本鎖がほどけ，それぞれの鎖の塩基配列を鋳型にして，アデニンとチミンが，シトシンとグアニンが対をなすように，相補的な塩基をもったヌクレオチドが順に結合して，新しい鎖を合成する。(92字)

問4　2代目　0：1：0　4代目　3：1：0

問5　2代目　1：0：1　4代目　7：0：1

必修基礎問

27 DNAの複製

DNAの2本のヌクレオチド鎖は逆向きに配列しているので，複製時の開裂部分で新たに合成されるヌクレオチド鎖では，一方は開裂が進む方向と同じ向きに連続的に合成されるのに対して，他方は開裂が進む方向とは逆向きに不連続に合成される。このとき連続的に合成される鎖を［ア］鎖，不連続に合成される鎖を［イ］鎖という。［イ］鎖では(a)短いヌクレオチド鎖が［ウ］方向へ合成され，(b)これが連結される。

問1 上の文中の空欄に適語を入れよ。ただし［ウ］には5′→3′か3′→5′のいずれかを入れよ。

問2 下線部(a)の鎖を発見した日本人を次から1つ選べ。

① 利根川進　② 木村資生　③ 山中伸弥　④ 岡崎令治

問3 下線部(b)の反応を触媒する酵素を次から1つ選べ。

① DNAヘリカーゼ　② DNAリガーゼ　③ DNAポリメラーゼ

問4 下の図①～⑧は複製中のDNAの複製フォーク(鋳型の2本鎖が部分的にほどけて1本鎖になり，DNA合成が起こっている部分)の片側の模式図であり，矢印の向きは新しく合成される鎖の合成方向を示している。合成の方向と［ア］鎖，［イ］鎖の組合せが正しいものをすべて選べ。

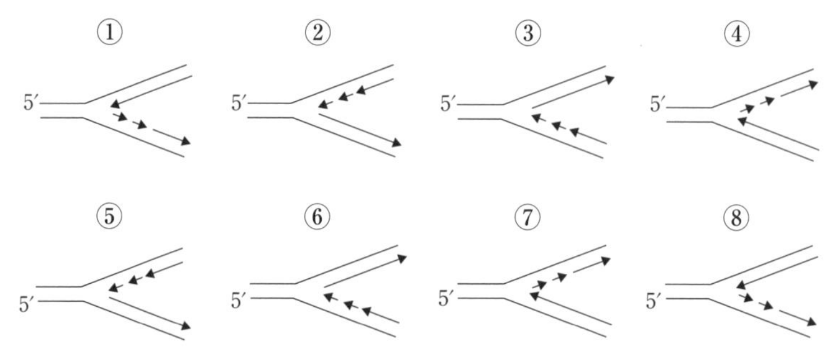

問5 大腸菌ではDNAの複製開始点は1箇所であり，複製は約20分で完了する。真核生物ではDNAが長いため1箇所の複製開始点からでは複製に数週間かかってしまう。そのため，真核生物では複数の箇所からDNAが複製される。DNAポリメラーゼによる伸長速度が1500塩基/分で，S期の長さが5時間であるときに，1.8×10^8塩基対のDNAが複製されるためには複製開始点は何箇所必要であるか，求めよ。

(関東学院大・関西医大・立命館大)

● DNA 複製の少し詳しいしくみ　DNA 複製は，1 つの複製起点(複製開始点)から両側に向かって行われる。

まず，RNA からなるプライマーが合成され，鋳型鎖の特定の場所に結合する(最終的に RNA プライマーは分解され，DNA 鎖に置き換わる)。

次に DNA ポリメラーゼが働いて新生鎖を伸長させるが，DNA ポリメラーゼは 3′ 側にしか新しいヌクレオチドを結合させることができないので，新生鎖は 5′ → 3′ の方向にのみ伸長する。そのため，一方ではほどけていく方向と同じ方向に新生鎖が伸長し，もう一方ではほどけていく方向とは逆方向に新生鎖が伸長することになる。ほどけていく方向と同じ方向に伸長する鎖をリーディング鎖，逆方向に伸長する鎖をラギング鎖という。

ラギング鎖では，まず岡崎フラグメントという短い鎖がつくられ，やがて岡崎フラグメントどうしが結合してラギング鎖が完成する。このとき岡崎フラグメントどうしを結合させるのは DNA リガーゼという酵素である。

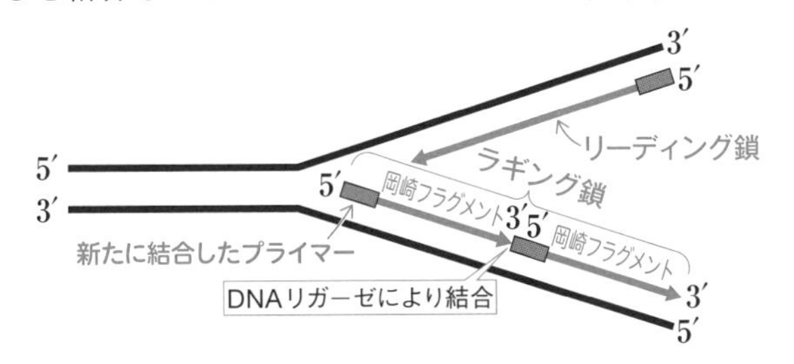

問 5　1 つの複製起点から，右にも左にも，上でも下でも複製が行われるので，DNA ポリメラーゼは 4 箇所で働くことになる(右図)。

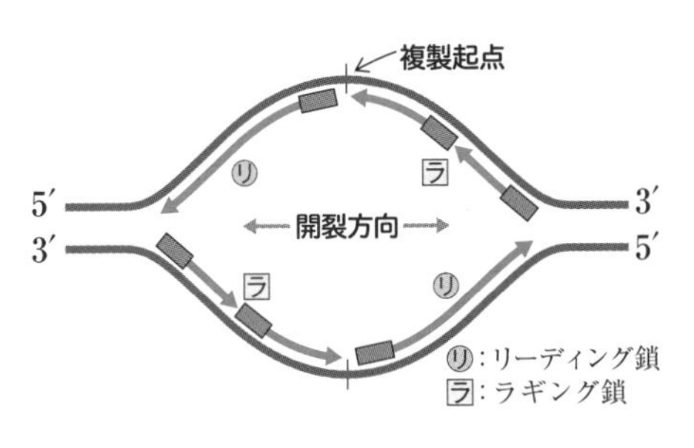

1.8×10^8(塩基対)$=1.8\times10^8\times2$(個)の塩基を 4 箇所ずつで複製することになるので，求める複製開始点を x か所とすると次のような式で求められる。

$$\frac{1.8\times10^8\times2(\text{塩基})}{1500(\text{塩基/分})\times4\times x}=5\times60(\text{分})$$

$$x=200$$

問 1　アーリーディング　イーラギング　ウー5′ → 3′

問 2　④　**問 3**　②　**問 4**　①と⑦　**問 5**　200箇所

必修
基礎問
28

ゲノムとDNA抽出実験

Tさんは，(a)ブロッコリーの花芽からDNAを抽出する実験を行った。破砕した花芽に食塩水を含む(b)DNA抽出液を注ぎ，穏やかに混ぜたのち，茶こしでろ液を作製した。このろ液に冷やした ☐ を加えると，白い繊維状のDNAが析出した。次に自分のDNAを抽出するため，口の内側の口腔上皮細胞を使おうと考えた。ただし(c)動物性の材料からDNA抽出する場合にはDNA分解酵素が多く含まれるため，少し工夫する必要があった。

問1 上の文中の空欄に当てはまる物質を次から1つ選べ。

① エタノール　② 水酸化ナトリウム　③ 酢酸カーミン
④ メチレンブルー　⑤ グルコース溶液　⑥ スクロース溶液

問2 下線部(a)以外の材料でもDNAを抽出することが容易にできる。DNAを抽出するための材料として適さないものを次から2つ選べ。

① 大根　② 卵白　③ 鳥レバー　④ パン酵母
⑤ オリーブオイル　⑥ 100%グレープフルーツジュース

問3 下線部(b)には細胞膜などを破壊することでDNAを抽出しやすくする成分が含まれている。食塩水の他に加えるものとして最も適当なものを次から1つ選べ。

① 酢　② 重曹(炭酸水素ナトリウム)　③ 漂白剤
④ 片栗粉　⑤ 家庭用食器洗剤　⑥ 食品着色料

問4 下線部(c)に対する工夫として適当なものを，次から2つ選べ。

① DNA抽出液に触媒として酸化マンガン(Ⅳ)を加える。
② DNA抽出液を穏やかに加熱してタンパク質を熱変性させる。
③ DNA抽出液にアミラーゼを多く含むだ液を加え反応させる。
④ DNA抽出液にコンタクトレンズ用のタンパク除去剤を加える。
⑤ DNA抽出液にカタラーゼを加え，過酸化水素を水と酸素に分解させる。

問5 ゲノムに関する記述として正しいものを，次から1つ選べ。

① 同種の生物であれば異なる個体でもゲノム配列はすべて同じである。
② アミノ酸配列を指定しないDNA部分はゲノムに含まれない。
③ 核相 $2n$ の体細胞には全く同じ塩基配列をもつゲノムが2組存在する。
④ ヒトの場合，ゲノムに含まれる塩基数は約30億個といわれている。
⑤ ヒトの場合，ゲノムに含まれる遺伝子数は約2万個といわれている。

(東邦大)

● **DNA の抽出実験**

① 試料に食塩水と中性洗剤を混ぜてすりつぶす。

⇒ DNA は食塩水によく溶ける。中性洗剤により細胞膜や核膜を破壊する。

⇒ タンパク質を分解するためトリプシンを加える場合もある。

② ろ紙でろ過した後，冷やしたエタノールを注ぐ。

⇒ DNA はエタノールには溶けないので，DNA が析出する。

Point 28 DNA 抽出実験の手順

① 中性洗剤(界面活性剤)，食塩水を加えて試料をすりつぶす。
② ろ紙でろ過する。
③ 冷やしたエタノールを注ぐ。
『昼食(中性洗剤・食塩水)を得た(エタノール)』と覚えよう！

Point 29 ゲノム

ゲノムとは，n 本の染色体に含まれる全遺伝情報(非遺伝子領域も含む)のこと。ヒトでは約**30億塩基対**からなる(ヒトに含まれる遺伝子は約 **2 万個**)。

問 2 ②卵白は，タンパク質と水からなり DNA を含まない。⑤は文字通り脂質のみ。⑥グレープフルーツの果肉も細胞からなるので，DNA を含む。

問 4 DNA 分解酵素が働かないようにすればよい。

問 5 ① 同種であっても個体間で塩基配列には少しずつ違いがある。

② ゲノムには，アミノ酸配列を指定しないイントロンや非遺伝子領域も含まれる。

③ 核相 $2n$ であればゲノムを 2 組もつことになるが，一方は父親由来，他方は母親由来のゲノムなので，全く同じ塩基配列ではない。

④ ヒトのゲノムは約30億塩基対(＝30億×2＝60億個の塩基)からなる。

答 **問 1** ① **問 2** ②，⑤ **問 3** ⑤ **問 4** ②，④ **問 5** ⑤

第4章 遺伝情報とその発現

必修基礎問 29

形質転換

肺炎双球菌にはS型菌とR型菌が存在する。それぞれの菌のネズミに対する病原性に関して，以下の実験を行った。

実験Ⅰ　①　S型菌の懸濁液を複数のネズミに注射したところ，すべてのネズミが発病した。

②　R型菌の懸濁液を複数のネズミに注射したところ，すべてのネズミが発病しなかった。

③　S型菌の懸濁液を加熱殺菌し，R型菌の懸濁液と混合したものを複数のネズミに注射したところ，一部のネズミが発病した。

実験Ⅱ　①　S型菌を破壊し，菌体内に含まれる物質のみを抽出した。その抽出物をR型菌の懸濁液に混合してしばらく放置した後，その懸濁液を複数のネズミに注射したところ，一部のネズミが発病した。

②　実験Ⅱ①のS型菌の抽出物をある酵素で処理した。その処理した抽出物をR型菌の懸濁液に混合してしばらく放置した後，その懸濁液を複数のネズミに注射したところ，すべてのネズミが発病しなかった。

問1　(1)　実験Ⅰ③の加熱殺菌によって働きを失いやすい物質は何か。

(2)　実験Ⅱ①のS型菌の抽出物中に含まれる物質で，S型菌の形質を支配する物質は何か。

問2　実験ⅠとⅡにおいて，ネズミに注射した肺炎双球菌を含む懸濁液をそれぞれ一定時間培養し，培養後の肺炎双球菌の形態を観察した。以下の観察結果に当てはまる肺炎双球菌の懸濁液を，「実験Ⅰ①」のようにすべて答えよ。当てはまるものがない場合は「なし」と答えよ。

(1)　観察した肺炎双球菌は，すべて被膜をもっていなかった。

(2)　観察した肺炎双球菌は，すべて被膜をもっていた。

(3)　被膜をもった肺炎双球菌が多かったが，被膜をもたない肺炎双球菌も観察された。

(4)　被膜をもたない肺炎双球菌が多かったが，被膜をもった肺炎双球菌も観察された。

(5)　被膜をもつ肺炎双球菌と被膜をもたない肺炎双球菌が，ほぼ 1：1 に観察された。

問3　実験Ⅱについて以下の問いに答えよ。

(1)　下線部に当てはまる最も適切な酵素を答えよ。

(2)　下線部と同じ効果が期待できる処理を次からすべて選べ。

① X線照射　② 加熱　③ 紫外線照射
④ 凍結　⑤ 赤外線照射

問4 肺炎双球菌の病原性を支配する物質について考察するために，さらに調べる必要のあることを次からすべて選べ。
① 加熱殺菌したS型菌の病原性　② 加熱殺菌したR型菌の病原性
③ S型菌からの抽出物の病原性　④ R型菌からの抽出物の病原性
⑤ R型菌の抽出物をS型菌の懸濁液に混ぜたものの病原性
⑥ R型菌の抽出物を，加熱殺菌したS型菌の懸濁液に混ぜたものの病原性

問5 実験Ⅰと実験Ⅱは，それぞれ1928年と1944年に，別々の研究者によって行われた実験を参考にしたものである。それぞれの実験を行った研究者を答えよ。
(北里大)

精講

●肺炎双球菌 多糖類のさやをもつS型菌ともたないR型菌がある。S型菌は白血球の食作用から菌を守ることができるので，ネズミの体内でも増殖できる＝病原性をもつ。

●グリフィスの実験 ① S型菌をネズミに注射 ⟶ ネズミは発病
② R型菌をネズミに注射 ⟶ ネズミは発病しない
③ 加熱殺菌したS型菌＋R型菌をネズミに注射 ⟶ ネズミは発病

●エイブリーの実験 ① S型菌抽出液＋R型菌 ⟶ R型菌以外に，一部S型菌が増殖
② S型菌抽出液＋**タンパク質分解酵素**＋R型菌 ⟶ R型菌以外に，一部S型菌増殖
③ S型菌抽出液＋**多糖類分解酵素**＋R型菌 ⟶ R型菌以外に，一部S型菌増殖
④ S型菌抽出液＋**DNA 分解酵素**＋R型菌 ⟶ R型菌のみ増殖

解説

問2 形質転換するのはごく一部。発病したのはS型菌が生じたため。
問3 核酸は，X線や紫外線照射によって働きを失う。
問4 実験Ⅰ③の対照実験として①，実験Ⅱ①の対照実験として③が必要。

答
問1 (1) タンパク質　(2) DNA
問2 (1) 実験Ⅰ②，実験Ⅱ②　(2) 実験Ⅰ①　(3) なし
(4) 実験Ⅰ③，実験Ⅱ①　(5) なし
問3 (1) DNA 分解酵素　(2) ①，③
問4 ①，③　**問5** 実験Ⅰ：グリフィス　実験Ⅱ：エイブリー

必修基礎問

30 バクテリオファージ

バクテリオファージ(以下ファージという)は細菌に寄生する［ ア ］であり，［ イ ］とそれに包まれたDNAからなる簡単な構造をもつ。このうちDNAは①糖・［ ウ ］・［ エ ］からなる4種類の［ オ ］を単位として構成されている。ファージの感染と増殖について，次の(1)，(2)の実験を行った。

(1) 放射能を有する ^{35}S と ^{32}P を大腸菌が利用可能な塩として含む培養液中で，大腸菌を培養し，ファージを感染させた。十分な時間をおくと多数の子ファージが培養液中に放出された。遠心分離を行い，沈殿(大腸菌)と上澄み(ファージを含む)に分けたあと，上澄みからファージを精製した。このファージには，^{35}S と ^{32}P の両方の放射能が含まれていた。

(2) 次に，得られたファージを，放射能を含まない通常の培養液中で生育している大腸菌に加えて感染させた。すべてのファージが大腸菌に吸着してから，培養液を強くかくはんし，付着しているファージを大腸菌から引き離した。培養液の一部を取り，②遠心分離により沈殿と上澄みに分けてそれぞれ放射能を測定した。残りの培養液を放置しておいたところ，多数の子ファージが培養液中に放出された。

問1 上の文中の空欄に適語を入れよ。

問2 下線部①の糖の名称を記せ。

問3 下線部②の沈殿には ^{32}P のみ，また上澄みには ^{35}S のみが含まれていた。その理由を100字程度で記せ。

問4 (2)の実験で大腸菌1個当たり10個のファージが感染し，新たに120個の子ファージが生み出されたとすると，この120個の子ファージのうち放射能を含むものは何個か。また，その個数になる理由を50字程度で記せ。

問5 大腸菌は糖とペプチドを主成分とした丈夫な細胞壁をもっている。菌体内部で増殖したファージはどのようにして短時間に菌体外へ出たと考えられるか。20字程度で記せ。

(新潟大)

精講

●バクテリオファージ バクテリオファージは細菌に感染するウイルスの一種で，タンパク質の殻とDNAだけをもつ。単独では生命活動を行えないが，細菌に感染すると，DNAを細菌に注入し，細菌のヌクレオチドを使ってDNAを複製し，さらに細菌のアミノ酸を使ってタンパク質を合成し，新たな子ファージが増殖する。

●ハーシーとチェイスの実験

① DNAはC・H・O・N・Pの5元素からなる。
タンパク質はC・H・O・N・Sの5元素からなる。
➡PやSの放射性同位元素(^{32}Pや^{35}S)を使えば，DNAとタンパク質を区別して標識することができる。

② ^{35}Sあるいは^{32}Pを含む培地で培養した大腸菌にファージを感染させ，標識ファージを作る。

65nm　タンパク質の殻　95nm　DNA　頭部　95nm　尾部

〔T_2ファージ〕

➡ファージのDNAには^{32}P，タンパク質には^{35}Sが含まれる。

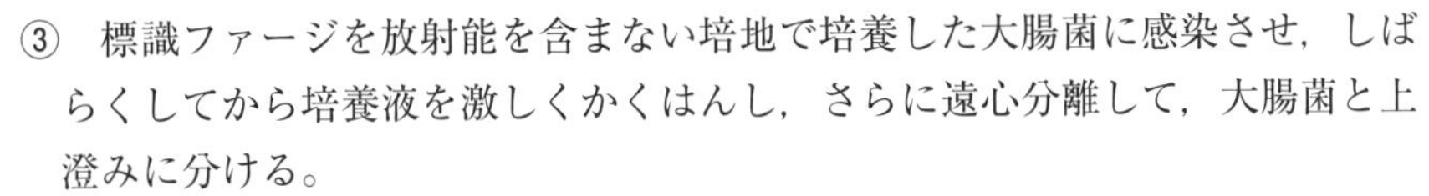

③ 標識ファージを放射能を含まない培地で培養した大腸菌に感染させ，しばらくしてから培養液を激しくかくはんし，さらに遠心分離して，大腸菌と上澄みに分ける。
➡かくはんすることで，大腸菌表面に付着したファージの殻を振りほどく。
➡大腸菌内からは^{32}P，上澄み液からは^{35}Sが検出される。
➡大腸菌内にDNAを注入し，タンパク質の殻は大腸菌内には入らない。
➡やがて大腸菌から新たな子ファージが増殖してくるので，DNAが遺伝子の本体であるとわかる。

解説

問3　① DNAには^{32}Pが，タンパク質には^{35}Sが含まれる。② DNAを大腸菌内に注入する。③タンパク質の殻はかくはんによって大腸菌から離れる。以上3点について書く。

問4　実験(1)で最初のファージDNAが何回も半保存的複製を行い，生じたファージは2本鎖とも^{32}Pをもっていると考える。

答

問1　アーウイルス　イータンパク質　ウ，エー塩基，リン酸　オーヌクレオチド

問2　デオキシリボース

問3　ファージは大腸菌に吸着すると^{32}Pで標識されたDNAを大腸菌内に注入するため，沈殿には^{32}Pが含まれる。^{35}Sで標識されたタンパク質は菌体外に残るが，かくはんによって大腸菌から振りほどかれるため上澄みに^{35}Sが含まれる。(102字)

問4　20個　理由：2本鎖とも^{32}PをもつDNAが半保存的複製をするので，親ファージ1個当たり2個の子ファージだけが放射能を含む。(53字)

問5　ファージDNAの働きで細胞壁分解酵素を合成した。(24字)

31 原核細胞と真核細胞の転写・翻訳の違い

生物

右図は，大腸菌における転写と翻訳のようすを，電子顕微鏡像をもとに模式的に示したものである。左右にのびている糸状の物質はDNAで，矢印(ア)で示した粒状の物質からさらに細い①糸状の物質がのび，それらに矢印(イ)で示した粒状の物質が付着していることがわかる。(イ)は(ア)によって合成された下線部①の先端部につぎつぎと結合して，そこで翻訳が開始される。

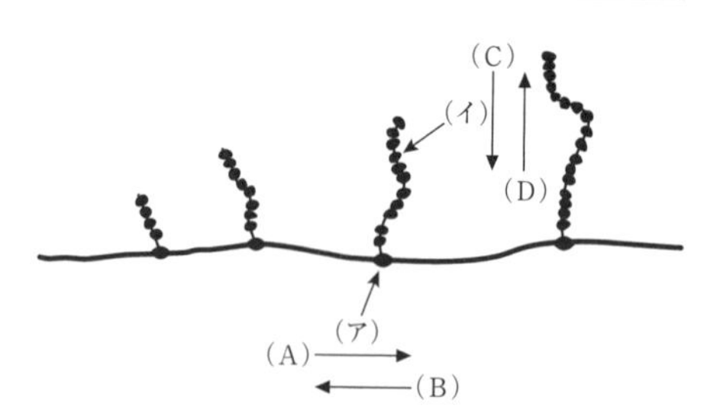

DNAは，リン酸，糖，[a]からなる[b]と呼ばれる構成単位が多数結合した鎖状の分子で，2本の鎖が[a]の部分で互いに結びついた[c]構造になっている。図に見られるように，大腸菌のような原核生物では，ふつう転写と翻訳の過程が連続して行われている。一方，[d]では，転写は[e]内で行われるが，多くの場合，転写された物質には②翻訳に関与する[a]配列と，③翻訳に関与しない[a]配列が含まれている。したがって，転写された物質は④スプライシングと呼ばれる過程を経て細胞質に移動し，これに(イ)が結合して[f]合成が行われる。

問1 文中の空欄に適語を入れよ。

問2 (ア)，(イ)，下線部①で示されたものは何か，それぞれ記せ。

問3 (ア)はDNA上を，(イ)は下線部①上を移動しながらそれぞれ転写と翻訳を行う。図中に，(ア)の移動方向はAとBの矢印で，(イ)の移動方向はCとDの矢印で示した。(ア)と(イ)の移動方向として正しいものをそれぞれ選べ。

問4 (ア)はDNAの一方の[b]鎖を鋳型として下線部①を合成する。DNAの鋳型鎖の[a]配列がTAGCの場合，合成される下線部①の[a]配列はどのようになるか，答えよ。

問5 下線部②および下線部③に対応するDNA配列を何と呼ぶか，それぞれ記せ。

問6 下線部④ではどのようなことが行われるか簡潔に説明せよ。

精講 真核細胞では，核内で転写され，さらにスプライシングされてから細胞質で翻訳が行われる。すなわち転写と翻訳は空間的にも時間的にもはっきり分けられている。一方，細菌のような原核細胞は，核膜がなく核と細胞質の区別がなく，スプライシングも行われないため，転写と翻訳はほぼ同時に同じ場所で行われる。

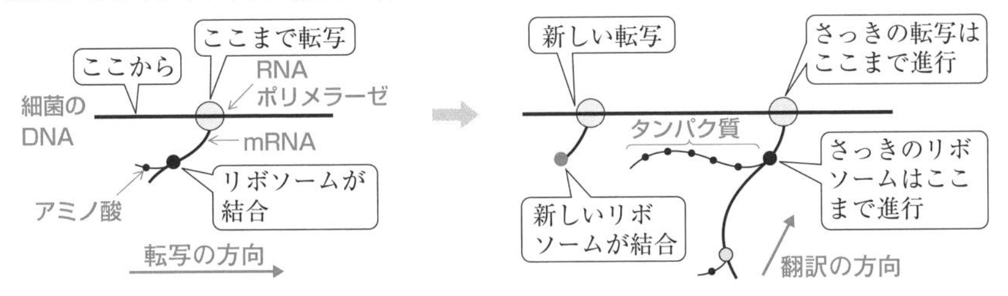

上図では転写は左から右へ進行し，転写が進むにつれてRNAが伸びている。RNAの先端にリボソームが結合し，上図では上に向かってリボソームが移動しながら翻訳が進行する。したがって上右図では，●は●や○よりも翻訳が進行したリボソームで，長いポリペプチド鎖が生じている。

真核細胞の遺伝子DNAには，転写も翻訳もされる塩基配列(エキソン)と，転写はされるが翻訳はされない塩基配列(イントロン)がある。イントロンに対応する部分は転写された後切り離される。この過程をスプライシングという。

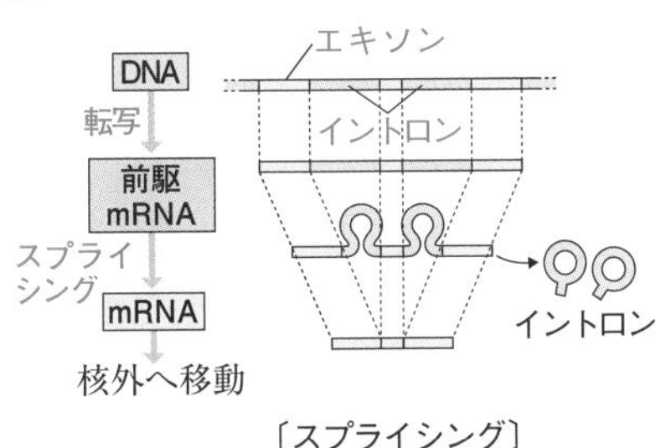

〔スプライシング〕

Point 30 原核生物と真核生物の転写・翻訳

原核細胞：転写・翻訳が同時に同じ場所で行われる。

真核細胞：転写 ——→ スプライシング ——→ 翻訳
(核内) (細胞質)

問2 (ア) RNAを合成する酵素RNAポリメラーゼが結合し，移動しながら転写を行っている。

答

問1 a－塩基　b－ヌクレオチド　c－二重らせん　d－真核生物　e－核　f－タンパク質

問2 (ア)－RNAポリメラーゼ　(イ)－リボソーム　①－mRNA（伝令RNA）　**問3** (ア)－A　(イ)－C　**問4** AUCG

問5 ②－エキソン　③－イントロン

問6 前駆mRNAから，イントロンに対応する部分が切り取られ，エキソンに対応する部分が繋ぎ合わされてmRNAが生じる。

32 真核生物の遺伝子発現調節

真核生物では，DNA は［ア］と結合しヌクレオソームを形成している。通常ヌクレオソームは規則的に積み重なった［イ］と呼ばれる構造をつくっている。この状態では，転写を行う［ウ］は DNA に結合できないので，遺伝子が転写されるには，遺伝子を含む DNA とその近くの DNA がある程度ほどけた状態になっている必要がある。しかし，十分にほどけた状態でも［ウ］とヌクレオチドだけでは転写はほとんど起こらず，［エ］が存在して初めて転写が始まることが多い。［エ］は［ウ］同様，遺伝子のプロモーター領域に結合し，転写を開始させる。

高等な真核生物では，遺伝子の多くは細胞の種類や発生の段階に応じて，また外界からの刺激に応答して，発現したりしなかったりする。このような遺伝子の発現のしかたを［オ］といい，［エ］に加えて，転写のしかたを制御する［カ］が必要である。［カ］は遺伝子のプロモーター領域と異なる領域に結合し，［ウ］や［エ］と複合体を形成することで遺伝子の転写を開始させる。［カ］には多くの種類があり，それぞれが異なるいくつかの遺伝子の発現を制御している。［カ］をコードしている遺伝子は［キ］と呼ばれ，［キ］の発現も別の［カ］によって制御されている。このようなしくみが存在することで，上位の［キ］が発現するとその下位にある多くの遺伝子を転写させることが可能である。［カ］が細胞の種類によって，どのように遺伝子の発現を制御しているかを調べるために次の実験を行った。

実験 ［オ］を制御する領域A，B，Cのいずれかを，GFP をコードする領域が支配下になるようにプロモーター領域とともにつなぎ，4つの人工遺伝子(遺伝子1，遺伝子2，遺伝子3，遺伝子4とする)を作った(図1)。

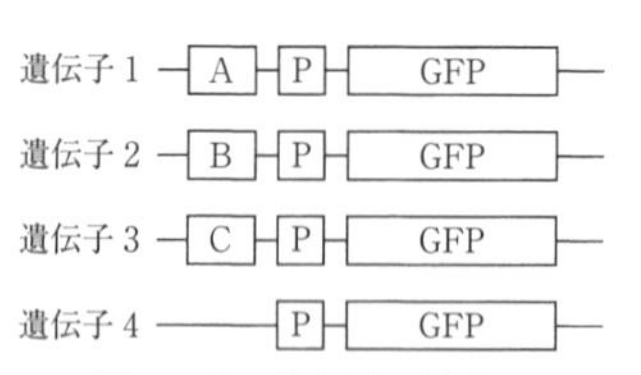

図1 人工遺伝子の模式図
A, B, C はそれぞれ転写を制御する領域を，P はプロモーター領域を，GFP は緑色蛍光タンパク質をコードする領域を示している。

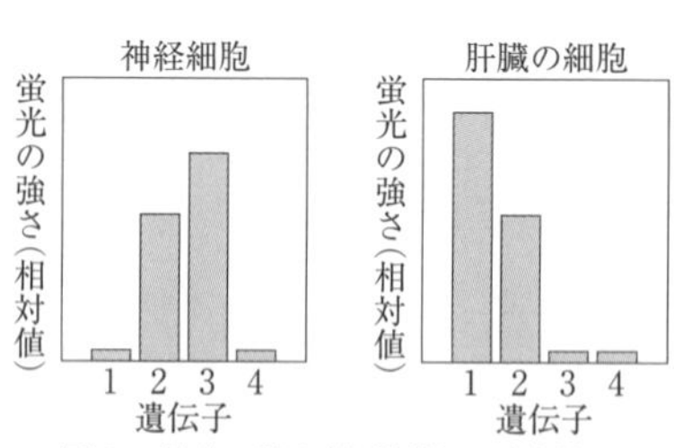

図2 蛍光の強さ(相対値)の測定結果
4つの人工遺伝子を別々に神経細胞または肝臓の細胞に入れ，しばらくたった後の蛍光の強さを示している。

GFP は緑色蛍光タンパク質のことで，タンパク質の量と蛍光の強さが正の相関を示すことから，蛍光の強さを測定することでタンパク質の量を調べることができる。これら4つの遺伝子を別々に神経細胞または肝臓の細胞に入れ，しばらくたった後，細胞をつぶして蛍光の強さを測定した。その結果を前ページの図2に示す。

問1　文中の空欄に適語を入れよ。

問2　領域Aは，転写を制御する際どのような働きをしているか。

問3　領域Bは，転写を制御する際どのような働きをしているか。　（金沢大）

精講　真核細胞では，DNAはヒストンというタンパク質に巻きついてヌクレオソームを形成している。このヌクレオソームが規則的に凝縮してクロマチン繊維という構造を形成し，さらにクロマチン繊維が何重にも折りたたまれて太く短いひも状の染色体となる。

真核細胞では，RNAポリメラーゼ以外に基本転写因子がプロモーターと結合することが必要である。さらに転写調節領域と呼ばれる部分があり，ここにさまざまな転写調節因子(調節タンパク質)が結合し転写を調節する。

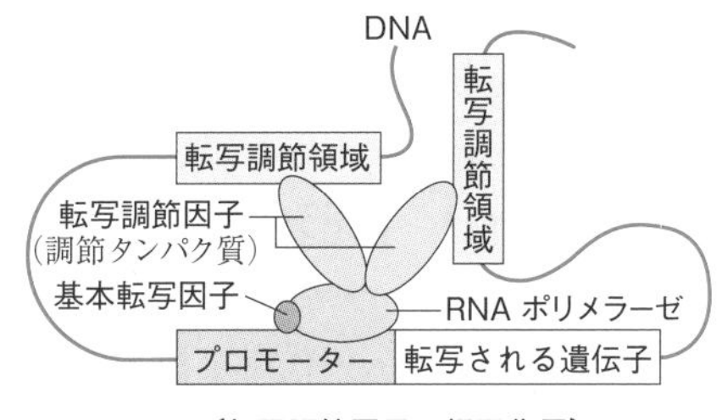

〔転写調節因子の相互作用〕

Point 31　真核細胞の転写調節

RNAポリメラーゼ＋基本転写因子 ⟹ プロモーターと結合
転写調節因子 ⟹ 転写調節領域と結合

解説　A, B, Cの領域はそれぞれ，どの細胞で後ろの遺伝子が発現するかを調節する。遺伝子1では，神経細胞ではGFPが発現せず肝臓細胞では発現している。すなわちAは肝臓細胞で後方の遺伝子が特異的に転写されるように調節する。遺伝子4は，調節領域がないと発現しないことを確かめる対照実験である。

答

問1　アーヒストン　イークロマチン繊維　ウーRNAポリメラーゼ
エー基本転写因子　オー選択的遺伝子発現
カー転写調節因子(調節タンパク質)　キー調節遺伝子

問2　肝臓細胞において転写を促進する。

問3　神経細胞と肝臓細胞において転写を促進する。

必修基礎問

33 原核生物の遺伝子発現調節（オペロン説）

大腸菌のラクトースオペロンには，ラクトース分解酵素群（β-ガラクトシダーゼ，ガラクトシド透過酵素，ガラクトシド＝アセチル基転移酵素）の構造遺伝子ｚ，ｙ，ａがこの順で並び，ｚ遺伝子に隣接してｙの反対側にオペレーター(o)とプロモーター(p)が存在している。さらに，プロモーターを挟んでオペレーターの反対側に，リプレッサー（調節タンパク質）をコードする調節遺伝子(i)が存在する。リプレッサーは，ラクトースオペロンに含まれる遺伝子からのmRNAの合成を抑制している。このとき，ラクトースなどを誘導物質として与えると，ラクトース分解酵素群の合成が誘導される。

問１ 次の①～⑤の変異をもつ大腸菌および正常なラクトースオペロンを有する野生型⑥の，ラクトース投与前と投与後でのラクトース分解活性は，右上表のＡ～Ｄのどれにあたるかそれぞれ答えよ。

	A	B	C	D
ラクトース投与前の分解活性	＋	＋	－	－
ラクトース投与後の分解活性	－	＋	－	＋

注）＋：活性が高い　－：活性が無い，または低い

① リプレッサーを合成できない
② ラクトースの代謝産物と結合できないリプレッサーを合成する
③ プロモーター(p)を欠損している
④ リプレッサーと結合できないオペレーター(o)をもつ
⑤ β-ガラクトシダーゼを合成できない
⑥ 正常なラクトースオペロンを有する

問２ 野生型の大腸菌に少量のラクトースを与えたときの，β-ガラクトシダーゼmRNA合成量を経時的に測定したところ，合成量はラクトース投与後約２分間で最大になり，その後低下した。このmRNA合成量低下の理由として考えられることを60字以内で答えよ。ただし，培地の中には大腸菌が利用可能な糖質としてラクトース以外は添加されていない。

問３ 真核生物と細菌のような原核生物とでは，遺伝子の転写から翻訳の過程に違いがある。その違いを３つそれぞれ50字程度で答えよ。（東京海洋大）

精講　**●ラクトースオペロン**　原核生物では関連のある機能をもつ複数の構造遺伝子が，１つのプロモーターのもとで一緒に転写される。このようにまとまって１本のmRNAとして転写される構造遺伝子群をオペロンという。ラクトースオペロンの構造遺伝子群には問題文にあるように

3種類の酵素の遺伝子が含まれている。

ラクトースがないときは，**調節遺伝子**から生じた**リプレッサー**(抑制因子)という調節タンパク質が**オペレーター**という**調節領域**に結合しており，RNAポリメラーゼが**プロモーター**に結合できず，転写が抑制されている。

ラクトースを添加すると，**ラクトースの代謝産物**がリプレッサーと結合し，リプレッサーはオペレーターと結合できなくなる。その結果RNAポリメラーゼがプロモーターに結合し，構造遺伝子群が転写されるようになる。

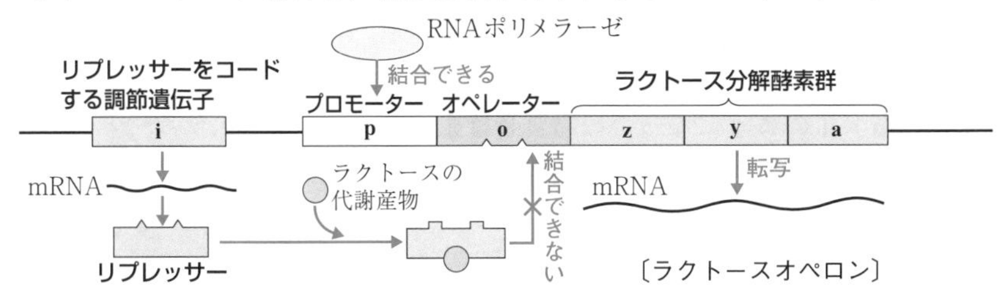

このような転写調節のしくみは，フランスのジャコブとモノーによってオペロン説として提唱された(1961年)。

問1 ①　リプレッサーが合成できないと，ラクトースの有無にかかわらずRNAポリメラーゼはプロモーターと結合できる。

②　リプレッサーがラクトースの代謝産物と結合できないと，ラクトースを投与してもリプレッサーとオペレーターは結合したままになる。

③　プロモーターが欠損しているとRNAポリメラーゼが結合できず，転写されない。

④　オペレーターがリプレッサーと結合できないと，ラクトースの有無にかかわらずプロモーターにRNAポリメラーゼが結合できる。

⑤　β-ガラクトシダーゼが合成できなければ，ラクトースの有無にかかわらずラクトースの分解活性は－となる。

問1　①－B　②－C　③－C　④－B　⑤－C　⑥－D

問2　合成されたβ-ガラクトシダーゼにより，添加したラクトースが分解され，リプレッサーが再びオペレーターと結合したから。(57字)

問3　①　真核生物では核内で転写してから細胞質で翻訳が行われるが，原核生物では転写と翻訳をほぼ同時に同じ場所で行う。(53字)

②　真核生物では転写後スプライシングが行われるが，原核生物ではスプライシングが行われない。(43字)

③　真核生物ではRNAポリメラーゼがプロモーターに結合するのに基本転写因子を必要とするが，原核生物では必要としない。(56字)

必修基礎問

34 一遺伝子一酵素説①

アカパンカビの野生株は水，糖，無機塩類，ビオチンだけからなる培地(最少培地)で生育できる。また，野生株にX線を当てることにより，最少培地では生育できないが特定の物質を加えると生育する突然変異株が分離されている。物質A，B，C，Dのいずれかを加えた最少培地での6種類の変異株1，2，3，4，5，6の生育は右表1のようになった。物質Dは生育に必須で野生株では図1のような代謝経路で合成される。物質A，B，Cはこの代謝経路の中間物質でア，イ，ウのどれかに入る。また，各変異株は，①～⑥のいずれかの異なる段階を触媒する酵素を合成する遺伝子のうちの1つが欠損している。

	最少培地に加えた物質				
	A	B	C	D	なし
変異株1	+	+	−	+	−
変異株2	−	+	−	+	−
変異株3	−	+	−	+	−
変異株4	+	+	+	+	−
変異株5	−	+	−	+	−
変異株6	−	−	−	+	−

表1　+は生育したことを，−は生育しなかったことを示す。

前駆物質 →① ア →② イ →③ X →④ Y →⑤ ウ →⑥ D

図1　　X，Yは未知の中間物質

	変異株2	変異株3	変異株5	野生株
変異株2を生育させた後の培地	−	−	−	+
変異株3を生育させた後の培地	+	−	+	+
変異株5を生育させた後の培地	+	−	−	+

表2　+は生育したことを，−は生育しなかったことを示す。

表1において変異株2，3，5は，同じ栄養要求性のパターンを示している。そこで次のような実験を行った。物質Dを加えた最少培地で変異株2，3，5をそれぞれ生育させた。しばらくすると生育が停止した。その後，それぞれの培地をろ過してカビを取り除いたろ液を得た。これらのろ液に変異株2，3，5，野生株を植えて生育を観察したところ，表2のようになった。ある酵素の合成が阻害されて代謝経路が遮断されると，その酵素の基質である中間物質が培地中に蓄積する。表2の結果は，そのような中間物質が培地中に蓄積していたことを示している。

問1　表1の結果から，図1のア，イ，ウには物質A，B，Cのどれが入るか。

問2　表1の結果から，変異株1，4，6は図1の①，②，⑥のうちどの段階を触媒する酵素を合成する遺伝子に欠損があると考えられるか。

問3　表2の結果から，変異株2，3，5は図1の③，④，⑤のうちどの段階を触媒する酵素を合成する遺伝子に欠損があると考えられるか。　(九大)

●ビードルとテータムの実験　アカパンカビにX線を照射して，最少培地では生育できないがアルギニンを添加すれば生育できるアルギニン要求性の突然変異株を作成する。野生株は，**糖→オルニチン→シトルリン→アルギニン**　の反応を行える。

この変異株を，最少培地にオルニチン，シトルリン，アルギニンを添加して生育させる実験をすると右表のようになった。

	オルニチン	シトルリン	アルギニン
変異株Ⅰ	＋	＋	＋
変異株Ⅱ	－	＋	＋
変異株Ⅲ	－	－	＋

変異株Ⅰは糖とオルニチンの間に，変異株Ⅱはオルニチンとシトルリンの間に，変異株Ⅲはシトルリンとアルギニンの間に欠損がある。この実験からビードルとテータムは，１つの遺伝子は１つの酵素合成を支配するという「一遺伝子一酵素説」を提唱した。

Point 32　ある物質を添加しても生育できない変異株は，**その添加した物質以降**の反応のいずれかに欠損がある。

問１　最終産物に近い物質を添加するほど，多くの株が生育できる可能性が高い。

Ｂを添加すると変異株６以外は生育できるのでウがＢと判断できる。同時に変異株６はＢ(ウ)を添加されても生育できないので，Ｂ(ウ)とＤの間の⑥に欠損があるとわかる。

問２　変異株１はＡを添加すれば生育できるので，Ａ(イ)以降の③～⑥の反応には欠損がない。しかし，Ｃ(ア)を添加しても生育できないので，ＣとＡの間の②に欠損があると判断できる。変異株４はＣを加えれば生育できるのでＣ(ア)以降の②～⑥には欠損はなく，前駆物質とＣの間の①に欠損がある。

問３　変異株２，３，５は③④⑤のいずれかに欠損があるが，③④に欠損がなく⑤に欠損があってＹまで生成していれば，その培地にはＹが蓄積しており，その培地を用いれば⑤に欠損のない変異株は生育できるようになる。変異株３を生育させた培地で変異株２，５が生育できたことから，変異株３は⑤に欠損があると考えられる。逆に，変異株２を生育させた培地では変異株２も５も生育できないので，変異株２は③～⑤のうちの最初の③に欠損があるとわかる。

答
問１　ア－Ｃ　イ－Ａ　ウ－Ｂ
問２　変異株１：②　変異株４：①　変異株６：⑥
問３　変異株２：③　変異株３：⑤　変異株５：④

実戦基礎問 12

一遺伝子一酵素説②

生物

キイロショウジョウバエは幼虫からさなぎを経て成虫になる完全変態をする昆虫である。図1のように幼虫の体内には，将来成虫でさまざまな組織に分化する細胞集団がすでに存在しており，これらの細胞集団を成虫原基と呼ぶ。

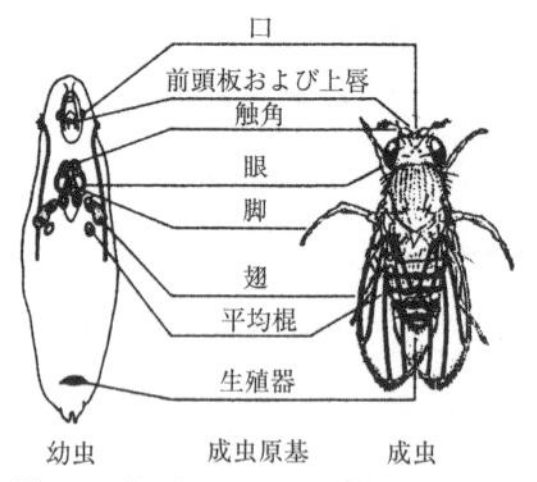

図1　キイロショウジョウバエの成虫原基の存在場所

野生型のキイロショウジョウバエの成虫の複眼には，赤色色素と褐色色素が含まれ，赤褐色の眼をしている。眼の色の決定に関わる遺伝子には，顕性遺伝するもの，潜性遺伝するものがある。遺伝子 *cn*，遺伝子 *st*，遺伝子 *v* に変異が起こると，それぞれ複眼の色が鮮紅色の変異体(変異体 *cn*)，緋色の変異体(変異体 *st*)，朱色の変異体(変異体 *v*)が出現し，これらは潜性遺伝する。

野生型のキイロショウジョウバエの複眼の褐色色素の合成過程は，図2のようになっている。酵素1，2，3の合成は遺伝子 *cn*，遺伝子 *st*，遺伝子 *v* のいずれかに支配されている。

トリプトファン —(酵素1)→ キヌレニン —(酵素2)→ ハイドロキシキヌレニン —(酵素3)→ 褐色色素(野生型)

図2

実験1　野生型のキイロショウジョウバエの幼虫に人為的な突然変異を加えた。成虫まで飼育したところ，複眼の一部が野生型の色とは異なる個体が出現した。しかし，これらを交配させて得た F_1 および F_2 には，複眼が野生型の色と異なる個体は出現しなかった。

実験2　野生型のキイロショウジョウバエの幼虫に人為的な突然変異を加えた。成虫まで飼育したところ，複眼の色が野生型の色と異なる個体は出現しなかった。これらを交配させて得た F_1 にも異常な個体は出現しなかったが，F_2 に複眼が野生型の色と異なる個体が出現した。

実験3　野生型のキイロショウジョウバエの幼虫から眼の原基を取り出し，別の幼虫の腹部に移植した。移植された原基は宿主中で眼に分化し，その眼の表現型は野生型を示した。そこでさまざまな組合せで移植実験を行ったところ次ページの表に示す結果になった。

問1　実験1と2のようにキイロショウジョウバエに人為的に突然変異を加えるには，化学物質を用いる他にどのような方法があるか答えよ。

問2　実験1と2の結果は，それぞれ何の細胞に，どのような変異が起こったと考えられるか。120字以内で答えよ。

問3　実験3の結果④，⑤からわかることを，50字以内で答えよ。

問4　実験3の結果⑥，⑦からわかることを，70字以内で答えよ。

	移植した眼の原基	宿　主	移植後の表現型
結果①	野生型	野生型	野生型
結果②	変異体 v	野生型	野生型
結果③	変異体 cn	野生型	野生型
結果④	変異体 v	変異体 st	野生型
結果⑤	変異体 cn	変異体 st	野生型
結果⑥	変異体 v	変異体 cn	野生型
結果⑦	変異体 cn	変異体 v	鮮紅色

問5　実験3の結果から酵素1，酵素2，酵素3の合成を支配する遺伝子を答えよ。　（千葉大）

精講　**●眼の原基の移植実験**　変異型の眼の原基を野生型の幼虫に移植すると，**宿主の野生型体内で生成された物質**が移植された変異型の眼の原基に移動し，**眼の原基内で正常に色素が合成される場合がある。**

解説　問2　突然変異が体細胞に起こった場合は子供には伝わらない。生殖細胞に変異が起こった場合にのみ子供に遺伝する。また，突然変異を誘発しても，ある特定の1対の遺伝子の両方が変異することはほとんどない。1対の遺伝子の片方に変異が起こったと考える。

実験1では1つの遺伝子が変異しただけで表現型が野生型とは異なったので，変異した遺伝子の方が顕性と考えられる。しかしF_1やF_2には現れないので，**遺伝していない**。すなわち，**体細胞**に突然変異が生じたと判断される。実験2ではF_1には現れないがF_2で変異形質が現れたので，**生殖細胞に変異が生じており，変異した遺伝子は潜性**であると判断される。

問1　紫外線やX線を照射する

問2　実験1では，眼原基の細胞に眼色に関与する顕性の突然変異が起こったが，生殖細胞には突然変異は起こらなかった。実験2では眼原基の細胞には突然変異が生じなかったが，生殖細胞に眼色に関与する潜性の突然変異が起こった。(104字)

問3　変異体 v と cn は，宿主の変異体 st に蓄積した物質があれば，眼原基内で褐色色素を合成できる。(45字)

問4　変異体 v は，変異体 cn に蓄積した物質があれば褐色色素を合成できるが，変異体 cn は，変異体 v に蓄積した物質があっても褐色色素を合成できない。(69字)

問5　酵素1 − v　酵素2 − cn　酵素3 − st

必修基礎問

35 タンパク質の合成

生物基礎 生物

キイロショウジョウバエの眼の色は遺伝的に決定されている。野生型の赤眼を現す遺伝子は顕性で，白眼は潜性形質である。野生型のこの遺伝子の塩基配列を調べたところ，そのはじまりの部分は以下のようであった(3′－，－5′は配列の方向性を表している)。

3′－AGGGCCGTTACCCGGTT<u>C</u>TCCTA......－5′

問1　このDNAを鋳型としたときに転写されるmRNA(伝令RNA)の塩基配列は，以下のようになる。空欄に塩基を記入し，配列を完成せよ。

5′－[ア]CCCGGC[イ]A[ウ]GGGCCAA[エ]AGGA[オ]......－3′

問2　このmRNAをもとに5′側からタンパク質が合成される。タンパク質合成に際しては，最初に出現するメチオニンに対応するAUGが翻訳開始点となる。遺伝暗号表を参照し，上記のmRNAから翻訳されるタンパク質のアミノ酸配列を以下の空欄に記入せよ。

遺伝暗号表

第1塩基	第2塩基 U	第2塩基 C	第2塩基 A	第2塩基 G	第3塩基
U	UUU UUC フェニルアラニン UUA UUG ロイシン	UCU UCC UCA UCG セリン	UAU UAC チロシン UAA 停止 UAG 停止	UGU UGC システイン UGA 停止 UGG トリプトファン	U C A G
C	CUU CUC CUA CUG ロイシン	CCU CCC CCA CCG プロリン	CAU CAC ヒスチジン CAA CAG グルタミン	CGU CGC CGA CGG アルギニン	U C A G
A	AUU AUC AUA イソロイシン AUG メチオニン	ACU ACC ACA ACG トレオニン	AAU AAC アスパラギン AAA AAG リジン	AGU AGC セリン AGA AGG アルギニン	U C A G
G	GUU GUC GUA GUG バリン	GCU GCC GCA GCG アラニン	GAU GAC アスパラギン酸 GAA GAG グルタミン酸	GGU GGC GGA GGG グリシン	U C A G

(メチオニン)-(カ)-(キ)-(ク)-(ケ)

問3　白眼の個体のこの遺伝子の配列は下線部(18番目)がCからAに変化していたとする。この場合，翻訳されるタンパク質のアミノ酸配列がどのように変化するかを以下の空欄に記入せよ。翻訳停止の場合は停止と記し，その後の配列もすべて停止と記入せよ。

(メチオニン)-(コ)-(サ)-(シ)-(ス)

問4　野生型の翻訳産物は**問2**で解答したアミノ酸配列のうしろに，およそ600個のアミノ酸がつながったタンパク質として合成される。その結果キイロショウジョウバエの眼で赤い色素が合成される。潜性形質の個体はなぜ眼の色が赤くないのか，60〜80字で答えよ。　(大阪公大)

●**転写**　DNAの二重らせんの一部がほどけ，一方の鎖を鋳型にしてmRNA前駆体が合成される。この過程を転写という。転写の際にはDNAのAにはU，TにはA，GにはC，CにはGが対応する。

さらにmRNA前駆体からイントロンに対応する部分が除かれ，エキソンに対応する部分がつなぎ合わされてmRNA(伝令RNA)が生じる。この過程をスプライシングという。

●**翻訳**　核内で生じたmRNAは核膜孔から細胞質に出て，リボソーム上に付着する。特定のアミノ酸と結合したtRNA(転移RNA)が，mRNAの塩基に対応するようにアミノ酸を運搬する。運ばれてきたアミノ酸はペプチド結合で結合し，タンパク質が合成される。この過程を翻訳という。mRNAの3つ組塩基をコドン，これに対応するtRNAの3つ組塩基をアンチコドンという。mRNAの3つ組塩基，すなわちコドンとアミノ酸の対応を示したのが遺伝暗号表である。

① DNA →(転写) mRNA →(翻訳) タンパク質

② 転写の際，アデニン(A)にはウラシル(U)が対応する。

③ 転写とスプライシングは核内で，翻訳は細胞質中のリボソーム上で行われる。

解説

問2　mRNAのAUGから翻訳が開始されるので，9番目のAから3つずつ区切って考える。最初はAUGでメチオニン，次はGGC，CAA，GAG，GAUとなり，これを順に遺伝暗号表から読めばよい。

問3　18番目のCがAに変化すると，mRNAのコドンがGAGからUAGに変化し，停止コドンになる。これはアミノ酸が対応せず，それ以降の翻訳を終了させる暗号である。したがって，そこから後ろは翻訳されず，短いペプチドしか生じない。

問4　一定の立体構造をもつことで酵素として機能することができるので，アミノ酸が数個だけのペプチドでは酵素として機能しない。

問1　ア－U　イ－A　ウ－U　エ－G　オ－U

問2　カ－グリシン　キ－グルタミン　ク－グルタミン酸
ケ－アスパラギン酸

問3　コ－グリシン　サ－グルタミン　シ－停止　ス－停止

問4　潜性形質の個体では，この遺伝子からは最初の3つのアミノ酸だけからなる短いペプチドしか生じず，酵素として機能しないため赤い色素が合成されないから。(72字)

実戦基礎問

13 選択的スプライシング・RNA干渉・ゲノム編集 生物

遺伝情報の発現は，転写の段階で調節される場合が多いが，転写後に調節される場合もある。その1つが選択的スプライシングである。またDNAからは，mRNA，[ア]，rRNAの他に，小さなRNAが合成される。小さなRNAはあるタンパク質と複合体を形成して相補的な塩基配列をもつmRNAに結合し，このmRNAの切断や翻訳抑制に働く場合がある。ヒトの場合，全遺伝子の1/3以上が小さなRNAによる発現抑制を受けていると考えられている。

植物，菌類，センチュウなどでは，一本鎖RNAゲノムをもつウイルスの侵入を受けると，ウイルスRNAの複製時に形成される二本鎖RNAが細胞内で切断される。切断されたRNAは，あるタンパク質と結合して小さな一本鎖RNAとなる。このタンパク質と小さな一本鎖RNAの複合体は，このウイルスRNAの切断や翻訳抑制を行う。このような現象を[イ]と呼ぶ。

一方，バクテリアがウイルスに感染された際に，ウイルスDNAをゲノムに取り込む場合がある。ここから転写される一本鎖RNAがCas9と呼ばれるDNA分解酵素と複合体を形成すると，この一本鎖RNAと相補的な配列をもつ二本鎖DNAを切断するしくみがある。このしくみを真核生物にも応用し，人為的に一本鎖RNAとCas9を外部から真核生物の細胞へ加えることで，特定の配列部分で真核生物ゲノムのDNAを切断することができる。切断部位が修復される際に，その周辺の配列が削除あるいは余分な配列が挿入されることを利用し，特定のDNA配列を破壊することができる。また切断箇所に特定の遺伝子を導入することもできる。このような技術を[ウ]という。

問1 上の文中の空欄に適語を入れよ。

問2 ある動物の遺伝子(Rとする)は，5つのエキソンとそれらの間の4つのイントロンからなる。開始コドンは最初のエキソンにだけ，終止コドンは最後のエキソンにだけ存在するため，これらのエキソンは必ず使われる。また，それぞれのエキソンの一部のみが部分的に使われることはないものとする。この遺伝子Rについて，次の問いに答えよ。

(1) 遺伝子Rが転写された後，選択的スプライシングが起きるとすると，理論上，何種類のmRNAが生じうるか。

(2) 遺伝子Rに関する次の文中の空欄[エ]・[オ]には適当な数値や語句を入れ，空欄[カ]・[キ]については下の①～③から適当なものを１つずつ選べ。

遺伝子 R からつくられるポリペプチドの長さは，組織Ｘでは340個のアミノ酸，Ｘ以外の組織では310個のアミノ酸であった。この場合，遺伝子 R に由来するmRNAの長さを比べると組織Ｘの方が［　エ　］個塩基数が［　オ　］ことが予想される。この動物のある個体は，遺伝子 R に１塩基置換の突然変異が起きており，組織Ｘで，遺伝子 R からつくられるポリペプチドが２種類見つかった。それぞれの長さは正常な340個のアミノ酸と170個のアミノ酸であった。一方，Ｘ以外の組織では正常な310個のアミノ酸のポリペプチドのみが検出された。組織Ｘで短いポリペプチドが生じている原因が，１塩基置換により終止コドンが生じたことだとすれば，この個体の組織Ｘにおける遺伝子 R のmRNAは［　カ　］が検出されると予想され，１塩基置換によりスプライシングが異常になったことだとすれば，組織Ｘにおける遺伝子 R のmRNAは［　キ　］が検出されると予想される。

①　同じ長さの１種類　　②　同じ長さの２種類

③　長さの異なる２種類

（関西学院大・岩手医大）

精講　● **RNA干渉（RNAi）**　DNAから生じた翻訳に用いられないRNAがヘアピンのようになり（下図１の①），これがダイサーという酵素によって切断されて短鎖の二本鎖RNAが生じる（図１の②）。これがタンパク質（アルゴノートという）と結合し，片方の鎖を捨てて一本鎖になる。このようにして生じた複合体をRISCという（図１の③）。このRISCが，RISCのもつ一本鎖RNAと相補的な塩基配列をもつmRNAと結合すると，mRNAを分解（図１の④），あるいは翻訳の阻害（図１の⑤）が行われる。

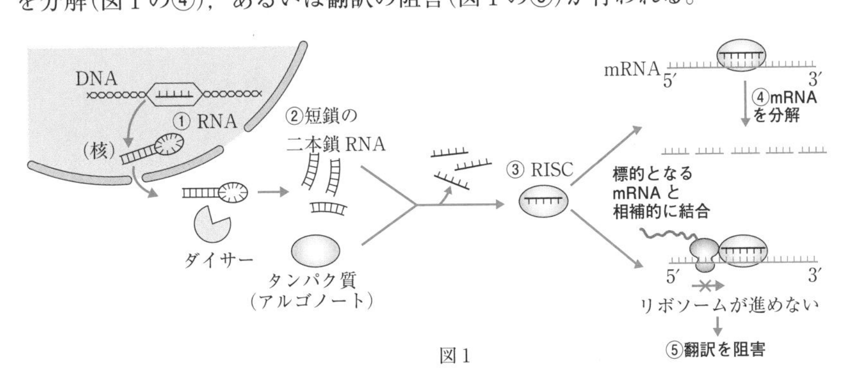

図１

また，ウイルス由来のRNAが侵入し，これが複製される過程で二本鎖RNAが生じると，これをダイサーが短鎖に切断する(図2の⑥)。生じた短鎖の二本鎖RNAはタンパク質と結合して片方の鎖を捨て一本鎖になりRISCを形成し，これに相補的な塩基配列をもつ外来RNAを分解して排除する(図2の⑦)。

この現象を利用すると，人工的に合成した短鎖RNAを細胞内に導入し，目的とする遺伝子の発現量を低下(生じるタンパク質量を減少)させることができる。これを**遺伝子ノックダウン**という。

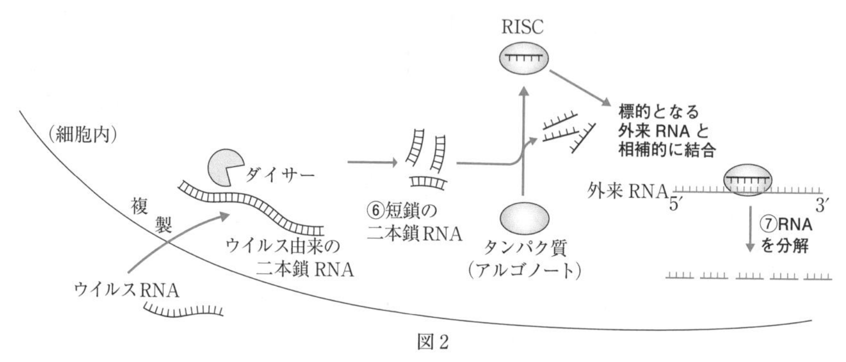

図2

●ゲノム編集　ゲノムの特定部分を認識して切断する酵素を用いて，任意の塩基配列を削除・挿入，置換する技術を**ゲノム編集**という。近年開発された**CRISPR/Cas9システム**の原理は次の通り。この技術を応用すれば，変異遺伝子を正常遺伝子に置き換える遺伝子治療が可能になると期待されている。

(1)　**Cas9**というDNA分解酵素と，標的となる遺伝子DNAに相補的なRNA(**ガイドRNA**という)を細胞に導入する(図3の⑧)。

(2)　ガイドRNAと相補的な遺伝子DNA(標的遺伝子)が結合すると，Cas9により標的遺伝子が切断される(図3の⑨)。

(3)　切断箇所が修復されるとき，一定の頻度で欠失や挿入が起こるので，遺伝子の機能を失わせる(**遺伝子ノックアウト**)ことができる(図3の⑩)。あるいは切断箇所に特定の遺伝子を挿入することができる(図3の⑪)。

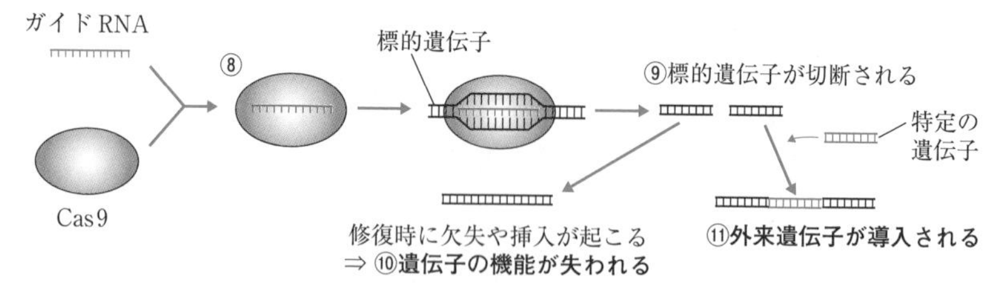

図3

●選択的スプライシング　スプライシングの際に残すエキソンの組合せを変えることで，1つの遺伝子から複数種類のmRNAを生じる現象。例えば，ある組織では下図4の①，別の組織では図4の②のようにスプライシングすると，同じ遺伝子からでも組織によって異なるタンパク質を生成することができる。

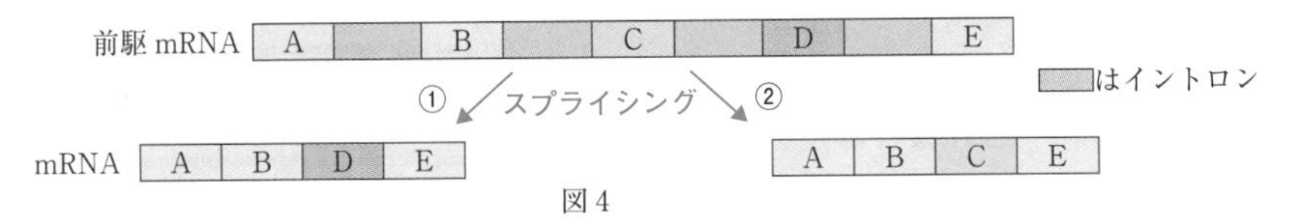

図4

解説　**問2**　(1)　2番目～4番目のエキソンについて，それぞれ残るか残らないかの2通りなので，2×2×2通りになる。

(2)　エ，オ．正常個体の組織Xとそれ以外の組織でアミノ酸の数が違うのは，組織によって残るエキソンが異なるからである。組織Xはそれ以外の組織よりアミノ酸が30個多いので，mRNAの塩基は30×3＝90個多いと考えられる。

カ．生じたmRNAの長さは同じだが，途中に終止コドンが生じたためアミノ酸数が170個になったと考えられる。

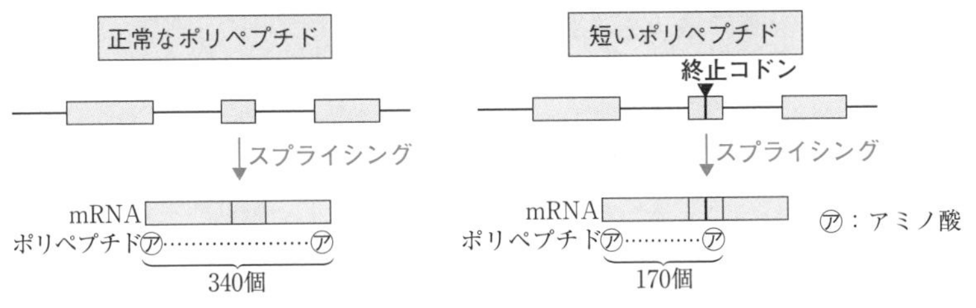

キ．組織Xで残るはずのエキソンまでスプライシングされてしまって，170個のアミノ酸に対応する短いmRNAが生じたと考えられる。340個のアミノ酸に対応するmRNAと，170個のアミノ酸に対応する短いmRNAの2種類が生じていると考えられる。

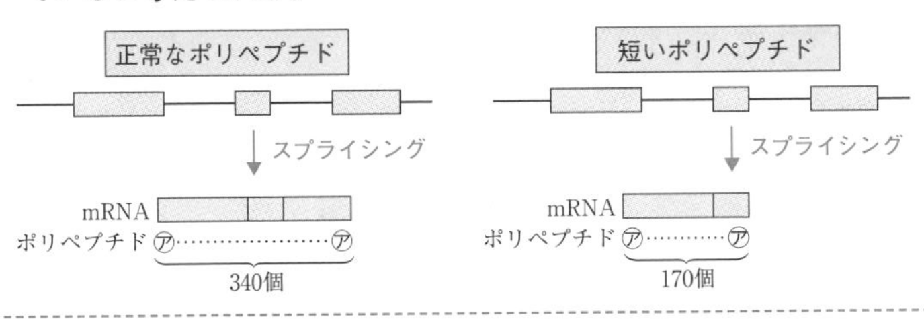

答
問1　ア－tRNA　イ－RNA干渉(RNAi)　ウ－ゲノム編集
問2　(1)　8種類
(2)　エ－90　オ－多い　カ－②　キ－③

必修基礎問 36

PCR法

近年，ₐ目的の遺伝子領域を短時間で増幅する方法が開発され，さまざまな場面で活用されている。この方法では，2種類のプライマーと呼ばれる短い1本鎖DNA断片，目的の遺伝子領域を含むDNA，4種類の［ア］，および$_b$酵素を加えて反応させることにより，目的の長さのDNAを短時間に増幅することができる。

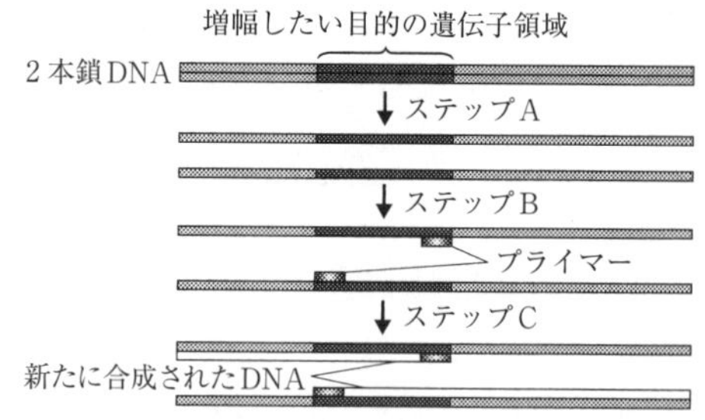

図1　下線部aの方法の概略(1サイクル目)

一方，$_c$組換えDNA技術を用いると目的とするタンパク質を人工的に生産することができる。すなわち，目的の遺伝子を下線部aの方法で増幅した後，大腸菌内のDNAとは独立に増殖する小型の環状DNAである［イ］に組込み，これを大腸菌に導入して目的のタンパク質を生産できる。

問1　文中の空欄に適語を入れよ。

問2　下線部aでは，設定温度が異なる連続する3つのステップ(順にA，B，Cとする)を1サイクルとして繰り返し行い遺伝子を増幅する。図1のステップA～Cの適切な温度変化を示すグラフを次から1つ選べ。

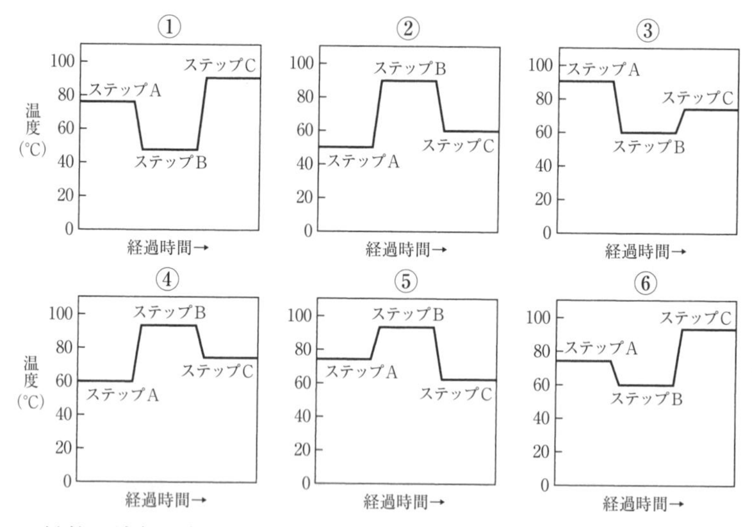

問3　目的の遺伝子領域を含むDNAが反応液中に1個だけ存在する場合，増幅された遺伝子領域を10^6倍以上に増やすには，図1のようなサイクル

を何回繰り返せばよいか。

問4　下線部bの酵素の名称を答えよ。また，この酵素に必要な，通常の酵素にはない特別な性質を30字以内で述べよ。

問5　下線部cの操作では，制限酵素が用いられる。この酵素はさまざまな細菌由来のものが使用されているが，本来，細菌内においてはどのような役割を担っている酵素か，30字以内で述べよ。　　　　（北大・京都工繊大）

本問のような方法でDNAを増幅させる方法を**PCR法**（**ポリメラーゼ連鎖反応法**）という。

まず約95℃に加熱して2本鎖DNAを形成する塩基どうしの水素結合を切断し1本鎖にする（①）。次に60℃前後に下げ，1本鎖DNAの複製したい領域に，その部分と相補的な塩基配列をもつ**プライマー**を結合させる（②）。約72℃にして**DNAポリメラーゼ**を働かせ，それぞれの1本鎖を鋳型として2本鎖DNAを複製させる（③）。①〜③の操作を繰り返し，目的とするDNA領域を増幅させる。このとき用いるDNAポリメラーゼは高温の環境で生息している**好熱性細菌**がもつDNAポリメラーゼで，通常の酵素と異なり，72℃の高温でも失活しない。

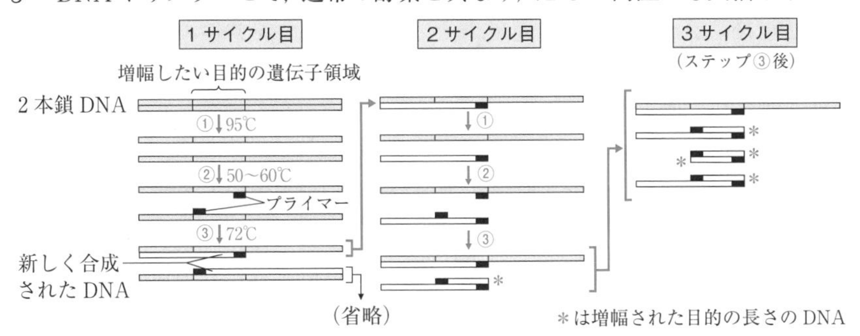

問3　1サイクル完了すると2倍に増える。2サイクルで2^2，3サイクルで2^3…となるが，10^6まで計算するのは大変。$\mathbf{2^{10}=1024 \fallingdotseq 10^3}$を覚えておくと便利。$10^6=10^3\times10^3 \fallingdotseq 2^{10}\times2^{10}=2^{20}$。よって20回繰り返せばよい。

問5　制限酵素はもともと細菌がファージから身を守るためにもっている酵素である。

答

問1　アーヌクレオチド　イープラスミド

問2　③　　**問3**　20回

問4　名称：DNAポリメラーゼ　　性質：70℃前後の高温でも失活せず，高い活性が保たれるという性質。（30字）

問5　ファージ由来の外来DNAを切断し，ファージの増殖を防ぐ。（28字）

DNA 鎖の長さは塩基対の長さで表され，1000塩基対の長さは 1000bp あるいは 1kbp と表される。DNA は実験的に制限酵素によって切断することができる。例えば，1kbp の DNA を半分に切断すると 0.5kbp の DNA 鎖が2本生じる。

制限酵素と DNA リガーゼを用いて，次のような実験を行った。まず制限酵素Eを用いて 5.0kbp の環状 DNA を1か所切断した(図1)。次いで別の大きな DNA を制限酵素Eで2か所切断し，増幅したい 1.5kbp の遺伝子 W を含む DNA 断片(以下，遺伝子 W と呼ぶ)を取り出した(図2)。切断した2つの DNA を試験管内でまぜた後，2つの DNA を連結させるために適当な条件のもとで DNA リガーゼを加えた(図3)。その後試験管内で環状になった DNA を大腸菌に入れて増やし，増えた環状 DNA を大腸菌から取り出して DNA の性状を調べる実験を行った。

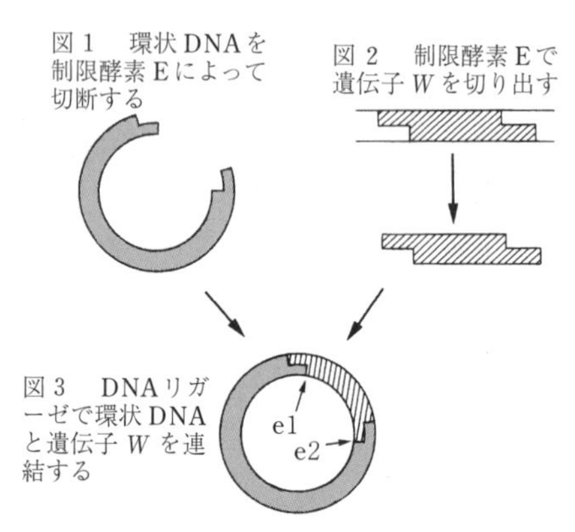

図1　環状DNAを制限酵素Eによって切断する
図2　制限酵素Eで遺伝子 W を切り出す
図3　DNAリガーゼで環状DNAと遺伝子 W を連結する

問1　2本鎖 DNA の塩基組成を調べたところ，5.0kbp の環状 DNA のアデニン含量(モル比)は24.5%であり，6.5kbp の環状 DNA のそれは 27.0%であった。5.0kbp の環状 DNA に連結された 1.5kbp の DNA におけるアデニンとシトシンの含量(モル比)は，それぞれ何%であるか答えよ。答えは四捨五入して小数点以下第一位まで求めよ。

問2　図3に示された 6.5kbp の環状 DNA を，遺伝子 W の両端 e1 と e2 を切断する制限酵素E単独で，あるいは制限酵素Bまたは制限酵素Hと組合せて切断する実験を行った。6.5kbp の環状 DNA における制限酵素Bと制限酵素Hの切断か所は不明である。切断実験によって得られた DNA 断片の長さを分析し，その結果を図4に示した。図4の縦軸は DNA 断片の長さを表し，

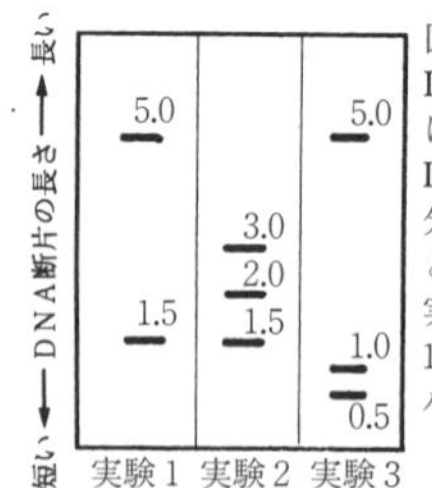

図4
DNA 断片の分析。この図に示されている方法では，DNA 断片は長さによって分離され，バンド(━)として検出される。例えば実験1では，DNA断片が1.5kbp と 5.0kbp の2本のバンドとして検出される。

図中の数字はDNA断片の長さをkbp単位で示している。制限酵素Eで切断すると1.5kbpと5.0kbpの断片が生じた(実験1)。制限酵素Eと制限酵素Bで切断すると1.5kbp，2.0kbp，および3.0kbpの断片が生じた(実験2)。制限酵素Eと制限酵素Hで切断すると0.5kbp，1.0kbp，および5.0kbpの断片が生じた(実験3)。6.5kbpの環状DNAを制限酵素Bと制限酵素Hの2つの酵素で切断すると何kbpのDNA断片が得られると予想されるか。 (九大)

●制限酵素とDNAリガーゼ 特定の塩基配列を認識してDNAを切断する酵素を制限酵素という。DNA断片どうしをつなぎ合わせる酵素をDNAリガーゼ(リガーゼ)という。

●遺伝子組換え 遺伝子を含むDNAを制限酵素で切り出す。その遺伝子を運んでくれる役割をするもの(ベクターという)，たとえば大腸菌のプラスミドを同じ制限酵素で切断し，切り出した遺伝子断片を組み込み，DNAリガーゼでつなぎ合わせる。

問1 5.0kbp(5000×2個の塩基)中24.5%がアデニンなので2450個。同様に6.5kbp中の27.0%がアデニンなので3510個。よって，1.5kbpには，3510－2450＝1060(個) のアデニンがある。

$\therefore\ 1060 \div (1500 \times 2) \times 100 \fallingdotseq 35.3(\%)$

問2 制限酵素Bが切断するか所は次の2通りの可能性がある(図1)。同様に，制限酵素Hが切断するか所も次の2通りの可能性がある(図2)。よって，制限酵素BとHで処理すると，次のような断片ができる可能性がある(図3)。

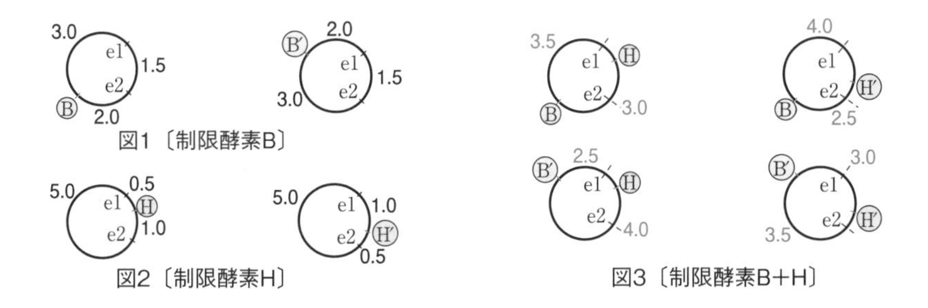

図1〔制限酵素B〕
図2〔制限酵素H〕
図3〔制限酵素B＋H〕

答
問1 アデニン：35.3%　シトシン：14.7%
問2 3.0kbpと3.5kbp，あるいは，2.5kbpと4.0kbp

実戦基礎問 15 サンガー法

DNA 塩基配列解析法の一種であるサンガー法では，ヌクレオチド鎖の伸長反応で基質となるデオキシリボヌクレオチドに，糖としてジデオキシリボースをもつヌクレオチドを少量加えることで，部分的にヌクレオチド鎖の合成を停止させて，さまざまな長さのヌクレオチド鎖を生成させる。長さの異なる DNA 断片を電気泳動で分離し，それぞれの断片が発する蛍光の色を調べることで，DNA の塩基配列を決定することができる。

問 1　図 1 に核酸がもつ糖の構造式を示す。(1)リボース，(2)デオキシリボース，(3)ジデオキシリボースのそれぞれについて，図 1 のアとイの位置に OH (ヒドロキシ基) あるいは H (水素原子) のいずれが入るかを答えよ。

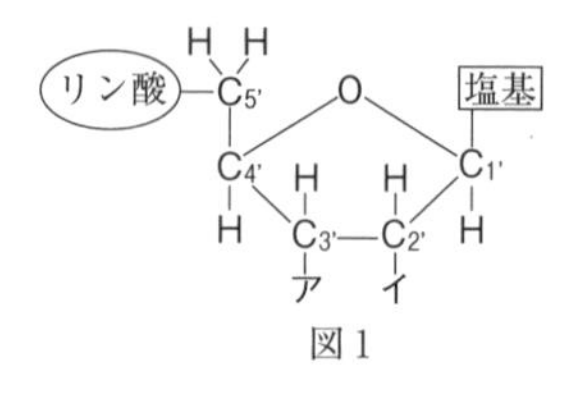

図 1

問 2　下線部について，図 2 はサンガー法の概略を模式的に示したものである。

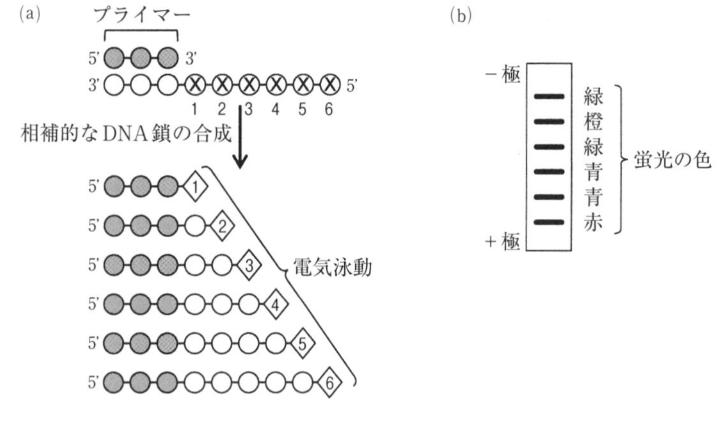

○○：通常のヌクレオチド
◇：蛍光色素が付加された特殊ヌクレオチド

図 2

図 2 (a)に示す DNA 合成反応の産物を電気泳動したところ，図 2 (b)に示すような結果が得られた。図 2 (a)の$Ⓧ_1Ⓧ_2Ⓧ_3Ⓧ_4Ⓧ_5Ⓧ_6$部分の DNA の塩基配列を 5′ 末端を左側にして答えよ。なおジデオキシリボースをもつヌクレオチドの A には緑色，C には青色，G には橙色，T には赤色の蛍光色素が付加されているものとする。　**(東邦大・鹿児島大)**

●ジデオキシリボース　デオキシリボースの3′のCに結合するOHがHになった糖。3′のCにOHがないと次のリン酸と結合できない。

〔リボース〕　〔デオキシリボース〕　〔ジデオキシリボース〕

●サンガー法　塩基配列を知りたいDNAの1本鎖をもとに複製させるが，ジデオキシリボースを含むヌクレオチドを取り込むと複製が止まる。その結果生じた長さの異なる鎖を電気泳動で分離して塩基配列を決定する方法。DNAは−に帯電しているので，寒天ゲル中で電気泳動すると＋極に向かって移動する。塩基数が少なく短いDNAほど移動速度が大きい。

解説

問2　＋極に近い側から順に短いDNA鎖を示す。従って，最も＋極側に近い赤(T)がⓧ$_1$に相補的な◇1の塩基，次の青(C)が◇2の塩基である。あとは同様に順に色と塩基を対応させて読むと，5′-TCCAGA-3′となる。ただし，これは求める鎖に相補的な鎖の塩基配列なので，求める鎖は3′-AGGTCT-5′である。解答は指示に従って5′-TCTGGA-3′と答える。

問1　(1)　ア−OH　イ−OH　　(2)　ア−OH　イ−H

(3)　ア−H　イ−H

問2　5′-TCTGGA-3′

演習問題

⇨ 解答は320ページ

15 必修基礎問 30

一定の長さのDNAをゲノムにもつファージ(バクテリオファージ)と宿主である大腸菌を用いて以下の実験を行った。いずれのファージも，ファージDNAは感染後すみやかに細胞内に入り，また大腸菌には複数のファージが感染できるものとする。

実験1 野生型ファージAを大腸菌に感染させると，2時間後にファージが大腸菌の細胞壁を破って外に出てきた(ファージの増殖)。

実験2 実験1で，感染15分後に大腸菌を60℃で10分間加熱すると，その後のファージの増殖は認められなかった。しかし感染100分後に同様に加熱した場合は，加熱終了後10分でファージの増殖が認められた。

実験3 実験1で，ファージ感染15分後，あるいは感染100分後の大腸菌をすり潰して遠心分離し，その上清(抽出液)を別の大腸菌に注入したところ，それぞれ抽出液注入後105分後と20分後にファージの増殖が認められた。

実験4 突然変異型ファージB，あるいは突然変異型ファージCの単独感染では，大腸菌には何の変化もみられなかったが，両ファージを同時に感染させた場合，ファージの増殖が認められた。

問1 ファージA感染100分後の大腸菌の細胞内にみられる，ファージに由来する物質はどれか。次から適当と思われるものを1つ選べ。

① タンパク質のみ　② DNAのみ　③ タンパク質とDNAのみ
④ DNAとRNAのみ　⑤ タンパク質とDNAとRNA

問2 実験2で，感染15分後の大腸菌を加熱してファージの増殖が認められなかった理由を，20字以内で答えよ。

問3 ファージA，B，Cを同時に大腸菌に感染させた場合，どの種類のファージが増殖すると考えられるか。次から最も適当と思われるものを1つ選べ。

① 3種類全部増殖する。　② BとCのみが増殖する。
③ Aのみが増殖する。　④ AとBのみが増殖する。
⑤ AとCのみが増殖する。　⑥ 全く増殖しない。

問4 実験3で調製した抽出液を60℃，10分間加熱した場合，ファージの増殖はどうなると考えられるか。次から適当と思われるものを1つ選べ。

① 感染15分後に調製，加熱した抽出液を用いると，その後ファージの増殖は認められないが，感染100分後に調製，加熱した抽出液を用いると，ファージの増殖は認められる。

② 感染15分後に調製，加熱した抽出液を用いると，その後ファージの増殖は認められるが，感染100分後に調製，加熱した抽出液を用いると，ファージの増殖は

認められない。

③ いずれの抽出液も，加熱すると，その後ファージの増殖は認められない。

④ いずれの抽出液も，加熱の有無にかかわらず，その後ファージの増殖は認められる。

問5 実験3で，感染100分後の抽出液を注入する前に，(a)DNA分解酵素処理，(b)RNA分解酵素処理，あるいは(c)タンパク質分解酵素処理を十分に行い，その後同様の操作を行った。抽出液注入後20分でファージの増殖が認められなかったのはどの場合か。次から適当と思われるものをすべて選べ。

① aを行った場合　② bを行った場合　③ cを行った場合

④ aとbを組合せた場合　⑤ bとcを組合せた場合

⑥ aとcを組合せた場合　⑦ すべての操作を組合せた場合

問6 実験4で増殖したファージの中に，そのファージ単独で増殖し，同じ性質のファージをつくることのできるものがみつかった。この現象が起こった理由を，60字以内で少なくとも2つ述べよ。

〈千葉大〉

16

必修基礎問 34 ，35 ，実戦基礎問 12

ある種のカビは培地で培養すると菌糸がメラニンという黒褐色の色素を合成する。この菌に突然変異を誘発させ，正常なメラニン色素をつくれない3種類の変異株を分離した。得られた変異株はメラニン合成経路における代謝欠損点が異なると考えられ，培地中にメラニン前駆物質を分泌し，その物質の色に特徴的な3つの形質に分類された。変異株Ⅰは前駆物質Aを分泌することにより薄茶色を呈し，変異株Ⅱは前駆物質Bを分泌することにより赤色を呈し，変異株Ⅲは前駆物質Cを分泌することにより黄色を呈した。

実験1 メラニン合成代謝経路を調べるために次の実験を行った。

3種の菌を培地上で各菌が接するようにして培養したところ，図1のように接触した菌糸部分にメラニン化の復帰が認められた。これは分泌されたメラニン前駆体が培地内に拡散し，それを摂り込んだ菌が代謝した結果によるものと考えられた。

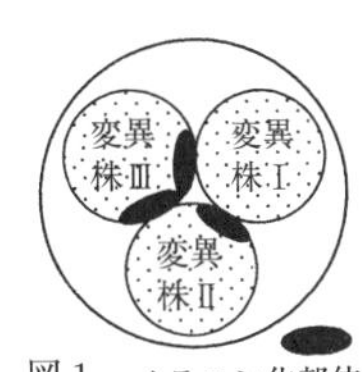

図1　メラニン化部位

問1 人為突然変異を誘発する方法を2つあげよ。

問2 実験1の結果からメラニン前駆体の代謝過程を推定し，右図2のア，イ，ウに対応する前駆物質をA，B，Cの記号で答えよ。また，エ，オ，カには対応する変異株をⅠ，Ⅱ，Ⅲの番号で答えよ。

代謝経路	→ ア →	イ →	ウ → メラニン
酵　素………	E 1	E 2	E 3
遺伝子………	G 1	G 2	G 3
変異株………	エ	オ	カ

図2

実験2 この菌はアカパンカビと同様な有性生殖を行い，単相(n)の核をもつ菌糸が融合して複相(2n)の接合子を形成し，その後，減数分裂と体細胞分裂を繰り返して８つの子のう胞子を形成する(図３)。そこで変異株Ⅰと変異株Ⅱおよび変異株Ⅰと変異株Ⅲの交配を行い，得られた子のう胞子を培養して菌糸のメラニン合成の形質を調べた。

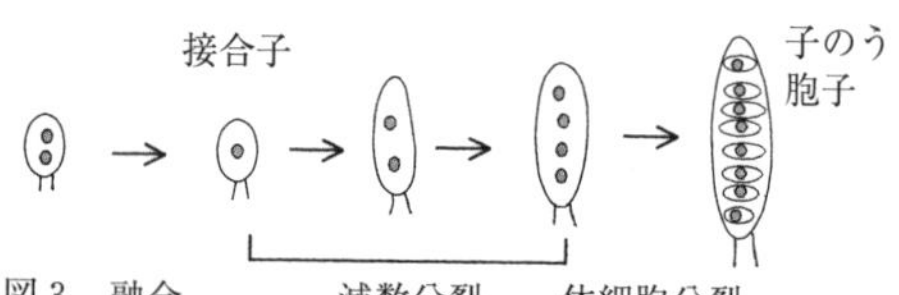

図３

問３　Ｇ１遺伝子とＧ３遺伝子は密接に連鎖し，Ｇ２遺伝子はＧ１遺伝子およびＧ３遺伝子と連鎖関係がないことがわかっている。**実験２**のそれぞれの交配によって期待される次代の形質(色)の分離比を答えよ。ただし，Ｇ１遺伝子とＧ３遺伝子間の組換え価は０とする。

実験３　Ｇ２遺伝子に変異のある変異株を２菌株(変異株Ｇ２－１，変異株Ｇ２－２)分離した。野生型株およびこれらの変異株から酵素Ｅ２のタンパク質を精製し，タンパク質のアミノ酸配列を分析した。アミノ酸配列を比較した結果，野生型株と変異株間で異なる配列が検出された。また，酵素Ｅ２の生成を支配する遺伝子を単離し，塩基の配列を決定した。図４は野生型株と変異株Ｇ２－１，変異株Ｇ２－２で配列が異なる部位のＥ２酵素タンパク質のアミノ酸配列，およびこの領域に対応する野生型株の mRNA の配列を示している。

	1	2	3	4	5	6	7	8	9	10	11	12	13	14	15	16	17	18	19	20	21	22	23	24	25	
5′－	C	C	U	G	C	A	G	C	U	C	C	A	C	U	U	C	A	A	C	C	A	A	C	G	U	－3′

mRNA

野生株	・・・ロイシン	グルタミン	プロリン	トレオニン・・・
突然変異株Ｇ2－1	・・・ロイシン	グルタミン	ロイシン	トレオニン・・・
突然変異株Ｇ2－2	・・・ロイシン	アスパラギン	グルタミン	アルギニン・・・

図４　　Ｅ２のアミノ酸配列

問４　mRNA の各番号の塩基に相補する鋳型 DNA の塩基をアルファベット表記で記せ。

問５　野生型株のロイシン，グルタミン，プロリン，トレオニンの領域は mRNA の塩基番号の何番から何番の間に指定されているか。

ロイシン	CUU	CUC	CUA	CUG	UUA	UUG
グルタミン	CAA	CAG				
プロリン	CCU	CCC	CCA	CCG		
トレオニン	ACU	ACC	ACA	ACG		
アスパラギン	AAU	AAC				
アルギニン	CGU	CGC	CGA	CGG	AGA	AGG

mRNA の塩基配列からアミノ酸への遺伝暗号表

問６　Ｇ２－１，Ｇ２－２の各変異株は鋳型 DNA において何番の塩基にどのような変異があったと考えられるか。いずれも１つの塩基の変異によるものとする。

〈京都府大〉

17 ➡必修基礎問 35

多くの生物において遺伝子の本体はDNAである。DNAは基本的に塩基配列を変えることなく複製され，生物の形質は遺伝子によって親から子へと受け継がれていく。DNAの複製様式は，その特徴から［ア］と呼ばれる。複製前のDNAは2本のヌクレオチド鎖からなる二重［イ］構造をしているが，複製中にはこれがほどけて一本鎖になり，これを［ウ］として［エ］という酵素が新しいヌクレオチド鎖を合成する。遺伝情報は一般にDNAの塩基配列として存在し，転写，翻訳という過程を経てタンパク質がつくられる。真核生物において転写は［オ］内で行われ，合成された転写産物は［カ］に移動後リボソームと結合する。次に，連続する3塩基からなる配列に対応した1つのアミノ酸が［キ］によって運ばれ，タンパク質が合成される。このため，①DNAの部分的な傷害や複製時の誤りによって塩基配列に変化が生じると，転写，翻訳の過程を経てアミノ酸配列が変化し，これまでみられなかった形質が子孫に発現する場合がある。しかし，②DNAの塩基配列の変化が転写，翻訳されてもタンパク質を構成するアミノ酸の配列に影響を及ぼさない場合もある。

問1　上の文中の空欄に適語を入れよ。

問2　転写に関与する酵素を1つ選び，その機能を50字以内で説明せよ。

問3　DNAの塩基配列をもとに，最終的にはタンパク質が合成されるが，このとき連続する3塩基からなる配列に1つのアミノ酸が対応している。3塩基ではなく，1塩基あるいは連続する2塩基の配列に1つのアミノ酸が対応した場合に考えられる不都合は何か。80字以内で記せ。

問4　下線部①の現象を何と呼ぶか。

問5　下線部②について，DNAの塩基配列の変化がアミノ酸配列に影響を及ぼさない場合とはどのような場合か，50字以内で説明せよ。

問6　ここにアミノ酸配列がすべて明らかにされたタンパク質がある。アミノ酸配列からこのタンパク質の遺伝子の塩基配列を知りたいのだが，アミノ酸配列から塩基配列を推測することは，一般に塩基配列からアミノ酸配列を推測するよりも困難である。理由を80字以内で説明せよ。

〈岐阜大〉

18 ➡実戦基礎問 14

遺伝子の本体であるDNAは，①2つのヌクレオチド鎖が平行に並び，塩基どうしがゆるく結合した構造をとっている。1970年代のはじめに，②DNAを特別な塩基配列の部分で切断する“はさみ”に相当する酵素と③その切断部を連結する“のり”に相当する酵素が発見されてから，生物のある遺伝子を大腸菌などに組み込み，特定のDNAを人為的に増幅する操作(遺伝子クローニング)が盛んに行われるようになった。

大腸菌を用いた遺伝子クローニングでは，まず大腸菌からプラスミドと呼ばれる環状2本鎖DNAを取り出し，“はさみ”に相当する酵素で切断し，切断部位に増幅しようとするDNA断片を“のり”に相当する酵素で組み込む。次に，このようにして作製された組換えDNAを大腸菌に導入し，大腸菌の増殖により組換えDNAを増幅する。pBR322と呼ばれるプラスミドと*Bam*HIと呼ばれる“はさみ”に相当する酵素は，このような遺伝子クローニングでしばしば用いられる。pBR322は，図1に示すように，抗生物質アンピシリンを無毒化する*amp*^{R}遺伝子と抗生物質テトラサイクリンを無毒化する*tet*^{R}遺伝子をもつ。*Bam*HIは，図2に示すように，DNAにおける6塩基対からなる特定の塩基配列を認識し特定の部位で切断する。pBR322では，*Bam*HIによる切断部位は*tet*^{R}遺伝子に1か所存在し，この切断部位に増幅しようとするDNAが組み込まれる。この組み込みにより*tet*^{R}遺伝子の機能は失われるが，このことを利用して遺伝子クローニングの成功を確認できる。

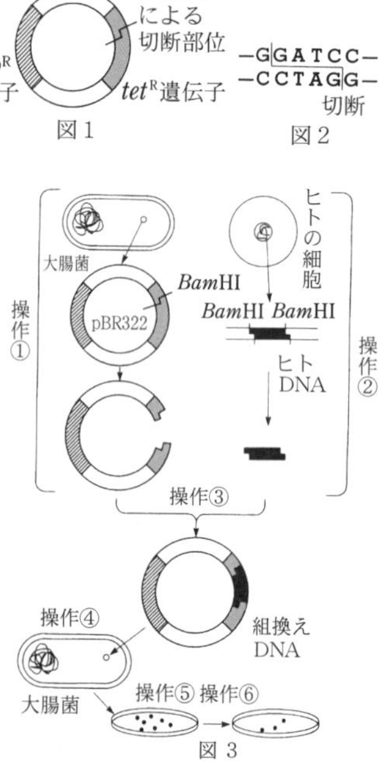

図3

図3に，pBR322を用いたヒトDNA断片のクローニング実験の概略を示した。はじめに，pBR322を大腸菌から取り出し，*Bam*HIで切断する(操作①)。次に，ヒトDNAから増幅しようとするDNA断片を*Bam*HIで切り出し(操作②)，操作①で生じたpBR322の切断部位に結合する(操作③)。操作③で生じた組換えDNAを大腸菌内に入れて(操作④)，アンピシリンを含む寒天平板培地上で培養しコロニー(集落)の形成を確認する(操作⑤)。さらに，操作⑤の培地上で形成されたコロニーをレプリカ法によりテトラサイクリンを含む寒天平板培地上に移して培養する(操作⑥)。このような実験により，ヒト由来のDNA断片を含む大腸菌のコロニーを特定することができる。

なお，レプリカ法とは，ある平板培地で形成されたすべてのコロニーについて，それぞれの一部をフィルムに一括吸着し，もとの位置関係を保ったまま別の平板培地に移して培養する方法である。

問1 下線部①の構造の名称を記せ。

問2 下線部②および下線部③の酵素名をそれぞれ答えよ。

問3 操作⑤および操作⑥で形成された大腸菌のコロニーは図4の通りであった。アンピシリンを含む培地では7つのコロニー(コロニー1～7)が形成され，テトラサイクリンを含む培地ではそのうちの3つのコロニー(コロニー3，6および7)の形成が認められた。図4左のアンピシリンを含む培地上に生じたコロニーのうち，ヒト由来のDNAを含む可能性のあるコロニーの番号をすべて記せ。また，その理由を100字以内で述べよ。

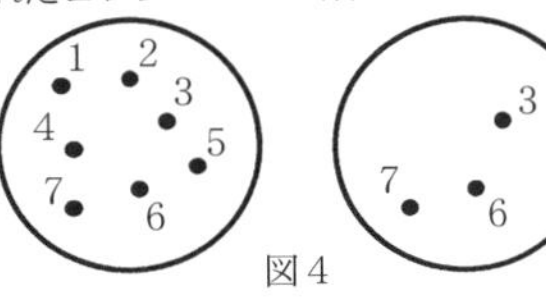

図4

問4　図4において，アンピシリンを含む培地でもテトラサイクリンを含む培地でも増殖できる大腸菌が得られた理由を100字以内で述べよ。

問5　ヒトの染色体は一倍体当たり 2.80×10^9 の塩基対を含む。これを*Bam*HIで切断すると，何個のDNA断片が生ずるか。図2に示された*Bam*HIの認識配列および切断部位を考慮して計算し，四捨五入して有効数字3桁の数字で答えよ。ただし，DNAに含まれる4種類の各塩基は配列に偏りがなく，同数ずつ含まれているとする。

〈岩手大〉

19　実戦基礎問 14

大腸菌などの細菌には，染色体のDNAとは異なるプラスミドという小型の環状DNAがある。プラスミドにオワンクラゲがもつ緑色蛍光色素タンパク質(GFP)の遺伝子を組み込み，大腸菌に取り込ませる**実験1**を行った。

実験1　実験に用いたプラスミドを図1に示す。このプラスミドには，抗生物質のアンピシリンの作用を阻害する遺伝子(amp^r)と，ラクトースを分解する酵素であるβ-ガラクトシダーゼの遺伝子(*lacZ*)とがある。GFPの遺伝子が組み込まれる部位は*lacZ*の中にあり，GFPの遺伝子が組み込まれると，*lacZ*は破壊されて正常なβ-ガラクトシダーゼはつくられない。

オワンクラゲのDNAに a ある酵素を作用させて，GFPの遺伝子を含むDNA断片(オペレーターおよびプロモーターは含まない)を切り出し，同じ酵素で切断したプラスミドと混ぜた後に，b 切断部をつなぐ別の酵素で処理して大腸菌と混ぜた。この混合液を，アンピシリンとX-gal（β-ガラクトシダーゼが作用すると青くなる物質)を含む寒天培地に塗布して培養したところ，図2に示すような c 青色と白色のコロニーが形成された。

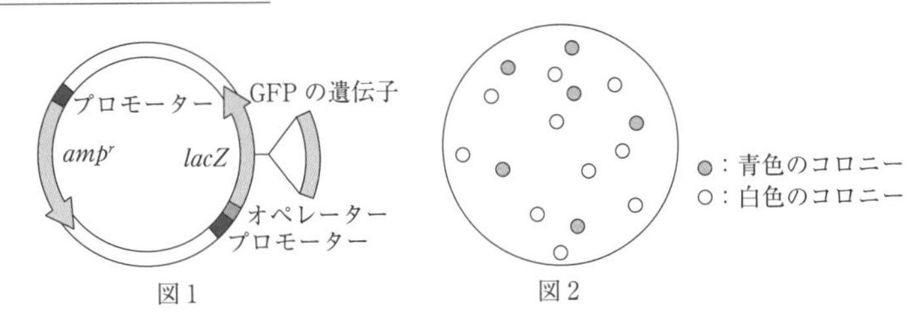

図1　図2

問1　下線部aと下線部bの酵素をそれぞれ何というか。

問2　下線部cについて，次の(1)，(2)に答えよ。

(1) 青色または白色のコロニーを形成した大腸菌として最も適当なものを，次からそれぞれ1つずつ選べ。

① プラスミドを取り込まなかった大腸菌

② プラスミドを取り込まなかったが，GFPの遺伝子を取り込んだ大腸菌

③ GFPの遺伝子が組み込まれなかったプラスミドを取り込んだ大腸菌

④ GFPの遺伝子が組み込まれたプラスミドを取り込んだ大腸菌

⑤ 何も取り込まなかった大腸菌

(2) 実験で得られた白色のコロニーを形成する大腸菌に紫外線を照射したところ，緑色の蛍光を発する大腸菌と緑色の蛍光を発しない大腸菌が存在した。緑色の蛍光を発しなかった大腸菌として最も適当なものを，次から1つ選べ。

① GFPの遺伝子の転写開始部位が，プラスミドのオペレーター側になるように組み込まれたプラスミドをもつ大腸菌

② GFPの遺伝子の転写開始部位が，プラスミドのオペレーターの反対側になるように組み込まれたプラスミドをもつ大腸菌

③ プラスミドの複製ができなくなった大腸菌

④ プラスミドのスプライシングが正しく行われなくなった大腸菌

⑤ 環状化したGFPの遺伝子のみを取り込んだ大腸菌 〈関西医大〉

20

必修基礎問 33

大腸菌は，ふつうグルコースやグリセリンを栄養源として増殖することができる。大腸菌を，グルコースを栄養源とする最少培地で培養すると，図1の(Ⅰ)の曲線のように誘導期，指数期，静止期，死滅期の4つの時期をもつ増殖曲線が得られた。また，大腸菌をラクトース(乳糖)を栄養源とする最少培地で培養すると，図1の(Ⅱ)の増殖曲線のように，グルコースの場合より長い誘導期を経て指数期の増殖を示した。この場合は，ラクトースの存在下で，それまで細胞内で合成されていなかったラクトース分解酵素が合成されるようになり，ラクトースをグルコースとガラクトースに分解して利用し増殖する。培地にラクトースがない場合，ラクトース分解酵素の遺伝子(z^+)は転写されない。これはz^+の転写開始を調節するDNA上のオペレーター遺伝子領域(o^+)に調節遺伝子(i^+)の産物であるリプレッサーが結合して，遺伝子z^+の転写の開始がおさえられているためである。ところが培地にラクトースが加えられると，リプレッサーにラクトースの代謝産物が結合して，リプレッサーがオペレーターに結合できなくなる。そのため遺伝子z^+のmRNAへの転写が開始され，ラクトース分解酵素が合成される。

図2は，大腸菌をグリセリンを栄養源とする最少培地で培養中に，一時的にラクトースを加えた場合のラクトース分解酵素の合成量の変化を示す。この場合，グリセリンは，ラクトース分解酵素の合成に影響を与えない。図2のA点でラクトースを加えると，ラクトース分解酵素の合成量は増加し，図2のB点でラクトースを除去する

と合成量は急激に減少した。もし，図2のB点でラクトースを除去せずに，さらに適当な量のグルコースを培地に加えても，ラクトース分解酵素の合成量は同様に急激に減少してしまう。

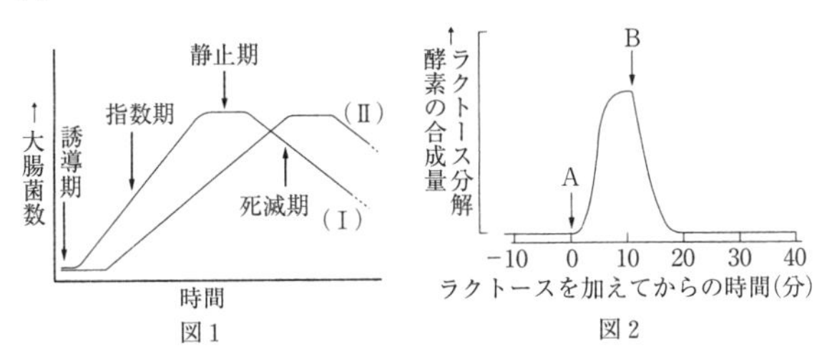

図1　　図2

問1　五界説の分類で大腸菌と同じ界に属するものを，次から選べ。

①　酵母　　②　ミドリムシ　　③　ミズカビ　　④　ユレモ

問2　図1で，増殖曲線の静止期には大腸菌数が一定になる。この理由として適当なものを，次からすべて選べ。

①　大腸菌の排出物の増加で培地が塩基性になるため
②　大腸菌の増殖のための栄養成分がなくなるため
③　大腸菌の増殖のための空間がなくなるため
④　大腸菌内で栄養成分を分解する酵素がなくなるため

問3　文中の下線部の過程は，細胞内のどの構造で進むか。

問4　図2と同じ条件で細胞当たりのラクトース分解酵素の量を調べると，どのようになるか。図3の曲線①～④から適当なものを1つ選べ。

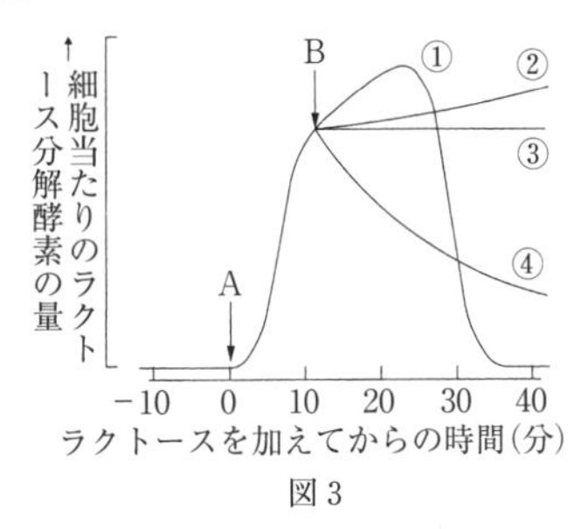

図3

問5　大腸菌をグルコースとラクトースを適当な割合で混合したものを栄養源とする最少培地で培養した場合，培地に含まれるグルコースとラクトースの量はどのように変化すると考えられるか。次から適当なものを選べ。

①　混合の割合に応じて同時に減少していく
②　混合の割合にかかわらず，同量ずつ減少していく
③　グルコースが先になくなり，その後にラクトースが減少していく
④　ラクトースが先になくなり，その後にグルコースが減少していく

問6　ラクトースの代謝に関する遺伝子には，正常な機能を失った突然変異がある。いま，野生型の3つの遺伝子，i^+，o^+，z^+ に対する変異遺伝子をそれぞれ i^-，o^c，z^- とした場合，ラクトースの有無にかかわらずラクトース分解酵素が合成される3つの遺伝子の組合せを，次から3つ選べ。

①　$i^+o^+z^+$　　②　$i^+o^+z^-$　　③　$i^+o^cz^+$　　④　$i^+o^cz^-$
⑤　$i^-o^+z^+$　　⑥　$i^-o^+z^-$　　⑦　$i^-o^cz^+$　　⑧　$i^-o^cz^-$

第5章 発生と遺伝子発現

必修基礎問 14. 動物の配偶子形成と受精

37 動物の配偶子形成 〈生物

配偶子のもととなる［ア］は動物の発生の初期から存在し，未分化な生殖巣に移動する。生殖巣は雄では精巣に分化し［ア］は［イ］細胞になる。［イ］細胞は体細胞分裂を繰り返して増殖し，その一部が［ウ］細胞となる。1個の［ウ］細胞は減数分裂の第一分裂を経て2個の［エ］細胞となり，第二分裂を経て4個の［オ］となる。［オ］は形態変化を経て運動性をもつ精子になる。精子はその核を卵へ渡すために特殊化した細胞であり，頭部・［カ］部・尾部からなる。頭部の大部分は核で占められており，先端には［キ］に由来する先体がある。［カ］部には［ク］があり，ある種の動物では，この［ク］で取り出したエネルギーを使って，(a)鞭毛を動かすことで卵に接近する。

一方，雌では生殖巣から分化した卵巣において［ケ］細胞は体細胞分裂を繰り返して増殖し，その一部は卵黄を蓄えた(b)［コ］細胞となる。1個の［コ］細胞は，減数分裂の第一分裂を経て大きな(c)［サ］細胞と1個の小さな(d)［シ］になる。［サ］細胞は減数分裂の第二分裂によって大きな卵と1個の小さな［ス］となる。

問1 上の文中の空欄に適語を入れよ。

問2 下線部(a)について，鞭毛に含まれている細胞骨格の名称，およびその細胞骨格と結合し鞭毛を屈曲させるモータータンパク質の名称を答えよ。

問3 生じた卵のDNA量を1Cとすると，下線部(b)〜(d)の細胞のDNA量はどのように表されるか。ただし(b)〜(d)の中期のものについて答えよ。

問4 遺伝子型*Aa*の［ケ］細胞から生じた［コ］細胞の遺伝子型は*AAaa*と表せる。生じた卵の遺伝子型が*A*であったとすると，［シ］および［ス］の遺伝子型はどのように表されるか。ただし乗換えはなかったものとする。

問5 下線部(d)の［シ］が生じる卵の部分（部域）の名称は何か。

問6 卵形成において，2回の不均等な分裂により，小さな細胞と1個の大きな卵になる利点は何か。35字以内で述べよ。 （大阪薬大・芝浦工大）

●動物の配偶子形成　一次卵母細胞からは不等分裂によって1つの卵が形成される。一次精母細胞からは等分裂によって4つの精子が形成される。

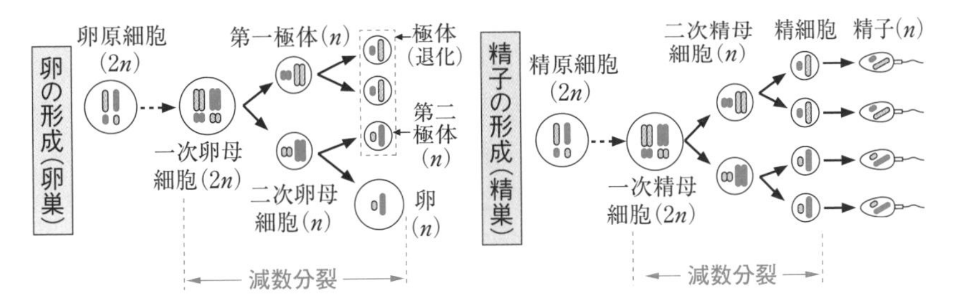

Point 34　動物の配偶子形成と卵割

① ○原細胞 → 一次○母細胞 → 二次○母細胞　と変化(○は卵もしくは精を示す)。

② 精子形成は均等な分裂で，1つの母細胞から4つの精子。
卵形成は不均等な分裂によって，1つの母細胞から1つの卵。

問2　微小管と結合するモータータンパク質にはダイニンとキネシンがあるが，鞭毛中にはダイニンのみが存在する。

問3，4　下図のようになる。

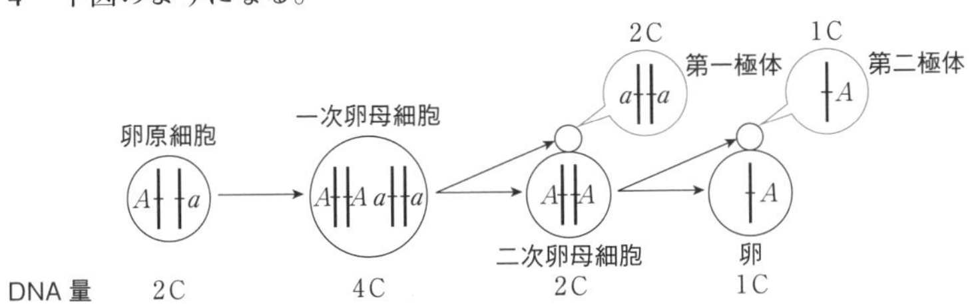

答

問1　ア－始原生殖細胞　イ－精原　ウ－一次精母　エ－二次精母
オ－精細胞　カ－中片　キ－ゴルジ体　ク－ミトコンドリア　ケ－卵原
コ－一次卵母　サ－二次卵母　シ－第一極体　ス－第二極体

問2　細胞骨格：微小管　　モータータンパク質：ダイニン

問3　(b)　4C　　(c)　2C　　(d)　2C

問4　シ－aa　ス－A　　**問5**　動物極

問6　発生に必要な栄養分などを1つの細胞に集中させることができる。(30字)

必修
基礎問
38 受 精

ウニの受精では，精子が卵の表面にあるゼリー層に到達すると，精子先端にある先体が壊れ内容物がゼリー層に放出される。次に，細胞骨格を構成するタンパク質の一種である［ア］が集まって繊維状となった先体突起が精子頭部から出る。この一連の反応を［イ］反応という。先体突起が卵の細胞膜に接すると精子と卵の細胞膜が融合して受精が始まる。最初の精子が進入すると，それが刺激となって新たな精子の進入を抑える反応が起きる。この現象を多精拒否という。多精拒否のしくみは，ウニの卵でよく調べられており，二段階で行われていることがわかっている。第一段階では，精子が卵の細胞膜に到達すると，［ウ］チャネルが開き，［ウ］イオンが細胞内に流入し，卵の(a)膜電位が変化すると，他の精子は卵の細胞膜と融合しづらくなる。その間に第二段階のしくみとして(b)受精膜の形成が行われる。受精膜は他の精子の進入を完全に防ぐだけでなく，胚を保護することもできる。

問1 上の文中の空欄に適語を入れよ。

問2 下線部(a)を示すグラフとして最も適当なものを，次から1つ選べ。

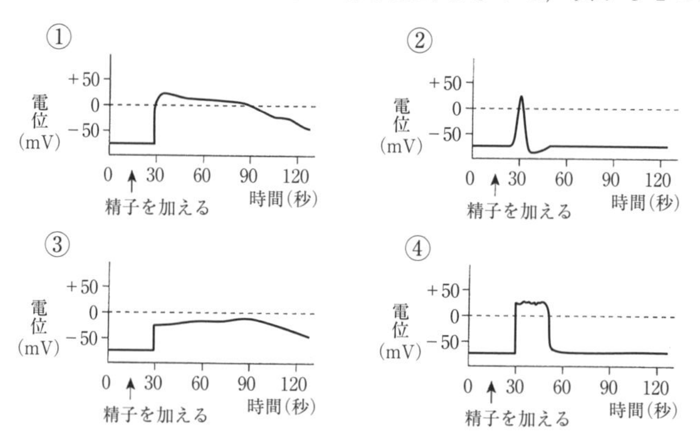

問3 下線部(b)に関連して，卵の表層粒から放出される内容物によって未受精卵を包んでいた膜が変化して受精膜ができる。この未受精卵を包んでいた膜は何と呼ばれるか。

問4 受精が行われる時期は動物によって異なることが知られている。精子がもつDNA量を1Cとすると，ある動物では精子進入直後の細胞内DNA量は3Cであった。この動物において，精子が進入した細胞の名称を答えよ。

（上智大・芝浦工大・千葉大）

●先体反応　ウニでは先体が壊れて種々の酵素が放出され，さらにアクチンからなる繊維が伸びて先体突起を形成する。

●ウニの多精拒否　ウニでは最初の精子が進入するとすぐにNa^+が流入して細胞内が正，細胞外が負の電位となり，他の精子の進入を防ぐ。また表層粒から放出された物質により，細胞膜から離れた卵黄膜が受精膜に変化し，他の精子の進入を防ぐ。

●哺乳類の多精拒否　表層粒から放出された物質により，精子と結合する受容体が分解されたり，透明帯が硬化する。

●受精のタイミング　ウニでは減数分裂が完了した卵に精子が進入する。両生類や哺乳類では減数分裂第二分裂中期(二次卵母細胞)に精子が進入する。

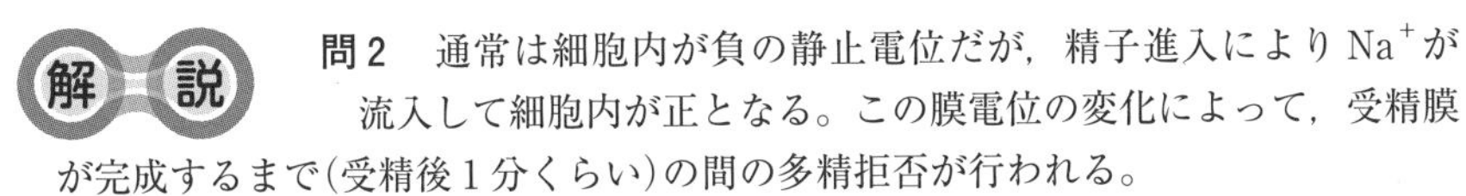

解説

問２　通常は細胞内が負の静止電位だが，精子進入によりNa^+が流入して細胞内が正となる。この膜電位の変化によって，受精膜が完成するまで(受精後１分くらい)の間の多精拒否が行われる。

問３　卵の細胞膜の表面に卵黄膜が付着しているが，表層粒から放出された物質によってこれが細胞膜からはがれ，さらに硬化して受精膜となる。

問４　DNA 複製が終わっている一次卵母細胞の DNA 量は 4C，減数第一分裂が終了して生じた二次卵母細胞の DNA 量は 2C，減数第二分裂が終了して生じた卵の DNA 量は 1C である。DNA 量 1C の精子が進入した直後の DNA 量が 3C だったので，精子は DNA 量 2C の二次卵母細胞に進入したと判断できる。

答
問１　ア－アクチン　イ－先体　ウ－ナトリウム
問２　①　**問３**　卵黄膜　**問４**　二次卵母細胞

必修
基礎問

39 卵割

卵は受精後，卵割と呼ばれる細胞分裂を開始する。卵の大きさ，細胞質に含まれる［ア］の量や分布は，動物種により異なり，卵割に影響するため，卵割の様式は動物種によって異なる。ウニでは［ア］の量が少なく，均等に分布する［イ］卵なので，第三卵割まで等割が行われる。カエルでは［ウ］極側に［ア］が多く分布する［エ］卵で，第三卵割で不等割が行われる。ニワトリでは［ア］の量が極めて多く，［オ］割を行う。ショウジョウバエの卵は［カ］卵で［キ］割を行う。

問1　上の文中の空欄に適語を入れよ。

問2　卵割の特徴に関する次の記述について，正しいものをすべて選べ。

① 卵割では間期がないため，分裂の進行が速い。
② 卵割では成長が伴わないため，分裂ごとに割球は小さくなる。
③ 卵割では分裂ごとに核相が半減していく。
④ 卵割ではDNA複製が伴われないためS期がない。
⑤ 卵割ではそれぞれの割球がランダムに分裂する。

問3　下図(a)～(d)はいろいろな動物の胞胚期の断面図である。(a)～(d)はウニ，カエル，ニワトリ，ヒトのうちのいずれか答えよ。図中の灰色で塗りつぶされた領域は卵黄を多く含むことを示す。

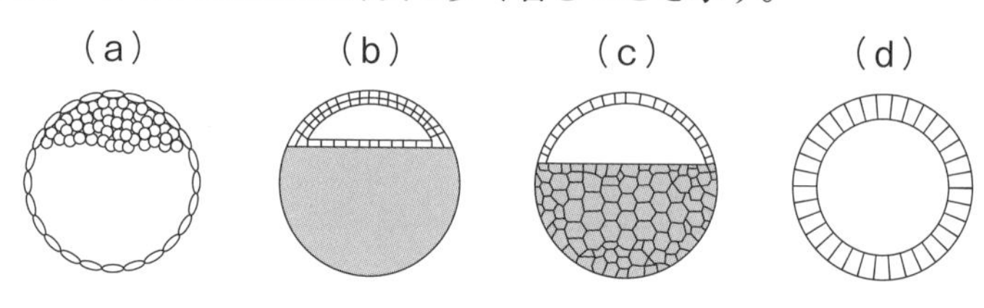

(三重大・目白大・愛知医大)

精講

●**卵割**　① 受精卵から始まるごく初期(おおよそ胞胚になるまで)の体細胞分裂を特に**卵割**といい，卵割によって生じた娘細胞を**割球**という。

② 卵割で生じた割球は**成長せずに次の分裂に入る**。そのため割球の大きさは卵割によって小さくなる(胚全体の大きさは変化しない)。また間期のうちのG_1期およびG_2期がほとんどないので**間期の長さが短く**，細胞周期も短い。(間期がないのではない。S期はあり，DNA複製は行われる。)　初期には**同調して分裂**するので，細胞数は階段状に増える。

③ 卵割の様式は，卵黄の量と分布状態によって異なる(下表)。

卵の種類	卵の構造	卵割の様式		動物の例
等黄卵	卵黄量は少なく均等	全　割		ウニ類，哺乳類
端黄卵	卵黄は植物極側に多い			両生類
	卵黄量は極端に多い	部分割	盤割	魚類，は虫類，鳥類
心黄卵	卵黄は中心部に分布		表割	昆虫類，甲殻類

Point 36　卵割の特徴

① 成長せずに次の分裂が始まる。
② 間期が短い。
③ 同調して分裂する。

問2　①　間期がないのではない。短いだけ。
③　卵割も体細胞分裂の一種なので，核相が半減することはない。
④　S期はあり，DNA 複製も行われる。
⑤　一般的な体細胞分裂はランダムに行われるが，卵割は同調して行われる。

問3　(a)と(d)はいずれも等黄卵から生じた胞胚だが，哺乳類では内部に内部細胞塊という細胞群が存在する胞胚(a)となる。

答
問1　ア－卵黄　イ－等黄　ウ－植物　エ－端黄　オ－盤　カ－心黄　キ－表
問2　②
問3　(a)－ヒト　(b)－ニワトリ　(c)－カエル　(d)－ウニ

15. ウニ・カエルの発生

40 ウニの発生

バフンウニでは，受精から変態の完了までに必要な日数は，16℃ の水温で約40日である。受精卵は [ア] と呼ばれる体細胞分裂を繰り返す。1回目，2回目の [ア] は経割，3回目の [ア] は緯割である。4回目では動物半球は [イ] 割で等割，植物半球は [ウ] 割で不等割を行い16細胞期となる。従って，16細胞期には，大きさの異なる3種類の割球が生じ，それぞれ，大割球，中割球，小割球と呼ばれる。さらに [ア] を続けて桑実胚，[エ] 胚となる。この時期には内部に [オ] と呼ばれる大きな空所が発達している。やがて，[カ] 極から細胞が陥入し，[キ] 胚となる。この陥入した入り口は [ク] と呼ばれ，将来は [ケ] になる。また，[カ] 極付近の細胞の一部が [オ] の中に遊離して一次間充織，[キ] の先端から細胞が遊離して二次間充織となる。

問1 上の文中の空欄に適語を入れよ。

問2 ウニでは次の現象はどの時期に起こるか。

(1) ふ化　(2) 三胚葉の分化

問3 右図はバフンウニの幼生を側面から見た略図である。

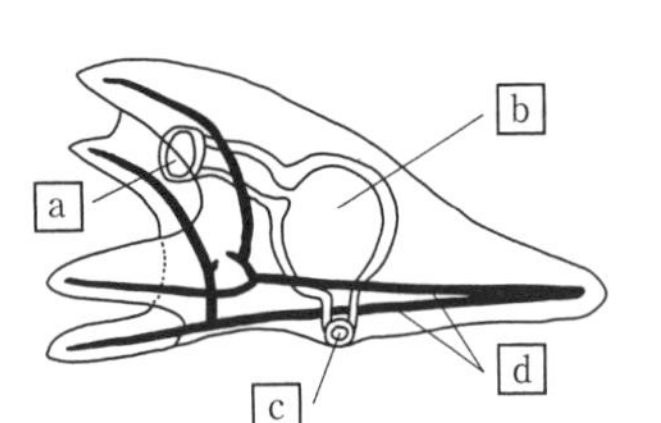

(1) この幼生は何と呼ばれるか。

(2) 図中のa～dの名称を次から1つずつ選べ。

① 胃　② 骨片　③ 管足
④ 肛門　⑤ 口

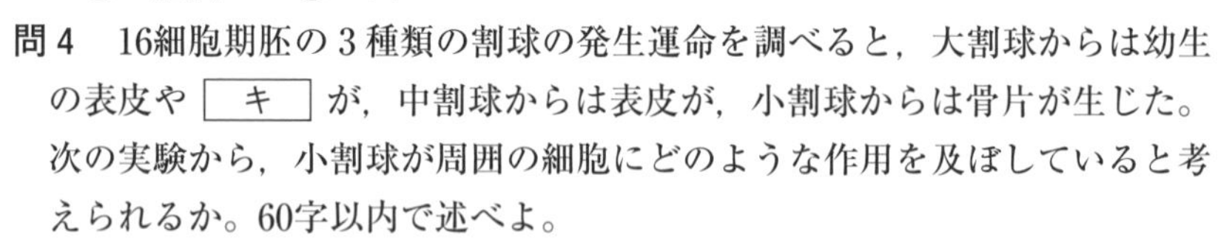
問4 16細胞期胚の3種類の割球の発生運命を調べると，大割球からは幼生の表皮や [キ] が，中割球からは表皮が，小割球からは骨片が生じた。次の実験から，小割球が周囲の細胞にどのような作用を及ぼしていると考えられるか。60字以内で述べよ。

実験1 小割球を分離して培養すると，骨片が生じた。

実験2 小割球を，別の16細胞期の胚の動物極側に移植すると，中割球の一部から原腸が形成された。また，移植した小割球は骨片に分化した。

実験3 小割球を除去すると，原腸は形成されず，大割球の一部から骨片が分化した。

（富山大）

精講

●ウニの発生

動物極
経割
緯割
植物極

① 卵形成の過程において，極体が放出された側を動物極，その反対側を植物極という。

② 動物極と植物極を結ぶ方向での分裂を経割，赤道面に平行な方向での分裂を緯割という。

③ ウニでは第一卵割は経割で等割，第二卵割も経割で等割，第三卵割は緯割で等割。しかし第四卵割は，動物半球では経割で等割，植物半球では緯割で不等割を行い16細胞期となる。

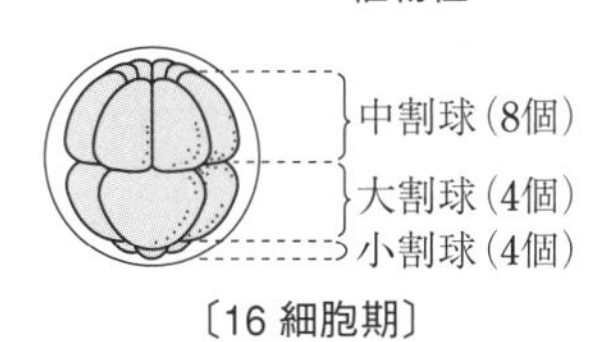

〔16 細胞期〕

④ 胞胚期には胞胚腔という空所が大きく発達する。また，表面に繊毛が生じ，受精膜を破ってふ化する。

⑤ 原腸胚期に外胚葉・内胚葉・中胚葉の三胚葉が分化する。原腸胚期で生じた原口はやがて幼生の肛門に，原腸は消化管になる。

Point 37 ウニの発生

① ウニでは16細胞期で割球の大きさが3種類になる。
② ウニでは胞胚期にふ化する。
③ 原腸胚期には，原口・原腸が生じ，三胚葉が分化する。

解説

問3 ③の管足は，ウニの成体の運動器官。

問4 実験1からは，小割球の発生運命は16細胞期の時点で決定していることがわかる。実験2で本来原腸にならない中割球から原腸が生じたので，移植した小割球が原腸を形成させるように働きかけたことがわかる。実験3で小割球を除くと，本来骨片に分化しない大割球から骨片が生じることから，もともと小割球があると，他の割球からの骨片への分化を抑制していることがわかる。

問1 ア－卵割　イ－経　ウ－緯　エ－胞　オ－胞胚腔　カ－植物　キ－原腸　ク－原口　ケ－肛門

問2 (1) 胞胚期　(2) 原腸胚期

問3 (1) プルテウス幼生　(2) a－⑤　b－①　c－④　d－②

問4 小割球は，周囲の細胞に働きかけて原腸形成を誘導し，自身は骨片に分化する。また，他の細胞の骨片への分化を抑制している。(58字)

必修
基礎問
41 両生類の発生

両生類の受精卵は卵割を繰り返して，桑実胚期を経て ア 期になる。この時期には胚の動物半球中央部に ア 腔という空所が発達している。その後，胚の植物半球側の一部で表面細胞が内部に陥入し，原腸を形成し，原腸胚期になる。この陥入部は イ と呼ばれる。この時期に胚全体を包む細胞層が ウ 胚葉，原腸の背側の壁が エ 胚葉，原腸の床をなす細胞層が オ 胚葉である。

下図1は初期原腸胚の断面，図2は後期原腸胚の断面，図3は神経胚〜尾芽胚期の断面図である。

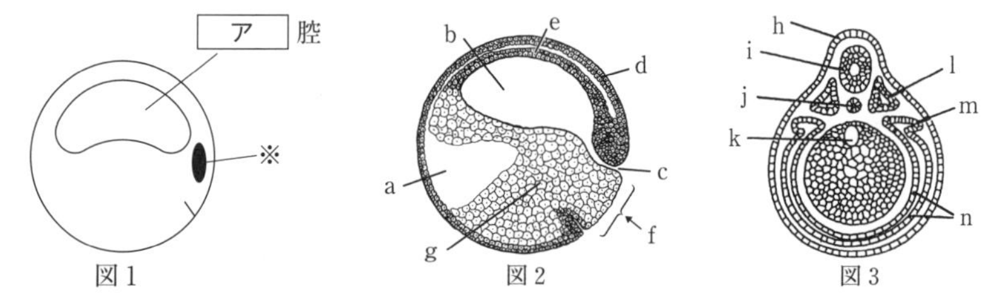

図1　図2　図3

問1　上の文中の空欄に適語を入れよ。

問2　図1〜図3はそれぞれ横断面か縦断面か。

問3　ア 腔は図2ではａ〜ｇのいずれに相当するか。

問4　図1の※は図2および図3ではどの部分に位置するか。

問5　次の組織や器官は，図3のｈ〜ｎのいずれの部分から生じるか。それぞれ1つずつ選べ。

①　肝臓　②　肺　③　心臓　④　骨格　⑤　網膜　⑥　角膜

問6　次の中から，ウニとカエルの発生に共通する事柄をすべて選べ。

①　第三卵割は緯割である。　②　第三卵割は等割である。

③　原腸胚期にふ化する。　④　イ はやがて肛門側になる。

⑤　脊索が生じる。

（愛知教育大・長崎大）

精講　●両生類の発生

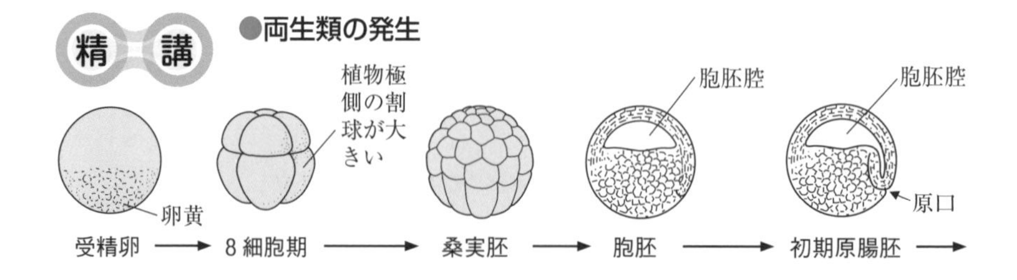

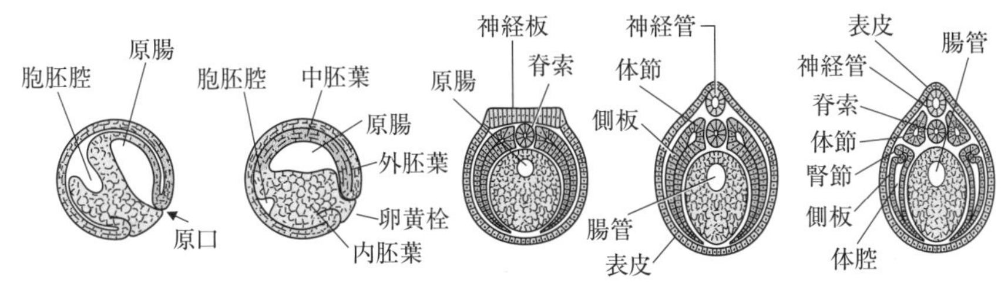

●尾芽胚期の横断面図と器官形成

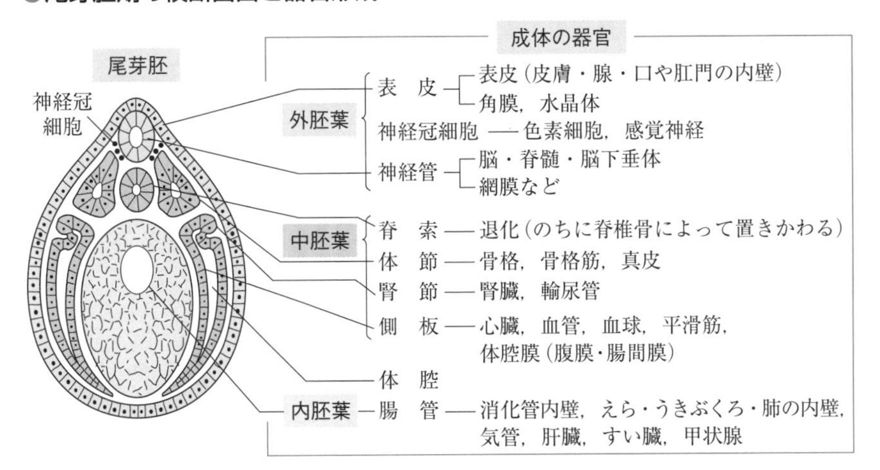

Point 38　器官形成

心臓 ← 側板　脊椎骨 ← 体節　角膜 ← 表皮　肝臓 ← 腸管
肺 ← 腸管　脊髄 ← 神経管　網膜 ← 神経管

解説

問4　図1の※は初期原腸胚の原口背唇で，やがて，後期原腸胚では背側中胚葉に，神経胚では主に脊索に分化する。

問6　②　カエルでは第三卵割は緯割だが，不等割。
③　カエルは尾芽胚期にふ化する。　⑤　ウニでは脊索は生じない。

答
問1　アー胞胚　イー原口　ウー外　エー中　オー内
問2　図1－縦断面　図2－縦断面　図3－横断面
問3　a　**問4**　図2－e　図3－j
問5　①－k　②－k　③－n　④－l　⑤－i　⑥－h　**問6**　①，④

42 原基分布図と移植実験

生物

実験1 イモリの胞胚において，胚表面の各部位が将来どのような組織になるかを知るために，無害な色素を含んだ寒天の細片を胚表面に貼り付け，これにより染色された胚領域が神経胚においてどの組織になったかを調べた。その結果，右図が得られた。

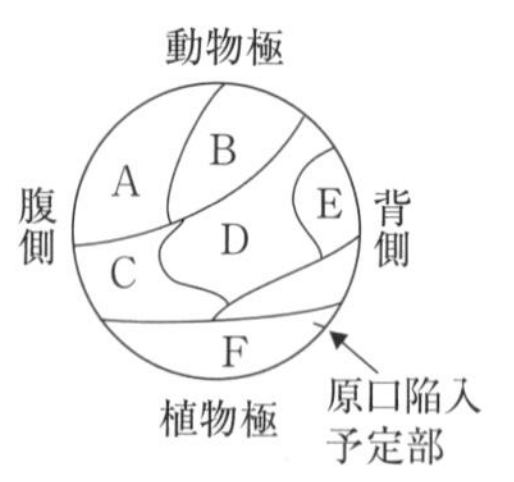

実験2 色の違う2種類のイモリの初期原腸胚を用いて，一方の胚の予定表皮域の一部を，もう一方の胚の予定神経域の一部に移植した。

実験3 実験2と同様の実験を，初期神経胚を用いて行った。

問1 実験1および実験2を行った学者はそれぞれ誰か。

問2 実験1のような実験方法を何と呼ぶか。

問3 実験1で使用した無害な色素を1つあげよ。

問4 次の組織や器官は，図のA～Fのいずれから生じるか。それぞれ1つずつ選べ。

① 網膜　② 角膜　③ 肝臓　④ 心臓　⑤ 肺　⑥ 脊椎

問5 実験2は図のA～Fのどの部分をどこへ移植したことになるのか。

問6 実験2で色の違うイモリを用いたのはなぜか。30字程度で述べよ。

問7 実験2の結果，移植片は何に分化したか。

問8 実験3の結果，移植片は何に分化したか。

問9 実験2，3の結果からわかることを，30字程度で述べよ。 (埼玉大)

精講

●原基分布図(予定運命図) フォークトは，イモリの胞胚期の胚表面を生体に無害な色素(中性赤やナイル青)で染色してその部分を追跡調査し，**原基分布図**を作成した。

表皮　神経　脊索の前方になる
予定外胚葉　予定脊索域
予定中胚葉　体節
側板　原口陥入部
予定内胚葉域　脊索の前方になる　予定内胚葉域

図1　側面　〔後期胞胚〕　背面

●シュペーマンの移植実験

実験1 初期原腸胚の予定表皮域の一部と，予定神経域の一部を交換移植した(次ページの図2)。

その結果，予定表皮域に移植された移植片は表皮に，予定神経域に移植された移植片は神経に，すなわちいずれも**移植先の予定運命に従って分化した**。

実験2　実験1と同様の実験を，初期神経胚を用いて行った(図3)。

その結果，予定表皮域に移植された移植片は神経に，予定神経域に移植された移植片は表皮に，すなわちいずれも**もとの予定運命に従って分化した**。

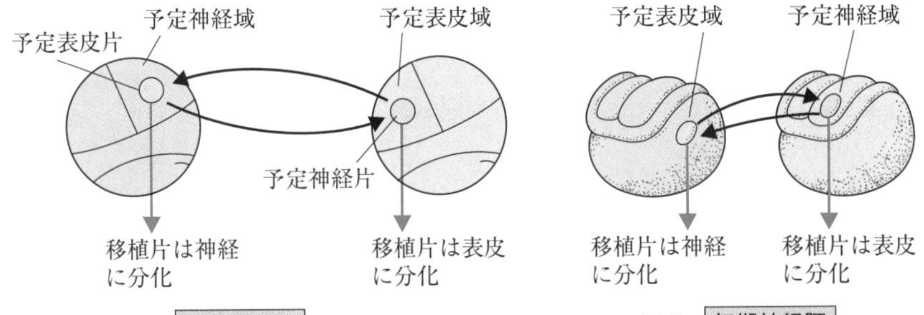

図2　初期原腸胚　　　　図3　初期神経胚

結論　これらの実験から，予定表皮や予定神経の発生運命は，初期原腸胚から初期神経胚の間に決定されることがわかった。後期原腸胚に同様の実験を行うと実験1と同じ結果になるが，分化するまでにより長い時間が必要となる。

Point 39　① フォークトは局所生体染色法を用いて，イモリの胞胚における原基分布図を作成した。
② シュペーマンはイモリ胚を用いて交換移植実験を行い，外胚葉の発生運命は初期原腸胚〜初期神経胚の間に決定する事を発見した。

問7，8　移植片の発生運命が未決定のときは，移植先の予定運命に従い，移植片の発生運命が決定後は，移植片自身の予定運命通りに分化する。

問9　すべての部分の発生運命が初期原腸胚から初期神経胚の間に決まるのではない。この実験でわかるのは，予定表皮の発生運命の決定時期だけである。

問1　実験1：フォークト　実験2：シュペーマン
問2　局所生体染色法　　**問3**　中性赤(ナイル青)
問4　①－B　②－A　③－F　④－C　⑤－F　⑥－D
問5　AをBに
問6　移植片と宿主の細胞を区別し，移植片の変化を追跡調査するため。(30字)
問7　神経　　**問8**　表皮
問9　予定表皮の運命は，初期原腸胚から初期神経胚の間に決定する。(29字)

必修基礎問 43 誘導と眼の形成

A．イモリ胚において，初期原腸胚のある部分を，同じ時期の他の胚の予定表皮域に移植したところ，移植片を中心に二次胚が生じた。

問1　右図は初期原腸胚の原基分布図である。上の実験では図のA～Fのどの部分をどこへ移植したのか。A～Fの記号で答えよ。

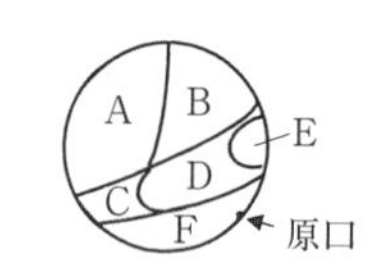

問2　この実験を行った学者を2名あげよ。

問3　初期原腸胚の原口背唇部は，神経胚期には主に何に分化するか。

問4　二次胚の次の①～③の部分は，移植片の細胞から形成されているか(a)，宿主の細胞から形成されているか(b)。aかbで答えよ。

①　表皮　　②　神経管　　③　脊索

B．眼の形成について述べた次の文を読んで，以下の問いに答えよ。

神経管の前方は脳に分化し，その左右の一部が膨らんで［ア］が形成される。［ア］の先端がくぼんで［イ］が生じる。［イ］に接する表皮から［ウ］が誘導され，さらに［ウ］の上を覆う表皮から［エ］が誘導される。また，［イ］自身はやがて視細胞の分布する［オ］に分化する。

問5　上の文中の空欄に適語を入れよ。

問6　［イ］や［ウ］のように，誘導の働きをもつ場所を何というか。

問7　誘導とは何か。20字程度で述べよ。　　（宇都宮大）

精講　●初期原腸胚を縛る実験　初期原腸胚を，原口を二分するように強く縛ると両方から正常な幼生が生じたが，原口を含まないように二分すると，原口を含む方からは正常な幼生が，原口を含まない方からは分化しない細胞塊が生じた(右図)。

➡ 正常発生には原口の周囲の細胞が必要。

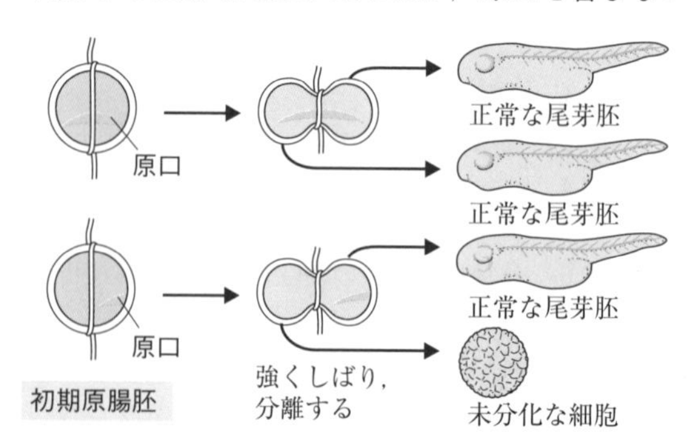

●原口背唇の移植実験

シュペーマンとその弟子のマンゴルドは，初期原腸胚の原口背唇(主に予定脊索域)を同じ時期の他の胚の予定表皮域に移植した。すると，移植片自身は予定通り主に脊索に分化し，接する外胚葉が神経管に分化した。その結果，移植片を中心に二次胚が生じた(右図)。

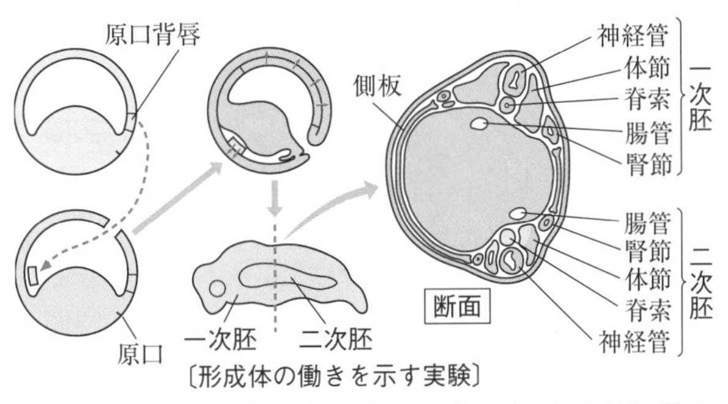

〔形成体の働きを示す実験〕

➡ 原口背唇は初期原腸胚でもその発生運命は決定しており，接する外胚葉を神経管に分化させる働きがある。

●眼の形成

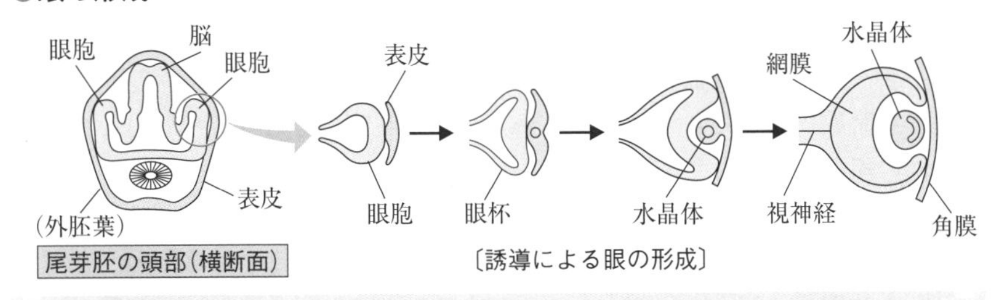

〔誘導による眼の形成〕

Point 40 ① 他の部域の分化の方向を決定する働きを，**誘導**という。
② 原口背唇や眼の形成における眼杯やレンズのように，誘導の働きをもつ特定の部域を**形成体**という。

問3 一部は体節にも分化するが，主には脊索に分化する。
問4 移植片(原口背唇)自身は脊索に分化し，接する外胚葉を神経管に誘導する。二次胚の表皮や神経管は宿主の細胞から生じる。
問5 眼杯自身は網膜に分化し，接する表皮を水晶体に誘導する。

答
問1 EをAに　**問2** シュペーマン，マンゴルド　**問3** 脊索
問4 ①－b　②－b　③－a
問5 ア－眼胞　イ－眼杯　ウ－水晶体　エ－角膜　オ－網膜
問6 形成体
問7 他の部域の分化の方向を決定する働き。(18字)

必修基礎問 44

中胚葉誘導

アフリカツメガエルの胚を用いて，以下の実験1～実験4を行った。

実験1　図1は，桑実胚の縦断面を模式的に示したものである。桑実胚を点線の位置で切断し，A～Cの組織片に切り分けた。A～Cをそれぞれ培養液の入った培養皿に移して十分な時間(3時間以上)培養した。すると，どの組織片からも中胚葉性の組織は分化しなかった。

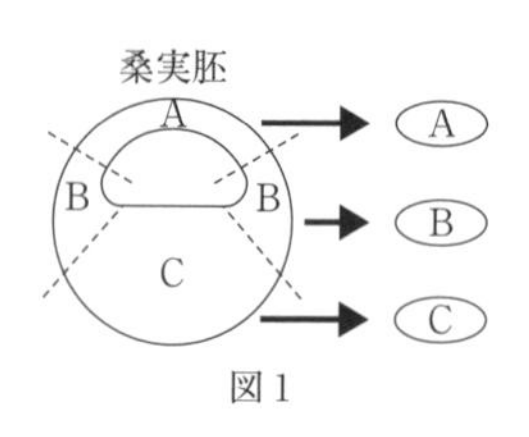

図1

実験2　図2は，胞胚の縦断面を模式的に示したものである。胞胚を点線の位置で切断し，A～Cの組織片に切り分けた。実験1と同様にA～Cをそれぞれ培養液の入った培養皿に移して十分な時間培養した。すると，Bからのみ中胚葉性の組織が分化した。

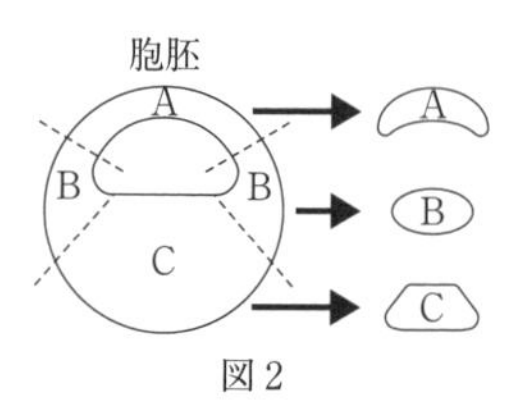

図2

実験3　図3で示すように，胞胚を点線の位置で切断し，AとCの組織片を接触させた状態で十分な時間培養した。すると，AとCを接触させた部分のAからのみ中胚葉性の組織が分化した。

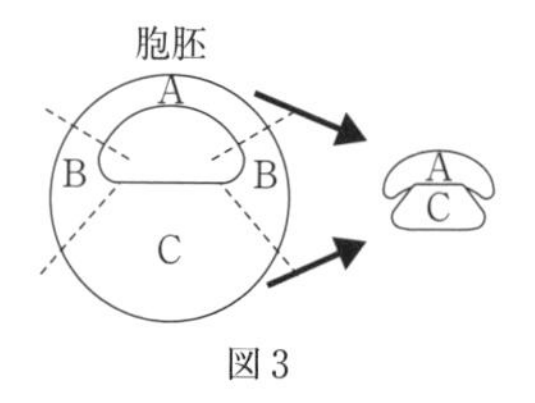

図3

実験4　胞胚から切り分けたAの組織片のみを，さまざまな濃度の物質Xを含む培養液中で十分な時間培養した。すると，図4で示すように，物質Xの濃度に応じて異なる組織が分化した。

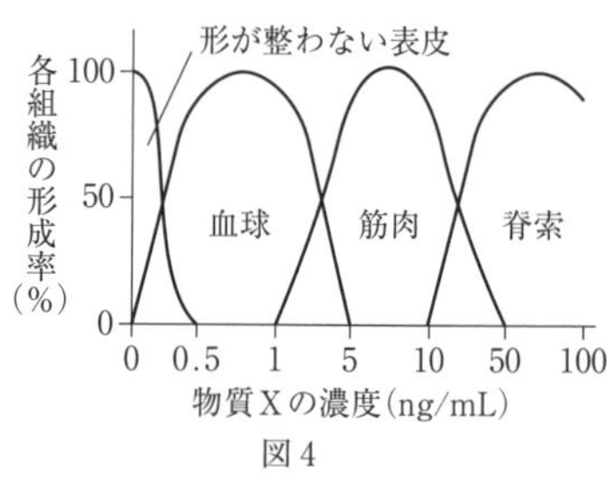

図4

問1　実験1と実験2の結果から，B領域の中胚葉性組織への発生運命についてわかることを35字以内で述べよ。

問2　以下は，実験3の結果を説明した文章である。空欄に当てはまる語を下の①～⑦から1つずつ選べ。

［　ア　］が［　イ　］に作用して，中胚葉の細胞に特徴的な［　ウ　］を促進した。その結果，中胚葉性の組織の分化が［　エ　］された。

①　遺伝子発現　②　形成体　③　脱分化　④　調節
⑤　誘導　⑥　予定外胚葉　⑦　予定内胚葉

問3　実験3と実験4の結果から導かれる仮説として適切なものを，次からすべて選べ。
① 物質XがAの組織片から分泌され，Cの組織片に作用する。
② 物質XがAの組織片でつくられ，Aの組織片に作用する。
③ 物質XがCの組織片から分泌され，Aの組織片に作用する。
④ 物質XがCの組織片でつくられ，Cの組織片に作用する。
⑤ 物質Xの濃度が高い方が腹側になる。
⑥ 物質Xの濃度が高い方が背側になる。
⑦ 物質Xの濃度が低い方から順に体節，側板，脊索が形成される。

（金沢医大）

●ニューコープの実験 胞胚期において，Aは予定外胚葉，Bは予定中胚葉，Cは予定内胚葉である。ところがAとCを接着させて培養すると，予定外胚葉であるはずのAから中胚葉性の脊索や筋肉が分化する。これは，Cの領域からの働きかけによって，A領域に中胚葉性の組織が誘導されたからである。正常な場合はC領域に接しているのはB領域なので，C領域からの作用によってB領域から中胚葉性組織や器官が誘導されると考えられる。このような現象を中胚葉誘導という。**必修基礎問 45 の精講**(p. 157)も参照すること。

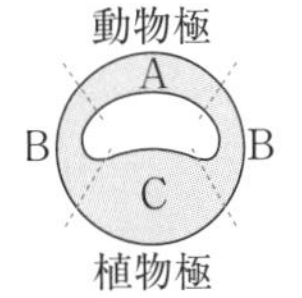

問1 桑実胚ではA～Cに切り離すと中胚葉性組織が分化しなかったが，胞胚では切り離してもBから中胚葉性組織が分化したので，Bの領域が中胚葉性組織に分化するという発生運命は桑実胚と胞胚の間に決定したとわかる。

問2 Aは予定外胚葉域，Cは予定内胚葉域である。

問3 Cの予定内胚葉域から分泌された物質Xの濃度の違いにより，Aの領域にどのような中胚葉性組織が分化するかが異なると考えられる。⇒③が正解。

物質Xの濃度が高いと脊索が誘導されている。脊索が形成される側が背側になる。⇒⑥が正解。

血球は側板から，筋肉は体節から生じる。⇒⑦は誤り。

問1 B領域の中胚葉性組織への発生運命は桑実胚と胞胚の間に決定する。(31字)

問2 ア－⑦ イ－⑥ ウ－① エ－⑤

問3 ③，⑥

必修基礎問

45 両生類の発生と遺伝子発現

生物

カエルでは，精子が卵に進入すると，精子が進入した場所と反対側の赤道部に灰色三日月環と呼ばれる領域が形成される。灰色三日月環が形成された側と精子が進入した側で形成される体軸を［ア］という。灰色三日月環は，精子によってもち込まれた中心体の働きによって［イ］という現象が起こるために生じる。この現象が起こると，植物極側に局在するタンパク質Wが灰色三日月環側の赤道部に移動する。タンパク質Wが移動した領域では，タンパク質Xの濃度が上がり，植物極側に局在しているVegTやVg-1とともにタンパク質Yをコードする遺伝子の転写が促進される。合成されたタンパク質Yは中胚葉誘導に関係する。またタンパク質Xは，核に移動してコーディン遺伝子などを発現させる。コーディンタンパク質は，タンパク質Zとともに中胚葉域に裏打ちされた外胚葉域において，表皮誘導の阻害と［ウ］誘導に関係している。このようにカエルの発生過程では，受精卵→桑実胚期→［エ］期→［オ］期→［カ］期→尾芽胚期を通して分子レベルでの変化が起こり，さまざまな器官が形成されていく。これらの過程を経てオタマジャクシとなり，やがて変態して成体となる。

問1　上の文中の空欄に適語を入れよ。

問2　タンパク質Xはコーディン遺伝子の転写を促進するが，このように，ある遺伝子の転写を促進したり抑制したりする働きをもつタンパク質のことを一般に何というか。

問3　タンパク質W，X，Y，Zの名称を，次からそれぞれ1つずつ選べ。

①　ナノス　②　βカテニン　③　ノギン　④　ハンチバック
⑤　コーダル　⑥　ディシェベルド　⑦　ダイニン
⑧　ノーダル　⑨　キネシン　⑩　バインディン

問4　メキシコサンショウウオの胚を用いて中胚葉誘導の現象を明らかにした研究者は誰か。

問5　以下の器官のうち，中胚葉から分化するものはどれか。適当なものをすべて選べ。

①　腎臓　②　甲状腺　③　心臓　④　血管
⑤　肺　⑥　骨格筋　⑦　脊髄

(京都女大)

精講　**●背腹軸の決定**　カエルの未受精卵の植物極付近には，ディシェベルド(タンパク質W)というタンパク質が局在している。

精子が進入すると卵の表層が回転し(表層回転)，精子進入点の反対側に灰色三日月環が生じる。このとき，ディシェベルドも灰色三日月環の部分に移動する。ディシェベルドは，卵全体に分布しているβカテニン(タンパク質X)の分解を阻害するため，ディシェベルドのある側のβカテニン濃度が高く，反対側では低くなるという濃度勾配が形成され，βカテニンの濃度が高い側が背側，低い側が腹側という背腹軸が決定する。

●中胚葉誘導のしくみ　植物極側に多く存在しているVegTやVg-1というタンパク質は，βカテニンとともにノーダル遺伝子の転写を促進する。その結果生じるノーダルタンパク質(タンパク質Y)は，背側の部分で濃度が高く，腹側で低いという濃度勾配を形成する。ノーダルタンパク質の濃度が高い側では脊索，濃度が低い側では側板といった中胚葉が誘導される。

●神経誘導　外胚葉の細胞間にはBMPというタンパク質があり，これが細胞膜にある受容体に結合すると，外胚葉の神経への分化が抑制され，外胚葉は表皮に分化する。しかし，原口背唇から分泌されるノギン(タンパク質Z)やコーディンというタンパク質はBMPと結合し，BMPの受容体への結合を阻害する。その結果，この部分の外胚葉は神経へと分化する。

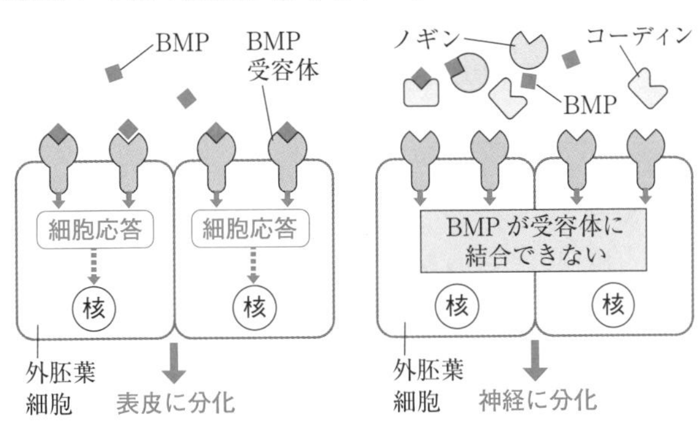

問4　サンショウウオの胞胚期のアニマルキャップ(動物極側の細胞群で外胚葉に分化する)と予定内胚葉を接触させて培養すると，予定外胚葉であるはずのアニマルキャップから中胚葉性の組織が形成された。これにより1969年ニューコープは，予定内胚葉の部分が，接する部域を中胚葉に誘導することを明らかにした(**必修基礎問 44**(p. 155)参照)。

問5　②の甲状腺は内胚葉，⑤の肺も内胚葉，⑦の脊髄は外胚葉由来である。

問1　ア－背腹軸　イ－表層回転　ウ－神経　エ－胞胚　オ－原腸胚　カ－神経胚
問2　調節タンパク質　　**問3**　W－⑥　X－②　Y－⑧　Z－③
問4　ニューコープ　　**問5**　①，③，④，⑥

実戦基礎問 16 背腹軸の決定

生物

カエルの背腹軸は精子の進入位置によって決まる。受精で精子が卵内に入ると［ア］が伸びて植物極から動物極に達し，この伸長に伴って表層部分が約30°回転する。これを［イ］という。これによって，他と色の異なった［ウ］と呼ばれる領域が出現する。また，［エ］は，モータータンパク質であるキネシンにより［ア］上を運ばれることで，［ウ］に移動する。［エ］は胚全体にあるβカテニンの［オ］を阻害する作用をもつため，［エ］が移動した側ではβカテニンの濃度が高くなり，反対側では低くなることで濃度勾配ができる。βカテニンが［カ］内に移動して働くことで，背側に特徴的な遺伝子発現を促すことから，βカテニンの遺伝子は［キ］遺伝子であるとわかる。

問1　上の文中の空欄に適語を入れよ。

問2　下線部について，以下の実験を行った。これらの実験結果に矛盾しないものを，下の①～⑥から3つ選べ。

実験1　受精直後の卵に紫外線を照射したところ，［イ］が起こらず，腹側の組織のみ分化した。

実験2　受精後，［イ］が終わった直後の胚に紫外線を照射したところ，正常胚と同様に背腹軸形成が起こった。

実験3　受精直後の卵の植物極とその周辺を切除すると，［イ］は起こったが，腹側の組織のみ分化した。

①　実験1において，紫外線の照射により腹側組織が分化したのは，背側を決定する因子が破壊されたためである。

②　実験1において，紫外線の照射により腹側組織が分化したのは，紫外線により［イ］が阻害されたためである。

③　腹側を決定する因子が，［イ］により精子の進入点の反対側から除かれることで背側組織が形成される。

④　腹側組織の分化を阻害する因子が，［イ］により植物極から移動することが背腹軸形成に重要である。

⑤　腹側を決定する因子は，受精前は植物極に局在する。

⑥　背側を決定する因子は，受精前は植物極に局在する。

（同志社女大・浜松医大）

●表層回転　精子が進入すると，表層部分が約30°回転する。これには微小管が関与する。表層回転により灰色三日月環が生じ，また微小管上を移動するモータータンパク質であるキネシンの働きで，ディシェベルドが灰色三日月環に移動する。ディシェベルドが，βカテニンの分解を抑制することでβカテニンの濃度勾配が生じ，背腹軸が形成される。紫外線照射を行うと微小管形成が阻害されるため表層回転が起きず，ディシェベルドも移動できなくなるので，背側構造が形成されなくなる。

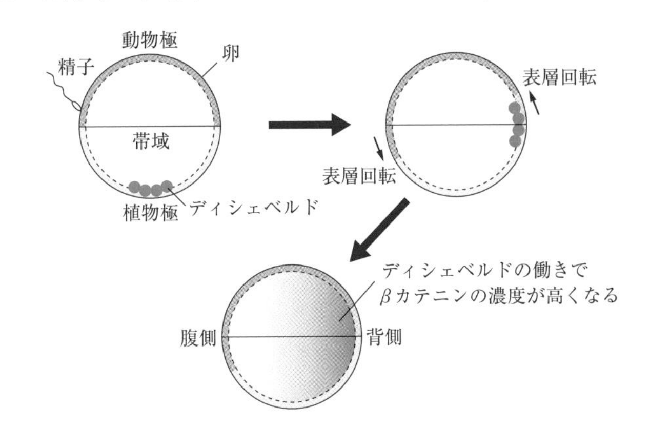

問1　空所補充では，空所の後ろにヒントがある場合が多い。2行目の ア でわからなくても，5行目に「キネシンにより ア 上を運ばれる」とあるので， ア が微小管であることがわかる。 カ も後ろの「遺伝子発現を促す」というところから，遺伝子のある場所，すなわち核だと判断できる。

問2　①　**実験2**で紫外線照射しても背腹軸が形成されたので，背側決定因子が破壊されたのではないとわかる。

③　**実験3**で表層回転が起こったにもかかわらず背側構造が形成されなかったので誤りとわかる。

④　実際には正しい内容ではないが，植物極に腹側組織の分化を阻害する物質があり，表層回転により移動すると考えても，実験結果には矛盾しない。

⑤　**実験3**で植物極付近を切除しても腹側組織が分化したので，誤りとわかる。

②，⑥　背側決定因子が受精前には植物極に局在し，受精後，表層回転によって精子進入点の反対側に移動することで背側構造が形成される。

問1　ア－微小管　イ－表層回転　ウ－灰色三日月環
エ－ディシェベルド　オ－分解　カ－核　キ－調節

問2　②，④，⑥

第5章　発生と遺伝子発現

必修
基礎問

46 ショウジョウバエの発生と遺伝子発現

生物

ショウジョウバエの体軸の決定と体節の形成，および体節ごとに異なる構造の形成には，多くの遺伝子(遺伝子群)が関わっている。ショウジョウバエの卵の前端には，[ア]遺伝子の mRNA が局在している。受精後に翻訳が始まって，[ア]タンパク質の濃度勾配が形成される。また，卵の後端にはナノス遺伝子の mRNA が局在しており，[ア]mRNA と同様に，受精後にナノスタンパク質の濃度勾配が形成される。[ア]やナノスのように，卵形成時に mRNA が卵に蓄積されるような物質の遺伝子を[イ]という。

[ア]タンパク質とナノスタンパク質は調節タンパク質で，胞胚期以降にその濃度に従って分節遺伝子群が発現する。分節遺伝子群の産物も調節タンパク質で，異なる場所で異なる遺伝子を発現させるため，その発現の組合せが[ウ]軸の位置情報となって，さらに異なるグループの分節遺伝子群が決まったパターンで発現するようになる。分節遺伝子群には，[ア]タンパク質によって発現する[エ]遺伝子(遺伝子群)，[エ]遺伝子の発現によって発現する[オ]遺伝子(遺伝子群)，[オ]遺伝子の発現によって発現する[カ]遺伝子(遺伝子群)の 3 つのグループがある。これらの分節遺伝子群の発現によって，ショウジョウバエの胚は 7 個の区画，14個の体節に分かれる。

胚に体節が形成されると，それぞれの体節で[キ]遺伝子が発現する。[キ]遺伝子の産物は調節タンパク質として働き，体節ごとに決まった構造をつくらせる。ショウジョウバエの[キ]遺伝子は，体の一部分が別の部分の器官に転換する現象の原因遺伝子として発見された。

問1 上の文中の空欄に適語を入れよ。

問2 ショウジョウバエの発生と形態形成に関する次の記述から，最も適当なものを1つ選べ。

① ショウジョウバエの未受精卵は卵黄が植物極側に局在している。

② ショウジョウバエの発生は原腸胚期まで細胞質分裂が起こらない。

③ ショウジョウバエの成虫は胸部に 2 つの体節をもつ。

④ 卵の前端に紫外線を照射して mRNA を破壊すると，尾部のない幼虫になると考えられる。

⑤ 卵の前端に局在する mRNA を 2 倍量発現させると，体節構造が前方にずれた幼虫になると考えられる。

⑥ 卵の前端に紫外線を照射して mRNA を破壊し，他のショウジョウバ

エの卵の後端の細胞質を注入すると，両端に尾部をもつ幼虫になると考えられる。 (獨協医大)

精講 **●ショウジョウバエの前後軸の決定**　卵が形成される前に，ビコイド遺伝子やナノス遺伝子が転写され，ビコイド mRNA は卵の前方に，ナノス mRNA は卵の後方に局在するようになる。このように，卵形成過程で卵に蓄えられて発生過程に影響を及ぼす物質を母性因子といい，母性因子を支配する遺伝子を母性効果遺伝子という(**実戦基礎問 17 の精講**(p. 162)も参照)。受精後これらの mRNA は翻訳され，生じたタンパク質が拡散して濃度勾配を形成する。この濃度勾配が位置情報となり，胚の前後軸が形成される。

●分節遺伝子　前後軸が決定されると，次に体を区画化する分節遺伝子が発現する。まずギャップ遺伝子，次いでペアルール遺伝子，最後にセグメントポラリティ遺伝子が発現し，14の体節の区分が決定する。

●ホメオティック遺伝子　体節が形成されると，次に働くのがホメオティック遺伝子で，これにより，体節ごとに特有な器官が形成されるようになる。ホメオティック遺伝子に変異が生じると，本来形成されるはずの構造が別の構造に置き換わる。このような突然変異をホメオティック突然変異という。

解説 **問 2**　①，②　昆虫の卵は中心部分に卵黄が局在する心黄卵。卵割は表割で，最初は核分裂だけが進行して多核体となり，やがて核が表層に移動して細胞質分裂が起こり，胚の表面に一層の細胞が並んだ胞胚になる。

③　昆虫の胸部は 3 つの体節からなる。

④　前端にはビコイド mRNA があるので，これを破壊すると頭部が形成されなくなる。

⑤　前端のビコイド mRNA の量が 2 倍になると，生じるビコイドタンパク質の量も増え，体節構造が後方にずれた幼虫になる。

⑥　後端にはナノス mRNA があるので，これをビコイド mRNA を破壊した前端に注入すると，両端に尾部をもつ幼虫になる。正しい。

問 1　アービコイド　イー母性効果遺伝子　ウー前後　エーギャップ　オーペアルール　カーセグメントポラリティ　キーホメオティック

問 2　⑥

実戦
基礎問
17 母性効果遺伝子

生物

ショウジョウバエのビコイド遺伝子は胚の頭部と胸部の形成に必須の遺伝子である。ビコイド遺伝子の転写は卵形成中に母親のゲノム情報に基づいて起こり，卵は周りの細胞からビコイドのmRNAを受け取り蓄える。このように母親由来の物質が卵の細胞質に蓄えられるような遺伝子は［ア］遺伝子と呼ばれる。ビコイドのmRNAのような卵の細胞質に蓄えられる物質を［イ］という。ビコイドのmRNAは卵の前方に局在しており，受精後に翻訳されてタンパク質がつくられる。つくられたビコイドタンパク質は拡散し，卵内に濃度勾配ができる。

問1 上の文中の空欄に適語を入れよ。

問2 下線部に関して，ビコイドタンパク質が卵内を拡散できる理由を，核，細胞質の語句を用いて40字以内で説明せよ。

問3 ある［イ］であるMについて考える。正常なMの［ア］遺伝子を*M*，機能が失われた遺伝子を*m*とし，*M*が*m*に対して顕性であるとする。卵が成熟する過程で，卵の周囲の母体の体細胞で合成されたMが卵に供給されることで，受精後に正常な個体発生が進む。遺伝子型*mm*の雌が形成した卵には正常なMが存在しないため，遺伝子型*M*の精子と受精しても正常に発生しない。これらに関して次の問いに答えよ。

(1) 遺伝子型*Mm*の雌雄のショウジョウバエを交配し，次世代(F_1)を得た。得られた受精卵から正常な幼虫が発生する確率として最も適当なものを，次から1つ選べ。

① 0％　② 25％　③ 33％　④ 50％
⑤ 67％　⑥ 75％　⑦ 83％　⑧ 100％

(2) (1)で得られたF_1の多数の雌雄を自由に交配し，次世代(F_2)を得た。得られた受精卵から正常な幼虫が発生する確率として最も適当なものを，(1)の①～⑧から1つ選べ。

(奈良県医大・芝浦工大)

精講

●母性因子と母性効果遺伝子　卵形成の過程で発現した遺伝子によって生じ，卵に蓄積し，発生過程に影響を及ぼすmRNAやタンパク質を**母性因子**といい，母性因子を支配している遺伝子を**母性効果遺伝子**という。

Point 41 母性効果遺伝子による遺伝

母性効果遺伝子は卵形成の過程で発現するので，母性効果遺伝子による表現型は，生じた子の遺伝子型ではなく**母親の遺伝子型**によって決定する。

問2　昆虫の卵は心黄卵で，初期の卵割は核分裂のみが進行し，細胞質分裂が行われない。すなわち細胞膜による仕切りが形成されないので，生じたタンパク質は卵内を拡散することができる。

問3　(1)　母親の遺伝子型が Mm なので，正常発生に必要な母性因子Mはすべての卵に供給される。よって $Mm \times Mm$ で生じた受精卵のすべてが，卵自身の遺伝子型にかかわらず正常に発生できる。

(2)　$Mm \times Mm$ で生じた子の遺伝子型とその比は，$MM : Mm : mm = 1 : 2 : 1$ である。生じた子の中で自由交配を行うが，雌が MM や Mm であればどの雄と交配しても生じる受精卵は正常に発生できる。逆に，雌が mm の場合はどの雄と交配しても生じる受精卵は正常に発生できない。

雌が MM および Mm になるのは，$\frac{1+2}{1+2+1} \times 100 = 75$〔%〕 である。

問1　ア－母性効果　イ－母性因子

問2　初期の卵割の過程では，核分裂のみが行われ，細胞質分裂が行われないため。(35字)

問3　(1)　⑧　　(2)　⑥

第5章　発生と遺伝子発現

実戦 基礎問 18 キメラ

生物

体毛の色が異なる2つのマウス系統を考える。マウスの遺伝子 A は体毛を黒色にする遺伝子であり，対立遺伝子 a に対して顕性である。遺伝子 A が存在しないと体毛は白色になる。また，遺伝子 W は脳機能に関係するタンパク質をコードする遺伝子で，遺伝子 A，遺伝子 W はともに常染色体に位置し，互いに独立して遺伝するものとする。

問1　遺伝子型が AA（黒色の体毛）と aa（白色の体毛）の2系統のマウスの8細胞期の胚を採取し，8個の割球を取り出し凝集させると16個の割球からなる細胞塊となった。これをさらに培養して分裂増殖させ胚盤胞として仮親の雌マウスの子宮に移植してマウスを誕生させた。この実験を繰り返し合計200匹のマウスを誕生させたところ，体毛が黒色のマウスが13匹，白色のマウスが12匹，黒色と白色のまだらのキメラマウスが175匹だった。移植胚の内部細胞塊の多数の細胞の中から一定数の限られた細胞のみが選ばれて個体へと発生すると仮定すると，この実験では内部細胞塊の細胞のうち，平均して何個の細胞が選ばれて発生して個体になったと考えられるか。ただし2系統のマウスの内部細胞塊の細胞の細胞分裂速度は同じであり，選ばれた細胞はすべて正常に発生するものとする。

問2　遺伝子型が AA（黒色の体毛）のマウス系統に由来するES細胞のDNAを操作し，その中の遺伝子 W の対立遺伝子が破壊されたES細胞（遺伝子型が Ww'）を作製した。このES細胞を白色の体毛をもつ系統（遺伝子型が $aaWW$）のマウスの胚盤胞の細胞細胞塊に移植後，仮親の雌マウスの子宮に移植しマウスを誕生させた。生まれた子の中から，体毛が黒色と白色のまだらの雄のキメラマウス個体を選び，雌の白色マウスと交配した結果，100匹の子マウスが誕生した。子マウスの中で，遺伝子 W の変異をもつマウス（遺伝子型が Ww'）は何匹存在したと予想できるか。ただし，交配に用いた雄のキメラマウスの精巣内ではES細胞由来の精原細胞がランダムに分布し，ES細胞由来の精原細胞が全精原細胞に占める割合（キメラ率）は50％であった。また遺伝子型が Ww' のマウスの胎児の成長や発達も正常に行われるものとする。

（早稲田大）

精講　●**ES細胞**　胞胚に相当する時期の胚を哺乳類では胚盤胞といい，次ページの図のように，外側を取り巻く栄養外胚葉と内側にある内部細胞塊からなる。栄養外胚葉はやがて胎盤などになり，内部細胞塊の細胞から胚が生じる。内部細胞塊の細胞はさまざまな種類の細胞に分化する能力である**多能性**をもつ。内部細胞塊を取り出し，培養と選別を繰り返すことで得られた細胞が**ES細胞**(Embryonic Stem Cell，**胚性幹細胞**)である。

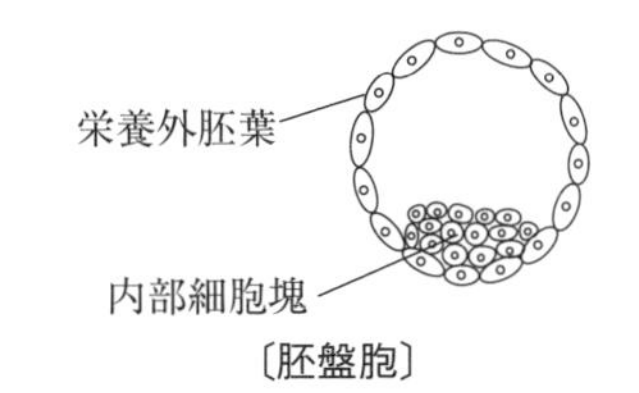

●**iPS細胞**　体細胞に，多能性に関する調節タンパク質の遺伝子を導入することで作り出された幹細胞を**iPS細胞**(induced Pluripotent Stem Cell，**人工多能性幹細胞**)という。山中伸弥により2006年にマウスの，2007年にはヒトのiPS細胞が作られた。

●**キメラ**　通常は1つの受精卵から1個体が生じるので，1個体に含まれる細胞はすべて同じ遺伝子型の細胞で構成されている。しかし初期胚を混合したり，胚盤胞にES細胞を混入することで，遺伝子型の異なる細胞からなる1個体を作ることができる。このように，遺伝子型の異なる細胞が混在している個体を**キメラ**という。

問1　n個の細胞から1個体が生じるとすると，AAのみからなる黒色マウスが生じる確率は，$\left(\frac{1}{2}\right)^n=\frac{1}{2^n}$，$aa$のみからなる白色マウスが生じる確率も$\frac{1}{2^n}$である。

よって，AAとaaからなるキメラが生じる確率は，$1-\frac{1}{2^n}\times2$となる。ここでは200匹中175匹がキメラだったので，$1-\frac{1}{2^n}\times2=\frac{175}{200}$となる。これを解いて，$n=4$。

問2　キメラマウスにおいて，ES細胞由来の精原細胞は$AAWw'$，白色マウスの胚盤胞由来の精原細胞は$aaWW$である。ES細胞由来の精原細胞は50％なので，生じる精子は，$AW:Aw':aW=1:1:2$　となる。

これと白色マウス($aaWW$)から生じた卵(aW)が受精するので，生じる子は$AaWW:AaWw':aaWW=1:1:2$となる。この中でWの変異をもつマウスは$\frac{1}{4}$である。

問1　4個　　**問2**　25匹

実戦基礎問

19 位置情報

生物

四肢動物においては，体の側方からでる肢芽から指のある前肢と後肢がつくられる。例えば，ニワトリ胚における前肢の肢芽では，図1に示すように，後方領域にある極性化活性帯から前方に向かってソニックヘッジホッグ(Shh)というタンパク質が分泌されることでShhの濃度勾配を生じ，この濃度勾配に従って，前方から第1指，第2指，第3指がつくられる。

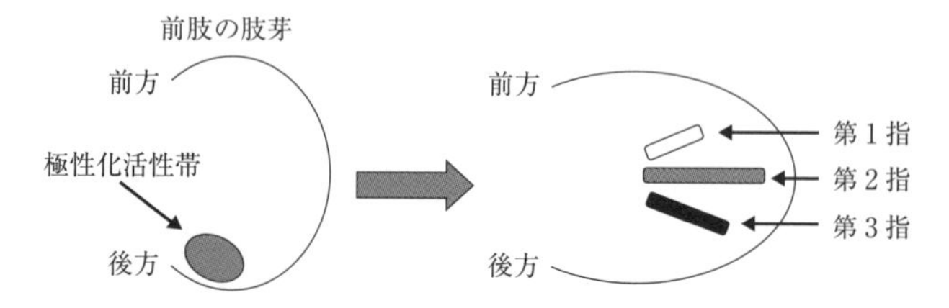

図1　右図の矢印で示した図形は，将来それぞれの指の骨となる部位を模式的に示したものである。

また，ニワトリの後肢では，発生が進むにつれて指と指の間の水かきにあたる部分が消失するプログラム細胞死が起こるが，このプログラム細胞死には，<u>DNAの切断，染色体の凝集，細胞全体の萎縮，断片化を伴う細胞死が</u>関与している。

問1　ニワトリ胚の前肢の肢芽の前方(図2のA)の領域に，別のニワトリ胚より摘出した極性化活性帯を移植した。極性化活性帯を移植した肢芽から，どのような指がつくられると推定されるか。次から1つ選べ。

前肢の肢芽
前方
A
移植した極性化活性帯
極性化活性帯
後方

図2

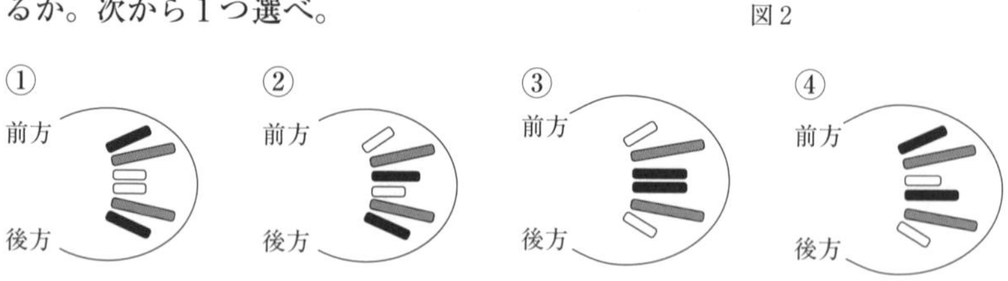

問2　下線部について，このような細胞死を特に何と呼ぶか，名称を答えよ。

(明治薬大)

精講

●**プログラム細胞死**　あらかじめ予定されている細胞の死をプログラム細胞死という。ニワトリの後肢の水かきにあたる部分の組織の細胞死，オタマジャクシが変態する際の尾の消失，自己成分に反応するリンパ球の排除などでみられる。プログラム細胞死にはアポトーシスによるもの以外に，オートファジーを伴うものなどもある。

●**アポトーシス**　DNAが断片化し，染色体が凝縮，膜構造を維持したまま細胞が断片化するなどの変化を起こす細胞死をアポトーシスという。断片化された細胞はマクロファージなどにより処理される。

●**オートファジー(自食作用)**　**実戦基礎問 01** の**精講**(p. 15)を参照。

●**位置情報**　何らかの物質の濃度勾配によって，特定の部域からの位置を知ることができる。これを利用して，特定の位置に特定の構造を形成していると考えられる。これを位置情報という。

鳥類の翼の指の形成については，翼芽の後縁部にある極性化活性帯(極性化域・ZPA)から分泌される物質(ソニックヘッジホッグ(Shh)タンパク質)が濃度勾配を形成し，この濃度の高い方から順に第3指，第2指，第1指が形成される。

解説

問1　宿主の極性化活性帯からも，前方に移植された極性化活性帯からも物質が分泌されたため，前方からも第3・2・1指，後方からも第3・2・1指が形成された。

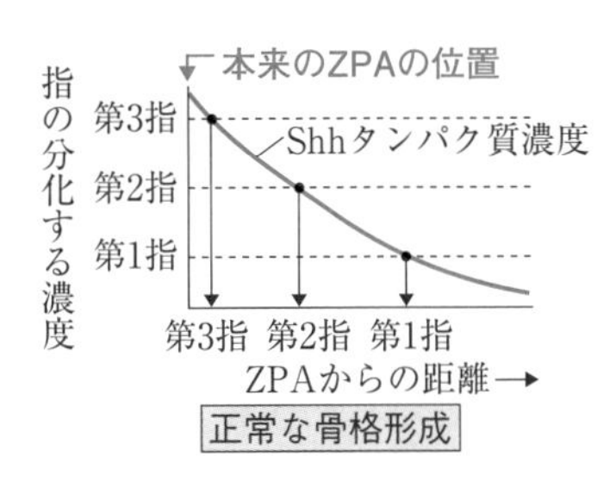

正常な骨格形成

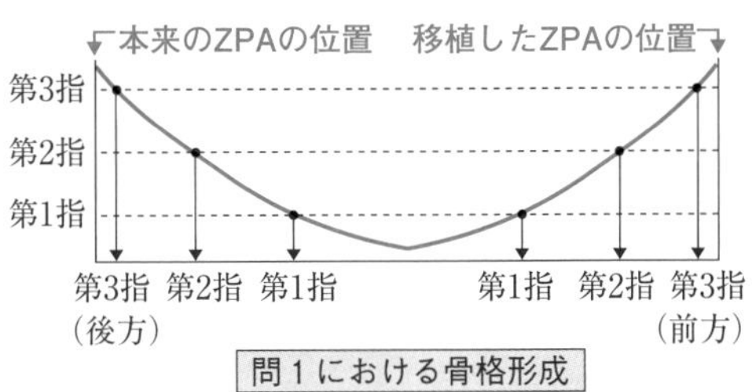

問1における骨格形成

答　**問1**　①　　**問2**　アポトーシス

実戦基礎問 20 核移植実験

生物

ハツカネズミの胚は，受精後３日目には胚盤胞期に至り，胚の内部には胚盤胞腔という空所が形成される。胚の外側を構成する細胞は，その後胎盤形成に関与するのに対して，胚の内側に位置する細胞の塊(内部細胞塊)は，やがて，胎児の体を構成するさまざまな組織や臓器に分化し，種を維持するために重要な［ア］細胞も内部細胞塊から形成される。これはやがて分裂して［イ］や［ウ］などの［エ］細胞に分化する。受精卵のように，１つの個体を形成することができる能力を［オ］性と呼ぶ。細胞分化の過程は非可逆的と考えられるので，すでに細胞としての役割が決定している体細胞からの個体形成は困難と考えられていた。しかし現在では，体細胞の核を未受精卵の細胞質に移植したものを用いることにより，個体(クローン個体)を作ることが可能となっている。

右表はある哺乳動物において，いろいろな時期の細胞の核を用いてこのような実験を行った際に，クローン個体が生まれた割合を示す。

核の由来	クローン個体生成効率
発生初期の細胞	30%
内部細胞塊の細胞	20%
胎児の体細胞	5%
成体の体細胞	1%

問１　上の文中の空欄に適語を入れよ。

問２　下線部より，体細胞の核がもつ遺伝情報についてわかることを30字程度で述べよ。

問３　下線部のような操作が成功するためには，未受精卵の細胞質が体細胞の核にどのような影響を与えることが必要か。40字程度で述べよ。

問４　表より推測されることを40字程度で述べよ。　(京大)

精講

●アフリカツメガエルを使った核移植実験　分化した細胞の核にも，発生に必要なすべての遺伝子が含まれている。

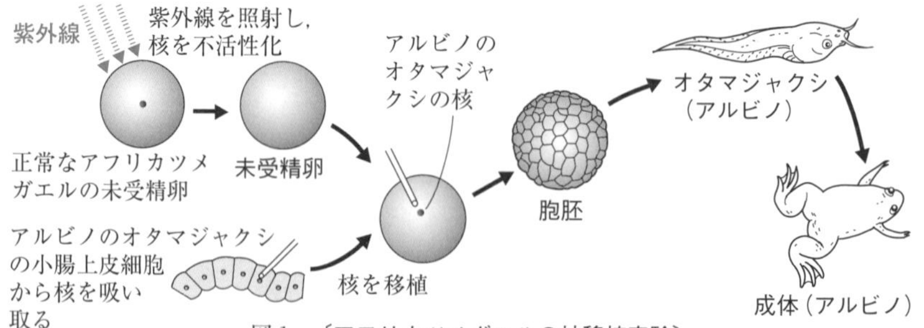

図１〔アフリカツメガエルの核移植実験〕

●核を取り出す時期を変えて行った実験　種々の発生時期にある細胞から核を取り出し，図1と同じ実験を行うと右図2の結果が得られた。この結果から，次の①，②のことがわかる。

① 発生が進むと，遺伝子の発現は制約を受けるようになる。

② 分化した細胞の核を使ってクローン個体を作るには，遺伝子の発現の制約を解除して(いわば初期化して)受精卵と同じ状態に戻す必要がある。

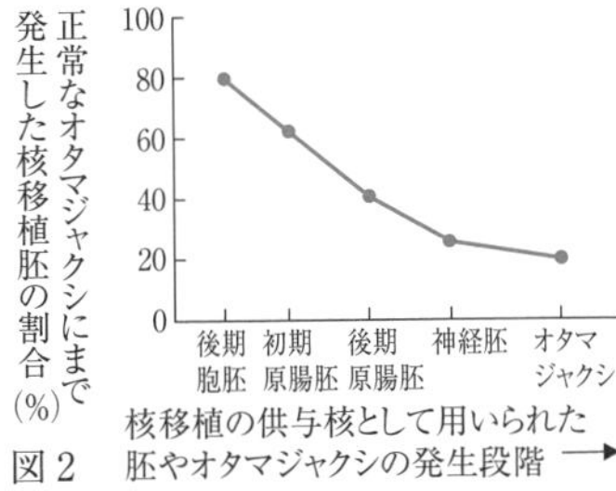

図2

●クローン羊　1997年，イギリスのウィルマットらにより世界で初めて哺乳類の体細胞クローンである羊の「ドリー」が作られた。乳腺の細胞を培養するときに，使う血清の濃度を低下させ，飢餓状態にすることで，分化した細胞の初期化に成功した。

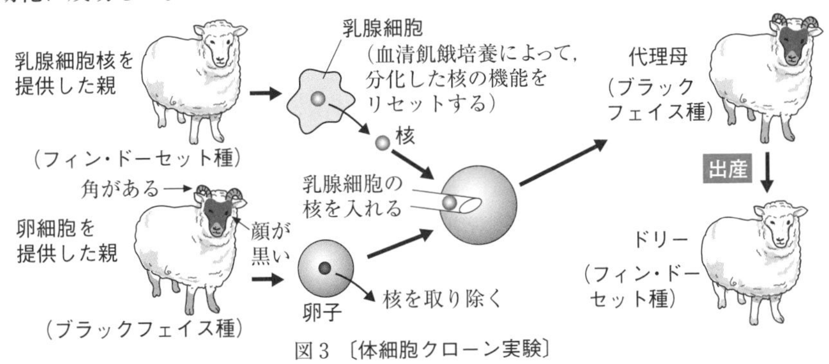

図3〔体細胞クローン実験〕

解説　問1　アはやがて分裂してイあるいはウに分化する細胞。
問2　キーワードは「分化」と「すべての遺伝情報」。
問3，4　キーワードは「遺伝子の発現」。

答
問1　ア－始原生殖　イ，ウ－精子，卵　エ－生殖　オ－全能(分化全能)
問2　分化した細胞の核にも，発生に必要なすべての遺伝情報が含まれている。(33字)
問3　遺伝子の発現の制約を解除して未分化な状態に戻し，発生に必要な遺伝子の発現を可能にする。(43字)
問4　発生が進むと遺伝子の発現はより強く制約され，未分化な状態に戻りにくくなる。(37字)

実戦
基礎問
21

X染色体の不活性化

生物

哺乳類がもつX染色体は，全染色体の5％を占める大きな染色体であり，そこには1000以上の遺伝子が存在する。そして，そのほとんどはY染色体には存在しない。したがって，XX型の性染色体をもつ雌は，XY型の雄に比べてX染色体上の遺伝子を2倍もつことになる。そのため，哺乳類の雌は2本のX染色体の1本を働かなくする(不活性化する)ことによって，X染色体の遺伝子量の雌雄差を補償している。このX染色体の不活性化は，胚の子宮への着床後まもなく起こるが，父親と母親由来のX染色体のどちらが不活性化されるかは細胞によって異なっている。しかし，どちらか一方のX染色体がいったん不活性化されれば，その後は細胞が何回分裂しても不活性化されるX染色体は変わらない。

この現象の身近な例が三毛ネコである。三毛ネコの毛色が出現するには少なくとも3つの異なる遺伝子座が関わっている。ここでは便宜上，以下のE, F, G遺伝子座によって毛色が決まるものとする。E遺伝子座とF遺伝子座は常染色体に存在し，G遺伝子座はX染色体上にあることがわかっている。

1つ目のE遺伝子座の遺伝子は有色か白色かを決める遺伝子であり，顕性遺伝子Eをもつと，他の遺伝子座の遺伝子型に関係なく全身が白色となるが，潜性遺伝子eがホモ接合となった場合，有色となる。2つ目は白斑の有無を決める遺伝子座Fで，顕性遺伝子Fをもつと白斑が現れ，潜性遺伝子fがホモ接合の場合，白斑はできない。そして，G遺伝子座の顕性遺伝子Gは茶色を現す作用があり，潜性遺伝子gは黒色を現す作用がある。

ある家庭で飼っている全身白色の雄親(A)と全身茶色の雌親(B)の間に，黒色と茶色の毛色が斑状に混じった二毛(黒茶まだら)の雌ネコ(娘C)と，黒，茶，白の毛色が斑状に混じり合った三毛の雌ネコ(娘D)が生まれた。

問1　A～Dのネコの遺伝子型を$EeFfX^GX^g$や$EeFfX^GY$のように答えよ。

問2　三毛ネコにはさまざまな模様がある。茶色の部分が大きいものや小さいもの，茶色の斑が背中に多いものや少ないものなどさまざまである。また，全く同じ遺伝子型をもつ三毛ネコどうしであっても，三毛模様のパターンは同じにならない。どうしてひとつとして同じ模様をもつ三毛ネコは存在しないのであろうか。その理由を60字程度で述べよ。

問3　通常，三毛模様の毛色をもつネコは雌であり，このような毛色が雄ネコに表れることはない。しかし，まれに雄の三毛ネコが生まれることがあり，ほとんどの場合，それらは妊性をもたない(不妊である)。その原因は

性染色体の数の異常であると考えられている。この個体はどのような性染色体構成をもつと考えられるか。 (名大)

精講 ●**X染色体の不活性化** 哺乳類の雌において，2本あるX染色体のいずれか一方が，発生初期にランダムに不活性化される現象(ライオニゼーションという)が知られている。例えば X^AX^a という遺伝子型の場合，ある細胞では X^A が不活性化されて，その細胞では X^a の働きが現れ，また別の細胞では X^a が不活性化されて，その細胞では X^A の働きが現れることになる。

解説 問1 ① ***E* 遺伝子座について** 雄親Aは全身白なので *E* 遺伝子座については少なくとも1つは *E* をもつ。雌親Bや娘C，娘Dはいずれも全身白色ではないので *ee* をもつ。娘がもつ *e* の1つは父親からもらったはずなので，雄親Aは *E* 遺伝子座については *Ee* とわかる。

② ***F* 遺伝子座について** 雌親Bも娘Cも白斑がないので *F* 遺伝子座については *ff* とわかる。娘がもつ *f* の1つは父親からもらったはずなので雄親Aは *F* 遺伝子座については少なくとも1つは *f* をもつ。娘Dは白斑があるので *F* をもつ。*F* は雌親Bにはないので，*F* は父親由来であるはず。よって雄親Aは *Ff* とわかる。

② ***G* 遺伝子座について** X^GX^g の遺伝子型をもつと，ある部分では X^G が不活性化して X^g の働きで黒色，別の部分では X^g が不活性化して X^G の働きで茶色の毛が生じる。よって娘C，Dは X^GX^g とわかる。雌親Bは全身茶色なので X^GX^G である。よって X^g は雄親Aがもっているはずである。

(A) $EeFfX^gY$ × $eeffX^GX^G$ (B)

(C) $eeffX^GX^g$ $eeFfX^GX^g$ (D)

問2 X染色体の不活性化はランダムであることを書く。

問3 哺乳類の場合はX染色体が2本あってもY染色体があれば雄になる。よって $eeF\_\_X^GX^gY$ という遺伝子型をもてば三毛の雄になる。これは雌あるいは雄の減数分裂第一分裂において，性染色体に不分離が起こり，X^GX^g という卵あるいは X^GY か X^gY という精子が形成され受精することで生じる。

答

問1 雄親A－$EeFfX^gY$ 雌親B－$eeffX^GX^G$ 娘C－$eeffX^GX^g$ 娘D－$eeFfX^GX^g$

問2 X染色体の不活性化はランダムに起こるので，体表のどの部分が，どちらの不活性化したX染色体をもつ細胞から生じるかは偶然によるから。(64字)

問3 XXY

演習問題

⇨ 解答は323ページ

21 必修基礎問 37，実戦基礎問 02

多細胞生物の増え方には，親と同じ遺伝子をもつ子が形成される［ア］と，両方の親からの遺伝子を引き継ぐためにさまざまな遺伝的多様性が生じる［イ］がある。［イ］においては，配偶子を形成する過程で(a)減数分裂と呼ばれる特殊な細胞分裂が行われる。哺乳類の雄の配偶子のもととなる細胞は［ウ］と呼ばれ，生殖巣ができる前から存在する。［ウ］は生殖巣に移動し，雄の配偶子をつくる造精細胞という細胞群(精原細胞，精母細胞，精細胞，精子)へと分化する。このうちの精子は，頭部には遺伝情報を保持する核および受精に必要な酵素を含む［エ］，中片部には遊走に必要なエネルギーを産生する［オ］，尾部には推進力を発生させる［カ］をもつ。分化途中の造精細胞は(b)体細胞分裂や減数分裂を起こしても細胞質が完全には切れることがなく，細胞間橋という構造を保ったまま数珠(じゅず)つなぎの構造をつくる。細胞間橋は，同じ起源をもつ造精細胞の細胞増殖や分化を同期させる働きをする。造精細胞は，セルトリ細胞という巨大な上皮細胞がつくる精細管と呼ばれる管(図１)の中に存在する。(c)造精細胞は，セルトリ細胞の細胞質に埋め込まれた特殊な構造をとっている(図２)。最も未分化な精原細胞は精細管の基底膜側(管の表面側)に存在する。精原細胞は分化に伴って管の基底膜面を離れ，精母細胞となって減数分裂を行う。精母細胞はさらに内腔側に移動して精細胞に分化し，最終的に精子として内腔に出てくる。

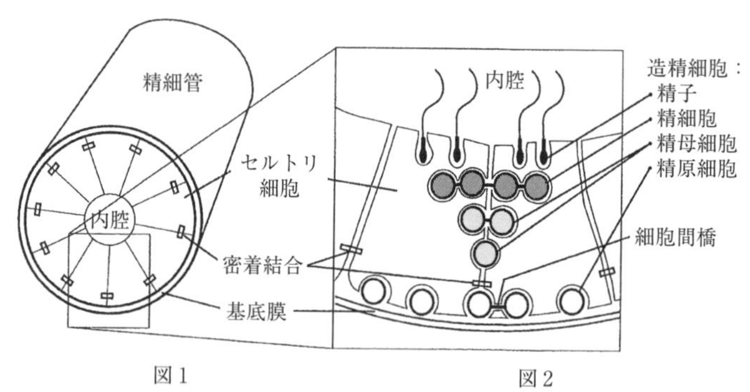

図１　　　　図２

セルトリ細胞どうしは基底膜の近くで密着結合によって結合しており，未分化な精原細胞は密着結合よりも基底膜側，減数分裂を終えた精子は密着結合より内腔側に存在する。(d)抗体や免疫系の細胞は密着結合を通過することができないため，この密着結合は血液－精巣関門と呼ばれる。

問１　文中の空欄に入る適切な語句を答えよ。

問２　下線部(a)に関して，精細胞の核当たりDNA量を1Cとすると，次の細胞の核当たりDNA量はどのように表されるか。

(1) 減数分裂の第一分裂直前の細胞　(2) 減数分裂の第二分裂完了後の細胞

問3 下線部(b)について，細胞間橋は切れないものと仮定する。1つのつながっていない精原細胞が3回体細胞分裂を起こしてから減数分裂を起こした場合，最後に細胞間橋でつながっている精細胞の数は何個になるか。

問4 下線部(c)について，ある遺伝子改変マウスでは，雄のセルトリ細胞には異常がないが造精細胞が消失する。正常なマウスの精細管の断面の形を調べたところ，半径が100μm，内腔の半径が20μmだった(基底膜の厚みは考慮しない)。遺伝子改変マウスの精細管の断面の形を調べたところ，隙間のないセルトリ細胞だけでできた精細管が存在し，その半径は100μmのままで変化しなかったが，内腔の半径が80μmに広がっていた。正常なマウスにおけるセルトリ細胞全体と造精細胞全体の体積比はいくらか。最も簡単な整数の比で表せ。

問5 下線部(d)について，免疫系は性成熟以降に形成される精子を異物と認識すると仮定する。下線部(d)が働かないとどのような影響が生じると考えられるか。30字以内で説明せよ。

問6 セルトリ細胞は，一般的な上皮細胞と異なる構造をもつ。一般的な上皮細胞の細胞接着について，次から正しいものをすべて選べ。

① 密着結合は，細胞間接着のなかで最も基底膜から遠い側に存在する。

② 上皮細胞と基底膜は，インテグリンを介して直接接着している。

③ 密着結合は，上皮細胞間を強固に結合し，基底膜側と内腔側との間の物質の移動を制限する。

④ 接着結合は上皮細胞の基底膜側に存在し，細胞内で中間径フィラメントと結合している。

⑤ ギャップ結合では，管状のタンパク質が隣の細胞のものと結びつき，2つの細胞間で小さな分子が移動できる。

〈九大〉

22

必修基礎問 41，42，45

イモリ胚では，フォークト(ドイツ)が用いた［ア］法などにより胞胚や原腸胚に関して原基分布図が作られている(図1)。それによると，背側の予定外胚葉域から将来，神経組織が生じる。1920年代のシュペーマン(ドイツ)の移植実験により，イモリ初期原腸胚では［イ］の作用により神経組織が形成されることがわかっている。このように，ある組織や細胞が他の組織の発生運命を変える現象を誘導と呼び，［イ］のような領域を特に形成体(オーガナイザー)と呼んでいる。カエル胚を用いた最近の研究により，この神経誘導の分子的実体が徐々に明らかになってきた。それによると，外胚葉は本来，

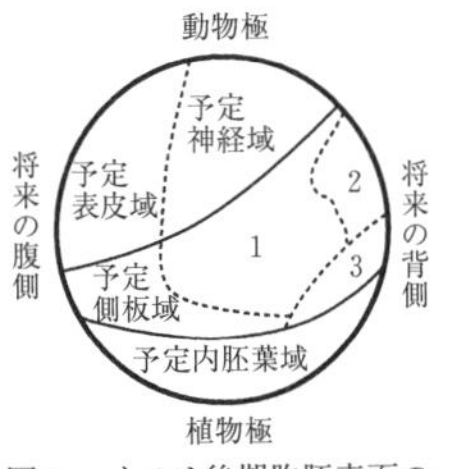

図1　イモリ後期胞胚表面の原基分布図

神経組織に分化する性質をもっている。しかし，初期胚の胚全体に存在するタンパク質Aが外胚葉の神経への分化を阻害し，表皮への分化を促進している。タンパク質Aは細胞の外側に存在する分泌タンパク質である。原腸胚初期になると，細胞の外側でタンパク質Aと結合してその働きを抑制するタンパク質Bが形成体から分泌される。その結果，形成体に隣接した背側外胚葉でタンパク質Aの働きが弱まり，その領域の外胚葉は本来の発生運命である神経組織へと分化すると考えられている。

実験　分泌タンパク質であるAとBの機能を調べるために，カエル後期胞胚より動物極周囲の予定外胚葉域の一部(この組織片を外胚葉片と呼ぶ)を切り出して，培養皿の中で培養を行った(図2)。表1に示されたさまざまな条件下で一定の期間培養した後，外胚葉片の中に分化してきた組織を調べた。

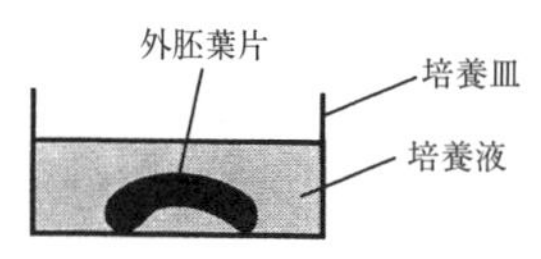

図2　外胚葉片の培養実験の模式図

表1　外胚葉片の培養実験の結果

培養条件	分化してきた主な組織
そのまま培養する	a
充分大きな形成体と接触させて培養する	b
タンパク質Aを充分量加えて培養する	c
タンパク質Bを充分量加えて培養する	d

問1　文中の空欄アに入る最も適当な語句を記せ。

問2　文中の空欄イに入る最も適当な胚域の名称を記せ。

問3　図1はイモリ後期胞胚の原基分布図である。予定側板域から生じる組織または器官を次から2つ選べ。

①　内臓筋　　②　骨格筋　　③　脊椎骨　　④　消化管上皮
⑤　すい臓　　⑥　血管　　⑦　肺

問4　図1のイモリ後期胞胚を動・植物極を含み紙面に平行な面で切断したときの断面図として，最も適当なものを右の①～⑤から1つ選べ。ただし，灰色で塗られた領域が組織である。

問5　実験の培養実験の結果，表1の各条件下で外胚葉片から主として生じた組織a～dを，以下の①～⑤から1つずつ選び，a－⑥，b－⑦，c－⑧，d－⑨のように答えよ。ただし，用いた培養液には，外胚葉片の発生運命を変えるようなタンパク質はもともと含まれていない。

①　表皮　　②　骨　　③　神経　　④　脊索　　⑤　筋肉

問6　実験で用いた外胚葉片は，細胞どうしの接着を低下させる処理によってばらばらの細胞にすることができる。これらの細胞を培養液でよく洗浄した後ばらばらのままで培養すると，ある細胞に分化した。どのような種類の細胞に分化したか。以下の①～⑤から1つ選べ。また，その理由を80字以内で述べよ。ただし，洗浄の過程で取り除かれたタンパク質は，培養の過程で新たに産生されなかったものとする。

①　表皮　　②　骨　　③　神経　　④　脊索　　⑤　筋肉　　〈東大〉

23 必修基礎問 46，実戦基礎問 17

初期発生において，未受精卵の中に存在する母親由来のmRNAが，受精後にタンパク質に翻訳されて胚の発生を制御することが知られている。このようなタンパク質は，母性因子と呼ばれている。母性因子の中には，キイロショウジョウバエ胚の前後軸パターン(頭部，胸部，腹部)形成に関与するものもある。

母性因子PのmRNAは，卵形成時に卵の前方に偏在しているため，胚の中で合成されたタンパク質Pも片寄った分布を示す。

図1－1(a)に，正常な初期胚におけるタンパク質Pの分布，およびその分布にしたがって決定される胚の前後軸パターンを示す。(ア)Pをコードする遺伝子 *P* を欠失した母親から生まれた胚は，図1－1(b)のような前後軸パターンとなり，正常に発生できずに死んでしまう。(イ)タンパク質Pを人為的に正常よりも多くしたところ，その胚は図1－1(c)のような前後軸パターンを示した。

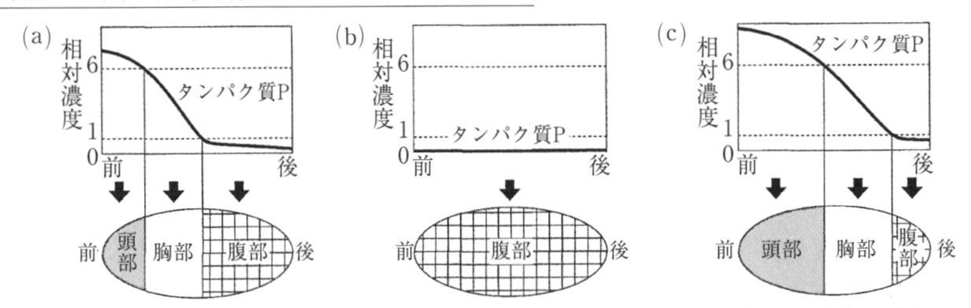

図1－1　キイロショウジョウバエ初期胚の前後軸に対するタンパク質Pの分布(上図)と，そのときの胚の前後軸パターン(下図)。
(a) 正常な胚，(b) タンパク質Pをもたない胚，(c) タンパク質Pを正常より多くもつ胚。

母性因子QのmRNAは，図1－2(a)のグラフのように，卵形成時に卵の後方に偏在している。Qをコードする遺伝子 *Q* を欠失した母親から生まれた胚は，腹部構造をもたない。

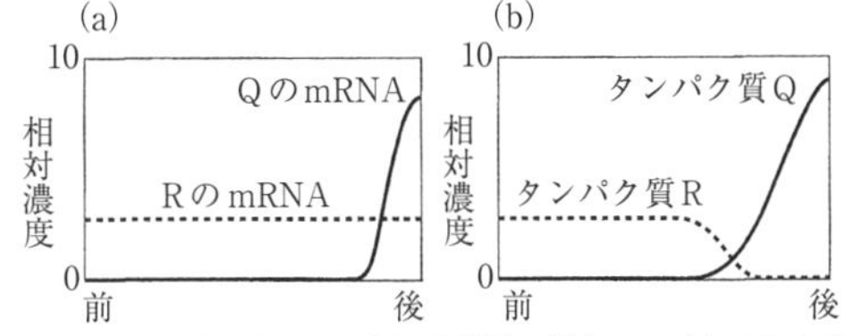

図1－2　正常な卵または胚の前後軸に対する，(a) QおよびRのmRNA分布，(b) タンパク質Qおよびタンパク質Rの分布。

一方，(ウ)母性因子RのmRNAは，卵形成時に卵全体に均一に存在しているが，合成されたタンパク質Rは，図1－2(b)のグラフのように，その分布に片寄りがみられた。Rをコードする遺伝子 *R* を欠失した母親から生まれた胚は，正常な前後軸パターンをもつ。しかしながら，(エ)タンパク質Rを胚の後方で人為的に増やしたところ，胚は腹部形成できなくなった。

(オ)遺伝子 *Q* を欠失した母親から生まれた胚が腹部形成できないにもかかわらず，遺伝子 *Q* と遺伝子 *R* を両方とも欠失した母親から生まれてきた胚の腹部形成は正常であり，胚の前後軸パターンに異常はみられなかった。

問1　下線部(ア)について。図1－1(b)に示した胚の前後軸パターンから考えられる，タンパク質Pの前後軸パターン形成における役割は何か，次からすべて選べ。

① 頭部形成を抑制する。　② 胸部形成を促進する。

③ 腹部形成を促進する。　④ 頭部形成と胸部形成に役割をもたない。

問2 下線部(イ)について。タンパク質Pはどのようにして胚の前後軸パターン形成に関与すると考えられるか。図1－1(c)の結果に基づいて，100字程度で述べよ。

問3 下線部(ウ)について。RのmRNAの分布とタンパク質Rの分布が異なる理由を説明した次の①～④について，間違っているものをすべて選べ。

① タンパク質Rはタンパク質Qを分解する。

② タンパク質QはRのmRNAの翻訳を阻害する。

③ タンパク質QはRのmRNAの転写を抑制する。

④ タンパク質QはRのmRNAの転写を促進する。

問4 下線部(エ)について。この実験から推測されるタンパク質Rの機能を，20字程度で簡潔に述べよ。

問5 下線部(オ)について。この結果から，前後軸パターン形成においてQとRはそれぞれどのような役割を果たしていると推測されるか，100字程度で説明せよ。QおよびRについて，遺伝子，mRNA，タンパク質を明確に区別して記せ。　**〈東大〉**

24

必修基礎問 41，
実戦基礎問 19

動物の発生における遺伝子の特異的発現の一例として，発生過程における胃の形成についてみてみよう。ニワトリの胃は前胃と砂のうという2つの部分からなる。前胃の上皮組織は腺構造を形成して，消化酵素である［ア］の前駆体タンパク質(ペプシノゲン)を分泌する。一方，砂のうの上皮組織は決してペプシノゲンを産生・分泌しない。前胃上皮組織においてペプシノゲン遺伝子が特異的に発現するしくみに関して，以下のような実験を行った。

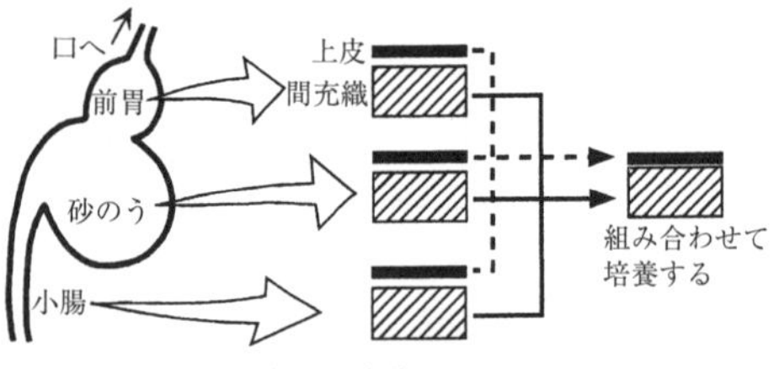

図1　実験の概要

表1．上皮組織におけるペプシノゲン遺伝子の発現

間充織＼上皮	前胃	砂のう	小腸
	(いずれも6日目胚)		
前胃(6日目胚)	○	○	×
前胃(15日目胚)	×	×	×
砂のう(6日目胚)	×	×	×
小腸(6日目胚)	×	×	×

○…発現がみられた。
×…発現がみられなかった。

実験　(図1および表1)

ふ卵開始後6日目および15日目のニワトリ胚から消化管(腸管)を切り出し，さらにそれを前胃・砂のう・小腸のそれぞれの部分に切り分けた。これらを［イ］性の上皮組織と(a)中胚葉性の間充織組織とに完全に分離し，それぞれの部分の上皮組織と間充織組織を表

1のように組み合わせて培養し，ペプシノゲン遺伝子の発現の有無を検討した。ただし，(b)間充織組織と組み合わせないで培養した上皮組織が単独でペプシノゲン遺伝子を発現することはなかった。

問1 上の文中の空欄に適語を入れよ。

問2 下線部(a)の消化管の間充織組織(内臓筋を含む)は，側板中胚葉由来である。この消化管間充織と同様，側板中胚葉から形成される組織・器官を次から2つ選べ。

心臓，脳，骨格筋，真皮，表皮，レンズ，血管，脊髄，下垂体，腎臓

問3 下線部(b)からわかる事柄を，簡潔に述べよ。また，このように結果を比較するための基準となる実験(無処理の実験)を一般に何と呼ぶか。

問4 表1の実験結果から考えられる，ペプシノゲン遺伝子の前胃に特異的な発現に関する上皮組織と間充織組織の働きについて，部位や時間変化を考慮して簡潔に記せ。

〈東北大〉

25 ➡ 実戦基礎問 **20**

1997年2月，英国エジンバラ近郊にあるロスリン研究所のイアン・ウィルマットらのグループが体細胞クローンヒツジ，ドリーを誕生させたとの研究成果が報告された。彼らの研究で核移植に用いられた細胞は，(ア)6歳の雌ヒツジの乳腺細胞，妊娠26日目の胎児由来の繊維芽細胞，および胚の培養細胞である。ドリーは精子と卵子の受精によるのではなく，おとなのヒツジの乳腺細胞を核移植して作出されたクローンである。核移植の基本的な手法は，まず別のヒツジから用意された(イ)減数分裂第二分裂中期の未受精卵の染色体をすべて取り除き，これと胚細胞または体細胞1個を細胞融合させることによってその核を取り込ませるのである。しかし，ウィルマットらは(ウ)乳腺細胞を通常の約 1/10～1/20 の血清濃度に低下させた培養条件で培養し，これを核移植して卵を発生させた。

問1 哺乳動物の体細胞の染色体組成は 2A＋XX または 2A＋XY で表される。

(1) 下線部(ア)の乳腺細胞の染色体組成を答えよ。

(2) 下線部(イ)の未受精卵の染色体組成を答えよ。

(3) Aに相当する染色体の名称を答えよ。

(4) ヒトの場合Aに相当する数を答えよ。

問2 細胞周期に伴い細胞核に含まれる DNA 量は変化する。下線部(ア)の乳腺細胞1個当たりの DNA 量を1としたとき，以下の問いに相対値で答えよ。

(1) 下線部(イ)の未受精卵の DNA 量

(2) 減数分裂の第一分裂中期における卵母細胞の DNA 量

問3 下線部(ウ)の血清濃度を低下させた培養条件により，培養細胞にどのような変化が生じたと考えられるか，30字以内で述べよ。

問4 ウィルマットらの報告をはじめとして，体細胞由来のクローン動物の作出例が続々報告されている。このことは遺伝学的にきわめて重要な事実を示している。そ

れはどのようなことか，60字以内で述べよ。　〈弘前大〉

26 ➡ 必修基礎問 **39**，実戦基礎問 **18**

卵黄の量と分布は，卵割が起こる部位と割球の大きさに影響を及ぼす。卵黄が多いところでは卵割が［　ア　］ので，大量の卵黄がかたよって存在する魚類や鳥類の卵の卵割形式は，［　イ　］である。哺乳類では，胎盤を通して母体から胎児に栄養が供給されるので，受精卵の卵黄量は［　ウ　］，均一に分布する。このような卵を［　エ　］卵という。マウス(ハツカネズミ)の受精卵は８細胞期となったときに，いくつかの割球を破壊しても正常に発生する。また，２つのマウスの卵割期の胚を凝集させて１つの胚とし，発生させると１匹の完全なマウス個体となって生まれる。したがって，この時期のマウスの胚では各細胞の発生運命は決まっていない。そこで，以下の**実験１**，**実験２**を行った。

実験１　茶色と黒色の異なる２系統のマウスからそれぞれ８細胞期の胚を採取し，外側の殻(透明帯)をタンパク質分解酵素で処理して除き，８個の割球からなる細胞塊を取り出した。シャーレの中で２系統に由来する細胞塊を凝集させると，16個の割球からなる細胞塊となった。これを培養すると，この細胞塊は胚盤胞(胞胚期の胚)まで発生が進んだ。このようにして得られた胚盤胞を雌マウスの子宮に移植したところ，17日後にマウスが生まれた。この実験を繰り返し合計100匹のマウスが生まれた。なお，毛色を茶色に決定する遺伝子である A は対立遺伝子 a に対して顕性であり，使用した茶色と黒色のマウスの遺伝子型はそれぞれ AA と aa だった。

問１　上の文中の空欄に適語を入れよ。

問２　(1)　胚盤胞を構成する細胞のほとんどは，胎盤などの胎児を発育させるために必要な組織となり，胚盤胞内部にある細胞の一部だけが胎児へと発生する。ここで，胚盤胞内部の細胞のうち，１個の細胞だけが胎児に発生すると仮定すると，**実験１**で生まれるマウスの毛色は何色になると予想されるか，すべて記せ。

(2)　実際に**実験１**で生まれたマウスの毛色は茶色が12匹，黒色が13匹，茶色と黒色のまだら模様が75匹だった。この結果から，胚盤胞内部の何個の細胞が，発生して胎児になったと考えられるか，記せ。

(3)　(2)のように考えた理由を90字程度で簡潔に述べよ。

問３　茶色と黒色のまだら模様のマウスでは，皮膚以外の全身の器官でも２系統の異なる胚に由来した細胞が混在している。このまだら模様のマウスが成熟したので黒色のマウス(遺伝子型は aa)と交配した。

(1)　このときに生まれてくるマウスの，予想される毛色と遺伝子型を記せ。

(2)　(1)のように考えた理由を30字程度で簡潔に述べよ。

実験２　茶色系統マウスの胚盤胞内部から細胞を無作為に１個取り出し，培養シャーレ内で増殖させ，多数の細胞を得た。このうちの８個の細胞を，黒色系統のマウスの８細胞期の胚由来の細胞塊と凝集させ，再び胚盤胞になるまで培養を続けた。このようにして得られたいくつかの胚盤胞を雌マウスの子宮に移植した結果，17日後に茶色，黒色，および茶色と黒色のまだら模様のマウスがそれぞれ生まれた。

問4　実験2を何度繰り返し行っても，同じ結果が得られた。このことから，胚盤胞内部の細胞の性質について推察されることを次の〔　〕内の語句をすべて用いて簡潔に述べよ。〔決定，運命，胎児，発生，能力〕

〈京大〉

27　実戦基礎問 20

A． 動物の体は細胞からできており，それぞれの細胞は体の中で固有の役割をもっている。体の細胞の中には「細胞をつくる」ことを担当する細胞があり，これを幹細胞という。その役割は他の細胞に分化する細胞をつくり出すことである。

問1　ある生物のもっている一組の遺伝情報，あるいはそれを含むDNA全体のことを何というか答えよ。

問2　体を構成する細胞は同じ遺伝情報をもつにもかかわらず，異なる機能や形をもつのはなぜか述べよ。

問3　イモリの後肢は失われても，ふたたび形成される。このような現象を何というか答えよ。

問4　ヒトの臓器や組織でみとめられる問3の現象の例を1つあげよ。

B． ネズミやヒトの細胞を用いて体のどのような細胞にも分化できる細胞を作ることが可能となった。このような細胞には，初期胚由来の細胞を利用して作るES細胞と，皮膚など体細胞由来の細胞に遺伝子を導入して作るiPS細胞がある。

問5　ごく初期のヒト胚を形成している個々の細胞は，完全な個体をつくる能力をまだ維持している。このことを示す例をあげよ。

問6　ES細胞やiPS細胞は体のどのような細胞にも分化させることができる。この性質を何というか答えよ。

問7　iPS細胞を作るためにどのような働きをする遺伝子が導入されたか述べよ。

問8　iPS細胞を医療に応用する場合，ES細胞に比べてどのような長所があるか，200字以内で述べよ。

〈滋賀医大〉

第6章 動物の体内環境の維持

必修基礎問 17. 体液

47 体液の働き

生物基礎

ヒトの血液は，液体成分の血しょうと細胞成分の［ア］，［イ］，［ウ］からなる。血しょうは，タンパク質，糖質，脂質，無機塩類を含む水溶液で，物質の輸送，pHや浸透圧の調節などの機能を営んでいる。［ア］は大量のヘモグロビンを含み，［エ］の運搬を行う。［イ］にはリンパ球や単球(血管外に出たものはマクロファージになる)などがあり，これらは免疫反応の重要な担い手である。［ウ］は，血液の凝固に深く関わっている。成人では，これらの血液細胞は［オ］にある未分化な造血幹細胞からつくられる。

免疫には，生まれつきもっている［カ］と，生後に成立していく［キ］がある。また，その反応のしくみによって，［ク］と［ケ］に分けられる。

［ク］では体内に侵入した異物は抗原として認識され，抗体産生細胞でつくられた抗体と反応して排除される。一方，［ケ］ではウイルスに感染した細胞や他のヒトから移植された細胞などが［コ］やマクロファージの攻撃を直接受けて排除される。

問1 上の文中の空欄に適語を入れよ。

問2 (1) 血液凝固のしくみを120字以内で記せ。

(2) 採血した血液を試験管の中に入れてしばらく放置すると血液は凝固する。しかし，血液を冷却した場合には凝固反応が遅延する。その理由を簡潔に記せ。

問3 (1) ［ア］～［ウ］の中で最も数が多いものはどれか。

(2) またその数はおよそどのくらいか。次から1つ選べ。

① 6000～8000/mm^3　② 20万～40万/mm^3

③ 450万～500万/mm^3

(岐阜大)

精講 ●**体液** 血液・リンパ液・組織液に大別される。組織液は毛細血管から血しょうがにじみ出たもので，やがてリンパ管に吸収され，リンパ液となる。リンパ液も最終的には鎖骨下静脈で血管に合流し，血液となる。

●血液　体重の約 1/13 で，有形成分(血球)45%と液体成分(血しょう)55%からなる。血球には**赤血球**・**白血球**・**血小板**があり，いずれも**骨髄**で生成される。

●赤血球　450万〜500万個/mm^3 あり，7〜8μm，無核で中央のくぼんだ円盤形。**ヘモグロビン**(Fe をもつ呼吸色素)を含み，**酸素運搬**に働く。寿命は約120日で，**ひ臓**や**肝臓**で破壊される。

●白血球　6000〜8000個/mm^3 あり，8〜20μm，有核。好中球・好酸球・好塩基球・リンパ球・マクロファージなど多くの種類がある。リンパ球は**免疫**に関与する。好中球やマクロファージは**食作用**によって細菌などを処理する。

●血小板　20万〜40万個/mm^3 あり，無核，2〜3μm で，血液凝固に関与する。

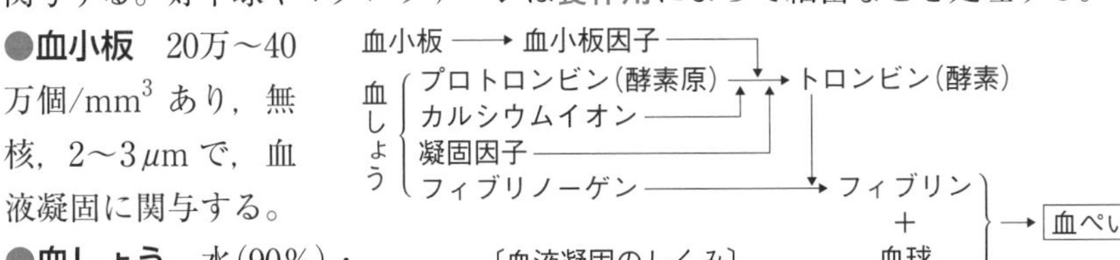

〔血液凝固のしくみ〕

●血しょう　水(90%)・タンパク質(7〜8%，アルブミン・グロブリン・フィブリノーゲンなど)・無機塩類(0.9%)・グルコース(0.1%)を含む。栄養分やホルモン，老廃物(二酸化炭素や尿素)の運搬に働く。

Point 42
① 数：赤血球＞血小板＞白血球
② 大きさ：白血球＞赤血球＞血小板
③ 血球のうち核があるのは白血球だけ。

血液凝固を阻止するには，①低温にして酵素作用を低下させる，②クエン酸ナトリウムを加えて Ca^{2+} を除く，などの方法がある。

答

問1　ア−赤血球　イ−白血球　ウ−血小板　エ−酸素　オ−骨髄
カ−自然免疫　キ−獲得免疫(適応免疫)　ク−体液性免疫
ケ−細胞性免疫　コ−キラーT細胞

問2　(1)　血小板から放出された血小板因子や血しょう中のカルシウムイオンの働きでプロトロンビンがトロンビンに変化する。トロンビンはフィブリノーゲンをフィブリンに変化させ，生じたフィブリンが血球とからみついて血ぺいとなり血液は凝固する。(111字)

(2)　血液凝固はトロンビンなどによる酵素反応で，低温では酵素反応が低下するから。

問3　(1)　ア　　(2)　③

必修基礎問 48

血液循環

A. 右図1はヒトの心臓の断面を模式的に表したものである。

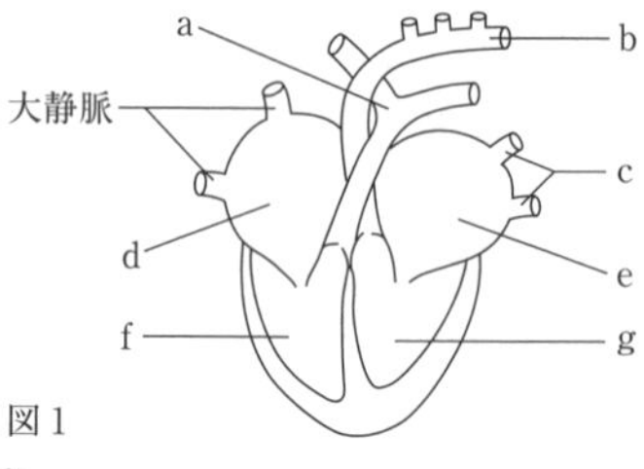

図1

問1 図中の記号 a ～ g に相当する部位の名称を答えよ。

問2 全身から心臓にかえった血液が，肺循環を経て再び全身に送り出されるまでに通過する図中の部位を順番に記号で答えよ。

記入例：a → b → c → d → e → f → g

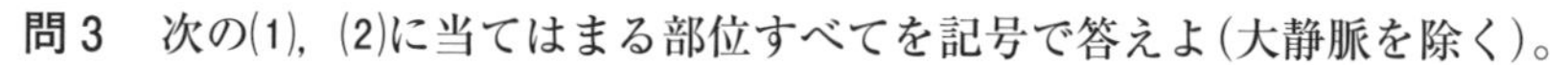

問3 次の(1)，(2)に当てはまる部位すべてを記号で答えよ(大静脈を除く)。

(1) 動脈血が流れている部位　　(2) 静脈血が流れている部位

B. 細胞で発生した二酸化炭素は，血液中の赤血球の中に入り，肺に運ばれて体外へ放出される。このとき，赤血球中のヘモグロビンは，酸素と結合して酸素ヘモグロビンとなり，全身の組織に酸素を運ぶ役割を担う。<u>このヘモグロビンと酸素の結合は可逆的に行われ，生体では主に酸素分圧(肺胞中は 100 mmHg，筋肉中は 30 mmHg とする)や二酸化炭素分圧(肺胞中は 40 mmHg，筋肉中は 70 mmHg とする)に依存する。</u>

問4 右図2の2つの曲線は，二酸化炭素分圧が 40 mmHg と 70 mmHg での，酸素分圧と酸素ヘモグロビンの割合との関係(酸素解離曲線)を示している。

(1) 下線部の条件のとき，曲線上の a ～ h から肺静脈中の血液の状態を示す点を選べ。

(2) 下線部の条件のとき，肺静脈中の酸素ヘモグロビンのうち，何％が解離して酸素を筋肉に供給するか。計算式を示し，小数点以下を四捨五入して答えよ。

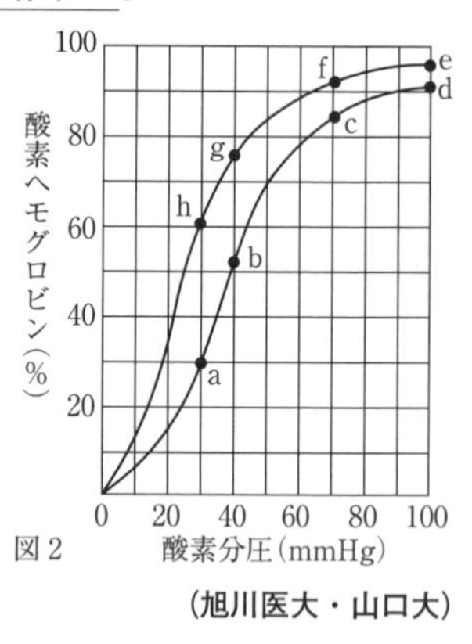

図2

(旭川医大・山口大)

精講

●血液循環　左心室 ⟶ 大動脈 ⟶ 全身 ⟶ 大静脈 ⟶ 右心房 ⟶ 右心室 ⟶ 肺動脈 ⟶ 肺 ⟶ 肺静脈 ⟶ 左心房 ⟶ 左心室

●心臓の構造　心臓の構造と血液が送り出されるしくみは，次ページの図の通り。

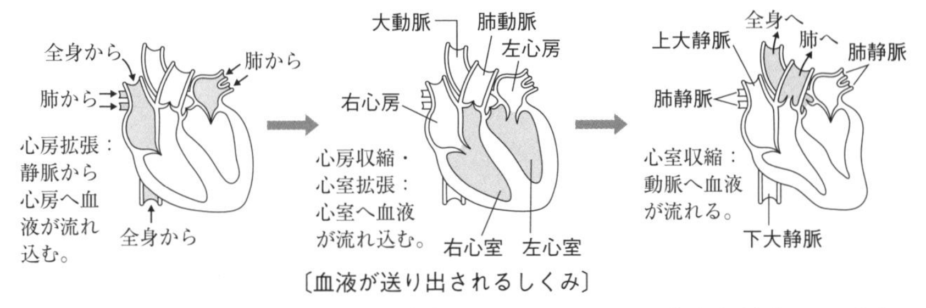

〔血液が送り出されるしくみ〕

●**酸素解離曲線**　ヘモグロビンは酸素分圧の高い肺胞で酸素と結合し，酸素ヘモグロビンとなる。これが血液中を流れていって酸素分圧の低い組織で酸素を解離し，組織に酸素を供給する。酸素ヘモグロビンは，二酸化炭素分圧が高く，pH が小さく，温度が高くなると，より酸素を解離しやすくなる。

Point 43　① 肺動脈には静脈血，肺静脈には動脈血が流れる。
② 動脈血での酸素ヘモグロビンと，静脈血での酸素ヘモグロビンの差が，組織に供給される酸素量。

問 1　図 1 の左側が体の右側。上の部屋が心房（血液がかえってくる部屋），下の部屋が心室（血液を送り出す部屋）。

問 3　肺にいくまでが静脈血，肺からかえってきたあとが動脈血。

問 4　(1)　二酸化炭素分圧が低い方がヘモグロビンは酸素と結合しやすくなる。すなわち酸素ヘモグロビンの割合は高くなり，グラフは左にシフトする。よって図 2 の左の曲線が二酸化炭素分圧 40 mmHg のグラフである。肺静脈中には動脈血が流れている。酸素分圧が 100 mmHg で二酸化炭素分圧が 40 mmHg の点を読めばよい。

(2)　静脈血での酸素ヘモグロビンの割合は，酸素分圧が 30 mmHg で二酸化炭素分圧が 70 mmHg の点 a で，30%。動脈血での酸素ヘモグロビンの割合が(1)の e 点で97%なので，97－30＝67%。問われているのは酸素ヘモグロビンのうち何%か，ということなので　$\frac{67}{97}\times100\fallingdotseq69(\%)$　となる。

問 1　a－肺動脈　b－大動脈　c－肺静脈　d－右心房　e－左心房
f－右心室　g－左心室

問 2　d → f → a →（肺→）c → e → g → b

問 3　(1)　b，c，e，g　　(2)　a，d，f

問 4　(1)　e　　(2)　計算式：$\frac{97-30}{97}\times100\fallingdotseq69$　　答：69%

49 生体防御

生物基礎

ヒトの体には異物の侵入を防いだり，侵入した異物を除去する複数のしくみが備わっている。例えば，涙や［ア］など体外に分泌される分泌物には，細菌の細胞壁を分解する作用をもつ［イ］が含まれ，病原体の侵入を防いでいる。また，気管の粘膜表面の［ウ］は異物を体外に送り出すように運動する。これらの防御をすり抜けて異物が体内に侵入すると，第二の防御として a好中球やマクロファージ，樹状細胞などの［エ］作用をもった細胞が働き，異物を除去しようとする。第三の防御は，樹状細胞などから異物に関する情報を受け取ったリンパ球が中心となって引き起こされる［オ］免疫である。［オ］免疫の特徴の１つは，b一度体内に侵入した異物に対する情報が長期間記憶されることである。

問１ 上の文中の空欄に最も適切な語を，次からそれぞれ１つずつ選べ。

① 適応(獲得)　② 感染　③ 基質　④ 血しょう　⑤ 解毒
⑥ 酵素　⑦ 自己　⑧ 自然　⑨ 食　⑩ 繊毛　⑪ だ液
⑫ 鞭毛　⑬ ホルモン　⑭ リンパ液

問２ 下線部 a の細胞がもつ受容体の名称を答えよ。

問３ 下線部 b が関係する事柄の例として適切でないものを次から２つ選べ。

① アナフィラキシーショック　② 血液凝固
③ 抗原に対する二次応答　④ ツベルクリン反応
⑤ 予防接種　⑥ ２型糖尿病

(北里大)

精講

●物理的防御　皮膚表面の角質層や鼻・消化管・気管などの内壁にある粘膜により，異物が体内に侵入するのを防ぐ。角質層の細胞は，ケラチンというタンパク質を多く含む。また，角質層の細胞は死細胞なので，ウイルスの感染を防ぐことができる(ウイルスは生細胞にしか感染しない)。

●化学的防御　皮膚の表面が弱酸性(pH4.5〜6.5)に保たれ，病原体の繁殖を防ぐ。皮膚や粘膜上皮に含まれるディフェンシンというタンパク質により細菌の細胞膜を破壊する。また，汗や涙，だ液に含まれるリゾチームという酵素により細菌の細胞壁を分解して細菌の繁殖を防ぐ。胃液に含まれる塩酸によって病原体の繁殖を防ぐ。

●自然免疫　好中球やマクロファージ，樹状細胞による食作用で，体内に侵入した異物を処理する。これら食作用をもつ食細胞にはトル様受容体(TLR：

Toll Like Recepter)があり，病原体が共通してもつ糖や核酸などを認識する。NK(ナチュラルキラー)細胞は，異常な細胞(がん細胞など)を直接攻撃して排除する(食作用ではない)。

●適応免疫(獲得免疫) 自然免疫とは異なり，適応免疫では免疫記憶が形成される。適応免疫のあらすじを模式的に示すと次のようになる。

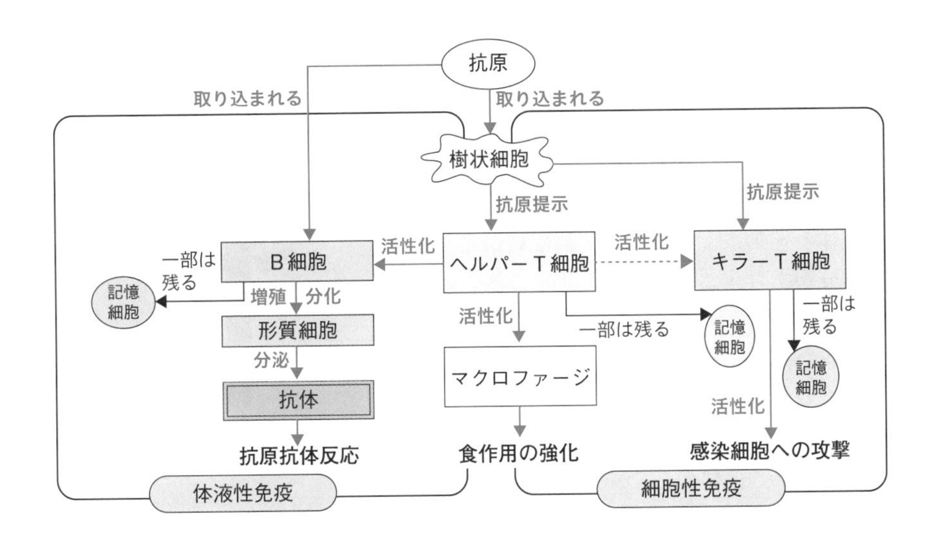

解説 **問1** 細菌の細胞壁を分解するのはリゾチームという酵素。

問3 ① 免疫反応が過敏に起こることで生じる生体に不都合な反応をアレルギーといい，アレルギーを引き起こす抗原をアレルゲンという。アレルギーの中で，特に激しい症状を表し，血圧低下などが起こる場合はアナフィラキシーショックという。

② 血液凝固は酵素による反応で，免疫は関係しない。

④ ツベルクリン反応は，結核菌に対する免疫記憶が形成されているかどうかを調べる反応で，細胞性免疫による。

⑥ 糖尿病には1型と2型があり，1型はインスリンを分泌する細胞が破壊される自己免疫疾患の一種。2型は生活習慣などが原因で，標的細胞がインスリンを受容できなくなったりする。

答

問1 ア－⑪ イ－⑥ ウ－⑩ エ－⑨ オ－①

問2 トル様受容体(TLR) **問3** ②，⑥

必修
基礎問
50

適応免疫(獲得免疫)

ヒトには，細菌などの微生物やウイルス，アレルギーを引き起こす物質などの異物が体内に侵入するのを防いだり，体内に侵入した異物を排除したりするしくみが備わっている。これを免疫という。生まれつき備わっている[ア]免疫や，生まれた後に備わる[イ]免疫が，異物の侵入に対応している。[イ]免疫の主役の1つは，多様な異物に対して特異的に作用する抗体で，[ウ]というタンパク質である。

右図は，抗体の基本的な構造を示した模式図である。2本の[エ]と2本の[オ]が結合して，高次構造を形成する。抗体の種類によってアミノ酸配列が異なる部分があり，これを[カ]という。ヒトの体内では，[カ]の立体構造が異なる，様々な抗体が産生される。これらの抗体は，様々な異物に特異的に結合する。抗体の[カ]以外の部分を[キ]という。

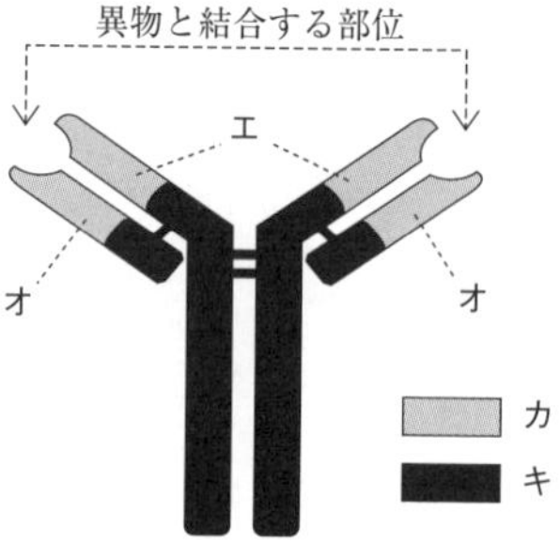

異物と結合する部位
エ
オ
オ
カ
キ

注）図中の記号は文中の記号に一致する。

生体は，抗体の[カ]のアミノ酸配列を指定する遺伝子の連結による“再編成”により，様々な異物に対して結合する多種多様な抗体を産生している。この遺伝子の“再編成”は，免疫担当細胞であるB細胞やT細胞が成熟する際に行われる。成熟したB細胞では，1つの細胞は1種類の[カ]をもった[ウ]しか産生しない。しかし，未成熟のB細胞に存在する[ウ]の[エ]の遺伝子領域には，[カ]の遺伝子であるV遺伝子が40種類，D遺伝子が25種類，J遺伝子が6種類並んでいる。B細胞が成熟する過程で，V遺伝子，D遺伝子，J遺伝子から1つずつ選ばれて“連結”され，“再編成”されるため，[エ]の[カ]の遺伝子の組合せは(　X　)通りになる。一方，[オ]の[カ]には[エ]とは異なるV遺伝子とJ遺伝子があり，320通りの組合せが存在する。したがって，[エ]と[オ]の組合せは，計算上，(　Y　)にもなる。

問1　上の文中の[ア]～[キ]に適切な語句を入れよ。

問2　上の文中の(　X　)と(　Y　)に適切な数字を入れよ。

問3　下線部のような，免疫応答を引き起こす異物を何と呼ぶか。

(京都産業大)

●抗原提示　樹状細胞が異物を取り込むと食作用により分解し，その断片の一部を**MHC 分子**にのせて提示する(**抗原提示**)。MHC 分子には，大きく2つのグループ(クラスⅠとクラスⅡ)がある。

クラスⅠは赤血球を除くほとんどの細胞に発現する。通常は自己のペプチド断片をクラスⅠMHC 分子にのせて提示するが，ウイルスに感染すると，そのウイルス断片をクラスⅠMHC 分子にのせて，キラーT細胞に対して提示する。

クラスⅡは樹状細胞とマクロファージとB細胞に発現し，食作用により取り込んだ抗原断片をクラスⅡMHC 分子にのせて，ヘルパーT細胞に対して提示する。

T細胞には**T細胞受容体(TCR)**があり，樹状細胞が提示したMHC 分子と抗原の複合体をTCR により認識する。

●免疫グロブリン　B細胞には**B細胞受容体(BCR)**があり，BCR によって抗原を認識すると，これを取り込んで処理し，その断片の一部をMHC 分子にのせて提示する。これが，同じ抗原によって活性化されたヘルパーT細胞のTCR と結合するとB細胞は増殖し，一部が**形質細胞(抗体産生細胞)**に分化し，抗体を産生して分泌する。抗体は**免疫グロブリン**というタンパク質で，問題文の図に示されているような構造をしている。

●抗体の多様性　免疫グロブリン遺伝子は，DNA 分子上にいくつかの領域に分かれて並んでいる。B細胞が分化する際に，各領域にある多種類の遺伝子断片から1つずつ断片が選ばれて連結される**遺伝子再編成**が起こり，多様な抗体がつくられる。これは利根川進によって証明された。

同様の遺伝子再編成は，TCR やBCR を発現する際にも行われる。

問2　X：40×25×6＝6000　　∴　6000種類

　Y：6000×320＝1920000　　∴　1920000種類

このように，非常に多種類の抗体がつくられることがわかる。

答

問1　ア－自然　イ－適応(獲得)　ウ－免疫グロブリン　エ－H鎖(重鎖)　オ－L鎖(軽鎖)　カ－可変部　キ－定常部

問2　X：6000　Y：1920000

問3　アレルゲン

第6章　動物の体内環境の維持

実戦基礎問 22 皮膚移植実験

生物基礎

ヒトの免疫に関与している細胞はどのようにして自己と非自己を区別しているのであろうか。これには有核の細胞がその表面にもつMHC分子というタンパク質が関与している。もしMHC遺伝子に突然変異が生じ，それがTCR（T細胞受容体）に認識される部位の情報の変異だとすると，自分の細胞であっても非自己と認識されてしまい，免疫系を担う細胞から攻撃を受けることになり，［ア］を発症する。また，他者から移植臓器の提供を受ける場合には，他者のMHC分子との違いが原因となり，拒絶反応の問題が常につきまとう。移植片の拒絶反応に関与するのは［イ］免疫であり，これには［ウ］が深く関与している。［ウ］は，移植片由来のペプチドが結合したMHC分子を非自己と認識して拒絶する。<u>この複合体の形状が自己の複合体と一致する場合には［ウ］は移植片を攻撃することはなく，移植片は生着するが，異なる場合には移植片を攻撃し，脱落させる。</u>

問1 文中の空欄に入る最も適当な語句を，次からそれぞれ1つずつ選べ。

① 細胞性　② アレルギー　③ キラーT細胞
④ ヘルパーT細胞　⑤ 自己免疫疾患　⑥ NK細胞
⑦ 体液性　⑧ 自然免疫　⑨ 後天性免疫不全症候群

問2 下線部について，次のような実験①～⑤を行った。その中で移植した皮膚が最も速く脱落すると考えられるものを1つ選べ。

① A系統のネズミの皮膚をB系統のネズミに移植したとき。
② A系統のネズミの皮膚をB系統のネズミに移植した皮膚が脱落した後，再びB系統のネズミにA系統のネズミの皮膚を移植したとき。
③ A系統のネズミの皮膚を，胸腺を除去したB系統のネズミに移植したとき。
④ A系統のネズミのリンパ球を胎児期のB系統のネズミに移植して，そのネズミが成長した後，A系統のネズミの皮膚をB系統のネズミに移植したとき。
⑤ A系統のネズミとB系統のネズミを交配させ，誕生したネズミにA系統のネズミの皮膚を移植したとき。

（芝浦工大）

●HLA　ヒトのMHC分子は，特にHLA（Human Leukocyte Antigen：ヒト白血球型抗原）と呼ばれる。HLAは6対の遺伝

子によって決まるが，これらの遺伝子は第6染色体上に近接して存在しているため，ほとんど組換えが起こらない。それぞれの遺伝子には多くの複対立遺伝子が存在するため，HLAが他人と一致する確率は非常に小さい。

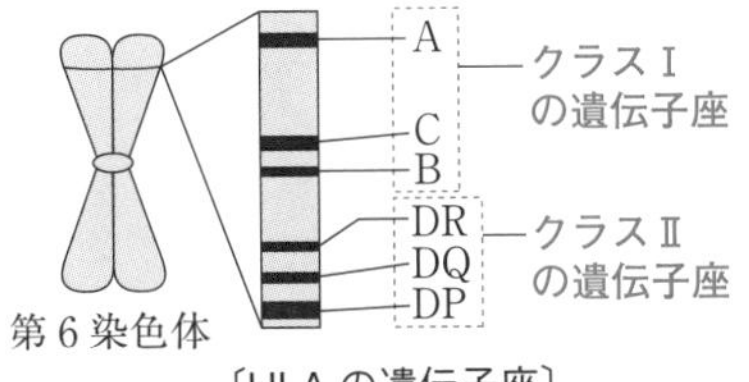

〔HLAの遺伝子座〕

問2 ① B系統のネズミのキラーT細胞は，A系統のMHC分子を非自己と認識するので，A系統の皮膚を攻撃し，脱落させる。

② 1回目の移植の際に増殖したキラーT細胞の一部が記憶細胞として残っているため，2回目の移植では1回目よりも速く移植された皮膚を攻撃して脱落させる二次応答が起こる。

③ T細胞の分化には胸腺が必要なので，胸腺を除去したB系統のネズミは，移植されたA系統の皮膚を攻撃することができず，皮膚は脱落することなく生着する。

④ 胎児期や新生児期は，まだ免疫系が未成熟な時期である。免疫系が成熟する過程で，体内に存在する物質や細胞を攻撃するリンパ球は細胞死により除去されてしまう。通常は，自己物質や自己細胞を攻撃するリンパ球が除かれることになる。この場合は，胎児期にA系統のリンパ球を移植されたので，A系統の細胞を攻撃するB系統のリンパ球は細胞死により除去されてしまう。そのため，成長後再びA系統の皮膚を移植しても，それを攻撃するリンパ球は存在しないため，皮膚片は生着する。このように，特定の物質や細胞に対して適応免疫の反応が働かない状態を免疫寛容(免疫トレランス)という。

⑤ A系統の遺伝子型を*AA*，B系統の遺伝子型を*BB*とすると，A系統とB系統の交配で生じた子供の遺伝子型は*AB*となる。*AB*に*AA*を移植しても非自己成分はないので，攻撃は行われず移植された皮膚は生着する。もし逆に，生じた子ネズミの皮膚(*AB*)をA系統に移植した場合は，遺伝子*B*から生じたMHC分子が非自己なので，移植された皮膚は攻撃を受け脱落する。

よって，この中で最も速く脱落が起こるのは，二次応答による②である。

答 **問1** ア－⑤ イ－① ウ－③ **問2** ②

第6章 動物の体内環境の維持

必修 基礎問

19. 腎臓と肝臓

51 腎　臓

生物基礎

ある哺乳類の静脈に多糖類の一種であるイヌリンを注射し，一定時間後に図1の①〜⑤の各部から，血しょう，原尿，尿を採取して，その中に含まれているイヌリンおよび4種類の物質a〜dの濃度を測定した。図2は，イヌリンと物質a〜dの濃度の測定結果を示したものである。なお，イヌリンは正常な血液中には全く含まれていないが，これを静脈に注射すると，腎臓ですべてろ過された後，毛細血管には全く再吸収されずに排出される。

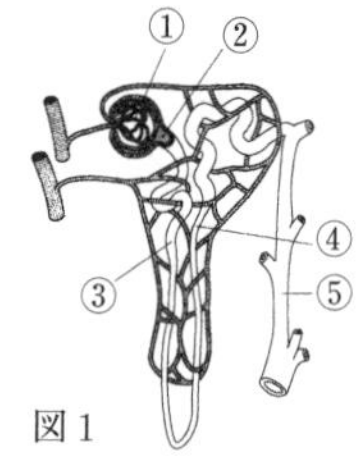

図1

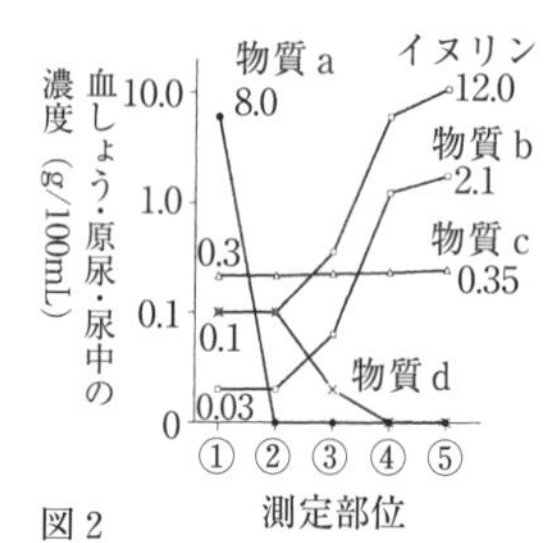

図2

問1　図1の①と②を合わせた構造の名称を記せ。

問2　図1の⑤の名称を記せ。

問3　図2の物質a〜dのうち，(1)尿が生成される過程で最も濃縮されているものはどれか。また，(2)その物質の濃縮率を記せ。

問4　図2の物質dは次のうちどれか。最も適当なものを1つ選べ。また，それを選んだ理由を述べよ。

(ア)　ナトリウムイオン　　(イ)　尿酸　　(ウ)　グルコース
(エ)　尿素　　(オ)　タンパク質

問5　図2の物質dは，正常なヒトでは尿中に含まれることはないが，あるホルモンの分泌異常のヒトでは尿中に物質dがみられるようになる。(1)このホルモンとは何か。また，(2)このホルモンの分泌を促進している神経系の名称を答えよ。

（東京慈恵会医大）

●腎臓の構造　糸球体とボーマンのうを合わせて腎小体という。腎小体と細尿管(腎細管)を合わせて腎単位(ネフロン)という。1つの腎臓に，ネフロンは約100万個存在する。

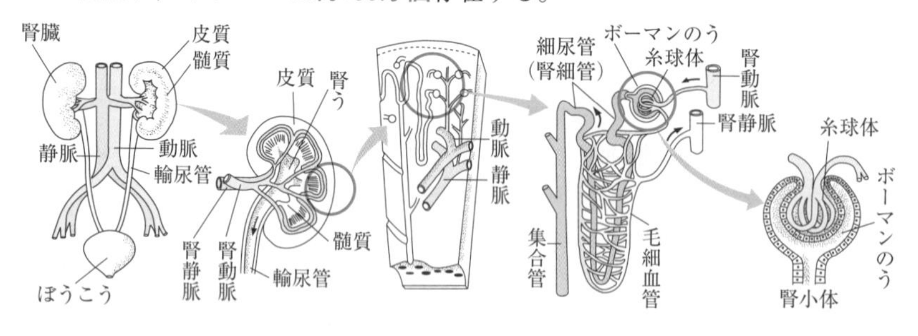

●尿生成

① 糸球体からボーマンのうへ，血球・タンパク質以外がろ過され，原尿が生成される。

② 原尿が細尿管(腎細管)を通る間に，グルコース(100%)・水(約90%)・無機塩類などが毛細血管に再吸収される。

③ グルコースは100%再吸収され，尿中には排出されない。インスリンの不足などが原因で血糖濃度が高すぎると，グルコースを再吸収しきれず，尿中にグルコースが排出される(糖尿病)。水は集合管でも再吸収され(約10%)，細尿管と合わせて約99%が再吸収される。

④ 水の再吸収は脳下垂体後葉から分泌されるバソプレシンにより促進される。

⑤ 無機塩類(特にナトリウム)の再吸収は副腎皮質から分泌される鉱質コルチコイドによって促進される。

●濃縮率 濃縮率が高い物質は，再吸収されにくい物質であることを意味する。

$$濃縮率 = \frac{尿中での濃度}{血しょう中での濃度}$$

Point 44 腎臓と尿生成

① 糸球体＋ボーマンのう＝腎小体

② 腎小体＋細尿管(腎細管)＝腎単位(ネフロン)

③ タンパク質はろ過されないため，尿中には排出されない。

④ グルコースは100%再吸収されるので，尿中には排出されない。

問3 bの濃縮率 $= \frac{2.1}{0.03} = 70$(倍)

問4 物質aは糸球体からボーマンのうへろ過されないタンパク質。物質bは濃縮されて尿中に排出される老廃物で尿素。物質cは血しょう中の濃度と尿中の濃度がほぼ同じで，これは水と同程度再吸収される物質であることを意味し，ナトリウムイオンである。

問1 腎小体　**問2** 集合管

問3 (1) b　(2) 70倍

問4 (ウ) 理由：グルコースは，糸球体からボーマンのうへろ過されるが，細尿管で100%毛細血管に再吸収されるから。

問5 (1) インスリン　(2) 副交感神経

実戦基礎問

23 尿生成の計算

生物基礎

体重 60kg のヒトでは，腎臓へ 1 時間当たり(a)L の血液が送り込まれる。血液は糸球体を通過する際に，[ア]によってタンパク質などを除く血しょう成分はボーマンのうへろ過され，1 時間当たり(b)L の原尿が生成する。原尿が細尿管や集合管を通過する間に，水やグルコース，無機塩類などの再吸収が起こる。このとき，血液の浸透圧を一定に保つために，水や無機塩類の再吸収量が調節されているが，この働きにはホルモンが関与している。たとえば，ナトリウムイオン Na^+ の再吸収は，[イ]が分泌する[ウ]によって，また集合管での水の再吸収は[エ]が分泌する[オ]によって調節されている。さらに，腎臓は老廃物を排出する器官としても重要である。[カ]の異化によって生成されるアンモニアは，肝臓で尿素に変換されるが，尿素は糸球体でろ過された後，尿生成の過程で濃縮され，腎臓へ送り込まれた血しょう中に含まれる尿素の(c)%が尿中に排出される。

成　　分	血しょう(mg/100 mL)	尿(mg/100 mL)
パラアミノ馬尿酸	2	1260
イヌリン	28	3360
尿　素	30	2100

右表は，1 時間当たりの腎臓に入る血液量(a)L，1 時間当たりの原尿の生成量(b)L，腎臓に送り込まれた血しょうより尿に排出される尿素の割合(c)%を算出するために，パラアミノ馬尿酸，イヌリンを注射し，両物質の血しょう中濃度が安定してから，血しょう中，尿中の両物質および尿素の濃度を測定したものである。なお，このときの血液のヘマトクリット値(血液における細胞成分が占める容積の割合)は44%，1 分当たりの尿の生成量は 1mL であった。

パラアミノ馬尿酸とイヌリンは体内で合成も代謝もされない物質である。パラアミノ馬尿酸は，糸球体からボーマンのうにろ過されるだけでなく，さらに糸球体を通過した血液から細尿管内へ追加排出(分泌)され，血液が 1 回腎臓を通過することによって，血しょう中の90%が尿中へ排出される。また，イヌリンは，ボーマンのうにろ過されるため，原尿には血しょうと同じ濃度のイヌリンが含まれている。その後，イヌリンは再吸収も追加排出(分泌)もされないので，原尿に含まれていたイヌリンは，すべてが尿中に濃縮される。

問 1　上の文中の[ア]～[カ]に適語を入れよ。

問 2　上の文中の(a)～(c)に適当な数値を入れよ。

精講 ●**原尿量**　原尿量を求めるために，イヌリンを静脈注射して調べる。イヌリンは糸球体からボーマンのうへろ過されるが，細尿管(腎細管)で全く再吸収されず，原尿中の全量が尿中に排出される。イヌリンの原尿中での濃度を P，尿中での濃度を U，尿量を V とすると，イヌリンの原尿中での量は，原尿量×P。尿中でのイヌリンの量は，$V×U$ で表される。イヌリンは原尿中での全量が尿中に排出されるので，原尿量×$P=V×U$　となる。よって，原尿量$=\frac{V×U}{P}$。ここで，イヌリンは血しょう中での濃度と原尿中での濃度は等しいので，$\frac{U}{P}$ はイヌリンの濃縮率に等しい。よって原尿量は次の式で求められる。原尿量＝尿量×イヌリンの濃縮率

Point 45　腎臓の計算で使う公式

公式①　濃縮率＝尿中での濃度÷血しょう中での濃度
公式②　原尿量＝尿量×イヌリンの濃縮率

解説 **問2**　原尿量(ｂ)は公式②より尿量×イヌリンの濃縮率から求められる。１分間での尿量が 1mL なので１時間では 60mL，イヌリンの濃縮率は公式①より 3360(mg/100mL)÷28(mg/100mL)＝120(倍)。よって１時間当たりの原尿量は，60(mL)×120＝7200(mL)＝7.2(L)　…(ｂ)

１時間での尿 60mL 中のパラアミノ馬尿酸の排出量は，60×1260÷100＝756(mg)。血しょう中の90％が尿中に排出されるので，血しょう中のパラアミノ馬尿酸の量は756÷0.9＝840(mg)。血しょう 100mL 中に 2mg 含まれるので，840mg を含む血しょうの量は，840×100÷2＝42000(mL)＝42(L)。血液中の細胞成分の割合が44％なので，血しょうの割合は56％。したがって，１時間当たり腎臓へ入る血液量は，42(L)÷0.56＝75(L)　…(ａ)

一方，腎臓に送り込まれた血しょう量(42L)中の尿素の量は，

42000(mL)×30(mg)÷100(mL)＝12600(mg)

尿中の尿素量は，60(mL)×2100(mg)÷100(mL)＝1260(mg)

よって，1260÷12600×100＝10(％)　…(ｃ)

原尿より尿に排出された割合であれば，原尿(7200mL)中の尿素(7200×30÷100＝2160)を元に計算し，1260÷2160×100≒58.3(％)となる。

答
問１　ア－血圧　イ－副腎皮質　ウ－鉱質コルチコイド
エ－脳下垂体後葉　オ－バソプレシン　カ－タンパク質
問２　ａ．75　ｂ．7.2　ｃ．10

必修基礎問

52 肝臓

ヒトの肝臓は横隔膜の下に位置する暗赤色の大きな器官であり，断面が六角形状の構造単位(肝小葉)が集まってできている(図右)。その中心と各頂点には$_a$3種類の血管がみられ，心臓から出た血液の4分の1以上が肝臓に入り，細胞(肝細胞)の間を流れる(図左)。肝細胞では多様な酵素による化学反応が活発に行われており，血液が運んできたものを利用してさまざまな物質を合成，貯蔵，分解し，血液中に送り出している。このように，肝臓は$_b$血液成分の調節，発熱，$_c$解毒作用，$_d$胆汁の生成，$_e$尿素生成など，恒常性を維持するために重要な機能を果たしている。

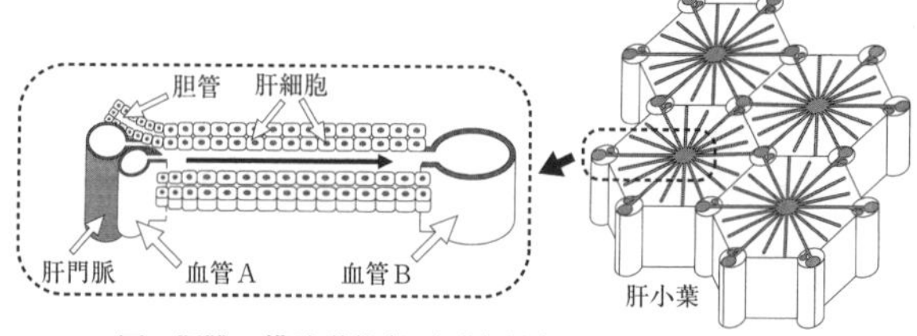

図　肝臓の構造単位(肝小葉)(右)とその拡大図(左)

問1　図(左)は下線部aの3種類の血管の位置関係と血液の流れ(黒矢印)を模式化して示したものである。血管Aと血管Bの名称を答えよ。

問2　図(左)の肝門脈から入ってくる血液はある器官を経由してきたものである。この血液は肝臓で処理されてから血管Bを通って心臓に送られる。

(1)「ある器官」の名称を答えよ。

(2) この血液が血管Bに入る前に肝臓で受ける処理を50字以内で答えよ。

問3　下線部bの血液成分のうち，肝臓で(1)生成される量が最も多いタンパク質と，(2)壊されるものの名称を1つずつ答えよ。

問4　下線部cについて，ある哺乳類を使って肝門脈の血液が肝臓を経由しないで流れるようにしたところ，脳に障害が起こって動物はこん睡状態になった。この理由として適当なものを，次からすべて選べ。

① 脳に送られる尿素が増えた　② 脳に送られるアンモニアが増えた
③ 脳に送られる尿酸が増えた　④ 脳に送られる酸素が減った
⑤ 肝臓に送られる酸素が減った　⑥ 肝臓でのアンモニア合成が減った
⑦ 肝臓での尿酸合成が減った　⑧ 肝臓での尿素合成が減った

問5　下線部dの胆汁の多くは，肝臓から出て貯蔵・濃縮された後で排出される。(1)貯蔵される器官と，(2)排出される器官をそれぞれ答えよ。

問6　下線部eについて，何と呼ばれる反応によるか答えよ。　**(東邦大)**

●肝臓の構造　肝臓は人体最大の内臓器官で，体重の約1/50(成人男子で約1.2kg)の重さがある。肝臓の基本単位は**肝小葉**で，肝小葉は約50万個の**肝細胞**からなる。肝動脈，肝静脈以外に**肝門脈**もつながり，消化管から消化・吸収されたグルコースなどの栄養分が流れ込む。

●肝臓の働き

① グルコースから**グリコーゲン**を合成して貯蔵し，低血糖の場合はグリコーゲンをグルコースに分解して血中に放出して，**血糖濃度**を調節している。

② アルブミンやフィブリノーゲンなど，血しょう中に含まれる**タンパク質**の合成の場となる。

③ アミノ酸の分解で生じた有害な**アンモニア**を，毒性の低い**尿素**に変換する。この反応を**尿素回路(オルニチン回路)**という。

④ 古くなった赤血球は肝臓(およびひ臓)で破壊される。赤血球に含まれていたヘモグロビンの分解によって**ビリルビン**が生じる。

⑤ 胆汁色素(ビリルビンからなる)と胆汁酸からなる**胆汁**を生成する。胆汁はいったん**胆のう**に蓄えられ，最終的には**十二指腸**に分泌される。胆汁は**脂肪の乳化作用**をもち，脂肪の分解を行う酵素(リパーゼ)の働きを助ける。

これら以外にも，有害物質の無毒化(解毒作用)，さまざまな代謝により発生する多量の熱で体温を維持，脂溶性ビタミン(ビタミンA，D，E，K)の貯蔵，血液を一時貯蔵し循環する血液量を調節，といった働きもある。

Point 46　肝臓の主な働き

① 血糖濃度の調節に関与　② 血しょうタンパク質の合成
③ 尿素の生成　④ 古くなった赤血球の破壊
⑤ 胆汁生成　⑥ 解毒作用

問1　血液の流れ(→)より，血管Aを通って肝臓に入った血液が血管Bを通って出ていくとわかる。

問3　血しょうタンパク質には他に**フィブリノーゲン**や**グロブリン**もある。

問1　血管A：肝動脈　血管B：中心静脈

問2　(1) 小腸　(2) グルコースからグリコーゲンを合成して血糖濃度を調節したり，運ばれてきた有害物質の解毒作用を行う。(48字)

問3　(1) アルブミン　(2) 赤血球　**問4**　②，⑧

問5　(1) 胆のう　(2) 十二指腸　**問6**　尿素回路(オルニチン回路)

必修基礎問

20. 自律神経系とホルモン

53 ホルモン

生物基礎

ホルモンは，内部環境の［ア］の維持に重要な役割を果たしている。ホルモンは決まった［イ］器官から必要に応じて血液中に放出され，体内の全域に運ばれる物質である。われわれのからだの中では(a)数多くの種類のホルモンが分泌されているが，それぞれ特定の器官や組織に働きかけ，特定の反応を促す働きをもつ。たとえば，(b)脳下垂体前葉からの甲状腺刺激ホルモンによって，甲状腺から［ウ］の分泌が［エ］されるが，間脳の視床下部や脳下垂体前葉では血液中の［ウ］の濃度を感知している。血液中の［ウ］濃度が高くなると甲状腺刺激ホルモンの分泌量が減少し，逆に［ウ］の濃度が低くなると甲状腺刺激ホルモンの分泌量が増加する。また，塩分を取りすぎて血液の浸透圧が高くなると間脳の視床下部が刺激され，脳下垂体後葉からの［オ］の分泌量が増える。その結果，腎臓での水の［カ］が促進され，血液の浸透圧が低くなるため，［オ］の分泌を促進する刺激が減り，増加した［オ］の分泌が抑えられる。さらに，(c)血液中のグルコース濃度(血糖濃度)の調節には，すい臓の［キ］から分泌される2種類のホルモンが重要な役割を果たしている。

問1　上の文中の空欄に適語を入れよ。

問2　下線部(a)について，多数のホルモンが血液中に放出され，全身に運ばれるにもかかわらず，それぞれのホルモンは特定の器官や組織に選択的に作用する。この選択性のしくみを80字以内で説明せよ。

問3　下線部(b)について，ここに述べられているようなホルモン分泌の調節のしくみを一般に何と呼ぶか。

問4　下線部(c)について，すい臓から分泌される2種類のホルモンの名前をあげ，血糖濃度の調節に果たす役割およびそのしくみを，それぞれ100字以内で説明せよ。

(東北大)

精講

●外分泌と内分泌

外分泌：汗や消化液などが排出管によって運ばれて，体外や消化管内に分泌されること。外分泌を行う腺を外分泌腺という。

内分泌：ホルモンが排出管によらず直接血液中に分泌されることを内分泌という。内分泌を行う腺を内分泌腺という。

●ホルモンと標的器官　ホルモンは血液によって全身に運ばれるが，特定の標的器官にしか働きかけない。それは，標的器官にのみ，そのホルモンと特異的に結合する受容体をもつ標的細胞があり，ホルモンはその受容体と結合することで作用を現すからである。

●主な内分泌腺とホルモン

脳下垂体前葉：成長ホルモン，甲状腺刺激ホルモン，副腎皮質刺激ホルモン

脳下垂体後葉：バソプレシン(腎臓の集合管での水分の再吸収促進)

甲状腺：チロキシン(代謝促進，両生類の変態促進)

副甲状腺：パラトルモン(血中のカルシウムイオン濃度の調節)

すい臓ランゲルハンス島：インスリン(血糖濃度低下)，グルカゴン(血糖濃度上昇)

副腎髄質：アドレナリン(血糖濃度上昇)

副腎皮質：糖質コルチコイド(血糖濃度上昇)，鉱質コルチコイド(腎臓の細尿管でのナトリウムイオンの再吸収促進)

●フィードバックによる調節　下図は負のフィードバックの例。

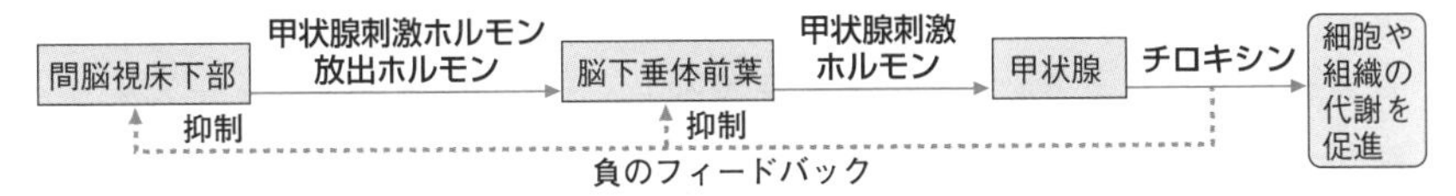

Point 47　ホルモンは内分泌腺から直接血液中に分泌され，特定の標的器官の細胞にある受容体と結合して作用を現す。

問2　特異的・受容体がキーワード。

答

問1　ア－恒常性　イ－内分泌　ウ－チロキシン　エ－促進
オ－バソプレシン　カ－再吸収　キ－ランゲルハンス島

問2　特定の標的器官や組織の細胞にだけ，そのホルモンと特異的に結合する受容体が存在する。ホルモンはその受容体と結合することでホルモンの作用を現すから。(72字)　**問3**　フィードバック

問4　グルカゴン：低血糖をA細胞が直接感知して，また低血糖を感知した間脳視床下部から交感神経の刺激で分泌され，肝臓でのグリコーゲンからグルコースへの分解を促進して血糖濃度を上昇させる。(83字)

インスリン：高血糖をB細胞が直接感知して，また高血糖を感知した間脳視床下部から副交感神経の刺激で分泌され，グルコースの細胞内への取り込みや肝臓でのグリコーゲン合成を促進し，血糖濃度を低下させる。(91字)

実戦
基礎問
24 ホルモンの作用機序

右図は，あるホルモンがGタンパク質共役型受容体に結合して情報伝達が行われている模式図である。以下の文中の空欄に当てはまる適切な語句を，下の①～⑮の中からそれぞれ1つずつ選べ。

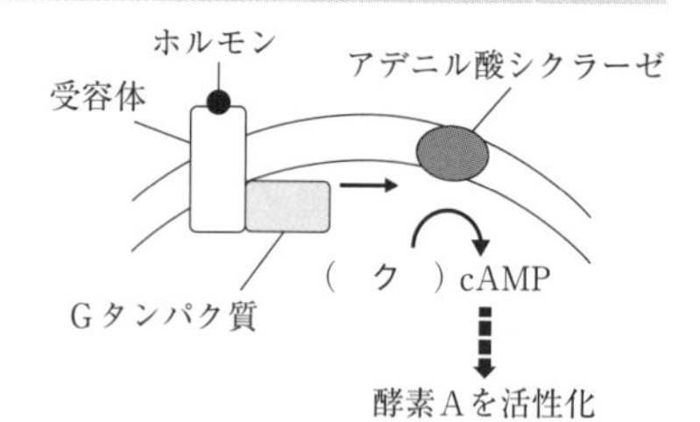

ホルモンには，標的器官の細胞内に入って働くものと，細胞膜に受容されて働くものがある。糖質コルチコイドなどの［ア］は，［イ］になじみやすい性質をもち，細胞膜を通過できる。このようなホルモンは，細胞内の受容体と結合して，DNAに働きかけて遺伝子の発現を調節する。一方，図のように作用するアドレナリンや［ウ］は，［エ］になじみやすい性質をもち，細胞膜を通過できない。このようなホルモンは，細胞膜にある受容体に結合することで作用する。例えば［オ］から分泌されるアドレナリンは，標的器官である肝臓の細胞の細胞膜にある受容体に結合する。するとGタンパク質に結合していた［カ］が［キ］と入れかわる。これによって活性化されたGタンパク質はアデニル酸シクラーゼを活性化し，図の［ク］からサイクリックAMP（cAMP）をつくる。cAMPは細胞内において，情報伝達物質となり，数段階の反応を経て，グリコーゲンをグルコースに分解する酵素Aを活性化し，血糖濃度を［ケ］させる。cAMPは，細胞外の情報を間接的に細胞内に伝えるので［コ］と呼ばれる。

① ATP　② タンパク質　③ 水　④ ペプチドホルモン
⑤ ADP　⑥ サイトカイン　⑦ 脂質　⑧ ステロイドホルモン
⑨ GDP　⑩ 副腎髄質　⑪ 副腎皮質
⑫ セカンドメッセンジャー　⑬ GTP　⑭ 上昇　⑮ 低下

（宮崎大）

●ステロイド系のホルモン（糖質コルチコイド，鉱質コルチコイド）やチロキシンの作用機序　細胞内にある受容体に結合し，生じた複合体が転写調節因子として機能し，遺伝子発現を調節する。

●アドレナリン，グルカゴンの作用機序　細胞膜にある受容体に結合すると，Gタンパク質に結合していたGDPがGTPに置き換わり，Gタンパク質が活性化する。活性化したGタンパク質により活性化したアデニル酸シクラーゼの働きで，ATP から cAMP が生成される。cAMP によりグリコーゲン分解酵素が活性化し，グリコーゲン分解が促進されて血糖濃度が上昇する。

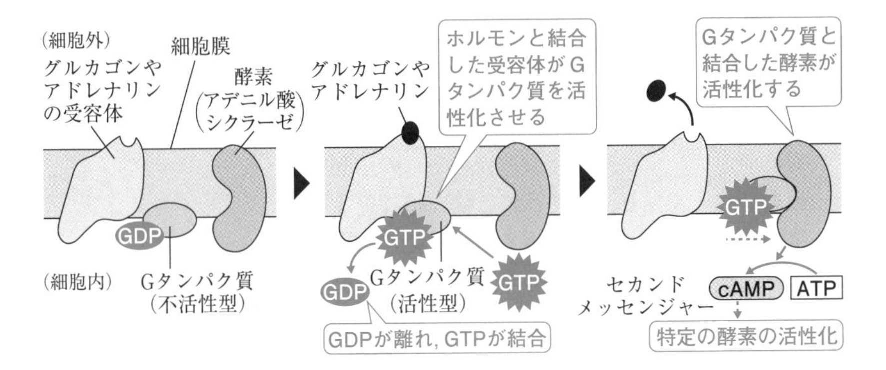

●**インスリンの作用機序**　細胞膜にある受容体にインスリンが結合すると受容体に含まれる酵素が活性化し，タンパク質のリン酸化が次々に起こり，グルコースの細胞内への取り込みやグリコーゲン合成が促されて血糖濃度が低下する。

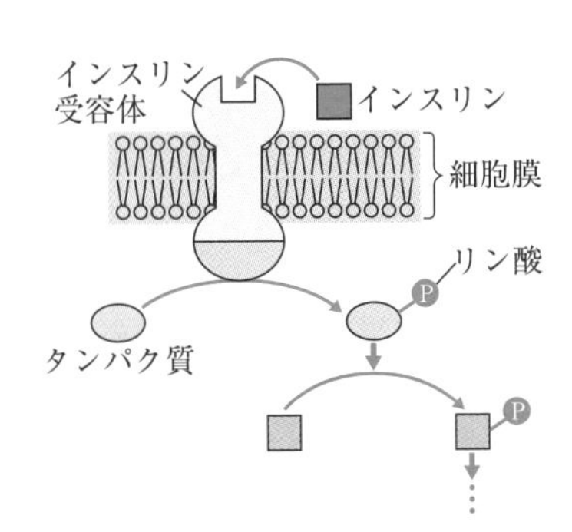

Point 48　ホルモンの受容体

①　水溶性ホルモンの受容体は細胞膜にある。
〔例〕アドレナリン，グルカゴン ⟹ Gタンパク質が関与。
　　　インスリン ⟹ 酵素活性をもつ受容体が関与。
②　脂溶性ホルモンの受容体は細胞内にある ⟹ 遺伝子発現を調節する。
〔例〕糖質コルチコイド，鉱質コルチコイド，チロキシン

答　ア－⑧　イ－⑦　ウ－④　エ－③　オ－⑩　カ－⑨　キ－⑬　ク－①
ケ－⑭　コ－⑫

必修
基礎問

54 自律神経系

ヒトの神経系には，脳と［ア］からなる中枢神経系と，そこから出て体内に伸びる［イ］神経系がある。右図は脳の断面であり，AからEは各部分を示す。

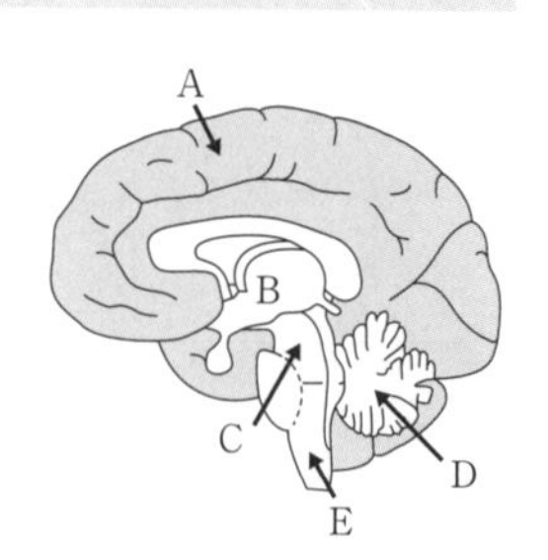

間脳の［ウ］は，血液や神経系からの情報から体内環境を感知し，交感神経と副交感神経を通じて各器官に司令を送っている。多くの器官が交感神経と副交感神経の双方の支配を受けて制御される。交感神経系と副交感神経系を合わせて［エ］神経系と呼ぶ。

心臓は，右心房にある［オ］が自発的に周期的に興奮するため，一定のリズムで拍動する。このような性質を心臓の［カ］と呼ぶ。［キ］は血液中の CO_2 の濃度を感知し，CO_2 の濃度が高まると，［ク］から伸びる交感神経を通して心臓の拍動数を増加させるよう指令を出す。一方，CO_2 の濃度が低下すると，［キ］から伸びる副交感神経を通して心臓の拍動は抑制される。

器官への指令は，神経以外にホルモンの分泌によって行われる。ホルモンは［ケ］腺でつくられ，体液の循環で全身を巡る物質である。

問1 上の文中の空欄に適語を入れよ。

問2 間脳は図中のどこか。AからEの記号で答えよ。

問3 二酸化炭素の濃度を感知する中枢の部位は図中のどこか。AからEの記号で答えよ。

問4 次のうち，副交感神経の働きで起こる作用はどれか。当てはまるものをすべて選べ。

① 排尿が抑制される　② 瞳孔が拡大する
③ 皮膚の血管が収縮する　④ 消化管の運動が促進する
⑤ 皮膚の立毛筋を弛緩させる　⑥ 気管支を拡張する

（愛知学院大）

●自律神経系　交感神経系と副交感神経系からなる。最高中枢は間脳の視床下部にある。一般に交感神経系と副交感神経系は拮抗的に作用する（次ページの表）。

	心臓拍動	消化管運動	瞳　孔	気管支	排　尿
交感神経	促進	抑制	散大	拡張	抑制
副交感神経	抑制	促進	縮小	収縮	促進

ただし，体表近くの血管・汗腺・立毛筋，および副腎髄質には交感神経系のみが分布し，血管収縮，汗分泌促進，立毛筋収縮，副腎髄質からのアドレナリン分泌促進に作用する。

●自律神経のつながり　交感神経系はすべて脊髄から出る。副交感神経系には中脳，延髄，脊髄から出るものがある。

●心臓の自動性　右心房にあるペースメーカー(洞房結節)の働きで一定のリズムで拍動することができる。これを心臓の自動性という。

●心臓拍動の中枢　心臓の拍動の中枢は延髄にあり，血液中の CO_2 濃度が上昇すると交感神経により拍動促進，CO_2 濃度が低下すると副交感神経により拍動抑制される。

交感神経系のみが分布する組織・器官

体表近くの血管・汗腺・立毛筋，副腎髄質には交感神経系のみが分布する。

解説

問 2，3　Aは大脳，Bは間脳，Cは中脳，Dは小脳，Eは延髄である。

問 4　①，②，③，⑥は交感神経の働き。

⑤　交感神経は立毛筋を収縮させるが，副交感神経は立毛筋につながっていない。

問 1　ア－脊髄　イ－末梢　ウ－視床下部　エ－自律
オ－ペースメーカー(洞房結節)　カ－自動性　キ－延髄　ク－脊髄
ケ－内分泌

問 2　B　　**問 3**　E　　**問 4**　④

必修
基礎問

55 血糖濃度調節

我々の体の内部環境は神経系や内分泌系の作用によって調節され，恒常性が維持されている。例えば，体内の血糖濃度を考える。血糖濃度の変動が起こると，その上昇あるいは低下は刺激となってすい臓や間脳の視床下部のそれぞれに作用し，その結果(1)血糖濃度は調節されて一定に保たれる。

血糖濃度が上昇した場合，その上昇はすい臓のランゲルハンス島の［ア］からインスリンの分泌を促すとともに間脳の視床下部にも作用して［イ］神経を経て［ア］からのインスリンの分泌を促す。分泌された(2)インスリンの働きによって血糖濃度は低下して，一定に保たれる。

逆に，血糖濃度が低下すると，(3)その低下はすい臓や間脳の視床下部に作用し，血糖濃度の上昇を促す。(4)視床下部からは［ウ］神経や脳下垂体前葉に指令が出され，［ウ］神経は(イ)副腎{皮質，髄質}に働いてアドレナリンを分泌させる。一方，脳下垂体前葉からは［エ］が分泌され，これの作用によって(ロ)副腎{皮質，髄質}からは［オ］が出される。［オ］や(5)アドレナリンはともに血糖濃度を上昇させる働きがある。

問1　上の文中の空欄に適語を入れよ。

問2　下線部(1)で，ヒトの血糖濃度はおよそどのくらいか。最も適当なものを次から1つ選べ。

①　0.05%　　②　0.1%　　③　0.3%　　④　0.5%

問3　下線部(イ)および下線部(ロ)の{　　}内から適当な語句を選べ。

問4　下線部(2)で，インスリンが血糖濃度を低下させるしくみを40字以内で述べよ。

問5　下線部(3)で，血糖濃度の低下がすい臓に作用した場合の血糖濃度調節のしくみを70字以内で述べよ。

問6　下線部(4)で，視床下部は脳下垂体前葉の活動をどのようにして調節しているか80字以内で述べよ。

問7　下線部(5)のアドレナリンが血糖濃度を上昇させるしくみを30字以内で述べよ。

(愛知教育大)

精講

●血糖　血液中のグルコース(ブドウ糖)を血糖と呼び，各組織の呼吸基質として利用されるために重要である。その濃度はほぼ一定に調節されていて，正常な濃度はおよそ 100 mg/100 mL (0.1%)である。

●高血糖の場合の調節　間脳視床下部が高血糖を感知すると，副交感神経によってすい臓ランゲルハンス島B細胞が刺激され，インスリン分泌が促される。また，すい臓ランゲルハンス島は直接高血糖を感知し，インスリンを分泌する。インスリンは細胞への糖の取り込みや肝臓でのグリコーゲン合成を促進し，血糖濃度を低下させる。

●低血糖の場合の調節　間脳視床下部が低血糖を感知すると，交感神経によって副腎髄質およびすい臓ランゲルハンス島A細胞が刺激され，副腎髄質からはアドレナリン，すい臓ランゲルハンス島A細胞からはグルカゴンが分泌される。グルカゴンはすい臓ランゲルハンス島A細胞が直接低血糖を感知しても分泌される。アドレナリンもグルカゴンも肝臓でのグリコーゲン分解を促進して，血糖濃度を上昇させる。また，脳下垂体前葉からの副腎皮質刺激ホルモンによって副腎皮質から糖質コルチコイドが分泌される。糖質コルチコイドはタンパク質の糖生成を促して血糖濃度を上昇させる。これ以外にもチロキシン，成長ホルモンなども血糖濃度を上昇させる効果をもつ。

Point 50　①　正常な血糖濃度：0.1％(100 mg/100 mL)
②　血糖濃度上昇：アドレナリン・グルカゴン・糖質コルチコイド
血糖濃度低下：インスリン

問4　細胞内への糖の取り込みとグリコーゲン合成について書く。
問5　すい臓に作用した場合なので，グルカゴンの働きを書く。
問6　間脳視床下部にある神経分泌細胞から分泌される神経分泌物質が，脳下垂体前葉の働きを調節する。

問1　ア－B細胞　イ－副交感(迷走)　ウ－交感
エ－副腎皮質刺激ホルモン　オ－糖質コルチコイド
問2　②　　**問3**　(イ)　髄質　　(ロ)　皮質
問4　細胞内へのグルコースの取り込み，および肝臓でのグリコーゲン合成を促進する。(37字)
問5　低血糖を感知したランゲルハンス島A細胞から分泌されたグルカゴンにより，肝臓でのグリコーゲン分解が促進され血糖濃度が上昇する。(62字)
問6　視床下部の神経分泌細胞から分泌される放出ホルモンあるいは放出抑制ホルモンによって，脳下垂体前葉からのホルモン分泌を促進あるいは抑制している。(70字)
問7　肝臓でのグリコーゲンからグルコースへの分解を促進する。(27字)

必修基礎問 56

糖尿病

血液中に含まれるグルコースは，血糖と呼ばれる。健康なヒトの血糖濃度は，空腹時で(a)血液 100 mL 当たり約 100 mg と，ほぼ一定の値に保たれている。この血糖濃度を一定に保つしくみとしては，［ ア ］系ならびに［ イ ］系による調節機構が存在する。

血糖濃度が極端に低くなると脳の機能が低下して，けいれんや意識障害などの症状が現れ，命に関わる場合もある。一方，血糖濃度が血液 100 mL 当たり 200 mg を越えるような高い状態が続くと，腎臓の［ ウ ］における原尿からのグルコースの［ エ ］が追い付かなくなるため，尿中にグルコースが排出されるようになる。このような病気を糖尿病という。

糖尿病はその原因から，Ⅰ型糖尿病とⅡ型糖尿病の２種類に分けられる。Ⅰ型糖尿病は，インスリンを分泌する細胞が破壊されることによって生じる。その原因の１つとしては，(b)インスリン分泌細胞に対して自分自身の免疫反応が過剰に反応して攻撃することが知られている。一方，Ⅱ型糖尿病は，これとは別の原因でインスリンの分泌が低下したり，インスリンの標的細胞でインスリンに対する反応性が低下したりするなどの原因によって起こる病気である。Ⅱ型糖尿病は，生活習慣病の１つでもある。糖尿病によって高血糖状態が続くと動脈硬化が起こりやすくなり，心筋梗塞や網膜傷害などの血管障害を発症する危険が増すことが知られている。

問１　下線部(a)を参照して，ヒトの正常な空腹時血糖濃度を質量パーセント濃度で表せ。ただし，血液 100 mL の質量は 100 g として計算せよ。

問２　上の文中の空欄に適語を入れよ。

問３　下線部(b)のように，自分自身の正常な細胞や組織に対する免疫反応に基づく疾患を何というか。また，その例として最も適当なものを次から１つ選べ。

①　天然痘　②　結核　③　インフルエンザ　④　エイズ
⑤　関節リウマチ　⑥　日和見感染症　⑦　アナフィラキシー

問４　健康なヒト(ⅰ)，Ⅰ型糖尿病患者(ⅱ)およびⅡ型糖尿病患者(ⅲ)のそれぞれについて，食前・食後の血糖濃度ならびに血中インスリン濃度を時間ごとに測定した結果を次ページの図に示した。これらは，横軸の０から0.25時間の間(灰色の影をかけた＊印)に食事をし，血糖値(——)と血中インスリン濃度(----)を測定した結果である。(ⅰ)～(ⅲ)のそれぞれのヒトにおけるグラフは①～③のいずれか答えよ。

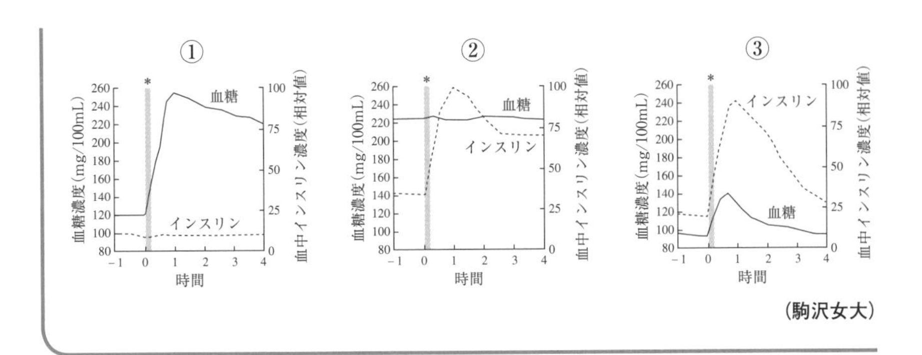

(駒沢女大)

●糖尿病　慢性的に高血糖の状態が続き，腎臓の細尿管で再吸収しきれないグルコースが尿中に排出されるようになる。インスリン分泌の低下あるいは，標的細胞のインスリンに対する反応性の低下が原因。

Point 51　糖尿病

Ⅰ型糖尿病：自己免疫により，ランゲルハンス島B細胞が破壊され，インスリン分泌が低下。

Ⅱ型糖尿病：インスリン分泌の低下および標的細胞のインスリンに対する反応性の低下。

解説　**問1**　$\dfrac{100\,\mathrm{mg}}{100\,\mathrm{mL}}=\dfrac{100\,\mathrm{mg}}{100\,\mathrm{g}}=\dfrac{0.1\,\mathrm{g}}{100\,\mathrm{g}}$

問4　まず，食事によって一時的に血糖濃度が高くなっても，インスリン分泌によって速やかに正常値に戻る③が健康なヒトである。一方，インスリンが分泌されているにもかかわらず高血糖が続いている②がⅡ型糖尿病患者，インスリンの分泌がほとんどみられない①がⅠ型糖尿病患者と判断できる。

答

問1　0.1％

問2　ア，イ－自律神経，内分泌　ウ－細尿管　エ－再吸収

問3　疾患：自己免疫疾患　　例：⑤

問4　(i)　③　　(ii)　①　　(iii)　②

第6章　動物の体内環境の維持

実戦基礎問 25 グルコース輸送体

生物基礎

(a)ある種のホルモンは，細胞膜に存在する受容体に結合すると，細胞内の小胞の移動を引き起こす。その後，小胞の生体膜は細胞膜と融合する。これにより小胞に存在していた膜タンパク質は細胞膜に移動し，細胞膜の機能が変化する。インスリンもその一例である。右図に示すように，インスリンが標的細胞の細胞膜に存在するインスリン受容体に結合すると，細胞内におけるシグナル伝達により，(b)ふだんは小胞の生体膜に存在しているGLUT4という名称のグルコース輸送体が細胞膜へと移動する。これによってグルコースの細胞内への取り込みがすばやく増加し，血糖濃度が低下する。

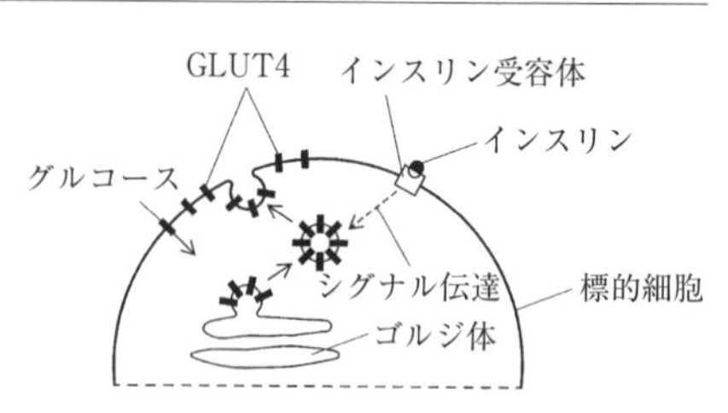

問1　下線部(a)に関連して，以下の問いに答えよ。

(1)　このような作用を示す，インスリン以外のホルモンの例をあげよ。

(2)　(1)で答えたホルモンの作用について，どのような膜タンパク質が細胞膜に移動し，その結果どこの細胞において，どのような機能が調節されているのかを40字以内で説明せよ。

問2　下線部(b)に関連して，以下の問いに答えよ。

(1)　このような小胞と細胞膜との融合現象は，細胞外に物質を分泌する際にも認められる。この現象を何というか。

(2)　反対に細胞膜が陥入して細胞内に物質を取り込むこともある。この現象を何というか。

問3　GLUT4などの膜タンパク質は，ゴルジ体から小胞を介して細胞膜に移動する。このようなタンパク質はどこで合成されるか。正しいものを次から1つ選べ。

①　核　　②　ミトコンドリア　　③　遊離したリボソーム

④　粗面小胞体に付着したリボソーム

問4　ゴルジ体から生じる小胞は，細胞膜に移動するもの以外に，ある細胞小器官を形成することもある。その細胞小器官の名称を答えよ。

（神戸大）

精講 **●グルコース輸送体** グルコースの濃度勾配に従ってグルコースを輸送するものと，他の物質の濃度勾配を利用して，グルコースの濃度勾配に逆らう方向にもグルコースを輸送するものがある。他の物質と連動した輸送は**共輸送**という。

●アクアポリン 水分子のみを透過させるチャネルの一種。脳下垂体後葉から分泌された**バソプレシン**が，腎臓の**集合管**の上皮細胞にある受容体に結合すると，下図のようにして**粗面小胞体**のリボソームで合成されたタンパク質(アクアポリン)が細胞膜に組み込まれ，水の再吸収が促進されるようになる。

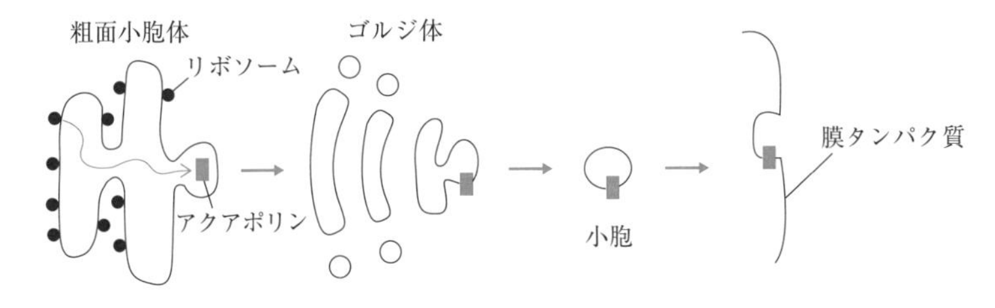

解説 **問1** 問われていることは3つある。どのような膜タンパク質か(⇒アクアポリン)。どこの細胞か(⇒腎臓の集合管の上皮細胞)。どのような機能が調節されているか(⇒水の再吸収の促進)。

問3 遊離のリボソームで合成されたタンパク質は，細胞質基質や細胞小器官に運ばれる。

答

問1 (1) バソプレシン
(2) アクアポリンが細胞膜に移動し，腎臓の集合管の上皮細胞で水の再吸収が促される。(38字)

問2 (1) エキソサイトーシス　(2) エンドサイトーシス

問3 ④　**問4** リソソーム

必修基礎問 57

体温調節

ヒトの体温調節を考えてみよう。体温は，脳にある①体温調節中枢を介して自律神経系とホルモンによってほぼ一定に保たれている。環境温度が下がると，皮膚の温度受容器が刺激され，その情報は［ア］神経によって脊髄に入り，脳へ伝わる。脳の体温調節中枢は，［イ］神経の活動を高めることによって皮膚の血管を［ウ］させるとともに，立毛筋を［エ］させて熱の放散を抑制する。さらに，自律神経系以外のしくみも体温調節に関与し，骨格筋に律動的な不随意収縮(ふるえ)を起こし，発熱を促し体温の維持をはかる。また，②副腎の髄質と皮質ならびに甲状腺からは，ホルモン分泌が高まり体温を維持する。これとは逆に，環境温度が上がると皮膚血管が［オ］し，体温の上昇を抑える。さらに，汗腺に分布する［カ］神経によって発汗が促進され，汗の蒸散作用により体温は下がる。

問1　上の文中の空欄に適語を入れよ。

問2　ヒトの交感神経系と副交感神経系から効果器に分泌される伝達物質の名称をそれぞれ答えよ。

問3　下線部①に関して，体温調節中枢がある脳の部域の名称を書け。

問4　下線部②の副腎の髄質および皮質から分泌され，代謝の調節に関わるホルモンの名称を1つずつ答えよ。また，それぞれのホルモン分泌を調節するしくみを簡潔に述べよ。

問5　下図はラットを実験室(24℃)から低温室(1℃)に移した後の，体温と甲状腺刺激ホルモンおよびチロキシンの血中濃度変化を表している。ホルモンaとホルモンbの名称を答えよ。

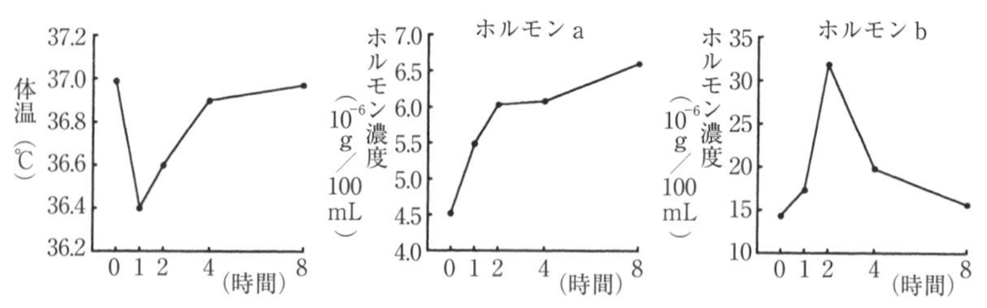

問6　上図において，ホルモンaとホルモンbの血中濃度変化の理由を，両ホルモンの分泌調節機構と関連づけて100字以内で説明せよ。

問7　チロキシンが代謝により体温を高めるしくみについて，50字以内で述べよ。

(岡山大)

精講 ●**恒温動物と変温動物**　無脊椎動物や脊椎動物の魚類・両生類・は虫類は，外界の温度によって体温も変化する。このような動物を変温動物という。鳥類と哺乳類は外界の温度に関係なく体温をほぼ一定に保つことができ，恒温動物という。

●**寒い場合の調節**　寒冷刺激や体温低下を間脳視床下部が感知すると，交感神経によって立毛筋や体表の毛細血管が収縮し，放熱量を減少させる。また，甲状腺からのチロキシンや副腎皮質からの糖質コルチコイド，副腎髄質からのアドレナリンなどによって，筋肉や肝臓での代謝(化学反応)が促進され，発熱量が増大する。これらによって体温低下を防ぐ。

●**暑い場合の調節**　寒冷の場合と逆だが，それ以外にも交感神経により発汗を促進してより放熱量を増大させ，体温上昇を防ぐ。

Point 52　体温調節

① 体温は，放熱量と発熱量を調節して保たれる。
② 放熱量の調節は，立毛筋・毛細血管・汗腺の働きにより行われる。
③ 発熱量の調節は，ホルモンによる代謝の働きにより行われる。

問1　感覚器で受容した情報は，感覚神経によって中枢に伝えられる。

問6　フィードバックによる調節について書く。

問1　アー感覚　イー交感　ウー収縮　エー収縮　オー拡張　カー交感

問2　交感神経系－ノルアドレナリン　副交感神経系－アセチルコリン

問3　間脳視床下部

問4　副腎髄質－アドレナリン：交感神経によって分泌が促進される。
副腎皮質－糖質コルチコイド：脳下垂体前葉からの副腎皮質刺激ホルモンによって分泌が促進される。

問5　ホルモンａ－チロキシン　ホルモンｂ－甲状腺刺激ホルモン

問6　体温の低下により甲状腺刺激ホルモンの分泌が促進され，これによりチロキシンの分泌量が増加した。しかし血中のチロキシン濃度の上昇によるフィードバックによって甲状腺刺激ホルモンの分泌が抑制された。(95字)

問7　肝臓などの細胞内における代謝，特に異化を促進し，熱の生産量を増加させることで体温を高める。(45字)

演習問題

⇨ 解答は327ページ

28 必修基礎問 48

私たちは呼吸をすることにより平均1分間に6Lの空気を肺に送り込んでいる。このうち21%が酸素なので，1.2Lの酸素が肺に送り込まれることになる。この酸素のうち250mLが血液中に送り込まれる(拡散比は約21%)。血液中のすべての酸素が消費されるのではなく，肺動脈では750mL/分の酸素が血液中に残存している。心臓からは1分間に5Lの血液が送り出されている。酸素を含む血液は動脈を通って各臓器に運ばれ，臓器中では血液は動脈から毛細血管に入る。ここを流れる血液の酸素分圧は最初90mmHgであるが，体液に酸素が取り込まれるため臓器内を流れて静脈に入る前に酸素分圧はAmmHgになる。体液に入った酸素は臓器を構成する細胞に取り込まれ，細胞に取り込まれた酸素はミトコンドリアに入って消費される。

問1 (1) 酸素が肺から血液に拡散していく場所は肺の中の何という場所か。

(2) ミトコンドリアで酸素が消費される反応系を何というか。

(3) この反応系はミトコンドリアのどこに存在するか。

(4) 酸素は消費されて何になるか。

(5) グルコースが消費されるとき呼吸商はいくつか。

(6) 呼吸商が0.8のとき，息をして肺から吐き出される炭酸ガスは1分間にどのくらいか。

問2 右図は酸素分圧による血中の酸素濃度を%で表示したものである。横軸は酸素分圧，縦軸は血液中でヘモグロビンと結合している酸素量(HbO_2)を表している。例えば酸素分圧90mmHgでは100%のヘモグロビンに酸素が結合していることを意味している。この図から酸素分圧Aを求めよ。

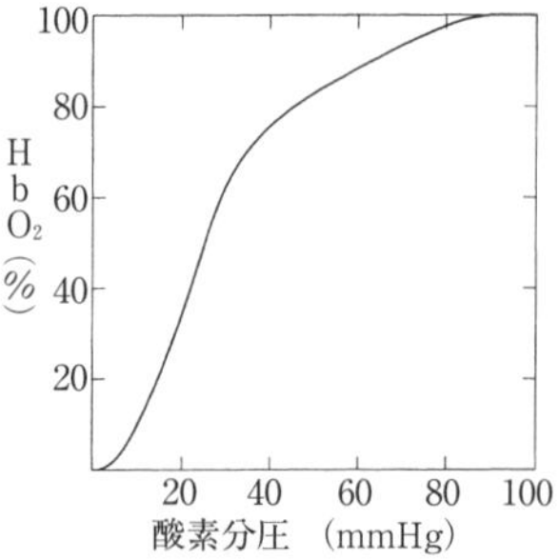

問3 心臓から送り出される血液100mL中に何gのヘモグロビンが必要になるか答えよ。ただし，小数点以下は切り捨てること。血液中の酸素は100%ヘモグロビンに結合しているものとする。ヘモグロビンの分子量を66440，また気体の1モルは22.4Lとする。

問4 もしヒトが酸素を空気から採取する肺呼吸でなく，水を利用するえら呼吸であったとするとき，口から吸引してえらから排出する水量はいくらになるか計算せよ。血液量および血液の流速は同じとする。水中の酸素含有量は0.3%である。また，水と血液での酸素の拡散比率はこの条件下で90%とする。

問5 ヒトの胎児が母親の体内にいるとき，酸素を取り入れる方法について50字程度で説明せよ。

〈名古屋市大〉

29 必修基礎問 **50**

A．脊椎動物では，抗原が体内に侵入すると，血液中にその抗原と特異的に結合する物質(抗体)がつくられて抗原を排除する働きがある。抗体は，［ア］と呼ばれるリンパ球がつくる免疫グロブリンで，多くの種類があるが基本的には4本のポリペプチド鎖からなり，［イ］と［ウ］と呼ばれるポリペプチド鎖が対になったものが2組結合して，全体としてY字型の分子構造をもっている。［イ］と［ウ］の先端部分は抗体ごとにアミノ酸配列がきわめて異なっており，［エ］と呼ばれる。［エ］以外の部分は［オ］と呼ばれる。①1個の［ア］はそれぞれ1種類の抗体しかつくらないために，多様な抗原に対応するには，きわめて多種類の［ア］が必要である。

問1 上の文中の空欄に適語を入れよ。

問2 下線部①の多種類の［ア］が形成される機構について100字程度で説明せよ。

問3 ある抗体(分子量15万)が結合する抗原の分子量を5万，抗体と結合できる抗原分子の部位は1か所のみであるとする。この抗体 0.45 mg が結合できる抗原の最大量は何 mg か計算せよ。

B．抗原と抗体はともに複数の結合部位をもつことが多いため，抗原と抗体がある濃度比のとき，多数の抗原と抗体がたがいに結びつき，大きな抗原抗体複合体となって凝集して，目で見える沈降線を形成することがある。この沈降線の形成を利用して抗原抗体反応を調べる方法に，ゲル内二重拡散法がある。右図1に示すように，スライドガラス上にうすい寒天ゲル層を作り，それに小孔(ウェル)をあけて，隣接するウェルにそれぞれ抗原および抗体を含む血清を入れる。時間経過とともに，抗原と抗体は濃度勾配を形成しながらそれぞれゲル内を拡散する。抗原と抗体が反応する場合，両者が最適な濃度比となったところで沈降線が形成される。

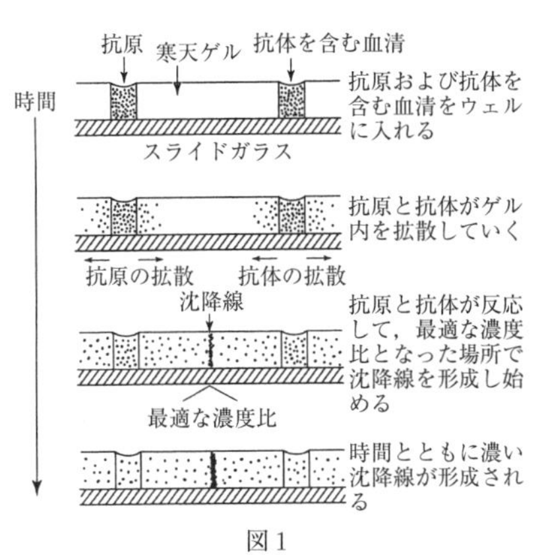

図1

問4 ゲル内二重拡散法では，抗原と抗体の濃度が沈降線の形成に影響することが知られている。右図2は，この方法を用いて観察される沈降線をゲルの上方から見たパターンを示したものである。パターンⓐはある抗原とそれに対する抗体の濃度が等しい場合に形成される沈降線を示しており，

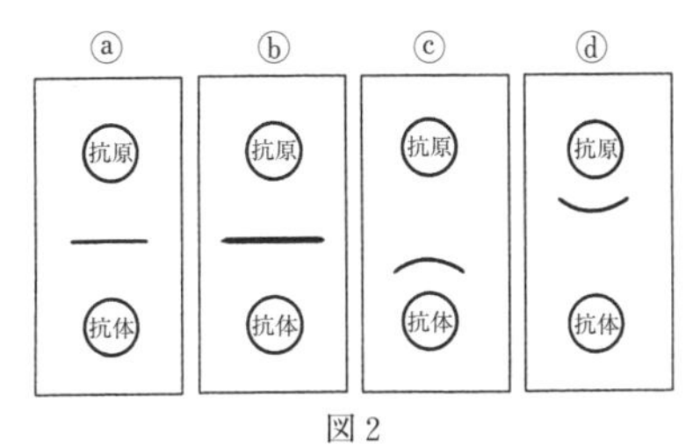

図2

第6章 動物の体内環境の維持

抗原と抗体のウェルのほぼ中間に沈降線が形成された。以下の条件のときには沈降線はどうなるか。図2のパターンⓐ～ⓓから1つずつ選べ。

(1) 抗原の濃度を変えずに，抗体の濃度を2倍にしたとき

(2) 抗原と抗体の濃度をともに2倍にしたとき

C．ゲル内二重拡散法では，抗体を入れるウェルの周りに複数の抗原のウェルを配置して沈降線を観察することにより，複数の抗原抗体反応を同時に判定することが可能である。いま，ウサギ，ヤギおよびウマのアルブミン(血液中に含まれるタンパク質で，分子量は約7万)の性質を比較するために，それぞれの動物から血液を採取後，アルブミンを精製して3本の試験管に入れ，保存しておいた。ところが，試験管のラベルがはがれて，どの試験管にどの動物のアルブミンを入れたのかがわからなくなった。そこで，抗原抗体反応を利用して試験管に入っているアルブミンがどの動物のものかを決定するために抗体を作製することを考えた。利用できる動物は血液を採取したウサギ1羽とヤギ1頭だけである。注射の組合せを簡単にするために，3本の試験管(仮にX，Y，Zとする)に含まれるアルブミンの一部を取り出して混合後，適量をウサギとヤギに注射して血清を得た。得られた血清と試験管X，YおよびZのアルブミンとの反応を，ゲル内二重拡散法を用いて調べた。沈降線のパターンは上図3の通りであった。

血清1：ウサギ血清

血清2：ヤギ血清

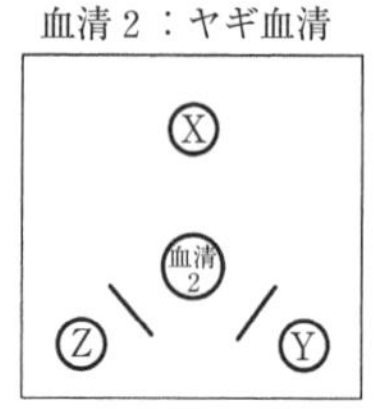

図3

問5 (1) 試験管X，YおよびZに含まれるアルブミンはウサギ，ヤギおよびウマのどの動物に由来するか。それぞれ適切な動物名を記せ。

(2) そのように判断した理由を150字程度で記せ。

〈京大〉

30 必修基礎問 51，実戦基礎問 23

問1 以下の文中の空欄に適語を入れよ。

脊椎動物の主要な排出器官は腎臓である。これは腎管の進化したもので［ア］の腎節から発生してくる器官である。腎臓は多くの腎単位から構成されている。腎動脈から［イ］に流れ込んだ血液は血球と血しょう中のいくつかの成分を除いて［ウ］によって［エ］にろ過されて原尿となる。原尿中の成分は細尿管を流れる間にそれを取り巻く毛細血管へ再吸収されて血液に戻り，残りが集合管を経て尿となる。

成分	血しょう中の量(mg/100 mL)	尿中の量(mg/100 mL)	濃縮率
グルコース(ブドウ糖)	100	0	0
ナトリウムイオン	330	333	1.0
カリウムイオン	17	147	8.6
塩化物イオン	365	600	1.6
尿酸	2	53	26.5
尿素	30	2000	66.7

問2　前ページの表は血しょうと尿の組成の比較である。参考にして次の問いに答えよ。

(1)　次の文から正しいものを1つ選べ。

①　体液の浸透圧はナトリウムイオンの再吸収とは関係がなく，再吸収される水の量で調節される。

②　尿中にグルコースが含まれないのは腎小体でろ過されなかったからである。

③　尿中の量が血しょう中の量より多い物質は再吸収されなかった物質である。

④　濃縮率はそれぞれの成分が血液中に再吸収される場合の濃さを表している。

⑤　成分の量が尿中と血しょう中とで異なるのは成分の再吸収の割合と水の再吸収の割合が異なるからである。

(2)　水と同じ割合で再吸収される物質を表中から1つ選べ。

(3)　血しょう中の濃度が 10mg/100mL で再吸収されない物質が，1日の原尿量 170L 中に 17g 存在した。1日の尿量 1.5L の場合のこの物質の濃縮率に最も近い数値を次から1つ選べ。

①　10　　②　50　　③　100　　④　150　　⑤　200

問3　右図は物質Aの血しょう中の濃度を変化させた場合，ろ過量，排出量，再吸収量の関係を示している。

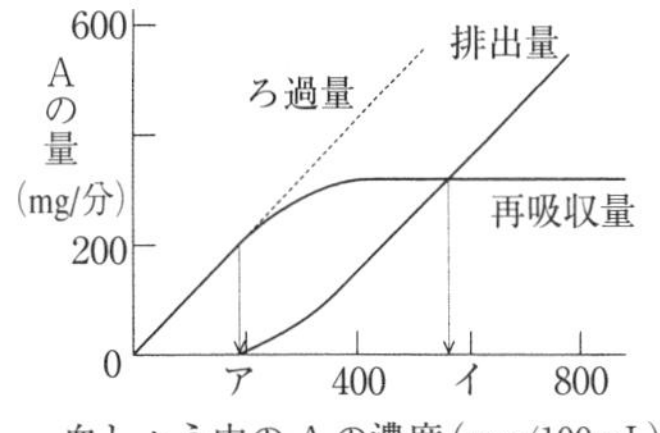

血しょう中の A の濃度 (mg/100mL)

(1)　次の文から誤っているものを4つ選べ。

①　物質Aは血しょう中の濃度が(ア)をこえると，尿中に検出される。

②　物質Aは血しょう中の濃度が(イ)をこえると，排出量が再吸収量を上まわるようになるから尿中に検出される。

③　物質Aは血しょう中の濃度が(ア)以下では濃縮率は0である。

④　物質Aの血しょう中の濃度が(イ)のときは排出量と再吸収量が等しいから濃縮率は1になる。

⑤　物質Aの血しょう中の濃度がある値以上になると，ろ過量の曲線と排出量の曲線は平行になるが，これは再吸収量が一定になるからである。

⑥　物質Aに対する細尿管の再吸収の能力には限界がある。

⑦　物質Aの血しょう中の濃度が(ア)をこえると，細尿管内の浸透圧が高くなり，水が再吸収されにくくなる。

⑧　物質Aの血しょう中の濃度が(ア)から(イ)の間は再吸収量が排出量より多いので細尿管内の浸透圧が低くなり水が再吸収されやすくなる。

⑨　物質Aの血しょう中の濃度が(イ)をこえると細尿管内の浸透圧が高くなり水が再吸収されやすくなる。

(2)　物質Aは何か。次の①～⑥から1つ選べ。

①　グルコース(ブドウ糖)　　②　ナトリウムイオン　　③　カリウムイオン

④　尿酸　　⑤　尿素　　⑥　タンパク質

問4　右下の図は腎単位(ネフロン)の概略と，腎単位の各部分(ア～エ)での尿の浸透圧のおおよその変化を，血しょうの浸透圧を1とした場合の相対値で示している。また，Ⅰ，Ⅱの記号は(ウ)，(エ)で浸透圧がこの範囲で調節されることを示している。図を参考にして次の文から正しいものを2つ選べ。

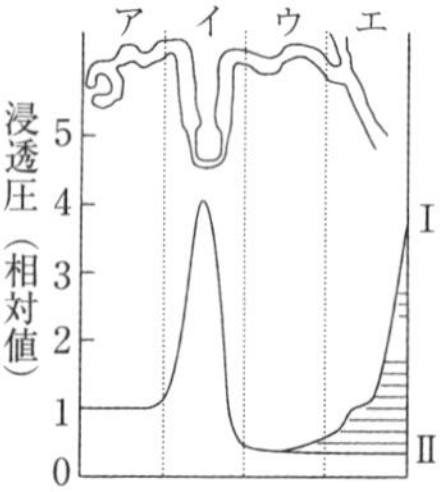

① (ア)では溶質と水は同じ割合で再吸収される。
② (ア)では溶質と水は再吸収されない。
③ (イ)では水が過剰に再吸収され，再吸収された余分の水がふたたび細尿管に吸収される。
④ (イ)では溶質や水に対する再吸収が部位によって異なっている。
⑤ (ウ)では多量の溶質のみが再吸収される。
⑥ (エ)では水の再吸収を調節しているが，水を多量に摂取した場合などは浸透圧は(Ⅰ)に近づく。
⑦ (エ)では溶質の再吸収を調節しているが，溶質の再吸収が行われないと浸透圧は(Ⅱ)に近づく。

問5　バソプレシンは水分調節に関与するホルモンである。右表はこのホルモンが過剰に分泌された場合と全く分泌されない場合の水分代謝の変化を示している。バソプレシンについて表を参考にして次の文から正しいものを2つ選べ。

	ろ過量(mL/分)	ろ過された水分の再吸収率(%)	尿の量(L/日)	尿濃度(相対値)
バソプレシン正常に分泌	125	98.7	2.4	1.00
バソプレシン過剰に分泌	125	99.7	0.5	4.83
バソプレシン分泌なし	125	87.1	23.3	0.10

① バソプレシンの有無に関係なく，1日に排出される溶質の全量はほとんど変わらない。
② バソプレシンは集合管の細胞に作用し，ナトリウムイオンの再吸収を調節することによって水分の再吸収を調節している。
③ バソプレシンが過剰に分泌されると，溶質の再吸収が行われなくなるため尿濃度が高くなる。
④ バソプレシンの有無によって原尿の量に変化はみられないが，バソプレシンがないと水の再吸収率が下がるため低張な尿が多量につくられる。
⑤ バソプレシンは体液の浸透圧が下がると脳下垂体後葉から分泌される。
⑥ バソプレシンは脳下垂体前葉の刺激ホルモンの働きによって副腎皮質で生産される。

〈順天堂大〉

31 必修基礎問 49, 50, 実戦基礎問 24, 25

多細胞動物において，(a)細胞間の情報伝達の多くは，細胞膜に存在する(b)受容体と呼ばれる膜タンパク質が，他の細胞の分泌物や提示物などの ア を受容して行われる。受容体は，シナプスでの興奮の伝達に関わる イ 型，インスリンや成長ホルモンを受容する ウ 型，アドレナリンなどを受容する エ 共役型などがある。 ア が ウ 型受容体に結合すると，細胞内に突き出た部分が活性化して，標的タンパク質を オ することなどにより細胞内にシグナルを伝達する。一方， ア が エ 共役型受容体に結合すると， エ に結合していた カ が キ に入れかわる。これによって活性化した エ が標的タンパク質の一つである ク を活性化した場合，ATP から ケ という(c)セカンドメッセンジャーが大量につくられる。

問 1 上の文中の空欄に入る適切な語を，次からそれぞれ 1 つ選べ。

① PGA　② NADP　③ cAMP　④ GTP
⑤ GDP　⑥ GFP　⑦ リン酸化　⑧ 脱リン酸化
⑨ アセチル化　⑩ 脱アセチル化　⑪ G タンパク質　⑫ リガンド
⑬ アデニル酸シクラーゼ　⑭ グアニル酸シクラーゼ
⑮ 分解　⑯ イオンチャネル　⑰ 脂質　⑱ リパーゼ
⑲ ホスホリパーゼ　⑳ 酵素

問 2 下線部(a)に関連して，細胞から産生されるシグナル分子にはさまざまな伝達様式が存在する。次から間違っているものを 1 つ選べ。

① 樹状細胞は細胞表面にシグナル分子を提示して T 細胞に情報を伝達する。
② 水溶性のシグナル分子は細胞膜を通過して細胞内の受容体に結合する。
③ 標的細胞の近くで組織液に分泌されるシグナル分子は発生に重要である。
④ インスリンなどのシグナル分子は血液中に分泌され遠方の細胞に作用する。

問 3 下線部(b)に関する文として間違っているものを次から 1 つ選べ。

① 受容体はタンパク質でできている。
② 免疫に関わる細胞が提示する抗原を認識する受容体がある。
③ T 細胞はトル様受容体で異物を認識する。
④ 味覚や嗅覚に関わる受容体がある。
⑤ B 細胞は BCR で受容した抗原の一部を MHC 分子に乗せて提示する。

問 4 下線部(c)は，細胞外からのシグナルを中継する役割以外にも重要な役割をもっている。その役割を30字以内で説明せよ。

問 5 受容体などの膜タンパク質は，翻訳後どのように細胞膜へ輸送されるか，75字以内で説明せよ。

〈学習院大〉

32 ➡必修基礎問 55, 56

食物が口の中に入ると，だ液と混合される。だ液には，酵素［ ア ］が含まれるので，口の中で［ イ ］の分解が始まる。飲み込まれた食物の塊は食道を下降し胃に入る。

胃では，胃腺から酵素である［ ウ ］と，食物の殺菌と酵素の働きを進めるための［ エ ］が分泌される。この酵素は［ オ ］を分解する酵素で，その最適 pH は［ カ ］性である。小腸に入ると，食物の塊は2つの器官から分泌される消化液と混合される。一方は，すい臓から分泌され，タンパク質分解酵素である［ キ ］を含む。この酵素の働きを進めるために，すい液は［ ク ］性になっている。他方は，肝臓で合成され胆のうに蓄えられていた胆汁である。消化が進んで栄養素が低分子化すると小腸粘膜から吸収され，門脈を経て肝臓へ運ばれ，さらに全身に供給される。［ イ ］のような糖質が消化吸収されると血液中のグルコース濃度が上昇する。このとき，すい臓のランゲルハンス島［ ケ ］細胞から［ コ ］と呼ばれるホルモン(以下ホルモンXと呼ぶ)が分泌され，その作用によって血液中のグルコース濃度が低下して恒常性を保つ。ヒト血液中のホルモンXの濃度とグルコース濃度の変化を測定すると図1のようになった。ホルモンXの濃度の変化は，全体に血液中のグルコースのそれと類似していたが，食事時間中だけは異なる点があった。そこで，その違いを詳しく調べるためにネズミを用いた実験を行った。

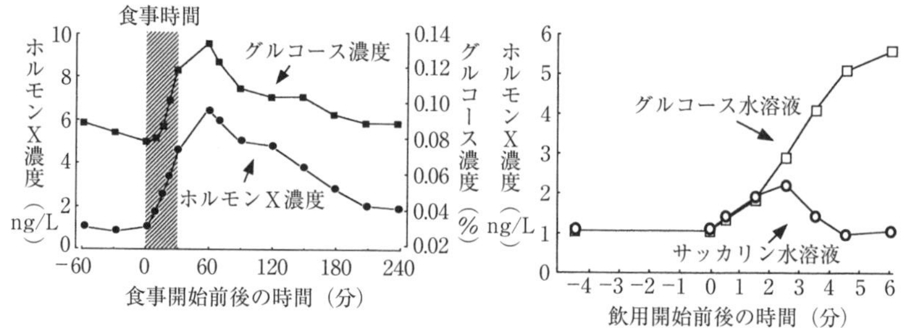

図1　食事前後のヒト血液中ホルモンX濃度（●）とグルコース濃度（■）の変化

図2　グルコース水溶液（□）あるいはサッカリン水溶液（○）飲用前後のラット血液中ホルモンX濃度の変化

ネズミに，グルコース水溶液を一気に飲ませた場合と，サッカリンの水溶液を飲ませた場合で，血液中のホルモンXの濃度変化を比較した。なお，サッカリンは口に含むと糖と同じように甘い味を感じるが，糖とは無関係な安息香酸誘導体である。図2に示すようにホルモンXの血液中濃度は，それぞれの水溶液を飲ませた後2分間はどちらも同じように増加したが，サッカリン水溶液を飲ませたネズミ(○)では，それ以降ホルモンXの濃度増加速度が低下し，4分を超えると飲用開始前の濃度に戻ってしまった。

ランゲルハンス島［ ケ ］細胞から分泌されたホルモンXは，血流にのって全身に運ばれ，標的となる細胞に刺激を与えて，血液中のグルコースが細胞の中に輸送されるようにする。ここで，ヒトAとヒトBにグルコース水溶液を飲んでもらい，血液中のグルコース濃度の変化を測定すると図3のようになった。飲用後，どちらのヒトでもグルコース濃度の上昇が起こったが，●で示すヒトAでは，飲用してから1時間たつとグルコース濃度が元の値に戻ったのに対し，■で示すヒトBの場合，そのような濃度の低下がみられずさらに上昇を続けてしまった。

次に，同じヒトAとヒトBの血管中にホルモンXを注射してホルモンXの濃度を少しずつ上昇させ，血液中のグルコースが細胞に取り込まれる量の変化を調べたところ図4のようになった。

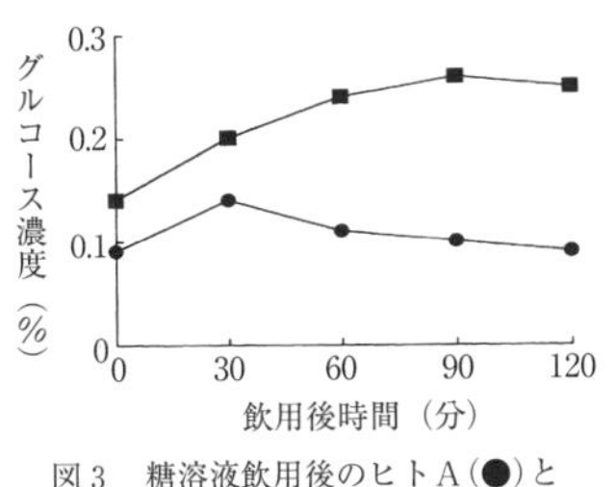

図3　糖溶液飲用後のヒトA（●）とヒトB（■）の血液中グルコース濃度の変化

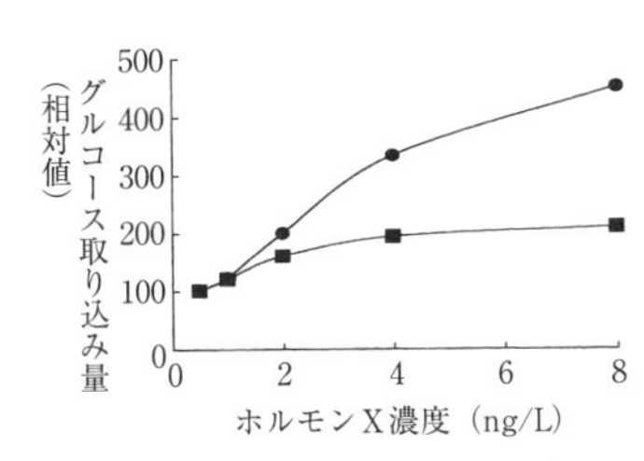

図4　ホルモンXの注射によって血液中の濃度を上昇させたときのヒトA（●）とヒトB（■）のグルコース取り込み量の変化

問1　上の文中の空欄に適語を入れよ。

問2　前ページの図2の実験において，ホルモンXはどのような刺激で分泌されていると考えられるか。溶液飲用後2分間を前期とし，それ以降を後期として説明せよ。

問3　図3のヒトBが示す血液中グルコース濃度の恒常性異常は，図4の結果から考えて(A)<u>ホルモンXの生産・分泌の異常</u>によるものか，あるいは(B)<u>標的となる細胞の異常</u>によるものと判断されるか。(A)，(B)のいずれの可能性が高いかを答え，そう考えた理由を簡潔に示せ。

〈京都府大〉

第7章 動物の反応と調節

必修 基礎問 21. 受容器

58 光受容器(眼)

生物

問1　右図1はヒトの眼の水平断面を上から見た図である。

⑴　これは右眼か左眼か。

⑵　図1中の空欄に適当な語を記せ。

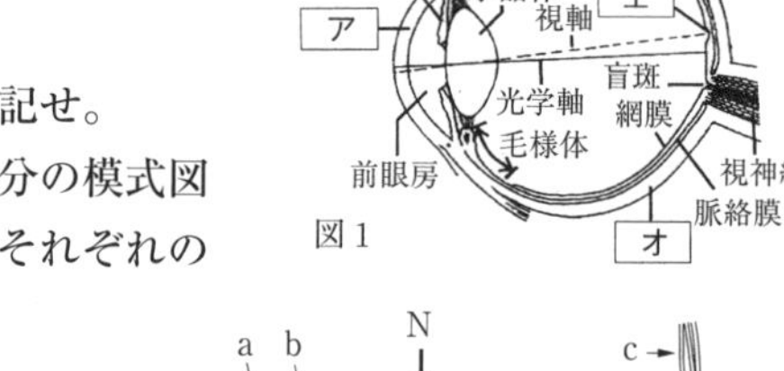

図1

問2　図2は，ヒトの眼のある部分の模式図である。a，b，cの名称およびそれぞれの機能について簡潔に答えよ。

問3　図2のa，bのような細胞の総称を記せ。また，bが正常に活動するために必要なビタミンの名称を答えよ。

問4　図2において，網膜を構成する細胞層すべてをd，e，f，g，hから選べ。

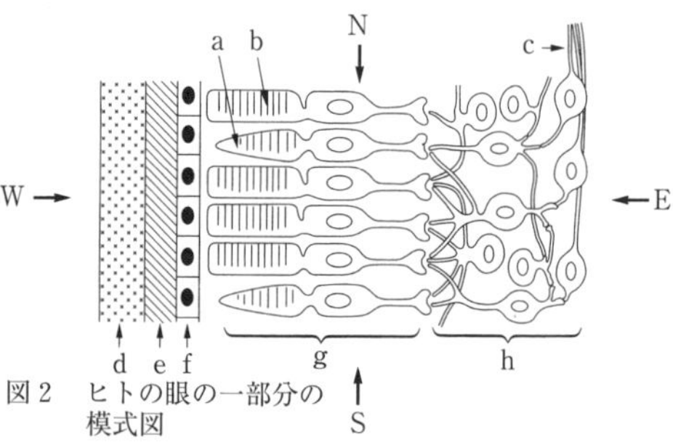

図2　ヒトの眼の一部分の模式図

問5　図2において，光はどの方向から入ってくるか。図中のN，W，S，Eの記号で答えよ。

問6　眼球内に盲斑ができる理由を60字以内で説明せよ。

問7　ヒトの眼はどのようにして遠近調節をしているか，近くの物体にピントを合わせる場合の調節方法を，以下のすべての語句を用いて80字以内で説明せよ。

〔語句〕　水晶体，毛様体の筋肉，チン小帯，焦点距離，網膜

（奈良県医大・愛媛大）

●遠近調節

毛様体の筋肉(毛様筋)とチン小帯の働きで水晶体(レンズ)の厚みが変わり，焦点距離が変化する。

近くを見るとき

水晶体(厚い)

毛様体(収縮)

チン小帯(弛緩)

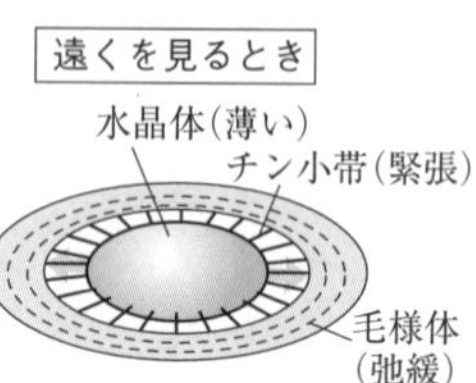

〔遠近調節〕

●眼と網膜の構造

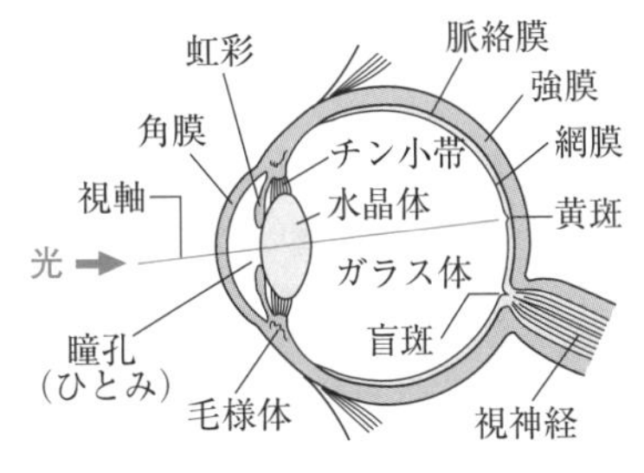

〔ヒトの眼の構造(右眼の水平断面)〕

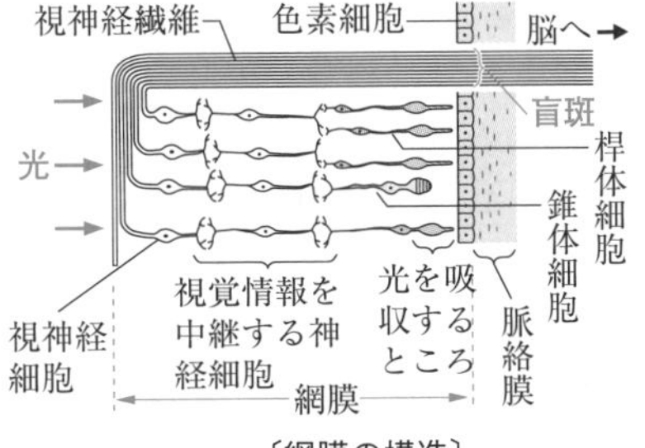

〔網膜の構造〕

Point 53　**近くを見るとき**：毛様体の筋肉収縮 → チン小帯が緩む → 水晶体が厚くなる。

視細胞 ｛錐体細胞：強光下で働き，色の識別を行う。
　　　　　桿体細胞：弱光下で働き，明暗の識別を行う。

盲斑：視神経の軸索が束となって網膜を貫く部分。視細胞が存在しないので光を受容できない。

問1　(1)　黄斑よりも中央より(鼻側)に盲斑がある。

問3　桿体細胞にはロドプシンという感光色素が含まれている。これが再合成されて量が増加すると光に敏感になるが，ロドプシンの再合成にはビタミンAが必要である。

問4　dは強膜，eは脈絡膜，fは色素細胞を示す。

答

問1　(1)　右眼

(2)　ア－角膜　イ－虹彩　ウ－ガラス体　エ－黄斑　オ－強膜

問2　a－錐体細胞：強光下で働き，色を感知する。

b－桿体細胞：弱光下で働き，明暗の識別を行う。

c－視神経細胞：視細胞で受容した光情報を脳に伝える。

問3　視細胞，ビタミンA　　**問4**　f，g，h　　**問5**　E

問6　視神経が視細胞よりもガラス体側に分布するため，視神経が網膜を貫き出て行く部分が必要で，ここには視細胞が分布しないから。(59字)

問7　毛様体の筋肉が収縮すると，チン小帯が緩む。その結果，水晶体は自らの弾性で厚くなる。すると水晶体の焦点距離が短くなり，網膜に結像するようになる。(71字)

必修 基礎問

59 音受容器(耳)

ヒトの耳は外耳，中耳，内耳からできており，[ア] と [イ] という2種類の感覚の受容器をもっている。音は [ウ] で集められて外耳道を通り，[エ] を振動させる。a その振動は中耳の [オ] を介して，内耳の卵円窓から [カ] に伝えられる。[カ] はらせん状の管で，引き伸ばすと約 35 mm になる。この管は前庭階，うずまき細管，鼓室階からなり，うずまき細管と鼓室階の間の [キ] 上にコルチ器がある。卵円窓から前庭階に入った音波は鼓室階を経て正円窓に抜ける。b この間に [キ] が振動して，その上のコルチ器にある聴細胞が刺激されて興奮する。この興奮は聴神経から大脳側頭葉にある聴覚野に達して音として認識される。

一方，[イ] は内耳にある前庭と 3 つの [ク] により生じる。回転の感覚は [ク] により生じる。すなわち，c 頭が回転すると [ク] もそれに伴って動き，一方 [ク] 膨大部の中にある内リンパ液は慣性の法則により留まろうとするため，結果的に受容細胞の感覚毛が倒れる。このようにして生じた興奮は，前庭神経から主に脳幹や小脳に伝達されるとともに，脊髄や動眼神経へ伝達されるため，回転や傾きがあっても姿勢や運動の調節が適切に行われる。

問 1 上の文中の空欄に適語を入れよ。

問 2 下線部 a について以下の問いに答えよ。

(1) [オ] はいくつの骨からなっているか答えよ。

(2) 右図 1 は耳の模式図である。①は何か答えよ。

(3) ①の役割を20字以内で説明せよ。

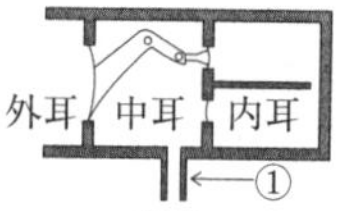

外耳 中耳 内耳 ①

図 1

問 3 下線部 b について以下の問いに答えよ。

(1) [キ] の振れの程度は音の振動数によって異なることが知られている。右図 2 A はさまざまな音の振動数における卵円窓からの距離と [キ] の振幅との関係を示している。また，音の振動数が同じでも [キ] の振幅は部位によって異なる。この原因は，右図 2 B に示すように [キ] は [カ] の入り口では幅が狭く，奥へいくほど幅が広くなっているから

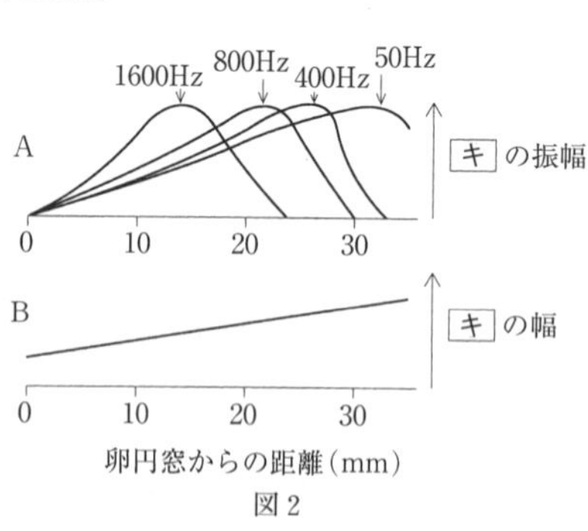

図 2

である。高い音では［ キ ］のどの部位が最もよく振れるか，次から１つ選べ。なお，ヘルツ(Hz)は１秒当たりの振動数を表す。

① 入り口　② 中間部　③ 奥

(2) ［ キ ］の上のコルチ器にある聴細胞の毛は，［ カ ］の入り口のものは短く硬いが，奥のものは長く軟らかい。低い音にどのような性質の毛が強く共鳴するか，次から１つ選べ。

① 短く硬い　② 長く軟らかい　③ どちらでも変わらない

(3) ヒトの耳は(1)から考えて振動数の異なる音をどのようなしくみで区別しているのか，70字以内で説明せよ。（東京農工大）

精講 ●耳の構造

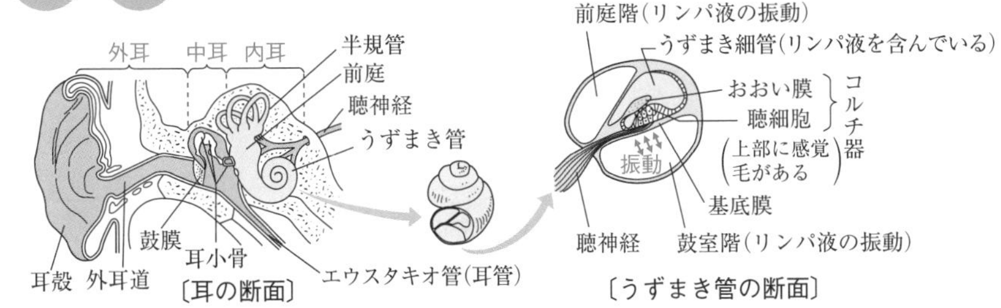

〔耳の断面〕　〔うずまき管の断面〕

Point 54　**うずまき管：聴覚の感知**
前庭：平衡感覚の感知
半規管：回転感覚・運動の速さの感知

問3　図2にあるように，卵円窓に近い方が基底膜の幅が狭く，高い音に振動する。

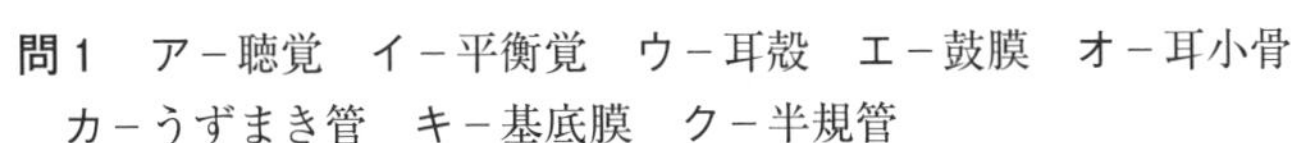

答

問1　アー聴覚　イー平衡覚　ウー耳殻　エー鼓膜　オー耳小骨
カーうずまき管　キー基底膜　クー半規管

問2　(1) ３つ　(2) 耳管(エウスタキオ管・ユースタキー管)
(3) 鼓膜内外の気圧が等しくなるよう調節する。(20字)

問3　(1) ①　(2) ②
(3) 高い音は卵円窓に近い幅の狭い基底膜を振動させ，低い音は卵円窓から遠い幅の広い基底膜を振動させることで区別する。(55字)

実戦
基礎問
26 視細胞の光閾値

ヒトの視細胞のうち［ア］細胞は主に明るい所で働き，［イ］細胞は主に暗い所で働く。この2種類の視細胞の働きによって，眼は，昼間と夜のように異なる光の強さに適応することができる。たとえば，ⓐ長い時間明るい所にいた人が薄暗がりに入ると，最初は何も見えないが，次第に暗さに慣れてくる。図1は，いろいろな波長の光に対する［ア］細胞と［イ］細胞の感度の違いを示している。この図から，［ア］細胞は黄色の光に感度が高く，［イ］細胞は青緑色の光によく反応することがわかる。

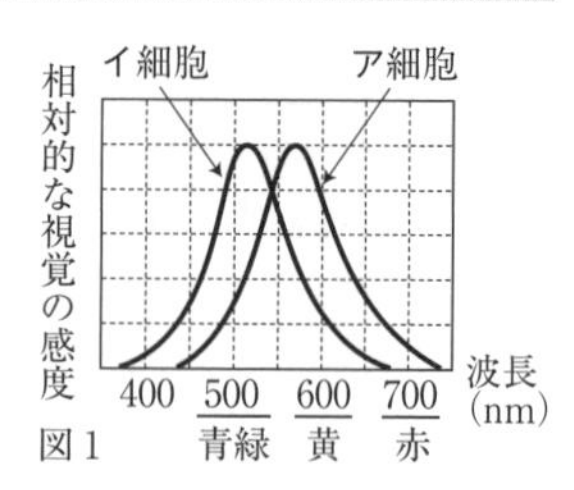

図1

いま，反応ⓐのしくみを調べるために次のような実験を行った。

実験1　1時間明るい所にいた人を暗い場所に移し，赤い光を黄斑部に当てて，見分けることができる最小の光の強さ(光閾値と呼ぶ)を調べた。縦軸に光閾値の対数を，横軸に暗い所にいた時間をとると，図2のような曲線になった。

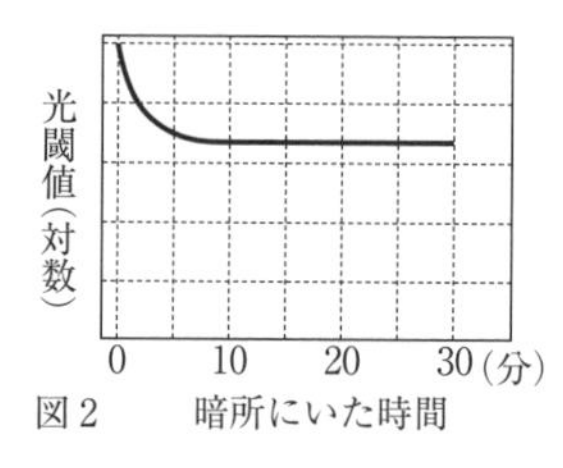

図2　暗所にいた時間

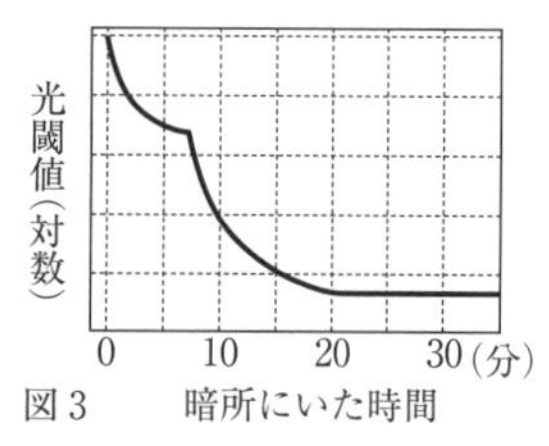

図3　暗所にいた時間

実験2　1時間明るい所にいた人を暗い場所に移し，今度は白い光を眼全体に当てて，光閾値を調べた。結果は図3の曲線になった。

問1　文中の空欄に適語を入れよ。また，下線部ⓐの反応名を答えよ。

問2　図1に関して次の文のうち正しいものはどれか。3つ選べ。

① ア細胞には，560 nm，530 nm，420 nm 付近の波長の光によく反応する3種類の細胞があるが，総合すると黄色の光に最も感度が高い。

② イ細胞には，黄，緑，青の光によく反応する3種類の細胞があるが，総合すると青緑色の光に最も感度が高い。

③ ア細胞は色を見分けることはできないが，波長の違いによる明るさの違いを見分けている。

④ イ細胞は色を見分けることはできないが，波長の違いによる明るさの違いを見分けている。

⑤ ロドプシンは黄色の光よりも青緑色の光によく反応する。

⑥ ロドプシンは青緑色の光よりも黄色の光によく反応する。

問3　実験1で赤い光を黄斑部に照射して視覚の光閾値を調べたのはなぜか。

問4　反応ⓐのしくみについて，「光受容物質」という語を用いて，実験結果もふまえて120字以内で述べよ。　（滋賀医大）

●視細胞の分布　錐体細胞は黄斑部に特に集中して分布し，桿体細胞は黄斑部には全く分布せず，黄斑の周辺部に分布する。

●錐体細胞による色の識別　錐体細胞には主に560 nm 付近の光を吸収する赤錐体細胞，530 nm 付近の光を吸収する緑錐体細胞，420 nm 付近の光を吸収する青錐体細胞の3種類がある。

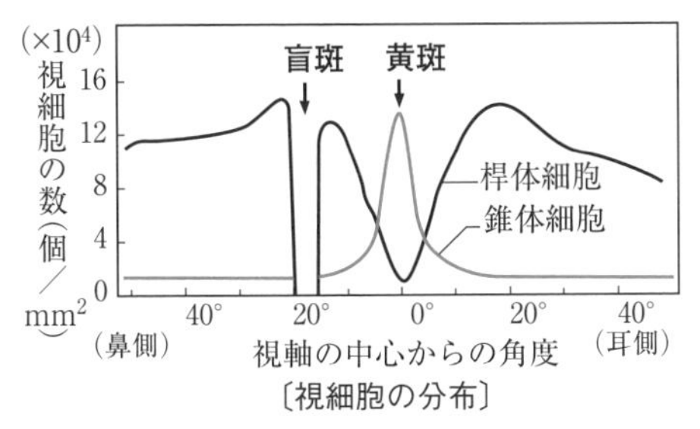

〔視細胞の分布〕

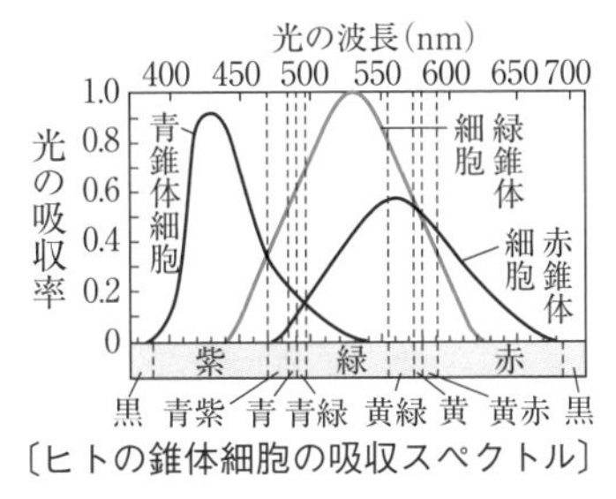

〔ヒトの錐体細胞の吸収スペクトル〕

●暗順応　明所から急に暗所に入ると物が見えないが，やがて暗さに慣れて見えるようになる現象を**暗順応**という。明所から暗所に移ってからの時間と，感じることのできる最小の光の強さ(**光閾値・光覚閾**)の関係を示したものが右図である。曲線1は錐体細胞，曲線2は桿体細胞の働きによる暗順応である。

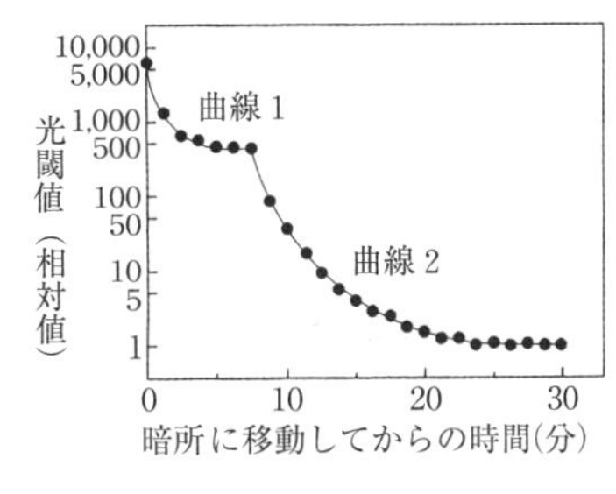

問3　黄斑部に光を照射する理由と，赤色を使う理由の2点について答える。黄斑部には錐体細胞だけが分布している。図1よりイ細胞(桿体細胞)は赤色光をほとんど感知しないことがわかる。

答

問1　アー錐体　イー桿体　ⓐー暗順応　　**問2**　①，④，⑤

問3　ア細胞は黄斑部に集中して分布しており，イ細胞は赤い光にはほとんど反応しないので，ア細胞だけの反応を調べることができるから。

問4　ア細胞やイ細胞に含まれる光受容物質は明るい所では少なく，細胞の光感受性は低くなっている。そのため暗所に入ると最初は弱い光を感知できないが，まずはア細胞，続いてイ細胞の光受容物質の増加によって光感受性が上昇するため，暗さに慣れてくる。(116字)

実戦 基礎問 27 視交叉

生物

右図は，ヒトの眼と視神経の関係を表している。視神経のうち，両眼の鼻側の網膜から出たものは眼球の後方で交叉して(視交叉)，脳に入る。

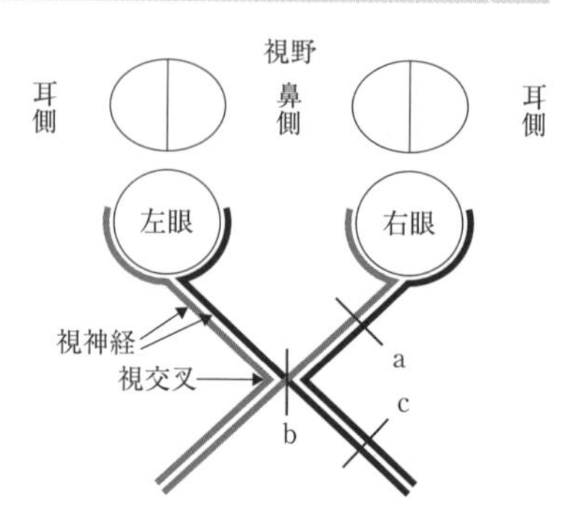

問1　網膜で受容された情報は大脳の視覚野に伝えられる。大脳は前頭葉，頭頂葉，後頭葉，側頭葉に分けられる。このうちで，視覚野があるのはどの領域か。

問2　図のa，bまたはcの位置で視神経が切断された場合，左右の眼の見え方はどうなると考えられるか，下図の①～⑤よりそれぞれ1つずつ選べ。なお，視野が欠損している部分は，黒塗りの部分で示している。

①　左　右　②　左　右　③　左　右　④　左　右　⑤　左　右

(東京理科大・関西医大)

精講　●**視交叉**　水晶体を通すと，左右上下が逆になって網膜に映し出される。右図のように視野の左側(★)は眼の右側に，視野の右側(◎)は眼の左側に伝わる。耳側の視神経はそのまま右は右，左は左の大脳へ伝わるが，鼻側の視神経は左右が逆転して大脳に情報を伝える。

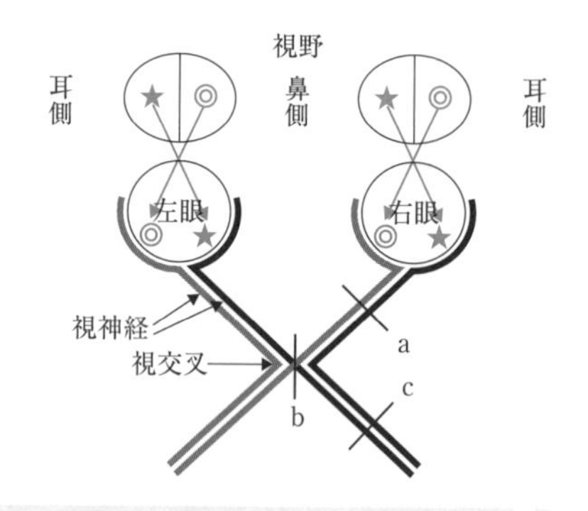

Point 55

①　水晶体を通すと左右上下が逆になって網膜に映し出される。

②　耳側の視神経はそのまま，鼻側の視神経は左右が逆転して大脳に連絡する。

●大脳の分業　大脳新皮質は右図のような領域からなる(図は左脳の側面)。視覚野は後頭葉に，聴覚野は側頭葉に，運動野は前頭葉，皮膚感覚の感覚野は頭頂葉にある。

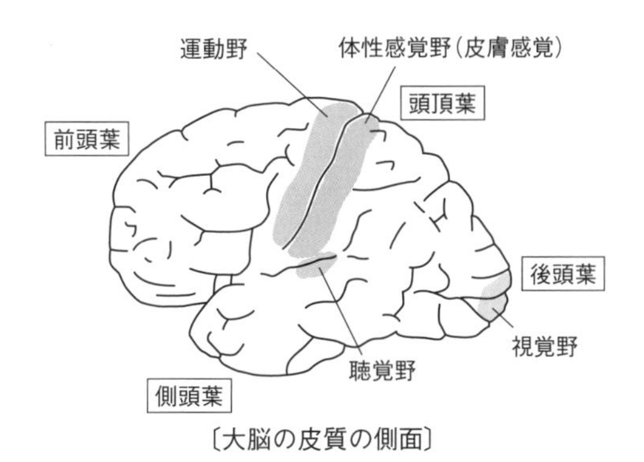

〔大脳の皮質の側面〕

解説　**問2**　前ページの精講の図で考える。

a．図のaで切断すると，右眼の★と◎の情報が大脳に伝わらなくなる。すなわち，右眼で見ていた視野がすべて欠損することになる。⇒①

b．図のbで切断すると，右眼の◎と左眼の★の情報が大脳に伝わらなくなる。すなわち右眼で見ていた右側の視野，左眼で見ていた左側の視野が欠損することになる。⇒②

c．図のcで切断すると★の情報が大脳に伝わらなくなる。すなわち右眼で見ていた左側の視野，左目で見ていた左側の視野が欠損することになる。⇒④

答　**問1**　後頭葉　**問2**　a－①　b－②　c－④

必修基礎問 22. 神経系

60 膜電位

生物

多くの動物は神経系を有しているため，外界からの刺激に対して反応できる。神経系を構成する基本単位は神経細胞(ニューロン)である。神経細胞には多数に枝分かれした短い突起である［ア］突起と［イ］と呼ばれる長く伸びた突起があり，興奮は［イ］を伝わっていく。多くの場合，［イ］にはa支持細胞が何重にも巻き付いてできた［ウ］と呼ばれる構造が見られる。b［イ］を覆う［ウ］はところどころに不連続な箇所(切れ目)があり，その場所を［エ］と呼ぶ。

問1 上の文中の空欄に適語を入れよ。

問2 下線部aについて，脊椎動物の末梢神経における支持細胞の名称を記せ。

問3 下線部bの構造をもつ神経における興奮の伝導を何というか。

問4 神経細胞にXの時点で刺激を与えたところ，膜電位が右図1に示すように変化した。以下の文章(A)～(C)は，それぞれ図中の(A)～(C)で起きている現象を説明したものである。文中の空欄に適語および数値を入れよ。ただし，［キ］・［ク］，［コ］・［サ］，［ス］・［セ］には細胞内，細胞外のいずれかを入れよ。

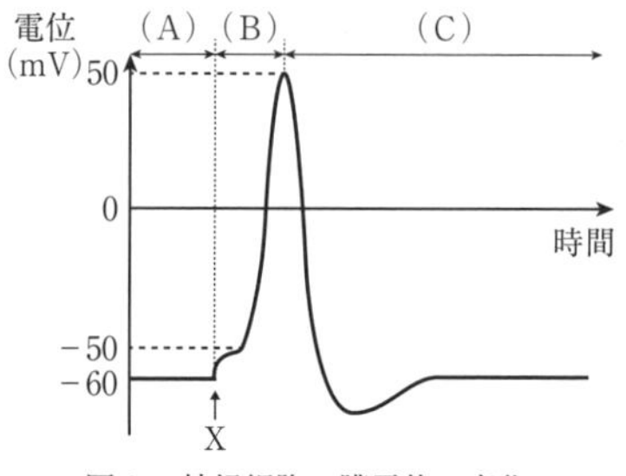

図1　神経細胞の膜電位の変化

(A)　細胞が刺激されていない状態では，細胞内の電位は外部に対して−60 mVの負の値をとり，これを［オ］という。このときは，電位に依存しない［カ］チャネルのみが開いており［カ］イオンが［キ］から［ク］に移動している。

(B)　刺激を与えると，細胞内電位が上昇し閾値を越えたときに電位依存性［ケ］チャネルが開き，［ケ］イオンが［コ］から［サ］へ流れる。これにより細胞内の電位が正(+)に変化する。

(C)　電位依存性［ケ］チャネルが閉じ，同時に電位依存性［シ］チャネルが開き，［シ］イオンが［ス］から［セ］へ流れる。その結果，電位が下がり，電位は［オ］に戻る。この一連の電位変化を［ソ］といい，図1のグラフでは［ソ］の最大値は［タ］mVである。

(岐阜聖徳学園大・岩手大)

精講

●ニューロン(神経細胞)の構造

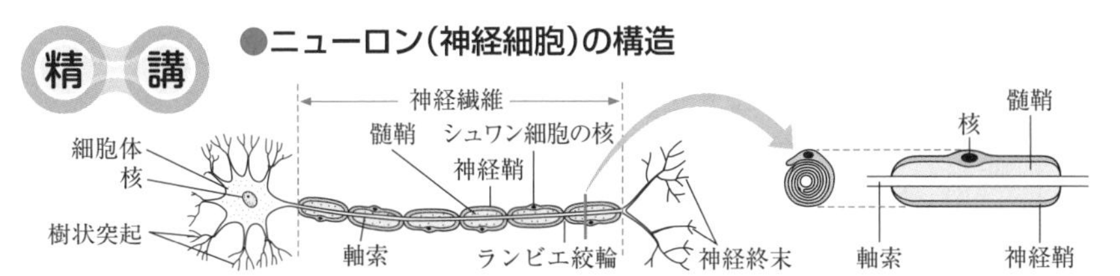

●静止電位　電位非依存性のカリウムチャネルは常に開いており，ここを通って K^+ が細胞内から細胞外へ流出し，細胞外が正(＋)，細胞内が負(－)という電位差(静止電位)が生じている。

●活動電位　閾値以上の刺激により電位依存性ナトリウムチャネルが開き，Na^+が細胞外から細胞内へ流入して膜電位が逆転し，細胞内が正，細胞外が負となる。やがて電位依存性ナトリウムチャネルは閉じ，電位依存性カリウムチャネルが開き，K^+ が細胞外へ流出して，細胞内が負に戻る。この一連の電位変化を活動電位という。

●跳躍伝導　髄鞘をもつ神経繊維を有髄神経繊維，髄鞘をもたない神経繊維を無髄神経繊維という。髄鞘は絶縁体で電気を通さないので，有髄神経繊維では，髄鞘の切れ目であるランビエ絞輪からランビエ絞輪へと興奮がとびとびに伝わる。これを跳躍伝導といい，これにより無髄神経繊維に比べて興奮伝導速度が非常に大きくなる。

Point 56

電位依存性性ナトリウムチャネル開 → Na^+が流入して細胞内が正に
電位依存性カリウムチャネル開 ——→ K^+ が流出して細胞内は負に

問 2　神経細胞の支持細胞にはシュワン細胞やオリゴデンドロサイトがあるが，末梢神経ではシュワン細胞が軸索を取り巻き，髄鞘を形成する。

問 4　[タ]　最初の静止電位からの電位変化が活動電位である。図 1 では，－60 mV から＋50 mV まで変化しているので，変化の最大値は110 mV。

答
問 1　ア－樹状　イ－軸索　ウ－髄鞘　エ－ランビエ絞輪
問 2　シュワン細胞　　問 3　跳躍伝導
問 4　オ－静止電位　カ－カリウム　キ－細胞内　ク－細胞外
ケ－ナトリウム　コ－細胞外　サ－細胞内　シ－カリウム　ス－細胞内
セ－細胞外　ソ－活動電位　タ－110

必修 基礎問 61

興奮の伝導と伝達

ニューロンの軸索の一部に電気刺激を与えて活動電位を生じさせると，隣接した静止部との間で活動電流が流れる。この活動電流が静止部を刺激し，閾値を超える刺激となると新しく活動電位が発生する。このようにして興奮は次々と軸索上を伝わっていく。これを興奮の［ア］という。軸索の末端(神経終末)は次のニューロンや効果器とごく狭い隙間を隔てて接続しており，この接続部分を［イ］と呼ぶ。さまざまなニューロンの［イ］では，異なる神経伝達物質を用いて情報の伝達を行っている。ヒトの運動ニューロンは筋細胞と興奮性［イ］を形成している。この興奮性［イ］において，活動電位が運動ニューロンの神経終末に到達すると，電位依存性［ウ］チャネルが開き，［ウ］イオンが神経終末内に流入する。その結果，［イ］間隙に面した細胞膜に［エ］が融合し，神経伝達物質である［オ］が放出される。筋細胞が［オ］を受容すると，イオンチャネルが開き［カ］イオンが細胞内に流入し，筋細胞が(　a　)する。膜電位が閾値を超えると，活動電位が生じる。ヒトの中枢神経系において，抑制性［イ］では，神経伝達物質としてγ-アミノ酪酸(GABA)を用いるものがある。その場合，［イ］後細胞がGABAを受容すると，イオンチャネルが開き［キ］イオンが細胞内に流入して［イ］後細胞が(　b　)し，膜電位を(　c　)ので，シナプス後細胞で活動電位が生じにくくなる。

問1　上の文中の［ア］～［キ］に適語を入れよ。

問2　上の文中の(　a　)～(　c　)に当てはまるものを，次からそれぞれ1つずつ選べ。

①　分極　　②　過分極　　③　脱分極
④　閾値に近づける　　⑤　閾値から遠ざける　　⑥　ゼロにする

問3　ヒトにおける［イ］と神経伝達物質に関して適切なものを2つ選べ。

①　すべての神経伝達物質はリボソームで合成される。
②　神経伝達物質として働くアミノ酸がある。
③　神経伝達物質は，全か無かの法則に従って，一定の大きさの［イ］後電位を引き起こす。
④　［イ］間隙に放出された神経伝達物質は，速やかに回収・分解される。
⑤　神経伝達物質を含む小胞は，軸索内でダイニンによって微小管の＋端側へ運ばれる。

(北里大)

●**伝導**　活動電位を生じている興奮部と生じていない静止部との間に活動電流が流れ，これにより静止部が新たに興奮して，次々と興奮が伝わっていく。これを興奮の伝導という。

●**伝達**　ニューロンとニューロンあるいは効果器との連接部をシナプスという。軸索末端(神経終末)には神経伝達物質を蓄えたシナプス小胞がある。興奮が軸索末端にまで伝導すると，軸索末端にあるカルシウムチャネルが開口し，Ca^{2+}が流入する。これによりシナプス小胞がシナプス前膜と融合し，神経伝達物質がシナプス間隙に放出される。神経伝達物質がシナプス後膜にある受容体に結合すると，伝達物質(リガンド)依存性イオンチャネルが開口し，イオンが流入する。興奮性ニューロンの場合は Na^+，抑制性ニューロンの場合は Cl^-が流入する。Na^+の場合は細胞内の電位が正の方に変化する(これを脱分極という)。Cl^-の場合は細胞内がより負の方に変化する(これを過分極という)。細胞内が正の方に変化して閾値に達すると，活動電位が発生する。**実戦基礎問 28** (p. 230)も参照。

Point 57

興奮性ニューロン ⟹ Na^+ が流入し，脱分極する
抑制性ニューロン ⟹ Cl^- が流入し，過分極する

問 1　運動神経の末端から放出される神経伝達物質はアセチルコリン。

問 3　①　神経伝達物質には，γ-アミノ酪酸，アセチルコリン，ノルアドレナリン，グルタミン酸，セロトニン，ドーパミンなどがあるが，これらはいずれもタンパク質ではないので，リボソームで合成されるのではない。

②　γ-アミノ酪酸やグルタミン酸はアミノ酸の一種。

③　神経伝達物質の量が異なると，生じるシナプス後電位の大きさも変わる。

④　神経伝達物質は放出された後，速やかに分解されたり，シナプス前細胞に回収されたりする。

⑤　シナプス小胞はキネシンによって微小管の＋端の方へ運ばれる。

問 1　アー伝導　イーシナプス　ウーカルシウム　エーシナプス小胞
オーアセチルコリン　カーナトリウム　キークロライド(塩化物)
問 2　a－③　b－②　c－⑤　**問 3**　②，④

実戦基礎問 28 抑制性ニューロン

中枢神経系のニューロンは，他のニューロンからの数千にも及ぶ入力を受けている。このためニューロンの細胞体や樹状突起は，図1のようにシナプスで覆われる格好になっている。これらのシナプスにはニューロンを興奮させるものに加え，ニューロンの興奮を抑制するものも含まれている。

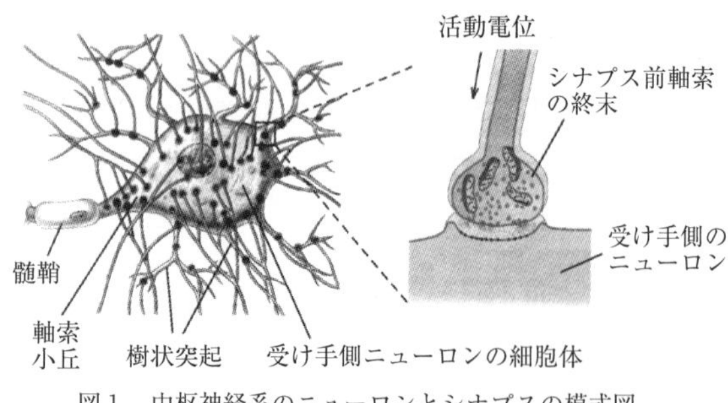

図1　中枢神経系のニューロンとシナプスの模式図

興奮性シナプスでは，1回の神経伝達物質の放出によって，受け手側の細胞膜に小さな脱分極(膜電位の負の値が小さくなることを脱分極という)が引き起こされる。これを興奮性シナプス後電位(興奮性 PSP)と呼ぶ(図2)。しかし個々の興奮性 PSP は小さすぎるため，それらは単独では受け手側のニューロンに活動電位を発生させることができない。それでは受け手側のニューロンでは，どのようにして活動電位を発生させているのだろうか？　そこでは数多くの興奮性 PSP が細胞体で加重され(図3)，その結果ある大きさ(閾値)を超えた脱分極が(注)軸索小丘に生じた場合，活動電位が発生することになる。

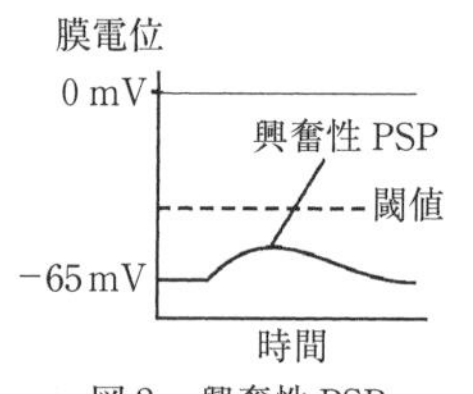

図2　興奮性 PSP

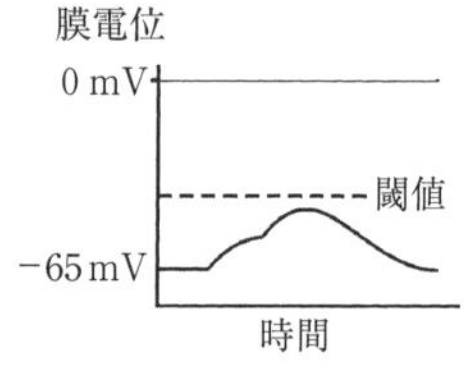

図3　興奮性 PSP の加重の例

(注)　軸索小丘とは，細胞体から軸索へ移行する部分を指す。活動電位は軸索小丘で発生し，それ以外の細胞体領域，樹状突起では発生しない。

問1　活動電位は，ニューロンに生じる脱分極の大きさが閾値を超えないと発生しない。またいくらニューロンに与える刺激を強くしても活動電位の大きさは一定で変わらない。これを何と呼ぶか記せ。

問2　閾値をわずかに超える脱分極が引き起こされた場合と，閾値を大きく超える脱分極が引き起こされた場合とでは，活動電位の発生にどのような違いが生じるか60字以内で述べよ。

問3　軸索小丘で発生した活動電位は，軸索を伝わっていく。有髄神経の軸索において活動電位を生じる部分の名称を記せ。

問4　受け手側のニューロンに対して，複数の興奮性入力がどのような形で加えられたときに興奮性 PSP が加重されるか。考えられる可能性について30字以内で述べよ。

問5　抑制性神経伝達物質の受容体の大部分は，塩化物イオンを通過させるチャネルである。このチャネルを通じて塩化物イオンが細胞外から細胞内へと流入することによってニューロンの興奮は抑制される。こうした塩化物イオンの動きがなぜニューロンの興奮を抑制することになるのか，理由を80字以内で述べよ。　　**（浜松医大）**

精講

●全か無かの法則　1本のニューロンや1本の筋繊維においては，全か無かの法則が成り立つ。しかし，刺激が大きくなると，発生する活動電位の頻度が上昇する。また，複数のニューロンからなる神経や複数の筋繊維からなる筋肉の場合は，刺激が大きくなると興奮するニューロンや筋繊維の数が増えるため，全体としては大きな反応を示すことができる。

●抑制性ニューロン　伝達によって，次のニューロンの膜電位(これをシナプス後電位という)を脱分極させる(細胞内膜電位を正の方へ変化させる)神経を**興奮性ニューロン**，膜電位を過分極させる(細胞内膜電位を負の方へ変化させる)神経を**抑制性ニューロン**という。実際には，1つのニューロンに興奮性や抑制性の複数のニューロンが連接しており，それらの総和で次のニューロンのシナプス後電位が閾値を超えると活動電位が生じる。

問3　**必修基礎問 60**(p. 226)を参照。

問4　興奮性 PSP が元の電位に戻る前に次の入力が行われると，興奮性 PSP が加重される。

答

問1　全か無かの法則

問2　閾値を大きく超える脱分極が引き起こされた場合でも活動電位の大きさは変わらないが，活動電位が生じる頻度が増大する。(56字)

問3　ランビエ絞輪

問4　一定時間内に複数の興奮性入力が加えられた場合。(23字)

問5　塩化物イオンが流入すると，膜電位が負の方向に変化する。その結果，興奮性 PSP による膜電位の上昇が抑えられ，脱分極が閾値を超えにくくなるから。(70字)

必修基礎問

62 神経系

ヒトを含む脊椎動物の神経系は，[ア]（脳と脊髄）と末梢神経系とからなる。脳は[イ]，[ウ]，[エ]，[オ]，[カ]からなる。ヒトの脳では，[イ]が最も大きく発達しており，さまざまな運動や感覚の中枢などが[イ]に集中している。[イ]の表面に近い部分が[キ]で，その色から[ク]とも呼ばれる。内側の部分が[ケ]で，[キ]に出入りする[コ]が集まっている。

[ウ]は，[イ]と[エ]の中間部分で，[サ]系と[シ]系の中枢である視床下部などがある。[サ]系は，内臓の働きや，体温，摂食，生殖，睡眠などの本能的な活動の調節に関係していることがわかっている。[シ]系は，脳下垂体の働きを支配し，血糖濃度や体温の調節に関係していることがわかっている。

[エ]には，眼球運動，瞳孔反射の中枢があり，視覚と関係が深い部位である。また立ち直り反射などの姿勢保持の中枢でもある。

[オ]には筋運動を調節し，からだの各部位の平衡感覚を保つ中枢がある。

[カ]は，脳と脊髄の中継点であり，[イ]からの神経はここで交さして脊髄へ出て行く。したがって脳の右側が脳出血などによって壊れると，[ス]半身が不随になることがある。

問1　上の文中の空欄に適語を入れよ。ただし，[ス]は右，あるいは左で答えよ。

問2　上の文中の[イ]～[カ]は右図のA～Eのいずれに相当するか。

問3　脳幹に含まれるものを[イ]～[カ]のうちからすべて選べ。

（広島大・千葉大）

精講

●神経系の構成　ヒトの神経系は中枢神経系と末梢神経系に大別される。さらに中枢神経系は脳と脊髄に，末梢神経系は体性神経と自律神経に分けられる。

末梢神経系は脳に接続する脳神経と脊髄に接続する脊髄神経とに分けることもできる。

- **中枢神経系**
  - **脳**
    - 大脳：高度な精神活動の中枢
    - 間脳：自律神経系と内分泌系の最高中枢
    - 中脳：眼球運動・瞳孔反射
    - 小脳：運動調節の中枢
    - 延髄：心臓拍動・呼吸運動・消化液分泌の中枢
  - **脊髄**：腱反射の中枢
- **末梢神経系**
  - **体性神経**
    - 感覚神経：受容器からの情報を中枢に伝える
    - 運動神経：中枢からの情報を筋肉に伝える
  - **自律神経**
    - 交感神経
    - 副交感神経

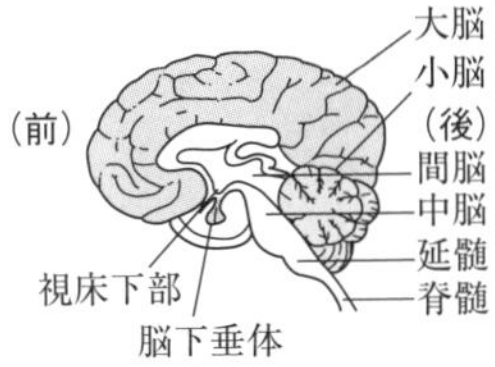

〔ヒトの脳の縦断面〕

Point 58 灰白質と白質

灰白質：細胞体が多い部分。大脳では皮質，脊髄では髄質にある。
白質：神経繊維が多い部分。大脳では髄質，脊髄では皮質にある。

解説

問1 間脳はさらに視床と視床下部に分けられるが，中枢として働くのは視床下部。ここには内分泌系と自律神経系の中枢がある。
大脳から出る神経は延髄で左右が交さする。大脳の右半球に損傷を受けると，左半身が不随になることがある。

問3 脳幹には間脳・中脳・橋・延髄が含まれる。大脳の機能が停止しても脳幹の機能が維持されていれば，自力での呼吸が行え，心臓の拍動も維持される。このような状態を植物状態(正式には遷延性(せんえんせい)意識障害)という。脳幹を含めたすべての脳の機能が停止した状態を脳死という。

答

問1 ア－中枢神経系　イ－大脳　ウ－間脳　エ－中脳　オ－小脳
カ－延髄　キ－皮質　ク－灰白質　ケ－髄質(白質)
コ－軸索(神経繊維)　サ－自律神経　シ－内分泌　ス－左

問2 イ－A　ウ－C　エ－D　オ－B　カ－E

問3 ウ，エ，カ

必修 基礎問

63 脊髄反射

右図は，大腿四頭筋と神経との連絡を模式的に表したものである。しつがいの下(図中の矢印)がたたかれると，大腿四頭筋の腱が引っ張られるために，大腿四頭筋に存在する筋紡錘が伸展されて刺激される。刺激の強さが閾値を超えると活動電位が発生して，筋紡錘が興奮する。この興奮が，[ア]神経を伝わって脊髄に到達すると，[イ]ニューロンの細胞体が刺激される。この刺激によって活動電位が発生して[イ]ニューロンの細胞体が興奮すると，その興奮が[イ]神経の軸索の末端まで伝わり，そこから[ウ]が放出される。大腿四頭筋の筋繊維に[ウ]が作用して活動電位が発生すると，筋肉の収縮が起こる。このような反応は[エ]と呼ばれ，その伝達経路が大脳皮質を通らないために，意識とは無関係に起こる。[エ]の興奮が伝わる経路を[オ]という。

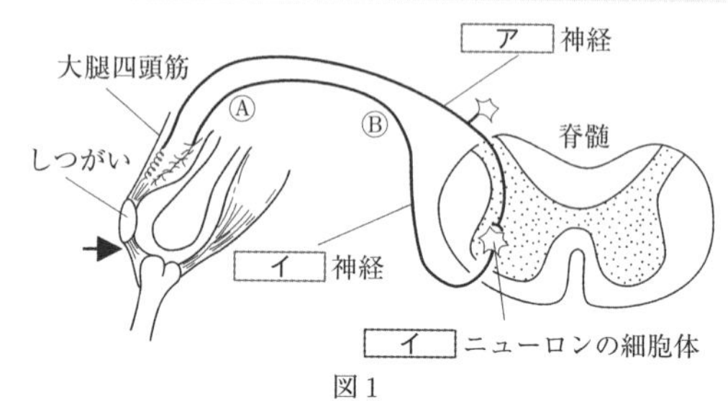

図 1

神経を刺激後，大腿四頭筋が収縮を開始するまでの時間を計測する実験を行い，次の実験結果を得た。

実験結果　上図の[イ]神経のⒶ点に刺激電極をおき，瞬間的に閾値以上の電気刺激を 1 回与えると，6.0 ミリ秒後に大腿四頭筋が収縮し始め，収縮後に元に戻った。十分に筋肉を休ませた後，Ⓑ点に刺激電極を移動して同様な刺激を与えた場合，刺激を与えて6.8ミリ秒後に収縮し始めた。Ⓐ点と[イ]神経の軸索の末端，Ⓑ点と[イ]神経の軸索の末端との距離はそれぞれ 2 cm と 10 cm であった。

問 1　上の文中の空欄に適語を入れよ。

問 2　上の文中の実験結果から，興奮が[イ]神経の軸索の末端に到達後，筋肉が収縮し始めるまでの時間は何ミリ秒か。　(宮崎大)

精講

●しつがい腱反射　膝のお皿(しつがいという)の下をたたくと，腱(しつがい腱)が引っ張られ，太ももの筋肉(大腿四頭筋)の筋紡錘が伸展して興奮が生じる。この興奮が脊髄の背根を通る感覚神経によって伝えられ，脊髄灰白質で運動神経に伝達される。運動神経が腹根を通って筋肉に興奮を伝えると，筋肉が収縮して足が跳ね上がる。このように，大脳を経由せずに行われる反応を**反射**(この場合は特に**しつがい腱反射**)といい，反射を起こさせる神経の経路を**反射弓**という。

しつがい腱反射では，感覚神経から，直接，運動神経に興奮が伝達されるが，屈筋反射(熱い物に触れて手が引っ込む反射など)では，感覚神経と運動神経の間に介在神経がある。

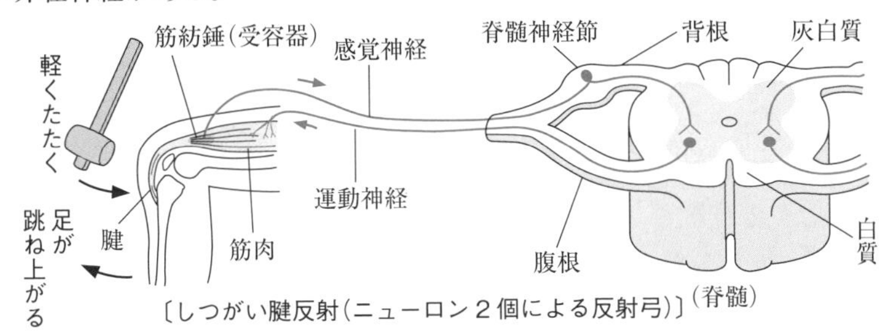

〔しつがい腱反射(ニューロン２個による反射弓)〕

●**伝導速度**　神経を刺激してから筋肉が収縮するまでには，**Point 59** の②にある３つの時間がかかるので，必ず，**伝導速度＝$\frac{\text{2点間の距離の差}}{\text{反応時間の差}}$** の式で求める。

Point 59　①　感覚神経は背根，運動神経は腹根を通る。

②　運動神経を刺激してから筋肉が収縮するまでの時間
＝伝導する時間＋伝達に要する時間＋筋肉に刺激が伝えられてから収縮するまでに要する時間

解説　**問2**　伝導速度＝$\frac{(10-2)\text{cm}}{(6.8-6.0)\text{ミリ秒}}$ ＝10〔cm/ミリ秒〕

よって，Ⓐ点から軸索末端までの 2cm を伝導する時間は，

2〔cm〕÷10〔cm/ミリ秒〕＝0.2〔ミリ秒〕

Ⓐ点を刺激して収縮が始まるまでに6.0ミリ秒かかるので，

6.0〔ミリ秒〕－0.2〔ミリ秒〕＝5.8〔ミリ秒〕

が，軸索末端に興奮が到達してから収縮が始まるまでに要する時間となる。この中には，①軸索末端から伝達を行うのに要する時間と，②筋肉に刺激が伝えられてから収縮が始まるまでの時間が含まれている。

問1　ア－感覚　イ－運動　ウ－アセチルコリン　エ－反射　オ－反射弓
問2　5.8ミリ秒

必修 基礎問

23. 効果器

64 筋収縮のしくみ

生物

脊椎動物の筋肉は発生・構造・収縮の特徴などから骨格筋，平滑筋および心筋に分けられている。

運動神経の神経終末から放出された［ア］という神経伝達物質が伝達物質依存性イオンチャネルに作用すると，細胞内へNa^+が流入し，活動電位を生じさせる。この興奮が細胞内で筋原繊維を包んでいる［イ］へ伝わり，Ca^{2+}を放出させる。放出されたCa^{2+}は拡散し，アクチンフィラメントを構成する3つのタンパク質のうち，［ウ］と結合する。その結果，［エ］の立体構造が変わり，［オ］とミオシン頭部の接触が可能となる。ミオシン頭部は［カ］分解酵素として働き，この酵素作用により得られたエネルギーでアクチンフィラメントとミオシンフィラメントの滑り運動が始まり，筋肉の収縮が起こる。細胞膜から［イ］への刺激がなくなると，Ca^{2+}は［イ］膜の働きで回収され，筋原繊維の周囲におけるCa^{2+}濃度が低下する。これに伴って，［エ］の立体構造が元に戻り，ミオシン頭部は［オ］と接触できなくなり，筋肉は弛緩する。

問1 下線部のうち，中胚葉の側板から生じるものをすべて選べ。

問2 上の文中の空欄に適語を入れよ。

問3 ［イ］による収縮時のCa^{2+}の放出，弛緩時のCa^{2+}の回収のしくみについて，次から正しいものを1つ選べ。

① Ca^{2+}チャネルにより受動的に放出され，Ca^{2+}ポンプにより能動的に回収される。

② Ca^{2+}ポンプにより能動的に放出され，Ca^{2+}チャネルにより受動的に回収される。

③ Ca^{2+}ポンプにより能動的に放出され，回収される。

④ Ca^{2+}チャネルにより受動的に放出され，回収される。

問4 サルコメア(筋節)を構成する明帯と暗帯は，(1)収縮時と(2)弛緩時においてどのように変化するか。次から正しいものを1つずつ選べ。

① 明帯は長くなり，暗帯は変わらない

② 明帯は変わらず，暗帯は長くなる

③ 明帯は長く，暗帯は短くなる　④ 明帯は短く，暗帯は長くなる

⑤ 明帯は短くなり，暗帯は変わらない

⑥ 明帯は変わらず，暗帯は短くなる

(九州産業大)

●筋原繊維 筋肉を構成する筋細胞を特に筋繊維といい，筋繊維に含まれている微細な繊維構造を筋原繊維という。筋原繊維は右図のような構造をしている。

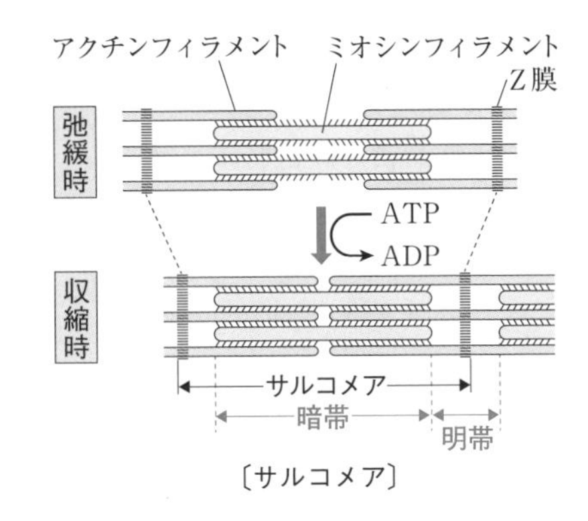

〔サルコメア〕

●筋収縮のしくみ

① 筋繊維の細胞膜に生じた興奮がT管を介して筋小胞体に伝えられると，筋小胞体からCa^{2+}が放出される(受動輸送)。

② Ca^{2+}がトロポニンと結合すると，トロポミオシンの立体構造が変化し，ミオシン頭部とアクチンが結合できるようになる。

③ ミオシン頭部がアクチンに結合すると，ミオシン頭部に結合していたADPとリン酸が放出される。するとミオシン頭部が屈曲してアクチンフィラメントをたぐり寄せる。

④ ミオシン頭部にATPが結合すると，頭部がアクチンフィラメントから離れる。

⑤ ATPが分解され，生じたエネルギーによってミオシン頭部が移動してアクチンと結合して③に戻る。

⑥ 筋繊維への刺激がなくなると，筋小胞体にCa^{2+}が回収され(能動輸送)，筋肉が弛緩する。

Point 60 筋収縮のしくみ

筋小胞体からCa^{2+}放出 ⟶ Ca^{2+}がトロポニンと結合 ⟶ トロポミオシンの立体構造変化 ⟶ アクチンとミオシン頭部が結合 ⟶ ミオシン頭部が屈曲しアクチンフィラメントをたぐり寄せる

問1 骨格筋は中胚葉の体節から，心筋や平滑筋は中胚葉の側板から生じる。⇒ **必修基礎問41の精講**(p. 149)を参照。

問4 暗帯の長さは筋肉が収縮しても弛緩しても変わらない。明帯やサルコメアの長さは，筋肉が収縮すれば短く，弛緩すれば長くなる。

問1 心筋，平滑筋　**問2** アーアセチルコリン　イー筋小胞体　ウートロポニン　エートロポミオシン　オーアクチン　カーATP
問3 ①　**問4** (1) ⑤　(2) ①

必修
基礎問
65 筋収縮

実験動物の骨格筋に運動神経がついたまま取り出したものを神経筋標本という。神経筋標本を用いて次の実験を行った。

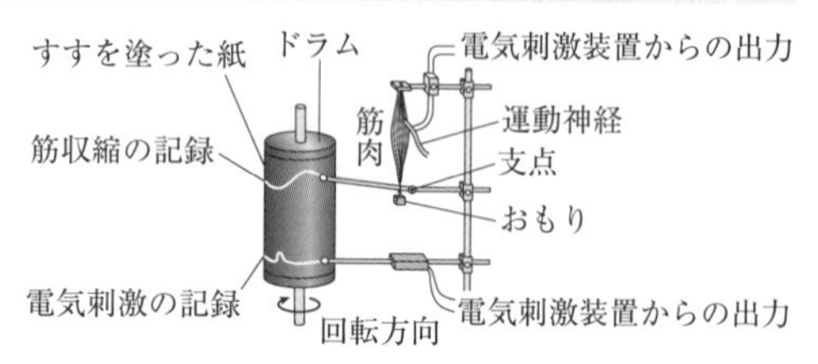

図1　神経筋標本と電気刺激による筋収縮の記録

実験1　この運動神経に1回だけ電気刺激を施し，その際の収縮のようすを図1に示す装置を用いて記録した。収縮は刺激後20ミリ秒から増加し，刺激後60ミリ秒でピークに達し，その後減少して元の状態に戻った(図2)。このような収縮を［ア］という。

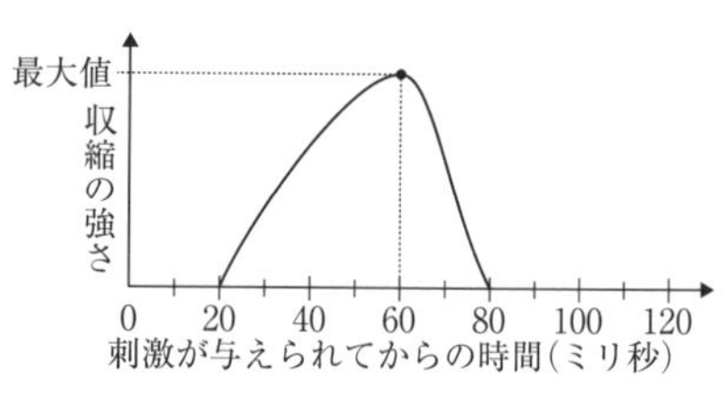

図2　電気刺激を1回加えた際の骨格筋の収縮曲線

電気刺激を与えた瞬間を0ミリ秒としている。

実験2　実験1と同じ神経筋標本の運動神経に対して，さまざまな条件で刺激し，収縮のようすを記録した(図3)。なお，実験1で観察された収縮は，図3のAで示す収縮曲線となる。刺激頻度を増やしていくと，図3のBで示す収縮曲線が得られた。このような変化を示す収縮を［イ］という。さらに刺激頻度を増やしていくと，図3のCで示す収縮曲線が得られた。このような変化を示す収縮を［ウ］という。

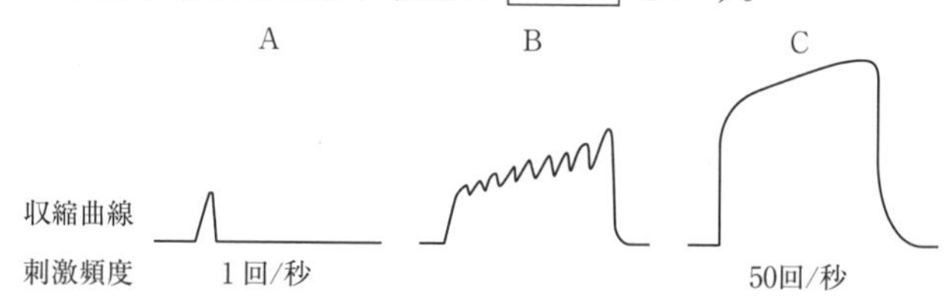

図3　刺激頻度を変化させた際の骨格筋の収縮曲線

問1　上の文中の空欄に適語を入れよ。

問2　図2において，神経に刺激を与えてから収縮が始まるまでの20ミリ秒には3種類の時間が含まれている。どのような時間か，それぞれ30字以内で述べよ。

問3　この神経筋標本を用いた場合，図3のBで示すような収縮曲線が観察される刺激の間隔として最も適切なものを，次から1つ選べ。

① 10ミリ秒　② 20ミリ秒　③ 50ミリ秒
④ 80ミリ秒　⑤ 120ミリ秒　⑥ 160ミリ秒

●神経筋標本　骨格筋に運動神経がついたまま取り出したものを神経筋標本という。

●単収縮曲線　神経に単一の刺激を与えたときの収縮を単収縮といい，そのようすを描いた曲線を単収縮曲線(右図)という。潜伏期があるのは，神経に刺激を与えてから，①軸索末端まで興奮が伝導し，②シナプスにおいて伝達が行われ，③筋肉に興奮が生じてから収縮が始まるまで，の３つの時間を要するからである。

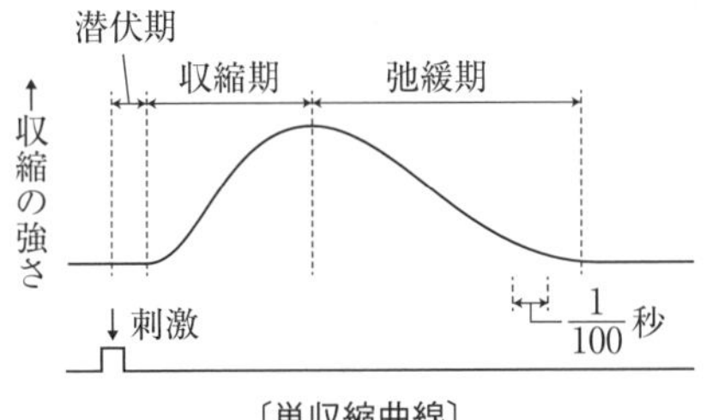

〔単収縮曲線〕

●不完全強縮と完全強縮　刺激を与える頻度を上げ，完全に弛緩する前に次の収縮が起こると不完全強縮，さらに頻度を上げ，弛緩が始まる前に次の収縮が起こるようになると完全強縮がみられる。

問２　Point 59 (P. 235)参照。

問３　図２で収縮がピークに達して(60ミリ秒)から完全に弛緩してしまう(80ミリ秒)までの間に次の収縮が始まればよい。ただし，刺激を与えてから20ミリ秒の潜伏期があるので，それを考慮する必要がある。１回目の刺激を与えてから50ミリ秒後に刺激を与えると，１回目の弛緩期の途中(70ミリ秒)で次の収縮が始まることになる。

問１　ア－単収縮　イ－不完全強縮　ウ－完全強縮

問２　・刺激した場所から軸索末端まで興奮が伝導するのに要する時間。(29字)
・軸索末端から筋肉へ興奮が伝達するのに要する時間。(24字)
・筋肉に興奮が伝わってから収縮が始まるまでに要する時間。(27字)

問３　③

第７章　動物の反応と調節

実戦
基礎問
29 活動電位の測定

カエルの大腿骨，ひ腹筋(ふくらはぎ)，座骨神経からなる神経筋標本をつくり，右図1の測定装置を使って下図2に示すような実験結果を得た。ただし，オシロスコープによる記録は外部記録電極を用い，図1のb点を基準にしてa点の電位変化を示したものである。この実験中，単一の電気刺激(同じ大きさ，同じ持続時間)をA点あるいはB点に与えた。A点とa点間およびB点とb点間の距離は同じである。

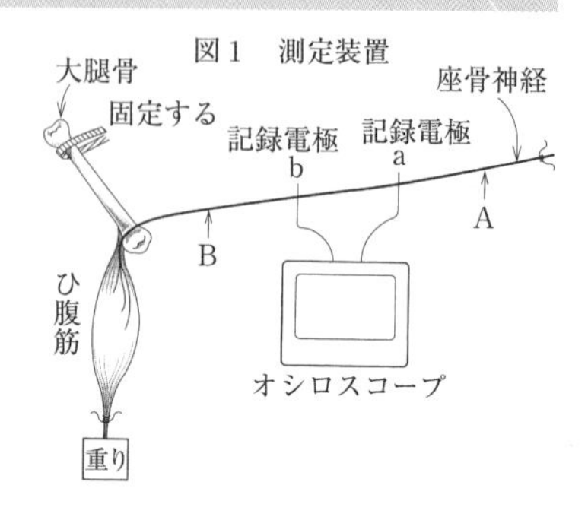

図1　測定装置

図2　オシロスコープによる電位変化の記録

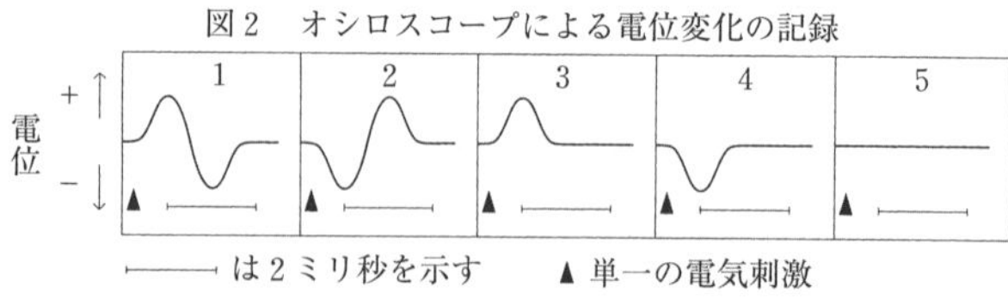

├──┤ は2ミリ秒を示す　▲ 単一の電気刺激

問1　A点に単一の電気刺激を与えたとき，筋肉は1回収縮・弛緩をした。そのときオシロスコープに記録される電位変化を図2から選べ。

問2　B点に単一の電気刺激を与えたとき，オシロスコープに記録される電位変化を図2から選べ。

問3　問1，問2で記録された神経の電位変化(ア)を何というか。また，神経の興奮を筋肉に伝達する部分(イ)を何というか。

問4　新しい神経筋標本を用意して，A点に単一の電気刺激を与えたところ，筋肉は1回収縮・弛緩をした。次に，b点をアルコールで麻酔し，その部位で神経が興奮しないようにした後，次の実験を行った。

(1)　A点に単一の電気刺激を与えたとき，筋肉は収縮するか。

(2)　A点に単一の電気刺激を与えたとき，オシロスコープに記録される電位変化を上図2から選んで記号で答えよ。

(3)　B点に単一の電気刺激を与えたとき，筋肉は収縮するか。

(4)　B点に単一の電気刺激を与えたとき，オシロスコープに記録される電位変化を上図2から選んで記号で答えよ。

(大阪医大)

●**活動電位の測定**　細胞外の膜表面に2つの電極を配置して，2つの電極間の電位差を測定すると下図のようになる。

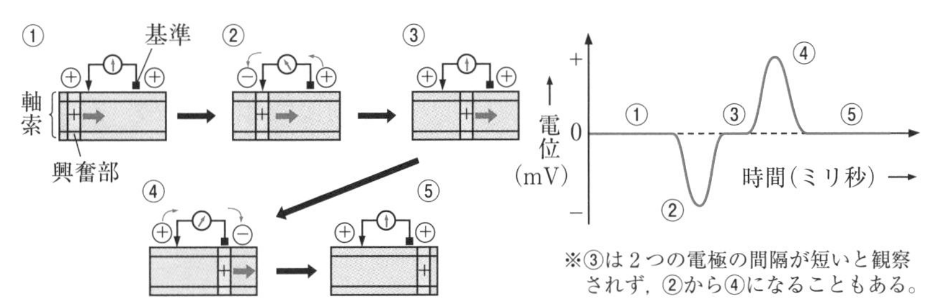

Point 61　膜電位の測定には，細胞内外の電位差を測定する方法と，細胞外の2点間の電位差を測定する方法の2種類がある。

問1　**必修基礎問60**(p.226)のグラフは細胞内外の電位差を測定している。それに対し本問は，電極を両方とも細胞外に置いている。

興奮が到達する前は，細胞外はいずれも細胞内に対して正(＋)なので，2つの電極の間に差はない。やがて，a点に興奮が到達すると，a点の細胞外が負となる。問題文にあるように，ここではb点を基準にしているので，b点からみたa点の電位がグラフに現れる。よってa点に興奮が到達したときはグラフはマイナスとなる。すぐにb点に興奮が到達する(外側負)が，a点は静止電位(外側正)に戻っており，グラフはプラスとなる。

問2　B点を刺激すると先にb点に興奮が到達し，問1とは上下逆のグラフになる。

問3　(イ)　ニューロンと，ニューロンや効果器との連接部をシナプスというが，ニューロンと筋肉の連接部を特に神経筋接合部ということもある。

問4　(1)　b点をアルコールで麻酔すると，b点で興奮が伝導しなくなる。

(2)　a点では興奮が生じる(グラフはマイナスになる)が，b点では生じない。

(4)　b点で興奮が生じない(伝導しなくなる)ため，a点もb点も静止電位のまま。

答

問1　2　**問2**　1　**問3**　(ア)　活動電位　(イ)　神経筋接合部

問4　(1)　収縮しない　(2)　4　(3)　収縮する　(4)　5

実戦基礎問 30 筋収縮のエネルギー供給 〈生物〉

骨格筋におけるATP合成について調べるために，無酸素状態においたカエルの骨格筋を準備し，さまざまな酵素阻害剤を用いて次の実験を行った。

実験1 骨格筋に刺激を与えて収縮させ，収縮前後における乳酸，クレアチンリン酸，ATPの含有量の変化を調べた。また，別のカエルの骨格筋をモノヨード酢酸で処理し，同様に刺激を与えて収縮させると，次の表1の結果になった。

表1

		乳酸	クレアチンリン酸	ATP
無処理	収縮前	1.3	20.6	ほとんど変化なし
	収縮後	4.4	16.6	
モノヨード酢酸処理後	収縮前	1.3	20.6	
	収縮後	1.3	0.0	

単位：μmol/g 生重量

実験2 さらに別のカエルの骨格筋をモノヨード酢酸とジニトロフルオロベンゼンで処理し，刺激を与えて収縮させると，表2の結果になった。

表2

	ATP	ADP	AMP	クレアチンリン酸
収縮前	1.25	0.64	0.10	ほとんど変化なし
収縮後	0.81	□	0.24	

単位：μmol/g 生重量

問1 実験1，実験2の結果より，モノヨード酢酸およびジニトロフルオロベンゼンは，それぞれATP合成の過程に関わるどの酵素の作用を阻害したと考えられるか。阻害したものを，次から1つずつ選べ。なお，クレアチンリン酸からATPを生成する反応に関わる酵素を酵素A，2分子のADPからATPを生成する反応に関わる酵素を酵素B，解糖系に関わる酵素を酵素Cとする。

① 酵素A ② 酵素B ③ 酵素C

問2 実験2の結果より，筋収縮で実際に消費された生重量1g当たりのATP量(μmol)として最も適切なものを，次から1つ選べ。

① 0.14 ② 0.30 ③ 0.44
④ 0.58 ⑤ 0.74 ⑥ 0.88

問3 実験2における収縮後のADPの値はいくらになると予想されるか。

次から最も適切なものを1つ選べ。

① 0.20　　② 0.30　　③ 0.50

④ 0.78　　⑤ 0.94　　⑥ 1.08　　（獨協医大）

●**筋肉におけるATP合成**　筋肉におけるATP合成には次の4通りの方法がある。

① **呼吸**　解糖系 ＋ クエン酸回路 ＋ 電子伝達系

② **解糖**　グリコーゲン ⟶ 乳酸

③ **クレアチンキナーゼによるクレアチンリン酸からのリン酸転移**

クレアチンリン酸 ＋ ADP ⟶ クレアチン ＋ ATP

④ **アデニル酸キナーゼによるADPからのリン酸転移**

2ADP ⟶ ATP ＋ AMP

解説

問1　まず，実験は無酸素状態で行われているので，呼吸によるATP合成はない。表1の無処理で乳酸が増加しているのは，解糖(グリコーゲン ⟶ 乳酸)が行われたからである。ところがモノヨード酢酸で処理すると乳酸が増加しなくなったので，モノヨード酢酸は解糖を阻害したと判断できる。表1では減少していたクレアチンリン酸が，ジニトロフルオロベンゼンで処理した実験2では変化しなくなったので，ジニトロフルオロベンゼンはクレアチンリン酸からのリン酸転移を阻害したと判断できる。また，AMPが増加しているので，2ADP ⟶ ATP＋AMPの反応は阻害されていないと判断できる。

問2　増加したAMP（0.24－0.10＝0.14）は，2ADP ⟶ ATP＋AMPの反応で生じたものである。この反応でAMPが0.14(μmol)生成されたので，ATPも0.14(μmol)生成されているはず。0.14(μmol)生成したにもかかわらず，ATPが1.25－0.81＝0.44(μmol)減少したので，実際に消費されたATPは，0.44＋0.14＝0.58(μmol)である。

問3　2ADP ⟶ ATP＋AMPの反応でAMPが0.14(μmol)生成したので，ADPは0.14×2＝0.28(μmol)消費されている。一方ATPが0.58(μmol)消費されたので，この反応によってADPは0.58(μmol)生成している。よってADPは0.58－0.28＝0.30(μmol)増加しているはずである。ADPはもともと0.64(μmol)あったので，収縮後のADPは0.64＋0.30＝0.94(μmol)。

問1　モノヨード酢酸－③　　ジニトロフルオロベンゼン－①

問2　④　　**問3**　⑤

66 アメフラシの学習

生物

動物は，環境中の多種多様な刺激を受け取り，それらに対する反応としてさまざまな行動をする。動物の行動の中には，生まれてからの経験がなくても，遺伝的なプログラムによって生じる定型的なものがある。このような行動は，［ ア ］行動と呼ばれる。動物の行動は［ ア ］なものばかりでなく，生まれてからの経験によって変化することがあり，これを［ イ ］という。

カンデルらは［ ア ］行動や［ イ ］に関わる神経系のしくみを調べるために，軟体動物のアメフラシを使った研究を行った。図1に示すように，アメフラシは，背中にえらをもち，その周囲の水管で海水を出し入れして呼吸をしている。a水管に［ ウ ］刺激を与えると，それによって生じる信号は，最初は，えらまで伝わり，水管やえらを体の中に引っ込める。ところが，bこの刺激を何度も繰り返すと，やがてえらを引っ込めなくなる。これは［ エ ］と呼ばれ，単純な［ イ ］の1つである。

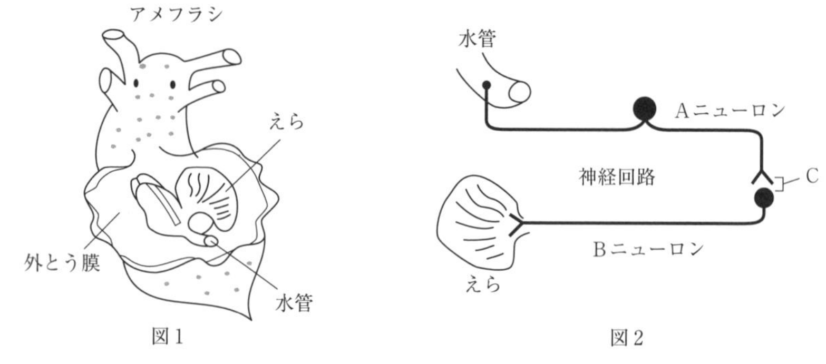

図1　　図2

問1　上の文中の空欄に適語を入れよ。

問2　下線部aで示す現象は，図2で示す神経回路で制御されている。この神経回路中のAニューロンとBニューロンのそれぞれの名称について，最も適当なものを次からそれぞれ1つずつ選べ。

① 感覚ニューロン　② 介在ニューロン　③ 運動ニューロン

問3　下線部bで示す現象は，図2で示す神経回路中のAニューロンとBニューロンの神経末端の接続部であるCにおいて調節されている。Cの部位の名称を答えよ。また，その現象が起こる際に，Cではどのようなことが起きているか，「神経伝達物質」，「伝達効率」という単語を使い，70字以内で答えよ。

●生得的行動と習得的行動　生まれながらに備わっている定型的な行動を生得的行動という。それに対して，生まれてからの経験による行動の変化を学習といい，経験や学習によって生じる行動は習得的行動という。

●慣れ　害のない刺激が繰り返されると，その刺激に対しては反応しなくなる現象を慣れといい，単純な学習の一種である。これは感覚ニューロンの神経終末において，シナプス小胞の数が減少したり，電位依存性カルシウムチャネルが不活性化することで，シナプス小胞から放出される神経伝達物質の量が減少し，伝達効率が低下するからである。

●脱慣れ　慣れの状態にある個体に，いったん別の部位(アメフラシの実験では尾など)を刺激したのち，最初と同じ部位(アメフラシの実験では水管)を刺激すると，再び反応が起こるようになる。この現象を脱慣れという。

●鋭敏化　いったん有害な刺激を受けると，別の弱い刺激に対しても防御反応が過敏に起こるようになる。この現象を鋭敏化という。アメフラシの実験では尾に強い刺激を与えると，水管に与える刺激が弱くても，大きな「えらひっこめ反射」を行うようになる。鋭敏化のしくみは次の通り。

① 尾からの刺激を受け取った介在ニューロンが，感覚ニューロンにセロトニンという神経伝達物質を放出する。

② セロトニンを受け取った感覚ニューロンでは，活動電位の持続時間が長くなり，電位依存性カルシウムチャネルが開いている時間が長くなるので Ca^{2+} の流入量が増加する。

③ シナプス小胞からの神経伝達物質の放出量が増加して，伝達効率が高まる。

第7章 動物の反応と調節

問1　ウ．反射を起こさせる本来の刺激を無条件刺激という。たとえばイヌに肉片を与えるとだ液を分泌するが，肉片と同時にベルの音を聞かせることを繰り返すと，ベルの音だけでだ液を分泌するようになる。このときの肉片は無条件刺激，ベルの音は条件刺激という。

問1　ア－生得的　イ－学習　ウ－無条件　エ－慣れ

問2　Aニューロン－①　　Bニューロン－③

問3　Cの名称：シナプス　シナプス小胞の数が減少したり，電位依存性カルシウムチャネルが不活性化したりすることで，神経伝達物質の放出量が減少し，伝達効率が低下している。(70字)

必修基礎問 67

ミツバチのダンス

ミツバチは，餌場が 20 m～30 m ぐらいの近い距離にある場合には，右図1のような円形ダンスを繰り返すことで，また，餌場までの距離が 100 m よりも遠い場合には，図2のような8の字ダンスを繰り返すことで，なかまに餌場の情報を伝達している。なお，8の字ダンスの直進部分は巣箱から見た太陽の方向を基準にしたときの餌場の方向を示していて，巣箱の中に垂直に並んだ巣板の表面でダンスをする場合，太陽の方向を巣板の鉛直(垂直)上方向に置きかえていることもわかっている。

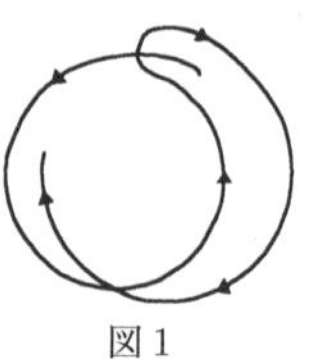

図1

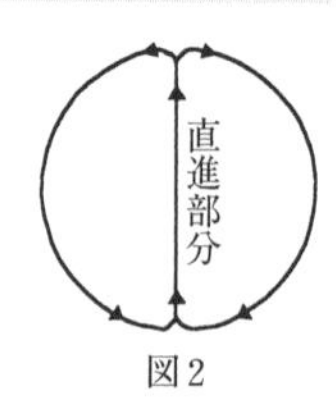

図2

問1 ミツバチのようなハチ類の「はねを広げた成虫」について，昆虫であることがわかるように，背面から見たときの平面図を簡単に示せ。なお，あしの分節を示す必要はない。

問2 レンゲの花の蜜や花粉をもち帰って円形ダンスをするミツバチから，餌場の情報を伝えられたなかまのミツバチは，巣箱の周囲にあるレンゲ畑だけに集まり，他の花には集まらないことが知られている。このときの円形ダンスは，どのような情報をなかまに伝えていると考えられるか。簡単に説明せよ。

問3 問2を確認するために，人工的な「レンゲの花を入れた小皿」を餌場として実験を行うことにした。レンゲの花を入れた小皿の蜜を吸ったミツバチがなかまに餌場の情報を伝えた後，問2を確かめるには，どのような実験をすればよいと考えられるか。次の(1)と(2)に答えよ。

(1) レンゲの花を入れた小皿の蜜を吸ったミツバチから，餌場の情報を伝えられたなかまのミツバチに行う実験のためには，どのような人工の餌場を準備すればよいか。「レンゲの花を入れた小皿」のように答えよ。

(2) (1)の実験からどのような結果が得られれば，問2が確かめられたことになるか。簡単に説明せよ。

問4 巣箱から見た太陽の方向から約45°左の方向に人工の餌場があり，巣箱からの距離がおよそ1000 m である場合には，その人工の餌場で蜜を吸って帰ってきたミツバチは，巣箱の中の垂直に並んだ巣板の表面で，どのようなダンスをすると考えられるか。図1と図2を参考にして略図を示し，簡単に説明せよ。必要ならば，上方を鉛直(垂直)上方向とせよ。 (福島大)

●ミツバチのダンス　ミツバチの働きバチがなかまの働きバチに，餌場が近いときは**円形ダンス**，遠いときは**8の字ダンス**によって餌場の情報を伝える。

●ダンスの速度　餌場までの距離が遠いと，8の字ダンスの速さが遅くなる。これによっておおよその距離の情報も伝えることができる。ただし，正確な距離ではなく，疲労度によってダンスの速さが遅くなるだけである。

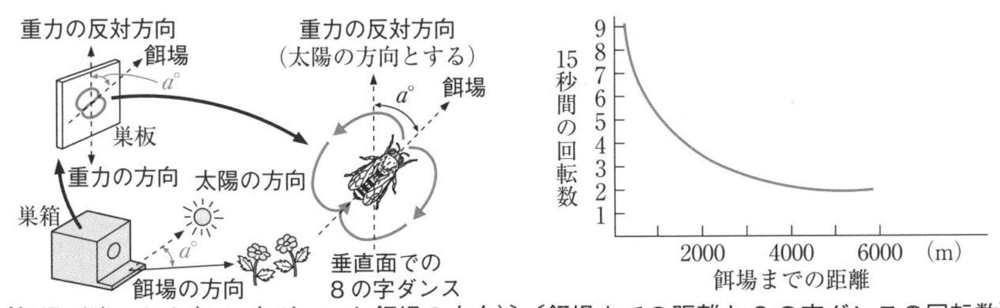

〔餌場が遠いとき(8の字ダンスと餌場の方向)〕〔餌場までの距離と8の字ダンスの回転数〕

Point 62　①　鉛直上方向と8の字ダンスの直進方向のなす角度が，太陽と餌場のなす角度に対応する。
②　ダンスの速さで，餌場までの距離が推測できる。

問1　頭部・胸部・腹部の3つに分かれており，頭部に1対の触角，胸部に2対の翅と3対の肢があることに注意して描く。

問3　レンゲの花の匂いを手がかりにしているのであれば，「ガラス板をかぶせて匂いがもれないようにしたレンゲの花を入れた小皿」には集まらないはず。

問1　右図　**問2**　餌場の花の匂い

問3　(1)「レンゲの花を入れた小皿」と「ガラス板をかぶせて匂いがもれないようにしたレンゲの花を入れた小皿」を巣箱の近くに並べて置く。

(2)　餌場の情報を伝えられたなかまのミツバチが「レンゲの花を入れた小皿」にのみ集まればよい。

問4　直進部分が鉛直上方向から左45°の方向を向く，上図右のような8の字ダンスをする。

問1

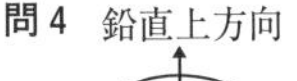

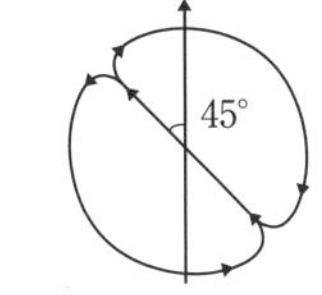

第7章　動物の反応と調節

実戦基礎問

31 日周性

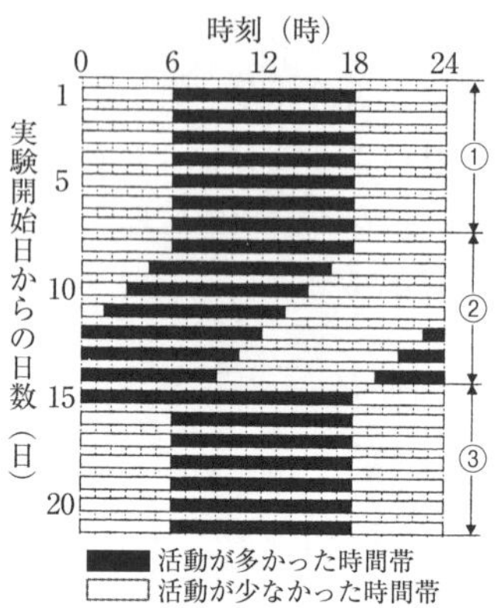

動物の活動は，昼夜に応じて周期的に変化することが多い。このような変化は［ ア ］と呼ばれ，昼と夜で光の［ イ ］が異なることがそのリズムをつくりだす最も重要な原因である。しかし，他方で，ずっと明るくし続けたり，反対に暗くし続けることで昼夜をなくした状態でも，動物には24時間に近い周期で変化を繰り返す活動がみられる。このようなリズムは［ ウ ］と呼ばれ，動物が生まれつきもっている［ エ ］がそれをつくりだしている。実際に光が動物の活動リズムにどのように影響しているかを理解するために，鳥類の(1)ウズラの歩行活動を，下の実験の①から③のように，1週間ごとに光条件を変えて21日間にわたって調べた。なお，(2)光以外の条件は全実験期間を通して一定に保った。また，ウズラは餌と水はいつでも自由にとれるように工夫した。実験結果は右上図のようであった。

実験 ①　1日目から7日目までは，6時に明るくし18時に暗くした。
②　8日目から14日目までは，一日中暗くした。
③　15日目から21日目までは，6時に明るくし，18時に暗くした。

問1　上の文中の空欄に適語を入れよ。

問2　実験の②の期間に現れている活動の周期は何時間か，小数点以下第一位まで求めよ。

問3　5日目から一日中暗くし続けると，8日目ではウズラは何時から活動を始めると考えられるか，時刻を答えよ。

問4　下線部(1)で，ウズラ以外ではどんな動物を用いることができるか，動物名を1つあげよ。また，その動物を選んだ理由を述べよ。

問5　下線部(2)で，全実験期間を通して一定に保たなければならない重要な条件を1つあげよ。

問6　ウズラの歩行活動は，一方の壁から他方の壁に向かってすじ状に当てている赤外線をウズラがさえぎる回数で調べた。赤外線を用いる最も適当な理由を次から選べ。

①　赤外線はウズラの体を透過する。　②　赤外線はウズラには見えない。
③　赤外線は温度を少し上げる。　④　赤外線は太陽光に含まれない。

⑤ 赤外線はウズラからも出ている。

問7 動物の活動リズムには，約1か月ごとや1年ごとに繰り返されるリズムもある。1年ごとに繰り返されるリズムの例を2つあげよ。 **(島根大)**

精講

●日周性 1昼夜を周期として行動や反応を示すことを**日周性**という。夜行性の動物は，夜間活動し昼間は寝ている。これも日周性である。植物でもオジギソウの葉の**就眠運動**などで日周性が知られている。1ヶ月を周期とすれば月周性，1年を周期とすれば年周性である。

●概日リズム(サーカディアンリズム) もともと生体がもっている約24時間の固有のリズムを**概日リズム**という。これは外部の周期的な刺激が遮断されたときに現れる。概日リズムはぴったり24時間ではないが，これを**外部の周期に同調させて活動を行っている**。

●生物時計(体内時計) 周期的反応を支配する，生物がもつ時間計測のしくみを**生物時計**という。哺乳類では生物時計を担う部分は**間脳視床下部**の視交叉上核に存在する。また，生物時計に関与する遺伝子も発見されている。

Point 63 概日リズムによって生じる活動リズムが遅れてくれば，24時間よりも長いリズムをもっている。

解説

問2 明暗周期をなくした8日目から4日後には，活動を開始する時刻が6時間早まっている。よって1日では1.5時間早くなっている。これはこの生物がもつ概日リズムが24時間よりも1.5時間短かったためである。

問3 1日で1.5時間早くなるので，暗くしてから3日後には4.5時間早くなる。

問4 もともと明暗周期によって活動を行っている生物がよい。トカゲのような昼行性の生物やゴキブリのような夜行性の生物でもよい。

問5 明暗周期以外で，行動に影響を及ぼす外部変化は一定にして実験する必要がある。特に注意しなければいけないのは温度であろう。

問6 測定そのものがその生物の行動に影響を与えてはいけない。

答

問1 ア－日周性 イ－強さ ウ－概日リズム エ－生物時計(体内時計)

問2 22.5時間 **問3** 1時30分

問4 ムササビ 理由：夜行性で，活動は通常夜間に行われ，明暗周期の影響を受けやすいから。

問5 温度 **問6** ② **問7** ガンの渡り，ヤマネの冬眠

演習問題

⇨ 解答は330ページ

33 必修基礎問 **58**，実戦基礎問 **26**

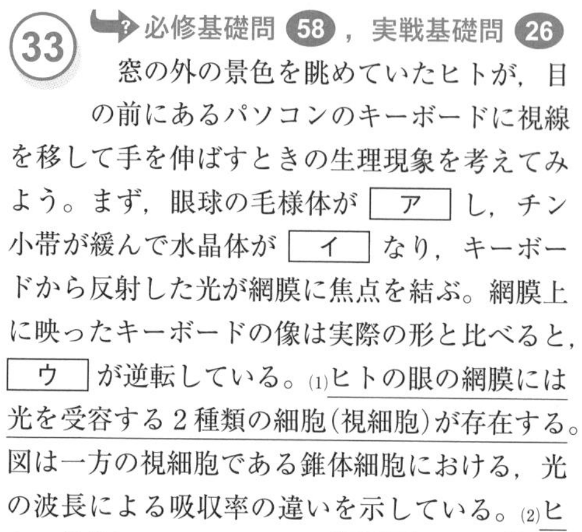

窓の外の景色を眺めていたヒトが，目の前にあるパソコンのキーボードに視線を移して手を伸ばすときの生理現象を考えてみよう。まず，眼球の毛様体が ア し，チン小帯が緩んで水晶体が イ なり，キーボードから反射した光が網膜に焦点を結ぶ。網膜上に映ったキーボードの像は実際の形と比べると， ウ が逆転している。(1)ヒトの眼の網膜には光を受容する２種類の細胞(視細胞)が存在する。図は一方の視細胞である錐体細胞における，光の波長による吸収率の違いを示している。(2)ヒトの錐体細胞は全体として エ nm と オ nm の間の波長の光を吸収する。緑錐体細胞は カ nm 付近の波長の光を最もよく吸収するが， キ nm よりも長い波長の光と ク nm より短い波長の光は吸収しない。(3)視細胞で受容された光刺激による網膜の電気的変化は，最終的に視神経の活動電位として大脳に送られ，大脳の感覚中枢ではじめてキーボードを感知することになる。

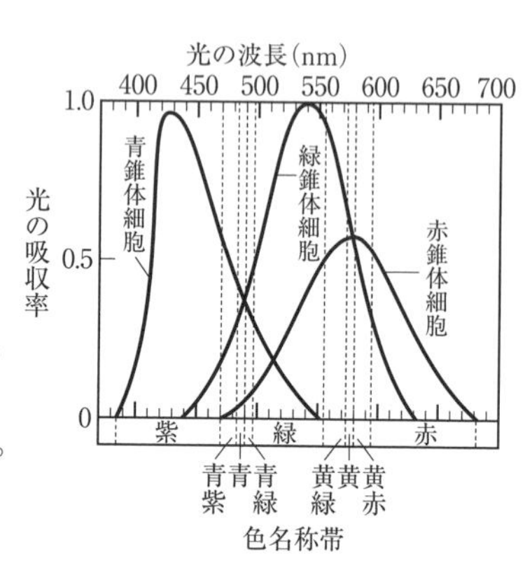

問１　上の文中の空欄に適当な語または数字を記せ。

問２　下線部(1)について，暗い所で主として働いている細胞の種類を記せ。

問３　下線部(2)について，波長によって色の感覚が異なる理由を記せ。

問４　盲斑に結ばれた光の像は見えない。その理由を記せ。

問５　下線部(3)について，同じものを見て，網膜に同じ像が結ばれても，人によって見えるものが異なる場合がある。その理由を記せ。

問６　見えたあと，キーボードに手を伸ばすために必要な組織や器官を４つ記せ。

問７　ヒトが直接感知できないものを次の①～⑨からすべて選べ。

①　赤外線　②　磁気　③　超音波　④　圧力　⑤　マイクロ波
⑥　重力　⑦　X線　⑧　窒素ガス　⑨　二酸化炭素

〈奈良県医大〉

34 必修基礎問 **61**，実戦基礎問 **28**

昆虫のようなリズミカルな運動パターンを生じさせる神経回路を　　　発生器と呼ぶ。次ページの図１は，入力ニューロンA，介在ニューロンBとC，運動ニューロンDとEから構成される　　　発生器の神経回路のモデルを示す。

この回路では，ニューロンAからニューロンBとCに同時に入力信号が伝わった場合，ニューロンBのほうがわずかに早く活動電位が生じる。また，ニューロンBとCは，ともに活動電位の発生は同じ一定時間しか持続しない。さらに，ニューロンBとCは，互いに抑制性のシナプス接続をするとともに，ニューロンBは運動ニューロンDに，またニューロンCは運動ニューロンEに興奮性のシナプス接続をしている。

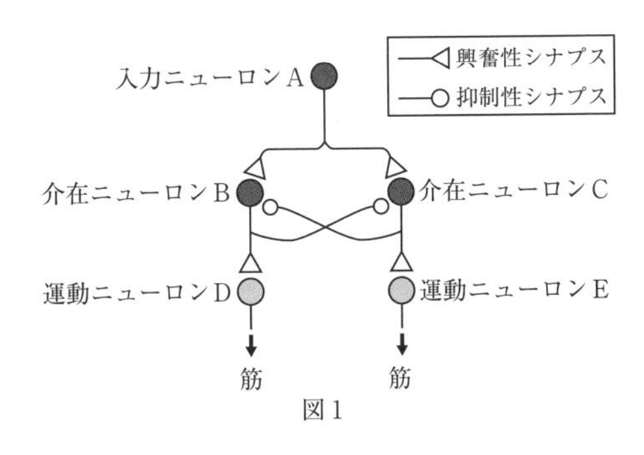

図1

問1　文中の空欄に適語を入れよ。

問2　この回路において，ニューロンAから，ニューロンBとCに同時に入力信号が伝達された場合，ニューロンB～Eの活動電位の発生はどのようなパターンになるか。最も適当なものを次の図①～⑤から1つ選べ。なお，図2に活動電位の凡例を示す。

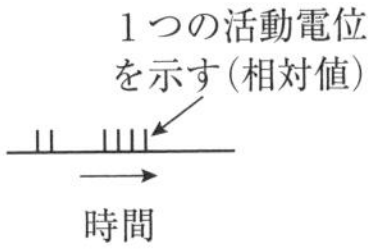

1つの活動電位を示す(相対値)
時間

図2

①
ニューロンAからの入力信号
ニューロンB
ニューロンC
ニューロンD
ニューロンE

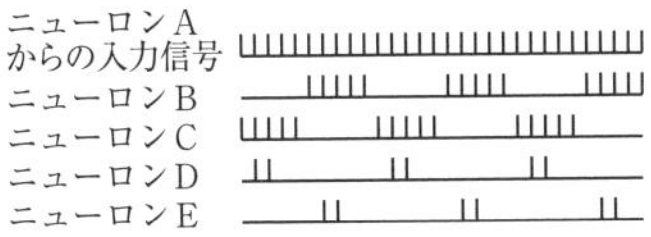

②
ニューロンAからの入力信号
ニューロンB
ニューロンC
ニューロンD
ニューロンE

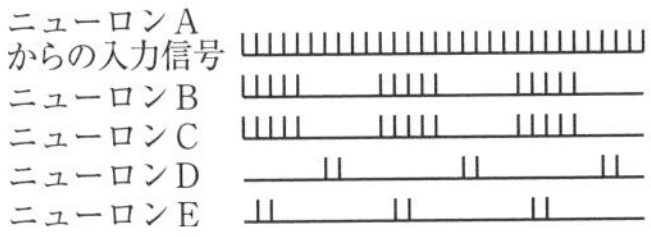

③
ニューロンAからの入力信号
ニューロンB
ニューロンC
ニューロンD
ニューロンE

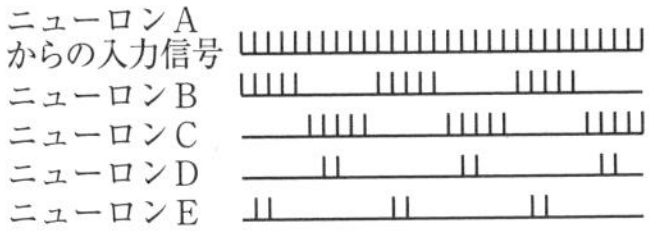

④
ニューロンAからの入力信号
ニューロンB
ニューロンC
ニューロンD
ニューロンE

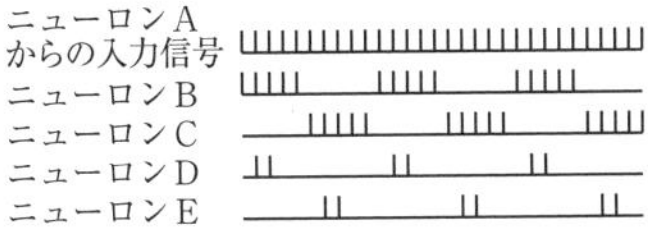

⑤
ニューロンAからの入力信号
ニューロンB
ニューロンC
ニューロンD
ニューロンE

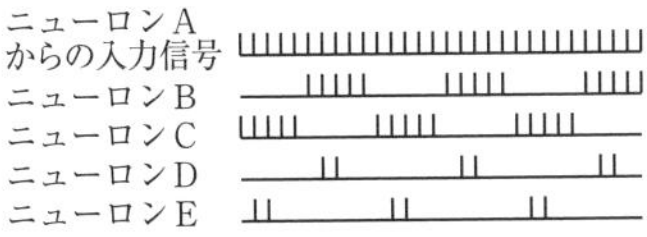

問3　図3は，ヒトのシナプスの模式図で，興奮が軸索末端まで伝導すると，まず■が細胞内に流入する。細胞内の■濃度が上昇するとシナプス小胞内に蓄えられていた●がシナプス間隙に放出され，シナプス後細胞の受容体に結合する。その結果▲が流入する。図の■，●，▲はそれぞれ何を示しているか。(1)興奮性シナプスの場合と(2)抑制性シナプスの場合のそれぞれについて，正しい

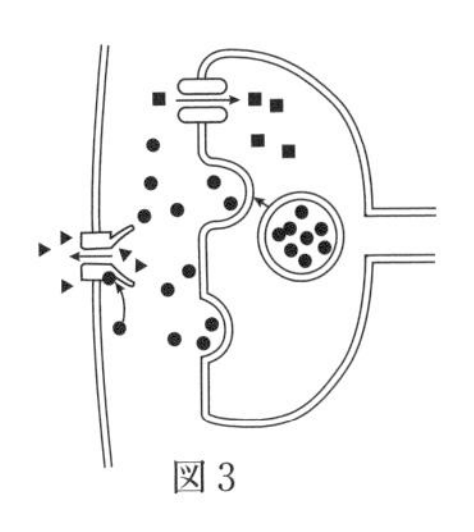
図3

ものを次からそれぞれ1つずつ選べ。同じものを2度用いてもよい。

① Na^+　② K^+　③ Ca^{2+}　④ Cl^-　⑤ H^+
⑥ ホスホグリセリン酸　⑦ グルタミン酸　⑧ γ-アミノ酪酸(GABA)

〈兵庫医大〉

35

必修基礎問 67

カイコガの雄は雌が近くにいると，翅をばたつかせながら雌に近づいていき，図に示したような婚礼ダンスを行った後，交尾を行う。しかし，ペトリ皿や透明なプラスチック容器に雄を入れ雌に近づけたときは，雄は雌を発見できない。雄は何を手がかりにして雌に到達するのであろうか。

問1　正常な雄と，複眼を黒ラッカーで塗りつぶし視覚を遮断した雄を用意した。それぞれ，雌から約10cmの距離に放し，その行動を観察した。正常な雄は，正常な婚礼ダンスを行い雌にたどりつき，視覚を遮断した雄も同様に雌にたどりついた。この実験から導かれる結論を20字以内で述べよ。

問2　正常な雄，触角を両方とも切除した雄，触角を片方切除した雄を用意した。それぞれ，雌から約10cmの距離に放し，その行動を観察した。正常な雄は雌にたどりついた。触角を両方とも切除した雄は，雌に対して全く反応しなかった。触角を片方切除した雄は，触角の残っている方に回転し，雌にたどりつけなかった。この実験から導かれる結論を40字以内で述べよ。

問3　婚礼ダンスをしている正常な雄の頭部の先に，火のついた線香を近づけると，はばたきにより煙が雄の触角に引き寄せられていくのが観察された。正常な雄と，翅を切除して婚礼ダンスをできなくした雄を雌の近くに置いたところ，正常な雄は雌にたどりついたが，翅を切除した雄は雌にたどりつけなかった。しかし，翅を切除した雄に雌の側から風を送ったところ，雌にたどりついた。この実験から導かれる結論を50字以内で述べよ。

〈東海大〉

36

必修基礎問 64，65

下図を参照し，骨格筋の収縮に関する以下の問いに答えよ。

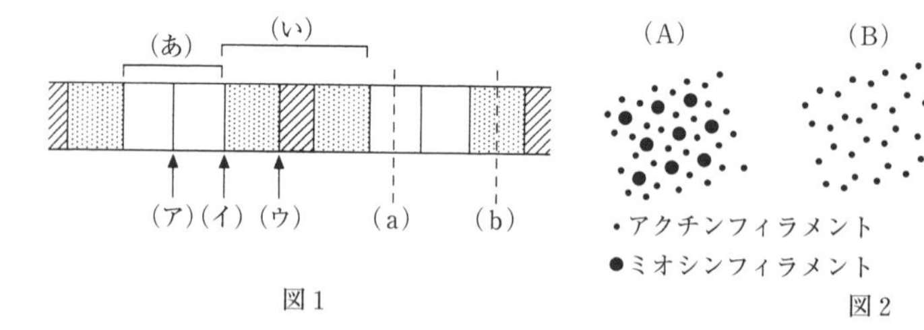

図1　　図2

問1　図1は光学顕微鏡で観察した筋繊維の模式図である。(あ)，(い)の名称を記せ。また，筋繊維が収縮したとき，長さが変化しないのはどちらか記号で答えよ。

問2　Z膜は図1の(ア)～(ウ)のどれか記号で答えよ。

問3　筋繊維の横断面を電子顕微鏡で観察すると，図2に示す3つのパターンが存在することがわかる。図1の点線(a)，(b)の部分の横断像は，図2の(A)～(C)のどれか記号で答えよ。

問4　図3の矢印(a)～(c)は，収縮時におけるアクチンフィラメント(細線)の移動方向をミオシンフィラメント(太線)を基準にして示したものである。正しいものを1つ選べ。

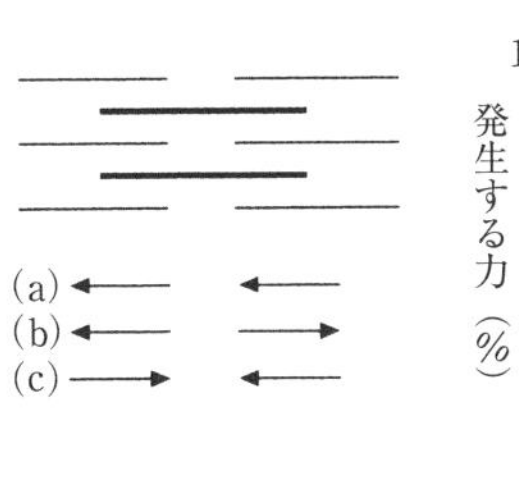

図3

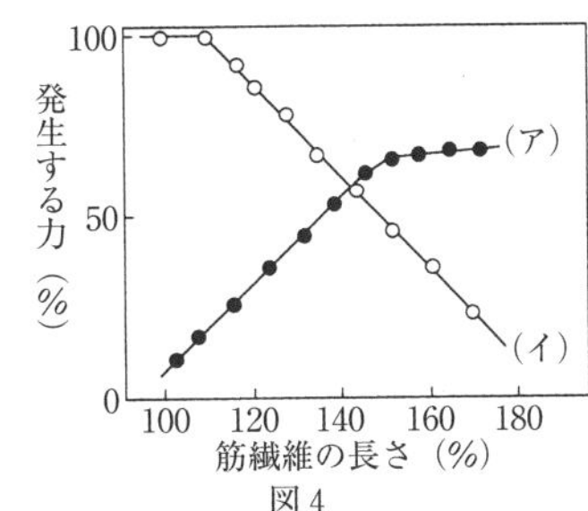

図4

問5　図4は筋繊維をさまざまな長さに引き伸ばして固定し，刺激を加えて収縮時に発生する力を測定した結果を示している。予想される結果は(ア)，(イ)のどちらか。ただし，実験開始時の筋繊維の長さを100%とする。

問6　電子顕微鏡による観察の結果，筋繊維を引き伸ばしてもアクチンフィラメントとミオシンフィラメントの長さは変化しなかった。このことと，図4の実験結果から導かれる筋収縮の機構について，その根拠も含めて200字以内で述べよ。

問7　筋繊維を界面活性剤(トリトン X-100 など)で処理した後，最適濃度の ATP と Mg^{2+} を含む溶液に浸したが，収縮は起きなかった。この溶液にどのような陽イオンを加えると収縮が起きるか。また，この陽イオンが蓄えられている筋繊維内の構造体の名称を記せ。

問8　運動神経と骨格筋の接続部において情報伝達に関わる物質の名称を記せ。

問9　筋収縮は ATP を必要とするが，筋肉内には ATP は十分に貯蔵されていない。筋肉内には別の高エネルギー物質があり，ADP はこの物質からリン酸を受け取って ATP にもどる。ADP にリン酸を渡す高エネルギー物質の名称を答えよ。

問10　カエルの神経筋標本(ひ腹筋に座骨神経がついたもの)の神経を電気刺激した。刺激の強さが小さいときはわずかな収縮がみられ，刺激の強さを増していくにつれて収縮高も徐々に大きくなっていった。しかし，ある程度の刺激強度以上では，収縮高はそれ以上大きくならなかった。この理由を200字以内で説明せよ。

〈高知大〉

第8章 植物の環境応答

必修基礎問 25. 植物の発芽・成長

68 発芽と光

生物

植物は，生涯を通してさまざまな環境要因の影響を受ける。そのため植物は，周辺環境の変化を感知し，反応するしくみを備えている。光は光合成を行うためのエネルギー源であるだけでなく，周辺環境の変化を知るための情報としても利用される。植物は，光を感知するために，吸収する波長の異なるいくつかの［ア］をもっている。植物の［ア］には赤色光と遠赤色光を吸収する［イ］，青色光を吸収する［ウ］やクリプトクロムがある。これらの［ア］は，光を吸収すると構造が変化する。植物はこの構造の変化によって，特定の波長の光を感知している。［イ］は，光の吸収により Pr 型と Pfr 型に相互に変換される。(i)葉のクロロフィルは赤色光をよく吸収するが，遠赤色光をほとんど吸収しない。このため，植物が生い茂った場所では地面に届く光は吸収されなかった遠赤色光の割合が高くなる。そこで植物は，赤色光と遠赤色光の割合の変化を［イ］の Pfr 型と Pr 型の割合の変化により感知し，自らが他の植物の陰にいるのかどうかを判断しているのである。

植物は光を発芽の誘導にも利用している。(ii)光を感知することで発芽が促進される種子を［エ］種子という。［エ］種子の発芽には［イ］が関わっており，光を感知した種子は，植物ホルモンである［オ］の合成が誘導され，別の植物ホルモンである［カ］の働きが抑制されることで発芽が促進される。

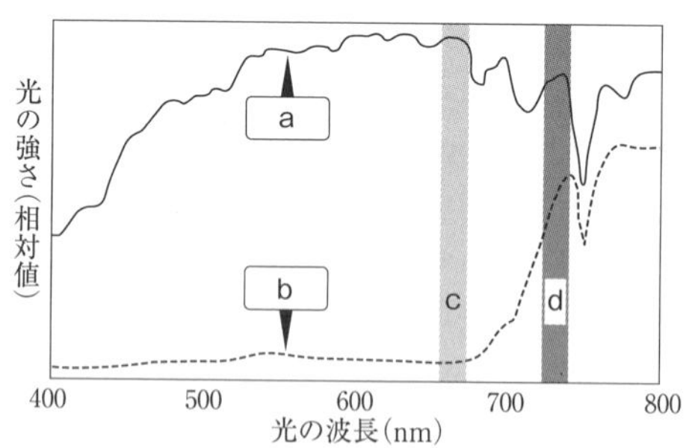

問1 上の文中の空欄に適語を入れよ。

問2 下線部(i)について。右図に関する次の記述の［キ］，［ク］にはa～dの記号を，［ケ］には増加あるいは減少を答えよ。ただし，aおよびbの線はそれぞれの条件下での相対的な光の強さの変化を示しており，実際に測定した光の強さはaとbで異なるものとする。

樹木の葉群の下での光の強さを示すのは［キ］のグラフで，赤色光を

示すのは ク である。したがって葉群の下では, イ のPfr型の割合が ケ する。

問3　下線部(ii)のような種子を次から3つ選べ。

①　タバコ　　②　カボチャ　　③　ケイトウ
④　シロイヌナズナ　　⑤　レタス　　（摂南大）

●**光受容体**　光発芽などに関与するフィトクロム，光屈性や気孔開口に関与するフォトトロピン，胚軸の伸長抑制に関与するクリプトクロムがある。

●**フィトクロム**　赤色光吸収型（Pr型）と遠赤色光吸収型（Pfr型）が可逆的に相互に変換する。Pfr型になると核内に移動して，遺伝子発現を制御する。

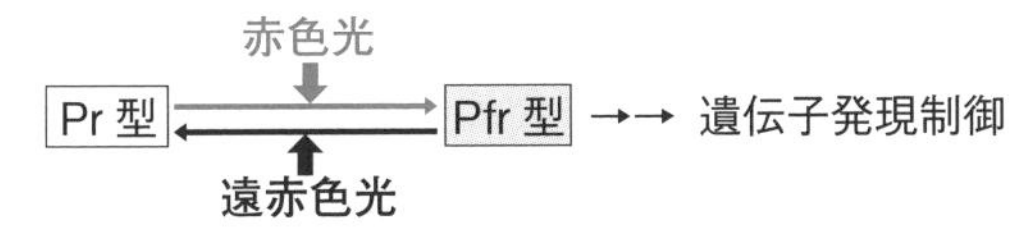

●**光発芽種子**　発芽に光を必要とする種子。赤色光をPr型が吸収してPfr型になると，ジベレリン遺伝子の発現が促され，生成されたジベレリンにより休眠を維持していたアブシシン酸の働きが抑制され，発芽が促進される。

〔代表例〕　ナズナ，レタス，タバコ

（覚え方：「光発芽に慣（ナズナ）れ（レタス）た（タバコ）？」）

Point 64　光受容体

	吸収する光	関与する現象
フィトクロム	赤色光，遠赤色光	発芽，花芽形成，葉緑体定位反応
フォトトロピン	青色	光屈性，気孔開口
クリプトクロム	青色	胚軸の伸長抑制

問2　葉がもつクロロフィルによって赤色光が吸収されるので，葉の下では赤色光が少なくなっている。そのため葉の下では遠赤色光によってPfr型がPr型に変化するので，Pfr型の割合が減少する。

答
問1　アー光受容体　イーフィトクロム　ウーフォトトロピン
エー光発芽　オージベレリン　カーアブシシン酸
問2　キーb　クーc　ケー減少　**問3**　①，④，⑤

実戦基礎問

32 ジベレリンと発芽

イネやオオムギの種子の場合，［ア］から分泌されたジベレリンが［イ］に作用して酵素であるアミラーゼの発現を誘発し，アミラーゼが［ウ］中のデンプンを糖に分解する。この糖が胚で利用されて，胚の成長が起こる。オオムギの種子の発芽時におけるジベレリンの働きを調べるために，以下のような実験を行った。

実験 右図のようにオオムギの種子を胚のない部分(胚なし)と胚のある部分(胚あり)に切り分け，それぞれから胚乳を取り除いた。

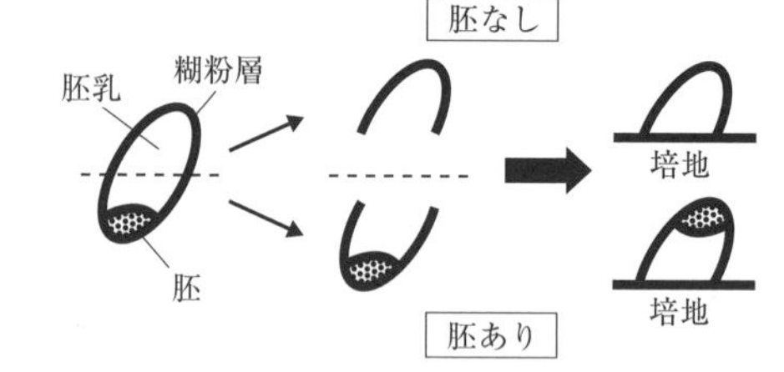

次に，以下の(エ)～(カ)の3種類の寒天培地の表面に接するように，それぞれの種子片の切り口を下にして置いた。25℃で1日間放置した後，種子片を取り除き，寒天培地にヨウ素溶液を滴下した。寒天培地上の種子片が接していた部分において，紫色に呈色するヨウ素デンプン反応がみられるかを調べ，下表のような結果を得た。ただし，実験はすべて無菌的に行った。

培地		種子片	
		胚なし	胚あり
(エ)	寒天＋デンプン	［a］	－
(オ)	寒天＋デンプン＋ジベレリン	［b］	［c］
(カ)	寒天＋デンプン＋デンプン分解酵素阻害剤	＋	＋

＋：ヨウ素デンプン反応あり　－：ヨウ素デンプン反応なし

問1 上の文中の空欄に，胚，胚乳，糊粉層のいずれか適するものを入れよ。

問2 表中のa～cに＋あるいは－を入れて表を完成させよ。

問3 ジベレリンは発芽促進以外にもさまざまな働きがある。次からジベレリンの作用として正しいものを1つ選べ。

① 単為結実の促進　② 肥大成長の促進　③ 気孔の閉鎖促進
④ 離層形成促進　⑤ 光屈性

問4 ジベレリンの働きとは逆に，発芽を抑制する作用をもつ植物ホルモンを1つあげよ。

(大阪薬大)

●**ジベレリンによる発芽促進のしくみ**　胚から分泌されたジベレリンは，胚乳の外側にある糊粉層に働きかける。糊粉層の細胞内では，アミラーゼ遺伝子が働き，アミラーゼが合成される。アミラーゼは糊粉層から胚乳に分泌され，胚乳中に蓄えてあるデンプンを分解する。生じた糖は胚に送られ，発芽時に必要な呼吸基質や新しい細胞の成分として利用される。

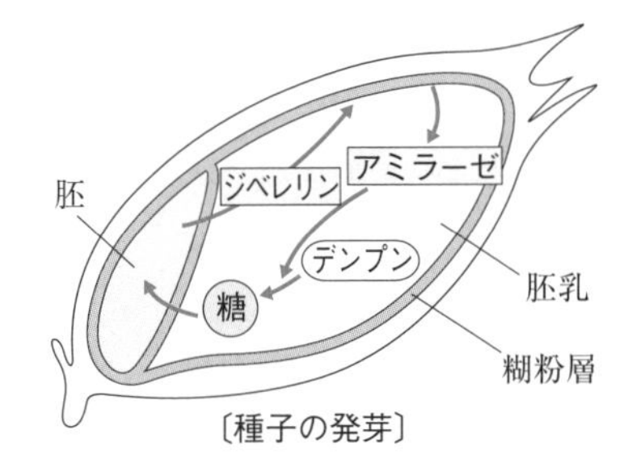

〔種子の発芽〕

●**ジベレリンの作用機序**　ジベレリンの応答をつかさどる遺伝子群(ジベレリン応答遺伝子群)は，DELLA タンパク質と総称される複数のタンパク質によって遺伝子発現が抑制されている。ジベレリンがないときは，DELLA タンパク質が調節遺伝子の転写を抑制している。ジベレリンが核に存在するジベレリン受容体に結合すると DELLA タンパク質が分解され，調節遺伝子が転写翻訳される。生じた調節タンパク質がジベレリン応答遺伝子群の転写を促し，ジベレリンの作用が現れる。

Point 65　ジベレリンの主な作用

①　発芽促進　②　単為結実促進　③　伸長成長促進

解説

問2　胚があればジベレリンが合成され，これが糊粉層に働きかけてアミラーゼ合成を誘導し，合成されたアミラーゼがデンプンを分解するのでヨウ素デンプン反応はみられなくなる。

a．胚がないのでジベレリンが合成されず，アミラーゼも合成されないのでデンプンは分解されない＝ヨウ素デンプン反応がみられる(＋)。

b，c．胚の有無にかかわらず，ジベレリンを添加しているのでアミラーゼ合成が誘導され，デンプンが分解される(－)。

問3　②，④はエチレン，③はアブシシン酸，⑤はオーキシンの作用による。ジベレリンは肥大成長ではなく伸長成長を促進する。ジベレリンによる単為結実促進は，種無しブドウの作成に利用されている。

答

問1　アー胚　イー糊粉層　ウー胚乳　**問2**　a：＋　b：－　c：－
問3　①　**問4**　アブシシン酸

必修基礎問

69 植物の成長と植物ホルモン

植物の体の中では，植物ホルモンと呼ばれる一群の生理活性物質が，発生や成長の調節を行っている。主要な植物ホルモンには，オーキシン，ジベレリン，アブシシン酸，エチレンなどがある。植物ホルモンは，植物がその生活環のなかで受けるさまざまな環境変化の情報を，それを受容した細胞から発生や成長に関わる細胞へ伝えるシグナル分子としての役割を果たしている。

種子は，成熟過程で［ア］の含有量が増加し，その作用で貯蔵物質が蓄積し，水分含量が低下して乾燥に対する耐性を獲得する。そして，種子に含まれる胚は活動を停止し，（　イ　）に入る。種子の（　イ　）の解除には，発芽に適した温度下での種子の吸水に加えて，種子が一定の期間低温にさらされることや，光を浴びることが必要な場合がある。種子の（　イ　）の解除には，［ウ］が関わる場合が多い。

植物の成長では，細胞分裂によって新たにつくられた細胞が縦方向に伸びる伸長成長や，横方向に膨らむ肥大成長によりさまざまな形に変化し，多様な器官が形成されていく。また，茎や根が外界からの刺激に応答して屈曲する現象も細胞の成長に深く関わっている。植物ホルモンの［エ］には植物細胞の成長を促進する作用がある。［エ］が作用すると，細胞壁の（　オ　）繊維どうしの結びつきが弱まり，その結果，細胞壁がゆるみ，細胞は吸水し大きくなる。このとき，（　オ　）繊維が配列されている方向によって，細胞の伸長方向(縦または横の方向)が決まる。（　オ　）繊維を縦方向に配列させ，細胞を（　カ　）方向に伸長させる作用をもつのは［キ］である。

葉の上側の付け根には，側芽と呼ばれる芽が形成される。茎の先端にある頂芽の成長が活発なときには，側芽の成長は抑制されていることが多い。成長が抑制された側芽は，頂芽を切り取ると成長を始める。このような，頂芽による側芽の成長抑制の現象を（　ク　）と呼ぶ。頂芽を切り取り，切り口に［エ］を含む寒天を置くと，側芽の成長は抑制される。また，頂芽を切り取らなくても，側芽に物質Xを与えると，側芽は成長を始める。このようなことから，頂芽で合成された［エ］が，（　ケ　）移動によって茎の下方に移動し，側芽付近での物質Xの合成を（　コ　）することにより，側芽の成長が抑制されていると考えられている。

葉などの器官は，やがて老化し，植物体から脱落する。葉の脱落(落葉)は，葉柄の付け根に（　サ　）と呼ばれる細胞層がつくられることによって引き起こされる。この現象に直接的に関わる植物ホルモンは［シ］である。

問1　上の文中の[　　　]には植物ホルモン，(　　　)には適語を入れよ。
ただし，同じ語を繰り返し用いてもよい。
問2　下線部に関して，次の問いに答えよ。
(1)　吸水後に光を浴びることで発芽が促進されるような種子を何と呼ぶか。
(2)　(1)の種子で，光の受容に関わる光受容体(色素タンパク質)の名称を答えよ。　(関西大)

精講

●オーキシンの作用　オーキシンはセルロース繊維どうしの結合をゆるめ，膨圧を低下させて吸水を促すことで細胞を成長させる。

●ジベレリンとエチレン　ジベレリンはセルロース繊維を水平方向に，エチレンは縦方向に配列させる作用がある。その結果，ジベレリンによって縦方向への伸長成長，エチレンによって横方向の肥大成長が促される。

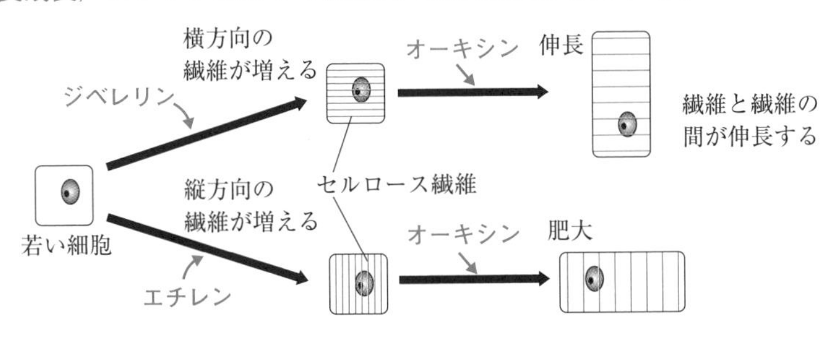

解説

問1　ケ．オーキシンは先端から基部方向への一定方向に移動する性質があり，これを極性移動という。極性移動にはオーキシン輸送体(PIN タンパク質)が関与している(**実戦基礎問 33**(p.260)参照)。
コ．物質Xによって側芽が成長するが，オーキシンがあると側芽が成長しないので，オーキシンは物質Xの合成を抑制していると考えられる。
サ，シ．落葉に先立って，葉の付け根に薄い細胞壁をもつ特殊な細胞層が形成される。これを離層という。オーキシンによって離層形成が抑制され，エチレンによって離層形成が促進される。

答
問1　ア－アブシシン酸　イ－休眠　ウ－ジベレリン　エ－オーキシン
オ－セルロース　カ－横　キ－エチレン　ク－頂芽優勢　ケ－極性
コ－抑制　サ－離層　シ－エチレン
問2　(1)　光発芽種子　　(2)　フィトクロム

実戦 基礎問

33 オーキシンの極性移動

オーキシンは植物体内で方向性をもって移動する(図1)。細胞内へのオーキシンの取り込みには，輸送タンパク質 AUX1 の働きと拡散が関与し，細胞内からの排出には，別の輸送タンパク質である PIN の働きが関与している。

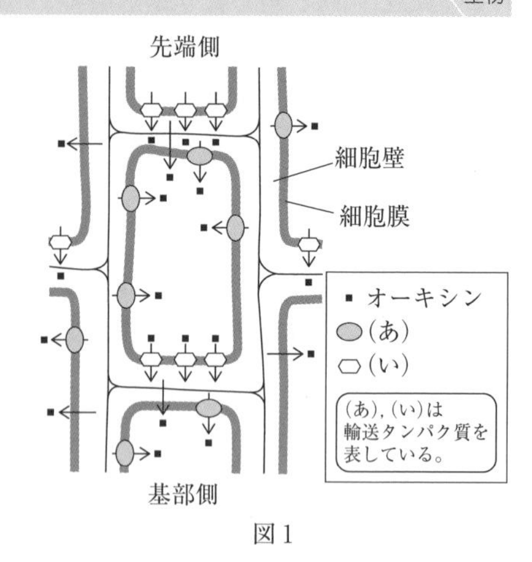

図1

実験1 マカラスムギの幼葉鞘から図2①のようにa－b間を取り出し，この両端に，図2②のように寒天片A，Bを置いた。

実験2 マカラスムギの芽生えを暗所で水平に置いた(図3①)。しばらくすると，重力屈性により芽生えの伸長方向が変化した(図3②)。

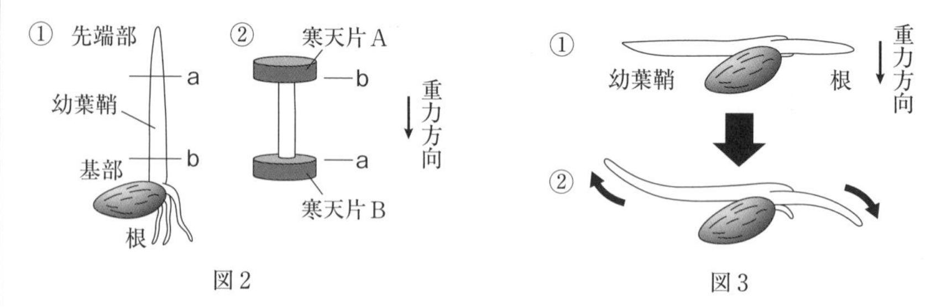

図2　　図3

問1 下線部のオーキシンの移動を何というか，答えよ。

問2 図1において，PIN を示しているのは(あ)と(い)のいずれか。

問3 図2②で寒天片Aのみにオーキシンを含ませて置いた場合と寒天片Bのみにオーキシンを含ませて置いた場合で，幼葉鞘内のオーキシンの移動はどのようになるか，理由とともに100字以内で述べよ。

問4 図3①の状態でしばらく置いたとき，幼葉鞘と根で異なる重力屈性がみられたのはなぜか。120字以内で説明せよ。 **(大阪医大)**

精講 ●**PIN** 細胞外へオーキシンを排出する輸送体。重力方向に関係なく基部側に分布している PIN と，重力によって分布を変える PIN がある。

●**根冠**　根端分裂組織を保護する役割と，重力方向を感知する役割がある。根冠にあるコルメラ細胞に含まれるアミロプラストが重力によって移動することで重力方向を感知する。

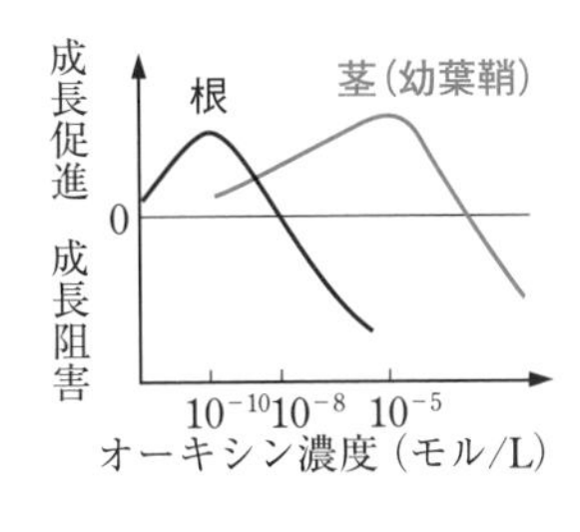

●**オーキシン濃度と成長**　右図のように，茎や幼葉鞘と根ではオーキシンの最適濃度が異なり，オーキシン濃度が高くなりすぎると逆に成長が阻害される。

問3　図2にあるように，もともとの種子のある側(茎や幼葉鞘からみると下側，根から見ると上側)を基部という。図1にあるようにPINが基部側に分布しているので，重力方向に関係なく，先端部から基部方向に輸送される。

問4　先端部や根冠では，横方向に重力を感知すると，PINが重力側に分布するようになり，オーキシンは重力側へ輸送される。水平に置かれた植物体でのPINの分布およびオーキシンの輸送方向は次のようになる。

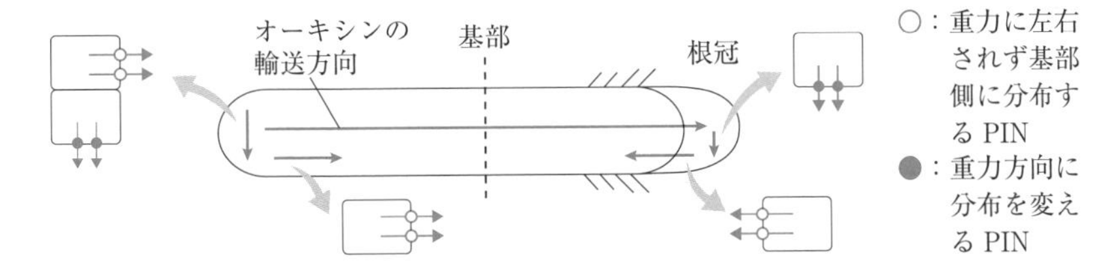

したがって，幼葉鞘でも根でも重力側の方がオーキシン濃度が高くなる。幼葉鞘ではオーキシン濃度が高い重力側が成長促進され，幼葉鞘は負の重力屈性を示す。ところが根ではオーキシン濃度が高い重力側が成長阻害されるため，正の重力屈性を示すようになる。

答

問1　極性移動　　**問2**　(い)

問3　PINが基部側にのみ分布しているので，Bにオーキシンを含ませた場合にはオーキシンがaからbへ移動するが，寒天片Aにオーキシンを含ませた場合はオーキシンの移動が起こらない。(85字)

問4　幼葉鞘でも根でもオーキシンの濃度は重力側の方が高くなる。幼葉鞘でのオーキシンの最適濃度は高いので，オーキシン濃度の高い重力側の成長が促進されるが，根での最適濃度は非常に低いので，重力側ではかえって成長が阻害されるから。(109字)

必修基礎問

70 気孔の開閉

生物

植物は，葉の表面にある気孔を開くことによって，光合成に必要な［ア］を大気から吸収し，［イ］を大気中に放出する。また，蒸散によって気孔から水が水蒸気として出ていく。気孔は，二つ一組の孔辺細胞にはさまれた隙間である。孔辺細胞は，周囲の表皮細胞とは異なり，細胞小器官である［ウ］をもつのが特徴である。［ウ］は，周囲の表皮細胞にはほとんどみられない。

気孔の開閉は，二つの環境要因によって調節される。その一つは水である。水が不足すると［エ］という植物ホルモンが急速に増加し，［エ］が孔辺細胞に作用すると，気孔が閉じる。もう一つの環境要因は光である。気孔は，明るいところで開き，暗いところでは閉じる。気孔が開くために，［オ］という光受容体が関わっている。［カ］色光が［オ］に受容されると，気孔が開く。シロイヌナズナの葉から得た表皮組織を培地に浸し，［カ］色光を照射しながら(a)培地のpHを測定したところ，培地のpHの値が変化した。この結果からプロトン(H^+)の輸送が関係していることがわかった。(b)H^+の輸送には，プロトンポンプが関与している。現在では，気孔が開くしくみは(c)H^+の移動によって細胞膜内外の電位差が大きくなり，カリウムイオン(K^+)チャネルが開き，K^+イオンが移動することによるものと考えられている。

問1　上の文中の空欄に適語を入れよ。

問2　下線部(a)を行ったとき，培地のpHは上昇したか，低下したか。

問3　下線部(b)の「孔辺細胞におけるプロトンポンプの存在のしかた」に関して，正しいものを次から1つ選べ。

① 孔辺細胞の細胞膜の外側に結合して存在する
② 孔辺細胞の細胞膜を貫いて存在する
③ 孔辺細胞の細胞膜の内側に結合して存在する

問4　下線部(c)のようにK^+イオンが移動して気孔が開くまでの過程として，次から正しいものを4つ選び，反応が起こる順に並べよ。

① K^+が細胞内に流入
② K^+が細胞外に流出
③ 細胞内に水が取り込まれる
④ 細胞外に水が流出する
⑤ 細胞内の浸透圧が低下する
⑥ 細胞内の浸透圧が上昇する
⑦ 膨圧が上昇する
⑧ 膨圧が低下する

問5　孔辺細胞が湾曲することで気孔が開くが，これには孔辺細胞の細胞壁の特徴が関係している。これについて正しいものを次から1つ選べ。

① 孔辺細胞の気孔側の細胞壁が，気孔の反対側に比べて厚い。
② 孔辺細胞の気孔の反対側の細胞壁が，気孔側に比べて厚い。
③ 孔辺細胞の気孔側には細胞壁が存在しない。
④ 孔辺細胞の気孔の反対側には細胞壁が存在しない。

（共立女大）

精講　**●気孔の開口**　青色光を光受容体であるフォトトロピンが感知すると，プロトンポンプにより H^+ が細胞外に輸送され，細胞内の電位が過分極する(細胞内がより負になる)。するとカリウムチャネルが開き，細胞内に K^+ が流入する。その結果，孔辺細胞の浸透圧が上昇し，吸水して膨圧が上昇する。孔辺細胞の細胞壁は気孔に面した側の方が厚く変形しにくいため，孔辺細胞が湾曲するように変形し，気孔が開く。

●気孔の閉鎖　植物体内の水分が不足すると，アブシシン酸の合成が促進される。アブシシン酸の働きで陰イオンチャネルが開き，Cl^- が流出し，細胞内電位が脱分極する(細胞外が負，細胞内が正になる)。脱分極に応答してカリウムチャネルが開き，K^+ が細胞外に流出する。その結果，孔辺細胞の浸透圧が低下し，水が流出して孔辺細胞の膨圧が低下して気孔が閉じる。

Point 66　気孔開閉のしくみ

気孔の開口：青色光をフォトトロピンが感知 ⟶ K^+ 流入 ⟶ 浸透圧上昇 ⟶ 吸水 ⟶ 膨圧上昇 ⟶ 気孔開口

気孔の閉鎖：水分不足 ⟶ アブシシン酸合成 ⟶ K^+ 流出 ⟶ 浸透圧低下 ⟶ 脱水 ⟶ 膨圧低下 ⟶ 気孔閉鎖

問2　プロトンポンプが活性化して H^+ を細胞外に輸送するので，培地＝細胞外の pH は低下する。

問1　ア－二酸化炭素　イ－酸素　ウ－葉緑体　エ－アブシシン酸　オ－フォトトロピン　カ－青

問2　低下した　**問3**　②

問4　①→⑥→③→⑦　**問5**　①

26. 植物の配偶子形成・受精・花芽形成

71 植物の配偶子形成

生物

被子植物ではおしべの ア の中の花粉母細胞と，めしべの イ の中の ウ 細胞が減数分裂を行う。減数分裂によって花粉母細胞は エ となり，それぞれの細胞は分離した後，体細胞分裂を行い，花粉管細胞と オ 細胞をもった成熟花粉になる。一方，雌側では減数分裂の結果生じた 4 個の細胞のうち 3 個は退化し，残った細胞が カ となる。カ はさらに キ 回の①分裂を繰り返し ク 個の細胞をもった ケ になる。花粉が柱頭につくと，花粉管を伸ばす。花粉管の中で オ 細胞はさらに体細胞分裂して 2 個の精細胞となる。精細胞の 1 個は ケ 内の卵細胞と受精して受精卵となり，もう 1 個は コ 細胞の中の サ 個の シ 核と合体して胚乳核となる。このように同時に 2 か所で行われる受精を重複受精という。受精卵は分裂してやがて種子内の ス に，胚乳核は②分裂してさらに栄養分を蓄えて胚乳となる。

問 1 上の文中の空欄に適語を入れよ。

問 2 次のうちで重複受精を行うものをすべて選べ。

① カキ　② イネ　③ イチョウ　④ ワラビ　⑤ エンドウ

問 3 問 2 の①～⑤から，胚乳をもたない種子を形成するものをすべて選べ。

問 4 この植物を $2n=4$ として，下線部①および②の分裂中期のようすを図示せよ。

（鳥取大）

精講 ●被子植物の配偶子形成

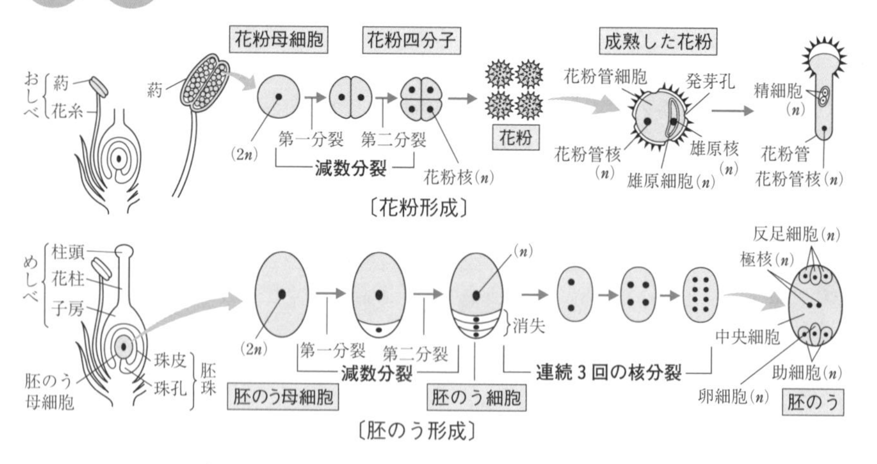

●**被子植物の受精と発生**　同時に2か所で行われる受精を**重複受精**といい，**被子植物特有**の受精様式である。

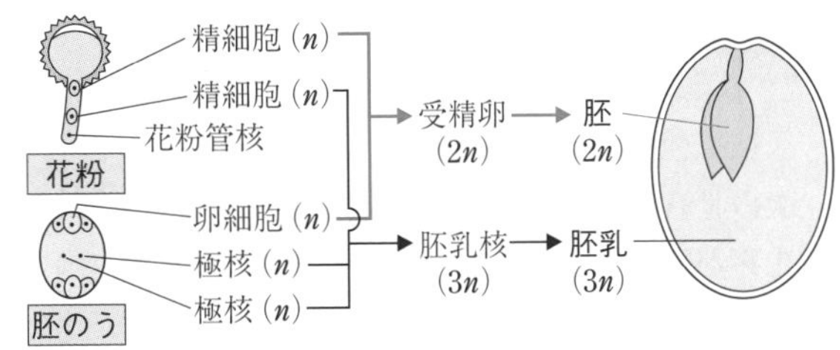

●**無胚乳種子**　重複受精も行い胚乳核も生じるが，途中で分裂を停止し，最終的に栄養分は子葉に蓄え，胚乳が発達しない種子もある。これを**無胚乳種子**という。

〔例〕 マメ科(エンドウ・ダイズなど)，クリ，アサガオ，アブラナ，ナズナ

●**裸子植物の胚乳形成**　裸子植物では**胚のう細胞が体細胞分裂を繰り返して多細胞の胚のうを形成**し，この中に胚乳を形成する。したがって，裸子植物の胚乳の核相は胚のう細胞と同じ n である。また，受精前に胚乳を形成するので，受精が行われなかった場合は，胚乳形成に使ったエネルギーなどは無駄になる。

Point 67　被子植物の配偶子形成と受精

①　被子植物の配偶子形成

(1)　花粉母細胞 →→ 花粉四分子 → 雄原細胞 → 精細胞

(2)　胚のう母細胞 →→ 胚のう細胞 →→→ 卵細胞

②　被子植物の受精：重複受精

精細胞(n) ＋ 卵細胞(n) ──────→ 受精卵($2n$)

精細胞(n) ＋ 極核(n) ＋ 極核(n) ──→ 胚乳核($3n$)

問1　キ，ケ．胚のうは8個の核をもつが，中央細胞が2個の極核をもつので，7個の細胞からなる。

問2　①と⑤は被子植物の双子葉類，②は被子植物の単子葉類。③は裸子植物なので重複受精は行わない。④はシダ植物なので種子を形成しない。

問3　エンドウのようなマメ科植物は無胚乳種子の代表例。

問4　②は核相 $3n$ なので，同じ種類を3本ずつ描く。

問1　ア－葯　イ－胚珠　ウ－胚のう母　エ－花粉四分子　オ－雄原　カ－胚のう細胞　キ－3　ク－7　ケ－胚のう　コ－中央　サ－2　シ－極　ス－胚

問2　①，②，⑤

問3　⑤

問4　右図

①
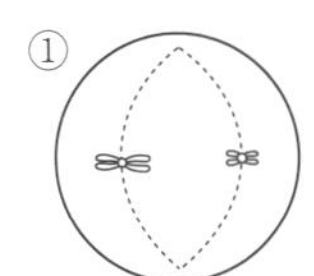

②
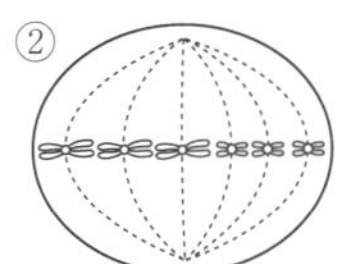

必修基礎問 72

花芽の形成

被子植物のからだは，葉・茎・根の３つの［ア］器官からできている。次の世代を残すために，(a)種々の条件により頂芽や側芽の［イ］において花芽が形成され，［ウ］器官である花に発達する。

花芽形成の誘導には，主に光による［エ］と温度による［オ］が関与する。被子植物は，花芽形成と日長との関係により，長日植物，短日植物，中性植物に大別される。(b)長日植物は１日の連続する暗期が限界暗期より短くなると花芽形成を始め，短日植物は１日の連続する暗期が限界暗期より長くなると花芽形成を始める。また花芽形成は，フロリゲンと名づけられた植物ホルモンの作用によって誘導される。(c)ある程度以上に成長した葉が日長を感知することによりフロリゲンを生成し，そのフロリゲンが花芽形成を促進すると考えられている。

問１　上の文中の空欄に適語を入れよ。

問２　下線部(a)で花芽が形成されない場合，植物はその後どのように成長するか，40字程度で記せ。

問３　次に示す花の部位が，果実，種子のどの部位に変化するかを記せ。
子房，子房壁，胚珠，珠皮，受精卵

問４　限界暗期が12.5時間の長日植物と11.5時間の短日植物を，発芽後図１のようにいろいろな明暗周期のもとで育てた。下線部(b)を参考にして，それぞれの植物が花芽を分化する場合は○，しない場合は×を記せ。

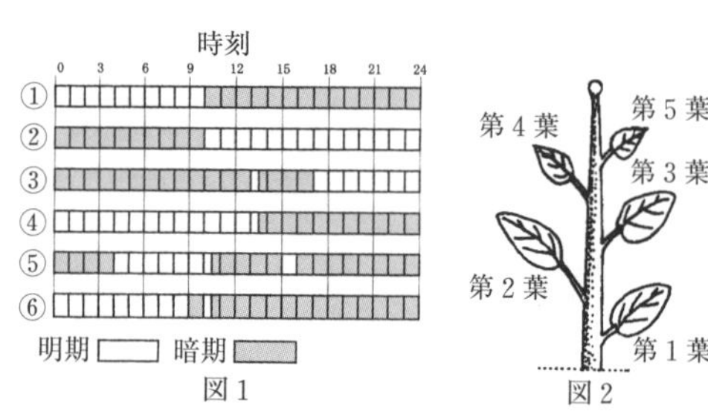

図１　図２

問５　図２に示した植物は短日植物であり，株全体を短日処理すると花芽が形成される。この植物を用いて下線部(c)を証明するためにはどのような実験を行えばよいか，実験方法と予想される結果を説明せよ。なお，第１葉〜第３葉を成熟葉，第４葉と第５葉を若い葉とする。

(静岡大)

精講

●**光周性**　日長時間の長短の周期的な変化によって引き起こされる現象を光周性という。植物の花芽形成や塊根形成，動物の生殖腺発達などでみられる。

●日長と花芽形成

① 暗期が**限界暗期以下**で花芽形成する植物を**長日植物**という。

〔例〕 アヤメ，ダイコン，アブラナ，ナズナ，ホウレンソウ，コムギ

② 暗期が**限界暗期以上**で花芽形成する植物を**短日植物**という。

〔例〕 オナモミ，アサガオ，タバコ，ダイズ，キク，イネ

③ 暗期や明期の長さとは関係なく花芽形成する植物を**中性植物**という。

〔例〕 セイヨウタンポポ，キュウリ，ナス，ソバ，トマト，トウモロコシ

●花芽形成のしくみ 光周期を感知した**葉**で花芽形成を促進する物質(**フロリゲン**)が生成され，これが**師管**を通って頂芽や側芽に移動し，花芽を形成する。これらは，オナモミを用いた次のような実験から明らかになった。

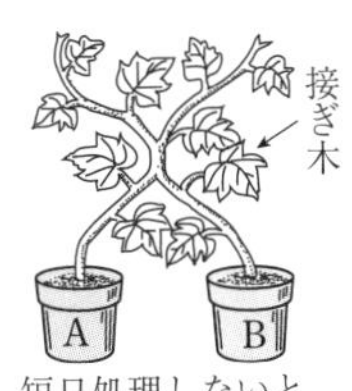

短日処理しないと開花しない。

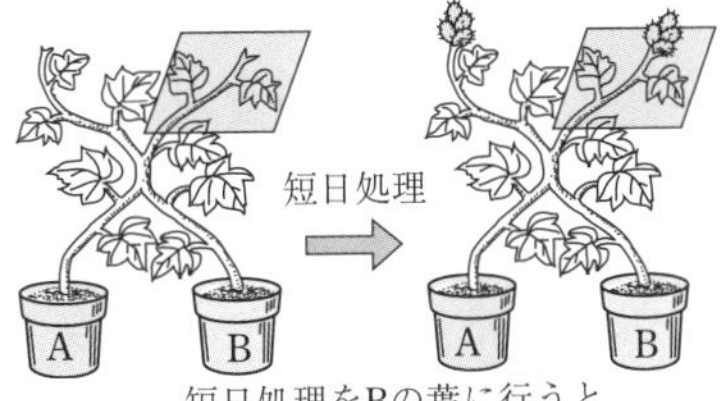

短日処理をBの葉に行うと，A，Bとも開花する。

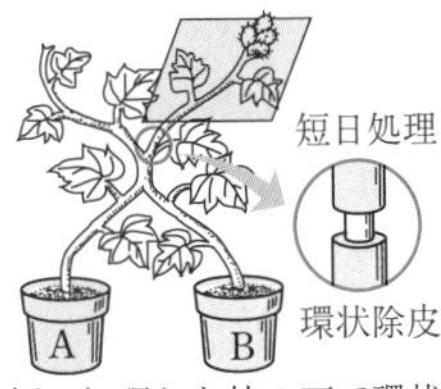

短日処理した枝の下で環状除皮すると，Aは開花せず，Bは開花する。

●環状除皮 形成層の外側を輪状に切除すること。結果的に**師部**が切除される。

フロリゲンの実体は長年謎であったが，近年，イネやシロイヌナズナを用いた研究からFTやHd3aというタンパク質であるとわかった(**実戦基礎問 34**(p.268)参照)。

問 4 限界暗期が12.5時間の長日植物は連続した暗期が12.5時間以下で花芽形成する。限界暗期が11.5時間の短日植物は連続した暗期が11.5時間以上で花芽形成する。光中断は連続した暗期の効果を失わせる。

問 1 ア－栄養　イ－分裂組織　ウ－生殖　エ－光周性　オ－春化(作用)

問 2 頂芽は葉や茎に分化して成長し，側芽は頂芽優勢により成長が抑制されたままになる。(39字)

問 3 子房→果実，子房壁→果皮，胚珠→種子，珠皮→種皮，受精卵→胚

問 4 長日植物：①－×　②－○　③－×　④－○　⑤－○　⑥－×

短日植物：①－○　②－×　③－○　④－×　⑤－○　⑥－○

問 5 長日条件下で，若い葉である第４葉と第５葉を短日処理しても花芽は形成されないが，成熟した葉である第１葉～第３葉を短日処理すると花芽が形成される。

実戦
基礎問
34 フロリゲン

生物

被子植物は光合成によってエネルギーを得ており，生育場所の環境変化に応答して成長や生殖を行っている。植物の地上部の先端には盛んに体細胞分裂を行っている［ア］組織があり，［イ］成長期に葉や茎を形成しているが，［ウ］成長期になると花芽を形成する。多くの植物は日長の変化によって花芽形成が誘導される。このように日長に対して反応する性質を［エ］性という。種子植物は，花を咲かせ，種子をつくることで生命をつないでいる。オナモミの研究などから，植物の花芽形成では，［オ］で(a)日長を感知し花成刺激が枝から枝へ伝達されることがわかった。植物学者チャイラヒャンは花成刺激がホルモンに似た因子の移動により伝えられると考え，この因子を花成ホルモン(フロリゲン)と呼んだ。オナモミを用いた接ぎ木実験では環状除皮(茎の形成層から外側を環状にはぎ取る)により，この因子が［カ］を通ることもわかった。近年，シロイヌナズナなどを用いた研究から，(b)FT と呼ばれるタンパク質が日長に応じて［オ］で合成され，茎頂分裂組織に移動し，細胞の遺伝子発現を制御することで花芽の分化を促進していることがわかってきた。また，花芽形成には温度の影響を受ける植物も知られている。このような植物では低温にさらされる前は，日長条件にかかわらず，花成ホルモンを合成できない状態になっているが，(c)一定期間低温にさらされた後，花成ホルモンを合成できる状態になり，花芽が形成できることがわかっている。

問1　上の文中の空欄に適語を入れよ。

問2　下線部(a)の日長を感じる光受容体を何というか答えよ。

問3　下線部(b)について，シロイヌナズナ(長日植物)においてFT タンパク質がフロリゲンの実体であることを証明した研究に関する次の説明を読んで，下の(1)，(2)に答えよ。

FT 遺伝子は，シロイヌナズナ *ft* 変異株の原因遺伝子として同定された。*FT* 遺伝子の mRNA は日長の変動に応答して発現量が増減した。一方，FT タンパク質は茎頂でつくられる FD タンパク質と複合体を形成し，花芽の分化に関わる *AP1* 遺伝子の発現を誘導した。そこで，*FT* 遺伝子と *GFP* 遺伝子を連結して，FT－GFP 融合タンパク質が発現するようにプラスミドベクターを構築した。それをアグロバクテリウムを介してシロイヌナズナ *ft* 変異株に導入し，［イ］成長期から［ウ］成長期に入る直前まで植物体内の GFP 蛍光を観察した。この植物体では *ft* 変異株でみられた表現型が回

復した。

(1) *FT* 遺伝子の mRNA 発現量の増減は，葉または茎頂のどちらで観察されたかを答えよ。

(2) 図1は連結する前の *FT* 遺伝子および *GFP* 遺伝子で，ア，イはそれぞれの遺伝子のプロモーターである。FT－GFP 融合タンパク質が葉の維管束の細胞で発現するように2つの遺伝子を連結した図として最も適当なものを，次から1つ選べ。

ア	*FT* 遺伝子

イ	*GFP* 遺伝子

図1

① | *FT* 遺伝子 | *GFP* 遺伝子 |

② | ア | *FT* 遺伝子 | イ | *GFP* 遺伝子 |

③ | ア | *FT* 遺伝子 | *GFP* 遺伝子 |

④ | イ | *FT* 遺伝子 | *GFP* 遺伝子 |

問4 下線部(c)の現象を何というか答えよ。

(関西学院大・京都府大)

精講 **●フロリゲン** フロリゲンの正体は長年不明だったが，シロイヌナズナでは **FT タンパク質**(イネでは **Hd3a タンパク質**)であることが解明された。葉において *FT* 遺伝子が発現して FT タンパク質が生じ，これが**師管**を通って**茎頂分裂組織**に移動する。ここで FT タンパク質の受容体と結合すると核内へと移行し，**FD タンパク質**と結合して複合体を形成する。この複合体が ***AP1* 遺伝子**の発現を促す。*AP1* 遺伝子の産物が花芽形成を引き起こす。

解説 **問3** (2) **プロモーター**は，その後ろ(下流)にある遺伝子が，いつどこで発現するかを制御する領域である。光周期を感知して *FT* 遺伝子と *GFP* 遺伝子が発現するためには，*FT* 遺伝子のプロモーターが必要になる。

答
問1 ア－茎頂分裂　イ－栄養　ウ－生殖　エ－光周　オ－葉　カ－師管
問2 フィトクロム　**問3** (1) 葉　(2) ③　**問4** 春化

実戦
基礎問
35 ABCモデル

生物

野生型のシロイヌナズナの茎頂分裂組織では，外側から順にがく，花弁，おしべ，めしべという構造が同心円状に形成され(それぞれの領域をア，イ，ウ，エとする)，花ができる。花の構造の分化は3種類の調節遺伝子A，B，Cの組み合わせによって決まっており，A遺伝子だけが働くと「がく」が，A遺伝子とB遺伝子が働くと「花弁」が，B遺伝子とC遺伝子が働くと「おしべ」が，C遺伝子だけが働くと「めしべ」が形成される。下表は，野生型と調節遺伝子A，B，Cそれぞれの働きを欠く突然変異体(それぞれA変異体，B変異体，C変異体とする)におけるA，B，Cそれぞれの遺伝子の働く領域を調べた実験の結果を示している。

表　野生型および突然変異体の各領域で働く調節遺伝子名

実験番号		ア	イ	ウ	エ
①	野生型	A	A，B	B，C	C
②	A変異体	C	B，C	B，C	C
③	B変異体	A	A	C	C
④	C変異体	A	A，B	A，B	A

問1　(1)　A変異体のアの領域には何が形成されるか。

(2)　本来あるべき構造が別の構造に置き換わる突然変異を何というか。

問2　実験①，②の結果より，野生型では，ア，イの領域でA遺伝子はC遺伝子の働きにどのような影響を与えていると考えられるか。

問3　B遺伝子の働く領域は，A遺伝子の存在とは無関係に決まっている。このように結論できる理由を，実験①～④のうち，どれとどれの結果を比較したかを明記して説明せよ。

問4　遺伝子BとCの両方の働きを欠いた植物を作ることにした。

(1)　B変異体とC変異体は交雑できないため，以下の方法を用いた。B変異体とC変異体が交雑できない理由を答えよ。

(2)　次の文章の空欄に適語を入れよ。

野生型の遺伝子型を$BBCC$，B変異体の遺伝子型を$bbCC$，C変異体の遺伝子型を$BBcc$と表すことにする。Bはbに対して，Cはcに対して優性の対立遺伝子である。得たい植物の遺伝子型は[ア]である。遺伝子型$BbCC$の植物のめしべに，遺伝子型$BBCc$の植物のおしべの花粉をつけて交配した。この交配により得られた次世代の種子を播いたところ，遺伝子型が[イ]，[ウ]，[エ]，[オ]の植物が[カ]の比で現れた。これらの植物すべてを自家受粉させ，さらに次世代の植物の種子を1920粒収穫した。この種子のうち，理論的には

[キ]粒の種子が[ア]の植物となると考えられる。 （大阪医大）

精講 ●**ホメオティック突然変異** 体の一部が別の部分に置き換わるような突然変異を**ホメオティック突然変異**といい，その原因となる遺伝子を**ホメオティック遺伝子**という。ショウジョウバエでは，胸の第3体節が第2体節に置き換わって4枚の翅をもつバイソラックス突然変異体や，触角が脚に置き換わったアンテナペディア突然変異体などが知られている。

●**ABCモデル** 被子植物の花の形成にもホメオティック遺伝子が働く。がく・花弁・おしべ・めしべの形成に，3つの遺伝子 A，B，C が関与するという考え方をABCモデルという。遺伝子 A のみが働くとがく，遺伝子 A と B が働くと花弁，遺伝子 B と C が働くとおしべ，遺伝子 C のみが働くとめしべが形成される。

解説 **問1** (1) C 遺伝子のみが働いているのでめしべが形成される。

問2 本来 A 遺伝子が働く領域で A 遺伝子が働かないと C 遺伝子が働く，ということから，もともと A 遺伝子は C 遺伝子の発現を抑制していると考えられる。A 遺伝子が働かないとその抑制が解除されるため C 遺伝子が発現する。

問3 比較は1つだけ異なり他は同じ条件のもので比べる。この場合は A 遺伝子の有無のみが異なる実験，つまり，A 遺伝子が存在する①と存在しない②を比較する。①，②ともに B 遺伝子はイとウで働くので，A 遺伝子の有無は関係しないとわかる。

問4 (1) B変異体では順に〈がく・がく・めしべ・めしべ〉が形成される。C変異体では〈がく・花弁・花弁・がく〉が形成される。

(2) $BbCC \times BBCc \longrightarrow BBCC : BBCc : BbCC : BbCc = 1:1:1:1$。この中で自家受精で $bbcc$ を得られるのは $BbCc$ のみで，その種子の数は $1920 \times 1/4$ となる。

また，$BbCc \times BbCc \longrightarrow 9[BC] : 3[Bc] : 3[bC] : 1[bc]$

より，$bbcc$ は1/16。

よって，$bbcc$ の種子の数は，$1920 \times 1/4 \times 1/16 = 30$

答

問1 (1) めしべ (2) ホメオティック突然変異

問2 A 遺伝子は C 遺伝子の発現を抑制している。

問3 B 遺伝子の発現する領域が，A 遺伝子の存在する①と A 遺伝子の存在しない②で変わりがないから。

問4 (1) B変異体にはおしべが形成されず，C変異体にはおしべもめしべも形成されないから。

(2) ア－$bbcc$ イ，ウ，エ，オ－$BBCC$，$BBCc$，$BbCC$，$BbCc$（順不同）

カ－1：1：1：1 キ－30

演習問題

⇨ 解答は333ページ

37 必修基礎問 68 ，実戦基礎問 32

光発芽をするレタス種子を用いて実験1～実験4を行った。

実験1 十分に吸水させた種子をそれぞれ5分間の赤色光または遠赤色光で右に示す順序で処理し，25℃暗所で1週間培養し，発芽率を測定した(表1)。

表1

処　理	発芽率(%)
暗所	2
赤色光→暗所	80
遠赤色光→暗所	1
赤色光→遠赤色光→暗所	3
遠赤色光→赤色光→暗所	79
赤色光→遠赤色光→赤色光→暗所	ア
遠赤色光→赤色光→遠赤色光→暗所	イ

実験2 十分に吸水させた種子を植物ホルモンAで処理し，25℃暗所で1週間培養し，発芽率を測定した(表2)。

表2

処　理	発芽率(%)
無処理→暗所	2
植物ホルモンA処理→暗所	81

実験3 十分に吸水させた種子の外側の皮(種皮)を取り除き，取り除いたまま，あるいは種皮を再び種子のそばに添加して，25℃暗所で1週間培養し，発芽率を測定した(表3)。

表3

処　理	発芽率(%)
種皮除去→暗所	82
種皮除去→添加→暗所	3

実験4 実験3と同様に，取り除いた種皮を再び種子のそばに添加したものを5分間赤色光で処理し，25℃暗所で1週間培養し，発芽率を測定した(表4)。

表4

処　理	発芽率(%)
種皮除去→添加→暗所	1
種皮除去→添加→赤色光→暗所	79

問1 光発芽は，赤色光吸収型(R型)あるいは遠赤色光吸収型(FR型)の2つの状態で存在する光受容物質フィトクロムが光を吸収することにより起こり，**実験1**のような特徴的な光反応性を示す。表1の ア ， イ の発芽率(%)として最も適切なものを，次からそれぞれ1つずつ選べ。

① 1　　② 40　　③ 80

問2 実際に発芽を引き起こすフィトクロムはどれか。次から1つ選べ。

① 赤色光吸収型
② 遠赤色光吸収型
③ 赤色光吸収型と遠赤色光吸収型の両方

問3 実験2の結果は，植物ホルモンAがあれば光がなくても発芽することを示している。赤色光を受けると種子中の植物ホルモンAの量が増加することが知られている。植物ホルモンAの名称を答えよ。

問4 実験3，実験4の結果は種皮に含まれる抑制物質(植物ホルモンB)によって暗所での発芽が抑制されていること，また，これによって発芽の光要求性が生じていることを示している。植物ホルモンBの名称を答えよ。

問5 実験1～実験4の結果から，光が与えられてから発芽するまでに種子の中でどのようなことが起こると考えられるか。160字以内で説明せよ。

問6 実験1の結果は，光発芽の主な要因が光合成とは考えられないことをも示している。その理由を，光合成反応の特徴に基づいて160字以内で説明せよ。〈**都立大**〉

38 必修基礎問 68，70

植物はさまざまな環境要因の影響を受けるが，その1つが光である。吸水後に光を浴びることで発芽が促進される種子を［ア］と呼び，レタスでは波長約 660nm の赤色光の照射により発芽が促進される。赤色光の感知には(a)フィトクロムが関与することが知られており，暗所では不活性型として細胞質に存在している。赤色光によりフィトクロムは不活性型から活性型へと構造が変化し，また波長約 730nm の遠赤色光により活性型から不活性型の構造に変化する。活性型のフィトクロムは核に移動し，発芽に関与する遺伝子の調節領域に結合している(b)調節タンパク質に作用する。その結果，発芽を誘導する植物ホルモンである［イ］が増加し，発芽に必要な反応が誘導される。

一方，青色光への応答として(c)気孔の開口がよく知られている。青色光の照射は，孔辺細胞の湾曲を引き起こし，孔辺細胞間のすき間を大きくする。これにより，植物は外界とのガス交換を行っている。

問1 上の文中の空欄に適語を入れよ。

問2 下線部(a)について，活性型と不活性型の構造変化を利用して種子発芽を制御するしくみには，どのような利点があると考えられるか。以下の語をすべて用いて160字以内で記せ。

〔クロロフィル，赤色光，遠赤色光，地表，光合成，活性型，不活性型〕

問3 下線部(c)に関する実験についての次の文章を読み，(1)，(2)に答えよ。

野生型のシロイヌナズナに対して，暗所に置いた場合，赤色光のみを照射した場合，赤色光に重ねて青色光を照射した場合，の3種類の条件で実験を行ったところ，葉における気孔開度は図1のようになった。なお，気孔開度とは，気孔開口部の大きさ(図2)であり，ここでは一定時間経過後，変化しなくなった値を示している。

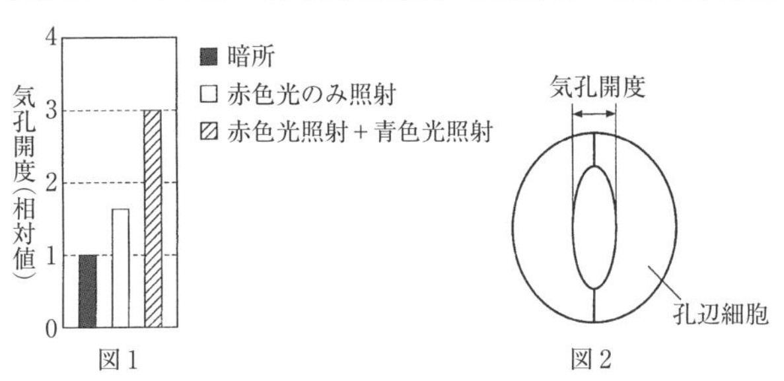

図1　図2

(1) 赤色光のみの照射でも気孔開度は上昇したが，重ねて青色光を照射した場合はさらに気孔が開いていた。このさらなる気孔開度の上昇は，フォトトロピンが青色光を吸収することによって引き起こされる。次の文章は，このことを示すためにフォトトロピンの機能を失った突然変異体Xを用いて行われた実験に関する文章である。文中の空欄に当てはまる最も適切なものを，下の①～③からそれぞれ1つずつ選べ。ただし，同じ記号を繰り返し用いても構わない。

・赤色光のみを照射した場合の突然変異体Xの気孔開度は，同じ処理をした野生型の気孔開度と比較すると［ ウ ］。

・赤色光に重ねて青色光を照射した場合の突然変異体Xの気孔開度は，同じ処理をした野生型の気孔開度と比較すると［ エ ］。

・赤色光に重ねて青色光を照射した場合の突然変異体Xの気孔開度は，突然変異体Xに赤色光のみを照射した場合の気孔開度と比較すると［ オ ］。

① 同程度であった　② 小さくなった　③ 大きくなった

(2) 次の文章は，青色光を照射後，気孔開度が上昇するまでに孔辺細胞で起こっている変化を説明した文章である。文中の空欄に当てはまる最も適切なものを，下の①～④からそれぞれ1つずつ選べ。

孔辺細胞のフォトトロピンが青色光を吸収すると，ATPのエネルギーを用いて水素イオンが孔辺細胞外に放出され，細胞内外の電位差が大きくなる。この細胞内外の電位差を駆動力として，孔辺細胞の細胞膜に存在するカリウムを細胞内に輸送するチャネルが働く。細胞外からカリウムイオンが取り込まれ，［ カ ］。これにより，孔辺［ キ ］ことで，孔辺細胞の体積が増加する。孔辺細胞の細胞壁の厚さが不均一であるため，細胞が湾曲し，孔辺細胞間のすき間が大きくなる。

① 細胞内に周辺から水が取り込まれ，細胞の膨圧が高まる
② 細胞内の膨圧が徐々に高まり，最大となった時に周辺の水を活発に吸収する
③ 細胞が正の電荷を帯び，細胞外に水分子を引き寄せることにより浸透圧が高くなる
④ 細胞内の溶質濃度が上昇することにより浸透圧が高くなる

〈筑波大〉

39 必修基礎問 71

次の文章を読み下の問いに答えよ。下線部分の番号は各問の番号に対応する。

タデ科植物のオオケタデを材料にして，有性生殖について調べた。オオケタデの染色体数は，根端の体細胞で22本が確認されている。

子房の内部は1室で1個の胚珠がある。胚珠の中に胚のうが形成されているのが，光学顕微鏡で観察される。胚のうは①細胞や核を合わせて8個からなる正常型である。

成熟した葯には多数の花粉が入っている。②この花粉を染色すると，濃く染色された2個の核，すなわち花粉管核と雄原細胞の核が顕微鏡下で観察される。もっと若い葯を使うと③減数分裂を観察できる。

葯が成熟して裂開すると，出てきた花粉は昆虫によって雌ずいの柱頭に運ばれ受粉する。花粉から発芽した花粉管は，花柱を通って胚珠へと伸長する。花粉管内では，最初に花粉管核，続いて雄原細胞の順に移動していく。やがて④雄原細胞は二分して2個の精細胞となる。したがって，花粉管の先端が胚珠の珠孔に到達する頃には，花粉管内には1個の花粉管核と2個の精細胞が存在している。

花粉管核を残して，2個の精細胞は，共に胚のうの中へと移動し，そのうち⑤1個は［ア］と，他の1個は［イ］と合体する。

一般に被子植物では，受精を終えた［ア］は発生を始めて胚になり，［イ］と合体してできた胚乳核は分裂を続けて胚乳となる。胚と胚乳から成る胚珠は成熟すると種子になる。

種子の内部には，胚軸，幼芽，子葉，幼根に分化した胚と，粉質の⑥胚乳が発達している。果実は三稜形で種子のように見えるそう果で，光沢があり，裂開せず，熟しても花被に包まれている。

問1 ⑴ 胚のうの形成過程で減数分裂が行われるのはどの時期か。

⑵ 完成された胚のうを胚珠の図の中に描き入れ，各細胞や核の名称を記せ。

⑶ 被子植物の胚のうは，ワラビやゼンマイなどのシダ植物の生活史の中の，どの段階に相当するか。

問2 花粉の核を染色するために，ふつうに使う染色液の名称をあげよ。

問3 ⑴ 若い葯の中で減数分裂をしている細胞は何か。

⑵ 顕微鏡下で第一分裂の中期像を捉えたとすると，オオケタデでは理論上，何本の二価染色体が数えられるか。

⑶ 顕微鏡下の細胞はすべて間期の像であった。染色体を数えるには次にどんな手だてをとったらよいか。次の①～③より選び，選んだ理由も記せ。なお，染色には問2と同じ染色液を使用している。

① 十分成熟した大きな葯から標本を作って，観察をやり直す。

② そのまま観察を続けて，核分裂が進行するのを待つ。

③ 成長の少し進んだ花から葯を取り出し，標本を作って観察をやり直す。

問4 雄原細胞の分裂を顕微鏡下に捉えたとすると，オオケタデでは中期の分裂像で何本の染色体が数えられるか。

問5 ⑴ 文中の空欄に適語を入れよ。

⑵ このような現象を何と呼ぶか。

問6 オオケタデとは異なって，胚乳が発達していない被子植物の身近な例としてマメ科植物があげられる。マメ科植物では，発芽に必要な養分が貯えられているのは，種子のどの部分か。

〈岩手大〉

第9章 生　　態

必修基礎問 27. 個体群の構造と維持

73 成長曲線　　生物

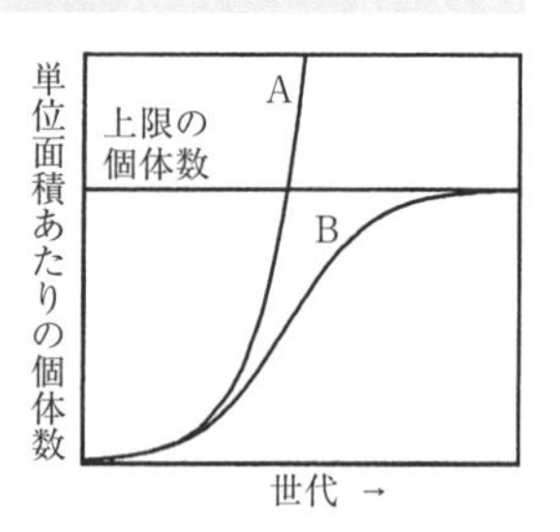

同一種の動物は，食物や生活空間などをめぐる競争などでお互いに影響しあって生活している。ある地域にすむこのような同一種の集団を［ア］という。また，一定の生活空間にすむ，単位面積当たりの同一種の個体数を［イ］という。［イ］の変化曲線は，食物や生活空間などをめぐる競争がない場合，その種が本来もっている増殖率を維持して増えていくので，右上図のAのような急激な増加を示す曲線になる。しかし，一定の環境のもとでは，ある［ア］が利用できる食物や生活空間などの資源には限りがあるので，これらの資源をめぐる［ウ］競争が激しくなって，［エ］が働く。その結果，時間とともに［イ］は一定の値に近づき，増加曲線は上図のBのような［オ］の曲線になる。

問1　上の文中の空欄に適語を入れよ。

問2　食物や生活空間などの資源に限りがない場合，世代当たりの増殖率（1世代で何倍に増えるかの値）が10の動物は，第一世代の単位面積当たりの個体数を10匹とすると，第七世代には単位面積当たり何匹になるか。

問3　利用できる食物や生活空間などの資源に限りがある場合，その動物が本来もっている世代当たりの増殖率は維持できなくなり，実際の世代当たりの増殖率は低下する。つまり，実際の世代当たりの増殖率は，上限の個体数に対するその上限の個体数とある世代（n 世代）の個体数との差の比に依存して低下する。すなわち，この動物の次世代（$n+1$ 世代）の単位面積当たりの個体数は，下式で求めることができる。この式の空欄に当てはまる語句をそれぞれ下から選べ。ただし，同じ語句を複数回使ってよい。

$$\text{次世代}(n+1\text{世代})\text{の個体数}=\boxed{\text{カ}}\times\boxed{\text{キ}}\times\frac{(\boxed{\text{ク}}-\boxed{\text{ケ}})}{(\boxed{\text{コ}})}$$

①　本来もっている世代当たりの増殖率　　②　第一世代の個体数

③　上限の個体数　　④　ある世代（n 世代）の個体数

⑤　前世代（$n-1$ 世代）の個体数

問４　問３の動物の世代当たりの増殖率が10で，上限の個体数が単位面積当たり10000匹とすると，この動物の第一世代の単位面積当たりの個体数が10匹のときの，第四世代の個体数を計算せよ。小数点以下は四捨五入せよ。

（九大）

精講　**●成長曲線**　同種の生物の集まりを個体群といい，単位面積当たりの個体群の大きさ（個体数）を個体群密度という。時間経過に伴う個体群の大きさをグラフにすると，右のようなＳ字型の曲線になる。これは，個体群密度が高くなるにつれて，食物の不足・生活空間の不足・排出物などによる環境の汚染などによって増殖率が低下するからである。

このように個体群の成長を抑制するような要因を環境抵抗という。

●密度効果　個体群密度が変化することで個体群に及ぼされる影響を密度効果という。特に，形態や生理・行動などに著しく起こる変化を相変異という。

〔例〕　バッタは通常は単独生活し体色は緑色で，後肢が長い個体（孤独相）だが，個体群密度が高くなると，集合性があり体色は黒っぽく前翅が長く移動能力の大きな個体（群生相）になる。

Point 68　**成長曲線**：環境抵抗が働くためＳ字型になる。
密度効果：個体群密度によって影響が及ぼされること。

解説　**問３**　本文にある「上限の個体数に対するその上限の個体数とある世代（n 世代）の個体数との差の比に依存して低下」という文章をそのまま式にすればよい。

問４　問３の式に代入して計算する。第二世代は，$10 \times 10 \times \dfrac{10000-10}{10000} \fallingdotseq 100$

第三世代は，$100 \times 10 \times \dfrac{10000-100}{10000} = 990$

第四世代は，$990 \times 10 \times \dfrac{10000-990}{10000} = 8919.9 \fallingdotseq 8920$

答
問１　アー個体群　イー個体群密度　ウー種内　エー環境抵抗
オーＳ字型　**問２**　10^7（10000000）匹
問３　カ，キー④，①　クー③　ケー④　コー③　**問４**　8920匹

第９章 生態

必修
基礎問
74 標識再捕法・生存曲線

池の中の魚の数を調べるために，投網を用いて採集した。捕獲した魚の中に48匹のコイがいたので，さらに詳しく調べるためにそれらに皮下注射による小さなカラーマークをつけ，池に放流した。数日後，再度投網を用いて採集を行ったところ，50匹のコイが採集され，そのうち10匹にマークが認められた。この池に生息するコイの推定個体数を N とすると，次の比例関係が成り立つと考えられる。 N：[ア] ＝ [イ]：[ウ]

この式から N は [エ] であると推定された。

問1 上の文中の空欄に当てはまる数字を記せ。

問2 このような個体数の推定法を標識再捕法というが，このような推定を行う場合，成り立たなければならない前提がある。以下の中から，前提として正しいと思われるものを3つ選べ。

① 放流から2回目の捕獲までの間に，コイの大量の死亡がないこと。
② 1回の投網に入る魚の数が一定であること。
③ 池につながる水路からたくさんのコイが入ってくることが可能なこと。
④ 池につながる水路へコイが出て行かないこと。
⑤ カラーマークにより，コイの行動や生存率が変わらないこと。

問3 コイなどの硬骨魚類にはたくさんの卵を産む種が多い。このような生物の生存曲線に一番近いものを，右図のA～Cから1つ選べ。

問4 (1) 生存曲線A～Cのタイプを示す個体群のうち，個体群密度が最も安定しやすいと考えられるものを1つ選べ。

(2) 生存曲線A～Cのタイプを示す個体群のうち，個体群密度が最も変動しやすいと考えられるものを選び，そのタイプを選んだ理由を50字以内で説明せよ。

（弘前大）

精講 ●**標識再捕法** ある地域での個体数を N，1回目に捕獲し標識をつけた個体数を n，2回目に捕獲した個体数を M，2回目に捕獲した個体の中で標識されていた個体数を m とすると，次の式が成立する。

$$\frac{n}{N}=\frac{m}{M}$$

この方法で個体数を推定するには，以下の条件が成り立つことが必要。

① 標識個体が非標識個体とランダムに混ざり合う。

② 標識個体と非標識個体で捕獲率などに差がない。

③ 調査期間の間に移出・移入や新たな出生や死亡がない。

移動能力の乏しい生物(植物や固着生活する動物)について個体数を推定するには，**区画法**を用いる。

区画法：一定面積の区画をいくつか作り，その中の個体数を数え，それをもとに全体の個体数を推定する方法。

●生存曲線 一般に出生した個体数を1000個体に換算し，相対年齢とともに変化する生存数を表したグラフを**生存曲線**という。縦軸は**対数目盛り**にすることが多い。

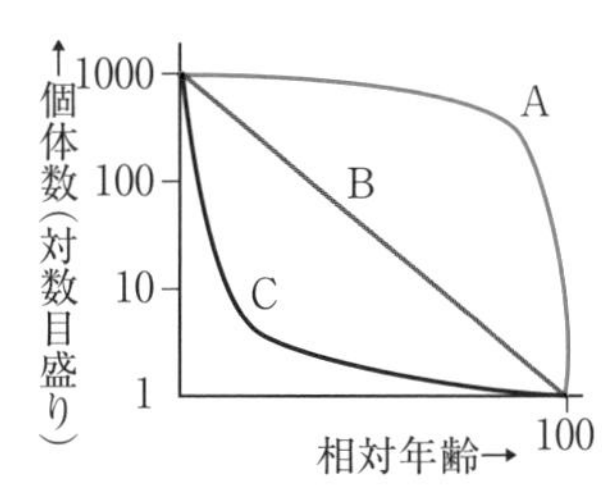

Aタイプ：親の保護が大きく，幼齢期の死亡率が低い。〔例〕ヒト，ミツバチ

Bタイプ：各年齢ごとの死亡率がほぼ一定。〔例〕鳥類，ヒドラ

Cタイプ：産卵数が極めて多い。初期の死亡率が高い。〔例〕魚類，貝類

Point 69 親の保護の程度，産卵数の多少によって，生存曲線がどのタイプになるかが決まる。

問1 $N=\frac{50\times48}{10}$

問2 ② 捕獲する個体数が同じである必要はない。

③ 他個体が移入すると，もとの個体数とは異なってしまう。

問4 Cの曲線を描くのは，**産卵数が極めて多く，親の保護がない生物**である。そのため，餌の量や天敵の数の変化により大増殖することや，逆に急激に個体数を減らすこともあると考えられる。

問1 ア－48 イ－50 ウ－10 エ－240

問2 ①，④，⑤ **問3** C

問4 (1) A (2) C 理由：産卵数が多く親の保護がないので，環境の変動，餌の量や天敵の数の変化などの影響を受けやすいから。(47字)

必修基礎問

75 群れ

ある一定の地域で生活している同種の個体の集まりは ア と呼ばれ， ア 内では個体どうしが密接に関わり合って生活をしている。 ア 密度の変化が ア の成長や個体の形態などに変化をもたらすことを イ と呼ぶ。 ア 密度の上昇が ア の成長に促進的に働く現象は特に ウ と呼ばれる。動物 ア では，しばしば統一的な行動をともにする「群れ」をつくる場合がある。群れの中では，強い個体と弱い個体の優劣関係ができていることがあり，群れの秩序がこのような関係で築かれていることを エ 制という。また，群れの中には親以外の個体が子育てに関与する オ 繁殖という様式をとる場合や，ミツバチやアリのような カ 昆虫が行う キ 制という，役割の分業様式をとる場合もある。個体や群れが一定の行動範囲をもち，その行動範囲に同種の他個体が侵入すると，闘争し排除することがある。このような同種他個体の侵入から防衛されている特定の範囲を ク という。

問1 上の文中の空欄に適語を入れよ。

問2 一定地域内に生息する個体群では，各個体の関係性によっていろいろな分布がみられる。群れをつくる個体の分布様式として最も適切なものを次の①～③から1つ選び，その分布様式の名称を答えよ。

①
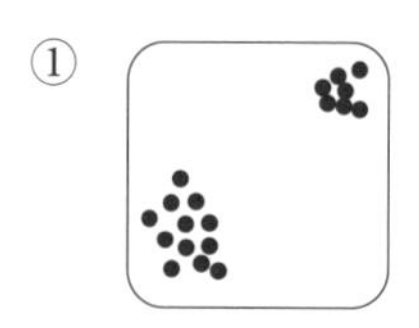

②
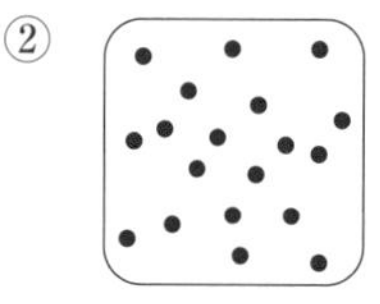

③
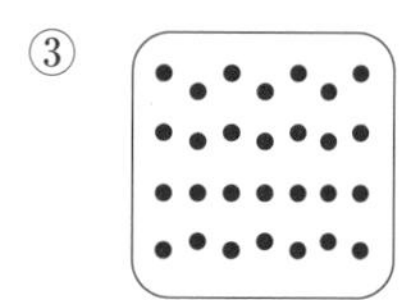

問3 群れサイズの増大は，資源をめぐる争いや病気の蔓延などによるコストの増大をもたらす。このため，個体の利益を最大にする理論的に最適な群れサイズが存在する。ある動物種は捕食者に対する警戒，餌資源をめぐる同種他個体との争い，採食の3つの行動を示す。これらの行動は同時に行えず，3つの行動時間の配分率と群れサイズは図1のような関係性を示している。

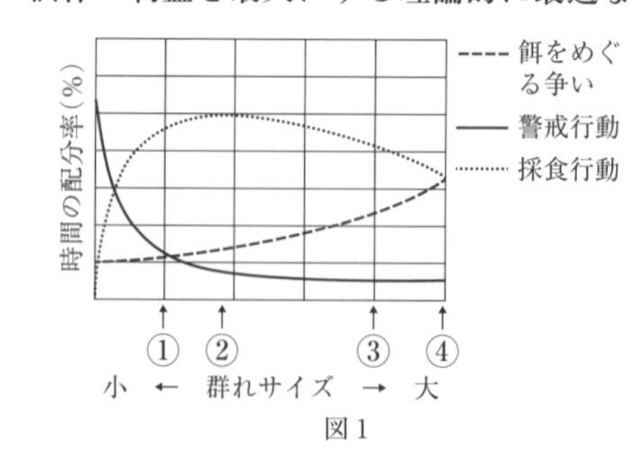

図1

(1) この動物種における最適な群れサイズを図1の①～④から1つ選べ。

(2) この群れが生息する環境において，捕食者の個体数が減少し，捕食者に食べられる危険性が低下した場合，警戒と餌資源をめぐる同種他個体との争いの２つの行動の関係性は図１と比べてどのように変化するか，最も適切な図を次の①～⑥から１つ選べ。また，最適な群れサイズはどのように変化するか，「大きくなる」，「小さくなる」，「変わらない」のいずれかで答えよ。

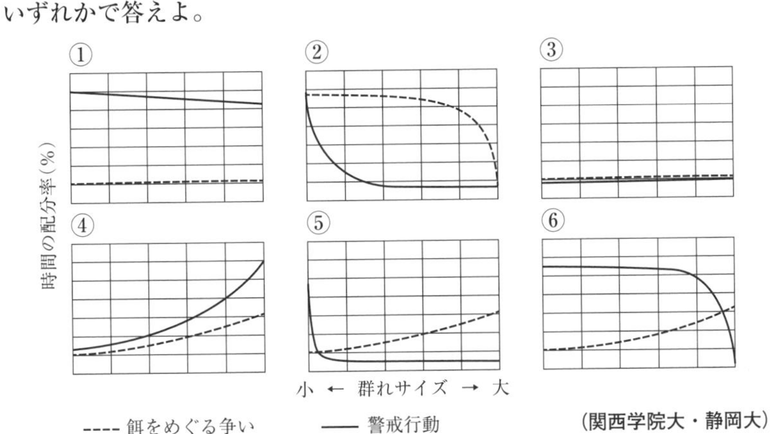

（関西学院大・静岡大）

精講

●群れ　同種の個体が集まり，統一的な行動をとる集団を群れという。一般に群れが大きくなると，１個体が警戒に費やす時間は減少し，食べ物などをめぐって争う時間は増加する。警戒や争いに要する時間の和が最も小さく，採餌に使える時間が最も大きくなる群れの大きさが最適な群れの大きさとなる。

●アリー効果　あるレベルまでは個体群密度が高いほど個体群の成長が促進される現象をアリー効果という。逆にいえば，あるレベルより個体群密度が低くなると個体群の成長が抑制されることになる。

●共同繁殖　親以外の個体が子育てに参加する繁殖方法を共同繁殖という。哺乳類や鳥類におけるヘルパーや社会性昆虫におけるワーカーでみられる。

解説

問３ (2) 捕食者の数が減少すれば警戒に要する時間が減少するが，争いに要する時間は変化しない。

答

問１ ア－個体群　イ－密度効果　ウ－アリー効果　エ－順位　オ－共同　カ－社会性　キ－カースト　ク－縄張り

問２ ①，集中分布　**問３** (1) ②　(2) ⑤，小さくなる

必修
基礎問

76 縄張り

(i)一定の地域で生活している同種の動物の集まりでは，生活場所や食物などの資源をめぐる相互関係(競争)が生じる。動物の中には統一的な行動をともにする「群れ」をつくる種がいる。(ii)定住する群れや個体が同種の他個体を排除して「縄張り」を形成することで，行動圏の資源を独占する種も存在する。

群れをつくるか単独で生活するかは種によって異なるが，(iii)アユは群れる個体(群れアユ)と縄張りをつくる個体(縄張りアユ)に分かれる。

問1 下線部(i)について答えよ。

(1) このような集まりを何と呼ぶか。

(2) 一定空間当たりの個体数を何と呼ぶか。

問2 下線部(ii)について，図1は，ある河川において縄張りアユがもつ最適な縄張りの大きさが，縄張りから得られる利益と，縄張りを維持するコストによって決定されることを示すものである。図中の①・②は，個体群密度の低かった年または高かった年のいずれかのコストの大きさと縄張りの大きさとの関係を示している。なお，アユが縄張りから得られる利益は，個体群密度の影響は受けないものとする。図1について，個体群密度の低かった年における，縄張りを維持するコストのグラフの曲線は①と②のいずれか。またそのときの，縄張りアユがもつ最適な縄張りの大きさは図のa～dのいずれか。

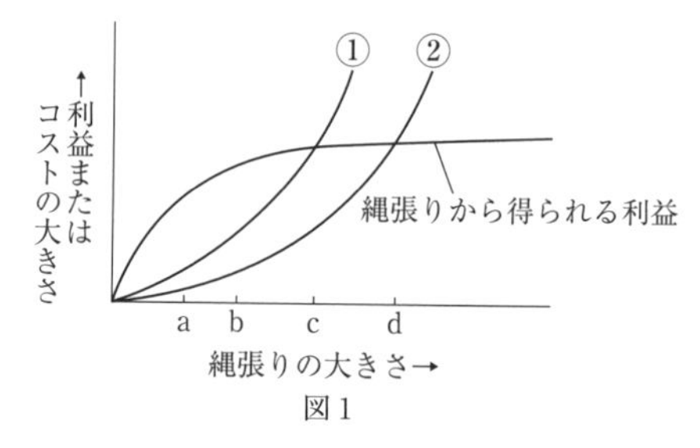

図1

問3 下線部(iii)について，ある河川の同じ区画に生息する，群れアユと縄張りアユの比率と体長を年ごとに計測したところ，図2のA～Cのようであった。この区画に生息していたアユの数は年ごとに大きく異なっていた。

(1) A年，B年，C年のアユの$1m^2$当たりの匹数(匹/m^2)として最も適当なものを，次から1つずつ選べ。

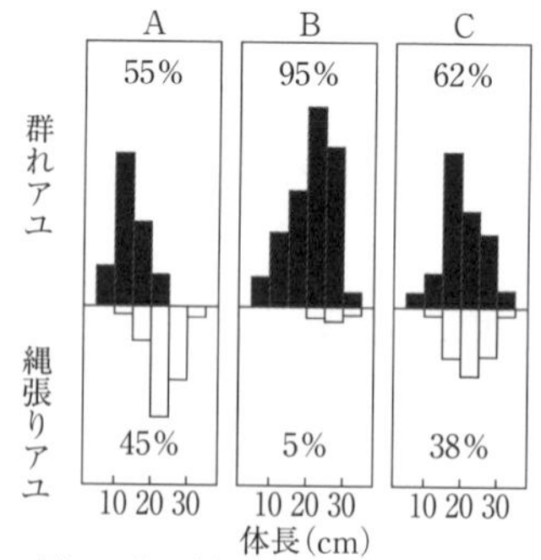

図2　ある区画におけるA，B，C年の群れアユと縄張りアユの比率

① 0.3　② 0.9　③ 5.5

(2) A年では群れアユと縄張りアユの比率にあまり差はみられないが，縄張りアユの方が体長が大きい。その理由を50字以内で記せ。

(熊本保健科学大・藤田医大)

精講

●縄張り(テリトリー)　動物の個体あるいは群れが，同種の他個体や他の群れを排除し，占有した一定の空間を縄張り(テリトリー)という。縄張りをもつことで資源(食べ物あるいは配偶者)を得やすくなるという利益がある一方，縄張りを守るための闘争や警戒が必要になるというコストもある。利益からコストを引いた差が最も大きくなるところが最適の縄張りの大きさである。

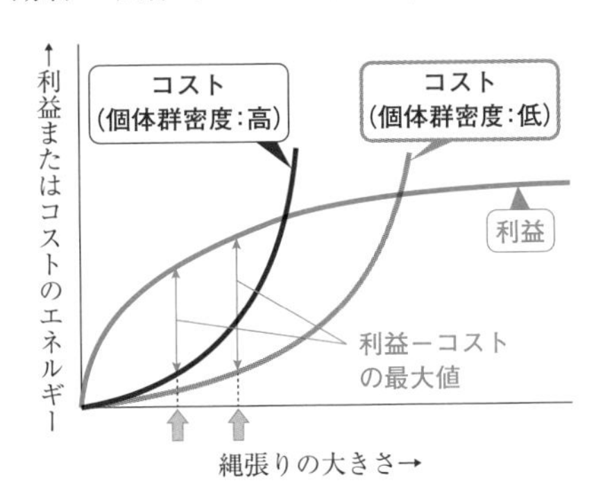

解説

問2　個体群密度が低い方が縄張りに侵入する個体が少ないので，縄張りを守るためのコストが低下する(②)。利益のグラフとコストのグラフの差が最も大きくなるところが最適の縄張りの大きさである。①のグラフであればa，②のグラフであればbが最適の縄張りの大きさになる。

問3　アユは，豊富な藻類が付着した岩を中心に縄張りを形成するが，個体群密度があまりにも高いと，縄張りに侵入する個体が多くなり，縄張りを守るためのコストが大きくなりすぎるため，多くのアユが縄張りをもたないようになる(B)。逆にあまりにも個体群密度が低い場合は，縄張りをもたない群れアユも十分に餌をとることができるため，縄張りをもつことによる利益が少なくなり，縄張りをもつ個体は減少する(C)。

答

問1　(1) 個体群　(2) 個体群密度

問2　グラフ：②　縄張りの大きさ：b

問3　(1) A年－②　B年－③　C年－①

(2) 縄張りをもつことで藻類が多く付着している岩を独占し，栄養分を十分に摂取することができたから。(46字)

実戦
基礎問
36 ## 血縁度

生物

セイヨウミツバチの巣箱を観察したところ，1匹の女王バチと数万匹のワーカー(働きバチ)，そして約1,000匹の雄バチが社会生活を営んでいた。この女王バチは32本の染色体をもち($2n = 32$)，異なる集団の10匹の雄バチと交尾して精子を貯精嚢に貯め，必要に応じて受精を行う。また，女王バチは受精卵と未受精卵を生むことができ，前者は雌，後者は雄になる。女王バチとワーカーはともに雌であるが，生育環境や幼虫期に与えられる餌の量と質の違いによって各々に分化する。女王バチはある種の［ア］を分泌することでワーカーの生殖能力を抑制しているため，女王バチがいなくなった場合，ワーカーは交尾せず，未受精卵を生むようになる。ワーカーは複数の花を訪れて花粉を集め，スクロースを主成分とする花蜜を蜜胃に貯めて巣に運ぶ。スクロースはミツバチの体内でグルコースと［イ］に分解され，これが蜂蜜の成分となる。

ワーカーは蜂蜜を略奪に来た大型哺乳類に針を用いて対抗する。針はいったん刺したら抜けないため，振り払われると腹部の損傷でワーカーは死ぬが，その際に放出される警報［ア］が，他のワーカーの攻撃行動を誘い，他の個体の利益となる。このような「自らの適応度を下げることで他の個体の適応度を高める行動」を［ウ］行動と呼ぶ。［ウ］行動が進化した理由について，ハミルトンは，ハチなどでは自分の親の繁殖を助け，同じ遺伝子をもつ兄弟姉妹を増やすことで，次世代に自分の遺伝子を多く残す戦略をとっていると考えた。そのためには，兄弟姉妹の中でも自分の遺伝子をより多くもつ個体に投資する方が都合がよい。共通の祖先に由来する特定の遺伝子を個体間で共有する確率を血縁度と呼ぶ。ヒトでは同じ両親から生まれた兄弟姉妹の場合，“自分”がもつ特定の遺伝子(対立遺伝子)が母親由来である確率は［エ］であり，兄弟姉妹の間で母親由来の特定の遺伝子を共有する確率は［オ］となる。父親由来の遺伝子の場合も同様であるため，兄弟姉妹間の血縁度は［カ］となる。一方，女王バチが1匹の雄バチと交尾して新しい集団をつくった場合，ワーカー間の血縁度は［キ］，ワーカーと母親を同じにする雄バチとの間の血縁度は［ク］となる。今回観察した巣(集団)においてワーカー間の血縁度は［ケ］であり，ワーカーと母親を同じにする雄バチとの間の血縁度は［コ］となる。血縁度から考えるとワーカーは雄バチを育てるよりも他のワーカーを育てるために多くの資源を投じた方が自分の遺伝子を多く残すことができると考えられ，実際に集団における性比も雌に偏っている。

問１　上の文中の空欄に適切な語句または数字(分数)を入れよ。

問２　雄バチの染色体数として適切なものを次から１つ選べ。

①　$n=8$　②　$n=16$　③　$n=32$　④　$2n=16$　⑤　$2n=32$

問３　哺乳類や鳥類でみられる子育てに参加する親以外の個体を何というか。

(東京慈恵会医大)

精講　●**適応度**　ある個体が残した子のうち，生殖可能な年齢まで達した子の数を適応度といい，血縁関係にある他個体から生じる子まで含めた適応度を包括適応度という。

●**血縁度**　２個体が共通の祖先に由来する特定の遺伝子を共にもつ確率を血縁度という。

問１　①　雌雄とも２倍体の場合の兄弟姉妹間の血縁度

母親由来である確率　父親由来である確率

$$\frac{1}{2} \times \frac{1}{2} + \frac{1}{2} \times \frac{1}{2} = \frac{1}{2}$$

その遺伝子を兄弟姉妹がもつ確率

②　雌が２倍体・雄が１倍体の場合の姉妹間(ワーカー間)の血縁度

母親由来である確率　父親由来である確率

$$\frac{1}{2} \times \frac{1}{2} + \frac{1}{2} \times 1 = \frac{3}{4}$$

その遺伝子を姉妹がもつ確率

③　雌が２倍体・雄が１倍体で，父親候補が複数(この場合は10匹)の場合の姉妹間の血縁度

母親由来である確率　父親由来である確率　同じ父親である確率

$$\frac{1}{2} \times \frac{1}{2} + \frac{1}{2} \times \frac{1}{10} \times 1 = \frac{3}{10}$$

その遺伝子を姉妹がもつ確率

④　雌が２倍体・雄が１倍体の場合の姉妹(ワーカー)と雄バチとの間の血縁度

母親由来である確率　父親由来である確率

$$\frac{1}{2} \times \frac{1}{2} + \frac{1}{2} \times 0 = \frac{1}{4}$$

その遺伝子を兄弟がもつ確率

問１　アーフェロモン　イーフルクトース　ウー利他　エー$\frac{1}{2}$　オー$\frac{1}{4}$
カー$\frac{1}{2}$　キー$\frac{3}{4}$　クー$\frac{1}{4}$　ケー$\frac{3}{10}$　コー$\frac{1}{4}$

問２　②　問３　ヘルパー

第９章　生態

必修基礎問

77 個体群の関係

A．次の文(1)～(5)は生物の世界でみられるさまざまな現象である。

(1) ある種のバッタは一般に単独生活をするが，大発生をすると移動力が大きく集合性のある集団になる。

(2) 淡水魚のイワナとヤマメは夏の水温の違いにより，上流にイワナが，下流にヤマメが生活する。

(3) ゾウリムシの一種を，餌を入れた培養液に数個体入れ培養し，その後の個体数変化を調べた。個体数は培養初期には級数的に増えたが，その後増加がゆるやかになり，上限に達した。

(4) アリはアリマキの出す甘い分泌物をもらうかわりに，アリマキを外敵から守ってやっている。

(5) 松枯れで枯死したマツからマツノザイセンチュウをもったカミキリが羽化した。

問1 (1)～(5)の現象を適切に表している用語を，次から1つずつ選べ。

① すみわけ　② 順位　③ 相変異　④ 密度効果
⑤ 縄張り　⑥ 寄生　⑦ 共生　⑧ 天敵

B．生物の集団に関する次の各問いに答えよ。

実験 A～Cの3個のフラスコを用い，Aにはバクテリアとその栄養分，Bにはワムシ，Cにはクロレラを入れ，適当な光を当てて培養した。

問2 栄養分を追加することなくAを長期間放置すると，バクテリアは一定の増殖の後，やがて死滅する。もし，Aに栄養分を十分に与え，密度効果を無視できる状態に保ち続けた場合，バクテリアの個体数の変化は上の①～④のどのグラフによって表されるか。

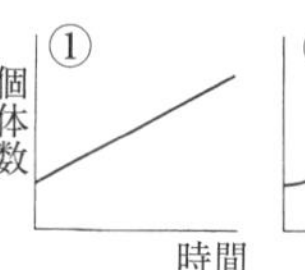

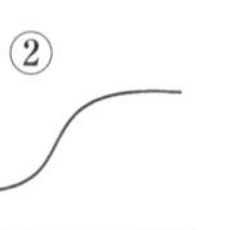

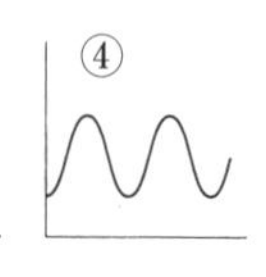

問3 一定期間培養したAの液を遠心分離して上清と菌体に分け,上清をBとCに加えた。BとCの中の個体数はどのようになるか。次から1つずつ選べ。

① Bでは増え，Cでは減る　② Bでは減り，Cでは増える
③ B，Cとも増える　④ B，Cとも減る

問4 A，B，Cの3種類を1つのフラスコに混ぜて培養すると，3種類とも数を変動させながらも，長く共存することができた。このとき，個体数が最も少ない生物はどれか。

問5　問4において，3種類が共存できた理由を述べよ。

(昭和薬大・東京慈恵会医大)

精講 ●個体群間の関係

被食者-捕食者相互関係：食う食われるの関係。

〔例〕 ミズケムシとゾウリムシ

種間競争：食べ物や生活空間をめぐって争う。

〔例〕 ゾウリムシとヒメゾウリムシ

すみわけ：生活空間を変えて競争を回避する。 〔例〕 イワナとヤマメ

相利共生：両者ともに利益のある関係。

〔例〕 根粒菌とマメ科植物，アリとアリマキ，シロアリと腸内微生物

片利共生：一方にのみ利益があり，他方には利益も害もない関係。

〔例〕 サメとコバンイタダキ，ナマコとカクレウオ

寄生：一方にのみ利益があり，他方には害がある関係。

〔例〕 ヤドリギと広葉樹

問1 (1) 密度効果による現象の一種だが，このような変異は特に**相変異**という。

(3) **環境抵抗**という**密度効果**が働いたと考える。

問2 栄養分が十分あっても，本当なら生活空間の不足などが起こるはずだが，ここでは「密度効果を無視できる」とあるので，級数的に増加し続けると考える。

問3 上清には，バクテリアが有機物を分解して生じたアンモニアなどが存在する。クロレラのような植物プランクトンには必要な物質だが，ワムシのような動物には不必要で，しかも有害である。

問4 ワムシ，クロレラ，バクテリアにはそれぞれ何が必要かについて考える。クロレラには，光以外にアンモニウムイオンのような**栄養塩類**が必要。

答

問1 (1) ③　(2) ①　(3) ④　(4) ⑦　(5) ⑥

問2 ③　**問3** ②　**問4** ワムシ

問5 生産者であるクロレラを消費者であるワムシが摂食しワムシは生存できる。また，これらの遺体や排出物を分解者であるバクテリアが取り込みエネルギー源とするのでバクテリアも生存できる。さらに，バクテリアによって生産者に必要な無機塩類が供給されるので生産者も生存できる。

必修基礎問

28. バイオームと生態系

78 遷　移

生物基礎

右図は暖温帯における裸地からさまざまな植生への変化を模式化したものである。

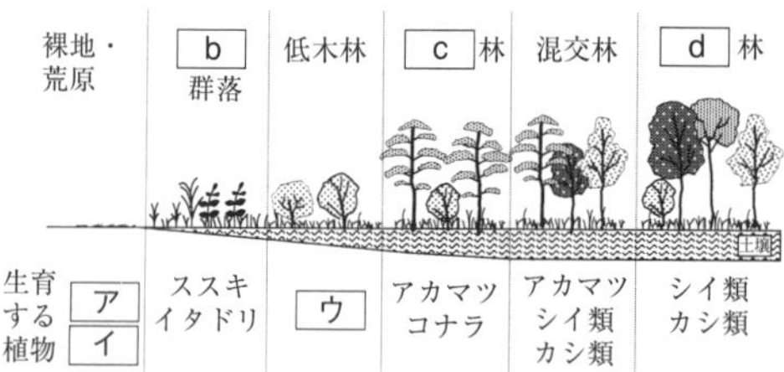

火山の噴火や地殻の変動などで生じた新しい裸地では，時間の経過に伴い植生の変化が認められるが，この一連の変化を［a］という。裸地には，［ア］や［イ］が侵入し，やがてススキのような［b］植物が生育するようになる。その後［ウ］のような低木層の植物が生育し，アカマツ，コナラのような［c］林を経て，シイ類，カシ類のような［d］林へと変化し，植生は安定する。このような安定した植生の状態を［e］と呼ぶ。

一方，［a］に対して，山林火災や森林伐採などにより裸地となった場所で始まる植生の変化を［f］という。［f］では，植物の生育の基盤としての土壌が残っており，その中に植物の［g］や根が含まれているため，［d］林に向けての植生の変化は，［a］に比べて速い。

［d］林のような生態系は，さまざまなバイオームにより構成されている。シイ類，カシ類のような植物は光合成を行っており，生態系の栄養段階において［h］と呼ばれている。一方，土壌中に存在する菌類や細菌類は，植物の落葉などを分解することで栄養を得ており，特に［i］と呼ばれている。

問1　文中の空欄［a］～［i］に適語を入れよ。

問2　文中の空欄［ア］～［ウ］に当てはまる植物を次から１つずつ選べ。〔コケ植物，ブナ，地衣類，タブノキ，トウヒ，ヤマツツジ〕

問3　［c］林から［d］林への植生の移行には，ある非生物的環境が大きく影響している。

(1)　この非生物的環境は何か答えよ。

(2)　この非生物的環境は植生の移行に対してどのような作用をもっているのか，80字以内で説明せよ。

問4　(1)　［d］林のような生態系での総生産量は 7310 g/m^2・年，呼吸量は 5150 g/m^2・年であった。このときの純生産量を計算せよ。

(2)　純生産量の一部は，一次消費者の餌として利用されるが，この名称を答えよ。

（岩手大）

●一次遷移　火山噴火で生じた岩原のように，生物が含まれない状態から始まる遷移を一次遷移という。一般に日本では次のように進行する。

裸地 ⟶ 荒原(地衣類やコケ植物が生育) ⟶ 草原(ススキやイタドリ) ⟶ 低木林(ヤシャブシやアカメガシワ) ⟶ 陽樹林(アカマツ・コナラ・シラカンバなど) ⟶ 混交林 ⟶ 陰樹林(シイ類・カシ類・ブナ・シラビソなど)

●極相　最終的に安定した状態を極相といい，極相に達した森林を極相林という。降水量や気温が十分であれば陰樹林で安定する。降水量が少ないところでは草原で安定することもある。

●先駆種の特徴　乾燥に強く，補償点や光飽和点が高いので，照度の高いところでの生育は速いが耐陰性には乏しい。小さな種子を多量に散布するものが多い。

●二次遷移　山火事や森林伐採によって生じた場所から始まる遷移。地中に埋土種子や地下部が残っており，土壌も形成されているため，一次遷移に比べて速く進行する。

Point 70　①　一般に，陰樹林で極相となる。
②　照度の低下した陽樹林の林床では陽樹の芽生えは生育できない。

問3　林床の照度が低下すること，陽樹の芽生えは生育できないが陰樹の芽生えは生育できることについて書く。「芽生え」あるいは「幼木」について書くこと。

問4　純生産量＝総生産量－呼吸量。(p. 303「●物質収支の内訳」参照)
よって，7310－5150 で求められる。

問1　a－一次遷移　b－草本　c－陽樹　d－陰樹　e－極相
f－二次遷移　g－種子　h－生産者　i－分解者

問2　ア，イ－コケ植物，地衣類　　ウ－ヤマツツジ

問3　(1)　光(照度)
(2)　陽樹林が形成されると，陽樹の林冠によって光がさえぎられるため，林床の照度が低下する。このような環境では陽樹の芽生えは生育できないが，陰樹の芽生えは生育できる。(79字)

問4　(1)　2160 g/m^2・年　　(2)　被食量

必修基礎問 79

バイオーム(生物群系)

植生は気温と降水量の違いによって分布域を決定される。右図は気温と降水量をもとに分類した世界のバイオームを示したものである。

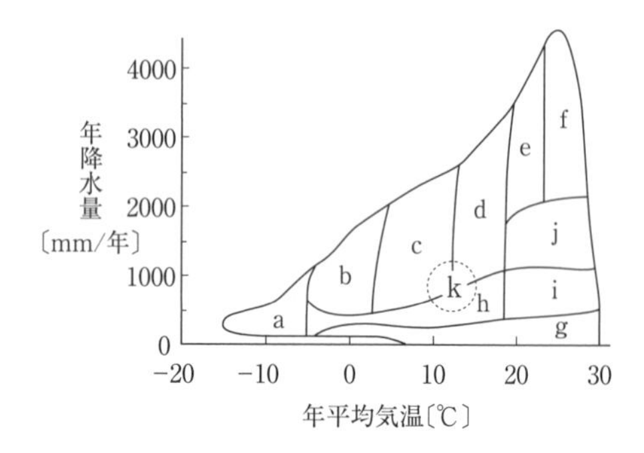

問1 次の⑴〜⑸の記述は，バイオームの特性を述べたものである。それぞれが図中のどのバイオームに属するのか，a〜kの記号で答え，さらに，そのバイオームの名称を記せ。

⑴ 樹木の葉は厚くて光沢のあるクチクラ層が発達している。

⑵ 世界の主要なコムギ生産地が分布している。

⑶ 雨季と乾季が交互にある東南アジアに発達している。

⑷ 北アメリカ北部，アジア北部，ヨーロッパ北部の寒帯に発達し，地衣類，コケ植物がみられる。

⑸ 樹高の高い常緑樹林で，階層構造が発達し，つる植物，着生植物も多いが，種当たりの個体数は少ない。

問2 次の①〜⑤の植物は図中のどのバイオームを代表するものか，それぞれa〜kの記号で答え，さらに，そのバイオームの名称を記せ。

① トドマツ，エゾマツ　② タブノキ，クスノキ

③ ヘゴ，ソテツ　④ ブナ，ミズナラ　⑤ チーク

(名城大)

精講

●バイオーム

植生を外から見たときの外観上の特徴を相観といい，バイオームは相観によって分類される。バイオームの分布は気温と降水量によって決まる。

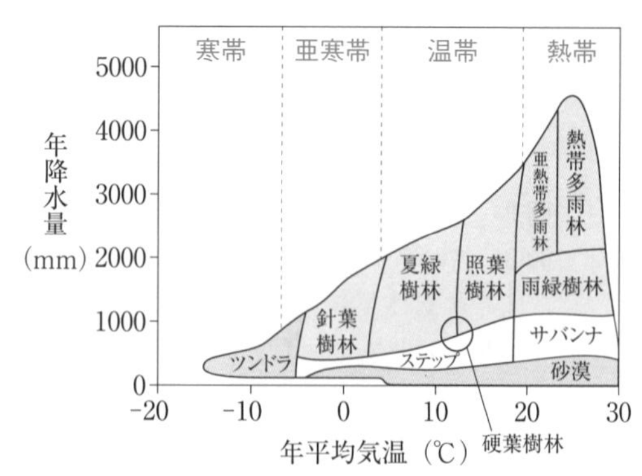

●各バイオームの特徴と代表的な樹木

熱帯多雨林：年平均気温 20℃

以上，年降水量 2000 mm 以上の高温多湿の地域に発達する。つる植物や着生植物が多い。海岸近くではヒルギなどのマングローブ林が発達する。

亜熱帯多雨林：年平均気温 18℃ 以上，年降水量 1300 mm 以上の地域に分布する。ビロウ・ヘゴ・ソテツ・アコウ・ガジュマルなどが多い。

雨緑樹林：雨季と乾季のある熱帯・亜熱帯の地域に分布する。雨季には葉をつけるが，乾季には落葉する。チークが代表種。

照葉樹林：年平均気温 13～20℃，年降水量 1000 mm 以上の暖温帯の地域に分布する。クチクラ層が発達した光沢のある葉をもつのが特徴。シイ類・カシ類・クスノキ・ツバキ・タブノキなどが代表種。

硬葉樹林：夏に雨が少なく，冬に雨が多い地中海沿岸などに分布する。オリーブやコルクガシが代表種。葉が小さくて硬いのが特徴。

夏緑樹林：年平均気温 5～15℃，年降水量 1000 mm 前後の冷温帯の地域に分布する。夏は緑の葉をつけるが秋には落葉する。ブナ・ミズナラが代表種。

針葉樹林：年平均気温が－5℃～5℃，年降水量 1000 mm 前後の亜寒帯に分布する。シラビソ・コメツガ・トウヒ・エゾマツ・トドマツなどが代表種。

サバンナ(熱帯草原)：年降水量 1000 mm 以下で，雨季と乾季がある熱帯・亜熱帯の地域に分布する。イネ科の草本が主だが，樹木も点在する。

ステップ(温帯草原)：夏は乾燥し，冬低温になる温帯に分布する。イネ科の草本が多い。

砂漠(乾燥荒原)：年降水量が 200 mm 以下の極端に乾燥する地域に成立する。

ツンドラ(寒冷荒原)：針葉樹も生育できない寒帯に成立する。永久凍土層があり，地衣類やコケ植物が生育する。

Point 71　バイオーム

降水量が十分ある地域：気温が高い方から低い方へかけて，
熱帯多雨林 → 亜熱帯多雨林 → 照葉樹林 → 夏緑樹林 → 針葉樹林

気温が高い地域：降水量が多い方から少ない方へかけて，
熱帯(亜熱帯)多雨林 ⟶ 雨緑樹林 ⟶ サバンナ ⟶ 砂漠

問1　(1)　d，照葉樹林　(2)　h，ステップ　(3)　j，雨緑樹林
(4)　a，ツンドラ　(5)　f，熱帯多雨林

問2　①－b，針葉樹林　②－d，照葉樹林　③－e，亜熱帯多雨林
④－c，夏緑樹林　⑤－j，雨緑樹林

第9章 生態

必修基礎問

80 垂直分布・水平分布

生物基礎

植物の生育にとって十分な降水量のある日本列島の場合，バイオームの分布は気温による影響を受け，南から北へ，あるいは低地から高地へと森林植生の相観が変化する。関東地方から近畿地方の太平洋側では，暖温帯に属する標高約 700 m よりも低い丘陵帯には［A］が，標高約 700～1700 m の山地帯ないし冷温帯には［B］が，標高約 1700 m から森林限界までの亜高山帯には［C］が分布している。日本では火山活動によってできた溶岩の上で，最初に地衣類やコケ植物が侵入し，草原，陽樹林，陰樹林の順に遷移して極相に達するという植生の一次遷移がしばしばみられる。この一次遷移の過程で，植物の種類や植生の相観の変化に伴い，植生内の土壌条件や［D］，［E］といった非生物的環境も大きく変化する。

問１　文中の［A］，［B］，［C］には，相観が大きくちがう日本の代表的な森林のバイオームが入る。それぞれの名称を書き，次から各バイオームの森林で優占する高木をそれぞれ２種類ずつ選べ。

［A］：① ソテツ　② アオキ　③ タブノキ
　④ カラマツ　⑤ トドマツ　⑥ スダジイ

［B］：① ヤブツバキ　② ミズナラ　③ ハコネウツギ
　④ ブナ　⑤ イチョウ　⑥ アラカシ

［C］：① ヒサカキ　② シラビソ　③ クロマツ
　④ コケモモ　⑤ コメツガ　⑥ ハイマツ

問２　次の文中の空欄に適語を入れよ。

亜熱帯地域では年降水量とその季節変化に伴い，年中湿潤で年平均降水量 2500 mm 以上の亜熱帯［ア］から，雨が少ない季節（［イ］）に［ウ］する樹木から構成される［エ］になり，年平均降水量 1000 mm 以下では［オ］に樹木がまばらに分布する［カ］へと相観が変化する。さらに，年平均降水量が 200 mm に達しない地域では多肉植物などがまばらに分布するか，植物の分布しない［キ］になる。亜熱帯地域の海水が流れ込む［ク］には，植物細胞にとって［ケ］圧の高い環境に適応したオヒルギやメヒルギなどの低木からなる［コ］が分布している。

問３　植生の一次遷移に伴う土壌条件の変化を80字以内で述べよ。

問４　文中の［D］と［E］に当てはまる，一次遷移に伴って変化する土壌条件以外の非生物的環境を書け。

（千葉大）

●日本のバイオームの水平分布(下図参照)

亜熱帯多雨林：沖縄などに分布。

照葉樹林：九州，四国，本州の関東以西に分布。

夏緑樹林：東北～北海道南部に分布。

針葉樹林：北海道東北部に分布。

●日本のバイオームの垂直分布　本州中部地方の山岳地帯では，丘陵帯(低地帯)，山地帯(低山帯)，亜高山帯，高山帯の4つに分けられる(下図参照)。

中部地方では2500m以上では森林が形成されず，この境を**森林限界**という。

高山帯にはハイマツなどの低木やコマクサなどの**高山植物**が生育する。

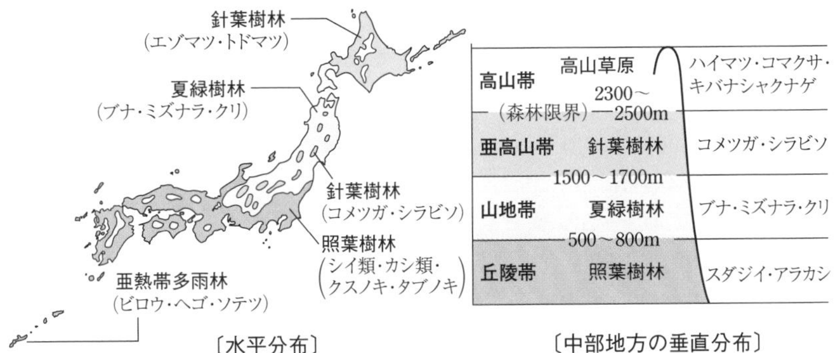

〔水平分布〕　〔中部地方の垂直分布〕

Point 72　日本の水平分布と垂直分布

① 日本では南から順に，
亜熱帯多雨林→照葉樹林→夏緑樹林→針葉樹林

② 中部地方ではふもとから順に，照葉樹林→夏緑樹林→針葉樹林

③ 中部地方では，2500mが森林限界。

問1　A－照葉樹林，③，⑥　B－夏緑樹林，②，④
C－針葉樹林，②，⑤

問2　ア－多雨林　イ－乾季　ウ－落葉　エ－雨緑樹林　オ－草原
カ－サバンナ　キ－砂漠　ク－河口　ケ－浸透　コ－マングローブ林

問3　最初は保水力に乏しく乾燥しやすく，土壌も形成されていないが，植物の侵入により，照度が低下し，保水力が高まり，腐植質も増加して土壌の形成が進む。(72字)

問4　光条件，温度条件

第9章 生態

実戦基礎問 37 ラウンケルの生活形

生物基礎

生物は環境に応じて形態や生活のしかたを変化させ，環境との調和を保ってきた。植物においてはその形態に，環境に適応した生活の反映がみられるが，デンマーク人のラウンケルは休眠芽の位置に基づいて，種子植物の生活形を類型化した。

問1　図1は世界の異なる地点の月別の平均気温と降水量を示している。図1の(a)～(c)の各地点に生育する種子植物について，ラウンケルの生活形ごとに種類数の割合を最もよく表しているグラフはそれぞれ図2の(ア)～(ウ)のどれか。ただし，図2の(ア)～(エ)は，それぞれの地域に生育する種子植物の植物相における各生活形をもつ種類数の百分率を示す。(オ)は，全世界の種子植物から1000種を任意に選んだ中での各生活形をもつ種類数の百分率を示す。また横軸の記号は，次の通り。A：地上植物，B：地表植物，C：半地中植物，D：地中植物，E：一年生植物。

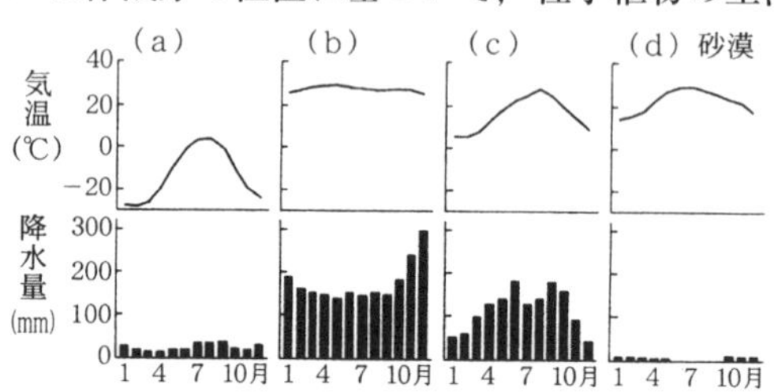

図1　世界の異なる4地点における月別の平均気温と降水量

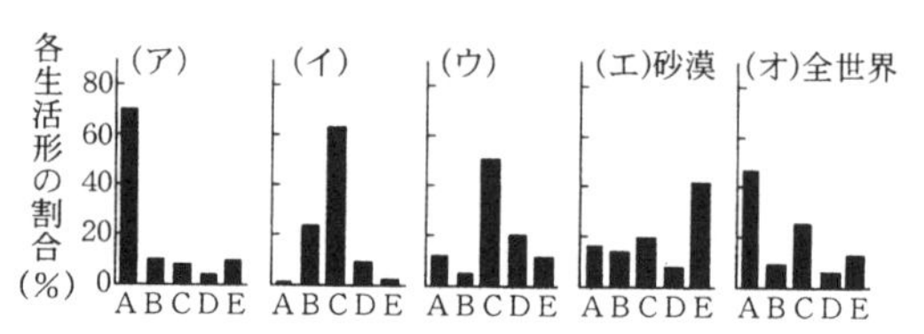

図2　世界の異なる4地域の植物相におけるラウンケルの各生活形の割合

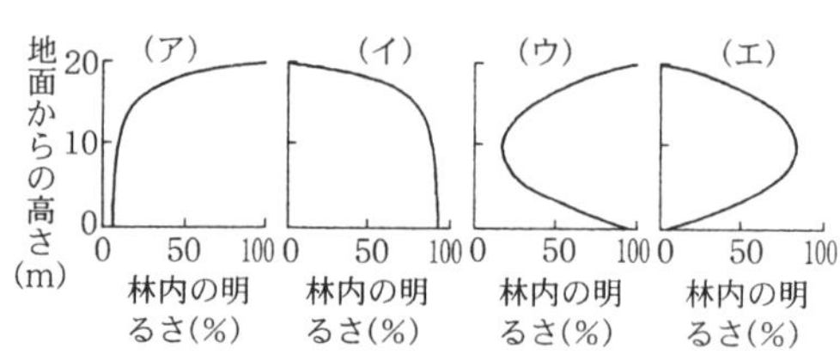

図3　林内における明るさと地面からの高さとの関係
林内の明るさは林外の明るさに対する百分率（相対照度）で示す。

問2　図1と図2のグラフから，砂漠では一年生植物の占める割合が高いことがわかる。これらの一年生植物の砂漠における生活のしかたを最も適切に表している文を次から1つ選べ。

① 生育に不適当な期間を地下茎で過ごし，降雨の開始とともに葉を展開して成長する。

② 生育に不適当な期間を地下茎で過ごし，気温の上昇とともに葉を展開して成長する。

③　生育に不適当な期間を地表付近に散布された種子で過ごし，降雨の開始とともに発芽して成長する。

④　生育に不適当な期間を地表付近に散布された種子で過ごし，気温の上昇とともに発芽して成長する。

問3　高さ 20m の樹木(地上植物)によって覆われた林における，林内の明るさと地面からの高さとの関係を調べた。葉が展開した季節の両者の関係を最も適切に表しているグラフは前ページの図3の(ア)〜(エ)のどれか。

問4　種子植物において，地上植物のように休眠芽の位置が高い植物が，地中植物や半地中植物と比べて有利な点と不利な点を150字以内で記せ。

（山形大）

精講　**●ラウンケルの生活形**　寒冷期や乾燥期など，生育に不適当な時期を過ごす**休眠芽**の位置によって分類したもの。

地上植物：休眠芽が地表から 30cm 以上の高さにある。
地表植物：休眠芽が地表から 30cm 以内の高さにある。
半地中植物：休眠芽が地表に接している。
地中植物：休眠芽が地中にある。
一年生植物：冬や乾季は種子で過ごす。

Point 73　ラウンケルの法則

① 寒冷地であるほど，半地中植物の占める割合が多い。
② 乾燥する地域であるほど，一年生植物の占める割合が多い。

解説　**問1**　(a)は非常に寒冷なので，Cの半地中植物の割合が大きくAの地上植物の割合が少ない(イ)，年中高温で降水量も多い(b)は地上植物の割合が最も大きい(ア)と考えられる。

答

問1　(a)−(イ)　(b)−(ア)　(c)−(ウ)　　**問2**　③　　**問3**　(ア)

問4　休眠芽の位置が高いと，適した季節になったときに速やかに葉を地上高くに展開し，地中植物や半地中植物よりも照度の高い位置で光合成を行うことができ有利である。しかし，地上高くは環境の影響を受けやすいので，低温や乾燥などの厳しい季節を耐えるには不利である。
(121字)

必修基礎問 81 生産構造図

生物

右図は，ある調査法によって2つの異なる植物群集(AとB)を調べた結果を模式的に示したものである。

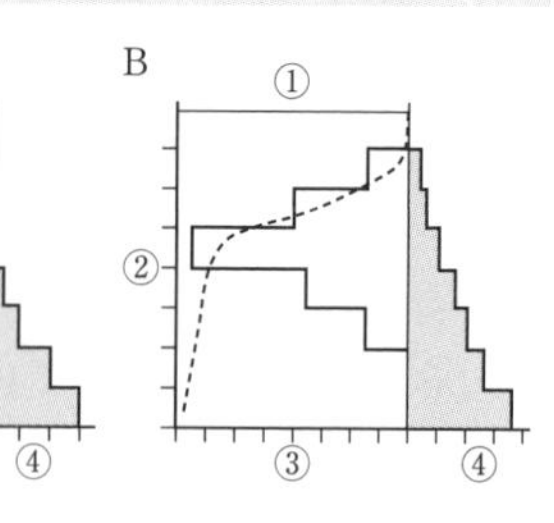

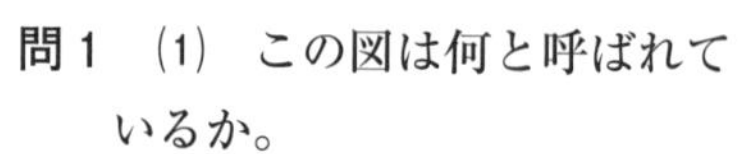

問1 (1) この図は何と呼ばれているか。

(2) その調査法は何というか。

問2 図中の①，②，③，④は，それぞれ何を表すか。

問3 図Aと図Bはそれぞれ何型と呼ばれているか。

問4 図Aと図Bの特徴をもつ植物をそれぞれ別々に密植した場合，密植の影響はどちらの植物で強く現れやすいか。また，その影響はどんな機構で，どんな結果をもたらすか，50字以内で記せ。

問5 図Bの特徴をもつ植物が密生している場合，図Aの特徴をもつ植物はその中で生育が可能か，不可能か。また，その理由を50字以内で記せ。

(都立大)

精講

●**生産構造図**　植物群集の地上部をいくつかの層に分け，各層ごとの同化器官(光合成器官)と非同化器官(非光合成器官)がどのように存在するかを示した図を生産構造図という。また，同時に植物群集内の相対照度も示す。

草本の植物群集では次の2つの型に大別される。

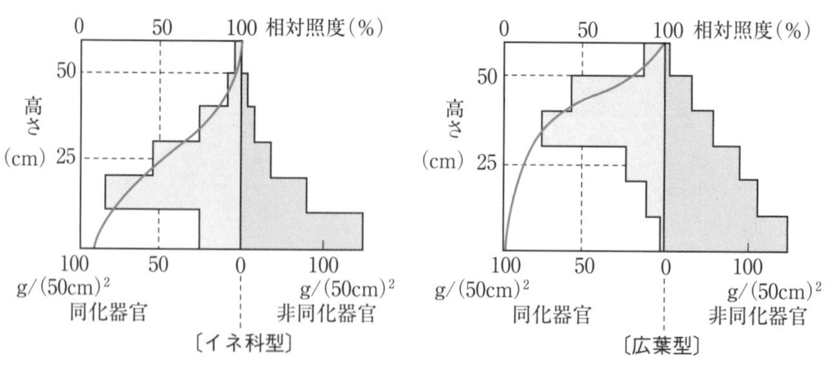

●**葉面積指数**　一定の土地面積上に，葉面積の合計がどれくらい存在しているかを示したもので，次の式で求められる。

$$葉面積指数＝\frac{その面積上の葉面積の合計}{土地面積}$$

イネ科型では細長い葉がななめについているので，光は下部まで届きやすく，葉面積指数は大きくなる。広葉型では，広い葉が水平につくので，光は下部まで届きにくく，下部の葉は枯死するため葉は上部に集中する。その結果，葉面積指数は小さくなる。しかし，上部に葉を展開するので，他の植物との競争には強い。

●層別刈取法　生産構造を調べるために，上から一定の高さごとに植物体を刈り取り，光合成を行う葉と葉以外とに分けてそれぞれの重量を測定する方法。一般に，1m四方の枠を設け，その四隅にポールを立てて糸を張り，植物群集の上部から10cmごとに刈り取って測定する。

Point 74　**生産構造図**

イネ科型：細長い葉がななめにつく。下部まで光が届きやすい。葉面積指数が大きく，生産効率は高い。
〔例〕 ススキ，チカラシバ，チガヤ

広 葉 型：広い葉が水平につく。葉は上部に集中する。葉面積指数が小さい。他の植物との競争には強い。
〔例〕 アカザ，ミゾソバ，オナモミ

問2　右側が非同化器官，左側が同化器官の重量を示す。

問4，5　広葉型の植物が密生すると，ますます下部に光が届かなくなる。

答

問1　⑴ 生産構造図　⑵ 層別刈取法

問2　① 相対照度　② 高さ　③ 同化器官(光合成系)の重量　④ 非同化器官(非光合成系)の重量

問3　A－イネ科型　B－広葉型

問4　図B　影響：上層で広い葉を水平方向に展開するので，密植すると光をめぐる競争が激しくなり，個体数が減少する。(47字)

問5　不可能　理由：図Bの植物が密生していると中層以下の照度が著しく低下し，図Aの植物は十分な光合成が行えないから。(48字)

第9章 生態

82 窒素同化

生物は体外から窒素化合物を取り込み，それを窒素源とし，生命活動を営む上で必要な有機窒素化合物の合成に用いる。これは［ア］と呼ばれる。植物の場合，地中に溶けている無機窒素化合物である NO_3^- や NH_4^+ が主な窒素源となる。このうち NH_4^+ は，生物の遺体や排出物に含まれる有機窒素化合物の分解過程で生成する。NH_4^+ は［イ］菌により NO_2^- へと［ウ］され(反応1)，さらに NO_2^- は［エ］菌により NO_3^- へと［ウ］される。(反応2)。［イ］菌と［エ］菌はまとめて［オ］菌と呼ばれる。

反応1　［カ］NH_4^+ ＋［キ］O_2
　　　$\longrightarrow$［ク］NO_2^- ＋［ケ］H_2O ＋［コ］H^+

反応2　［サ］NO_2^- ＋［シ］$O_2 \longrightarrow$［ス］NO_3^-

これら NO_3^- や NH_4^+ は植物の根から吸収され，このうち NO_3^- は植物の体内で NH_4^+ まで［セ］される。一方，マメ科植物の場合，(a)N_2 から NH_4^+ を生成する細菌が共生し，その細菌から NH_4^+ を受け取ることができる。NH_4^+ は植物体内において有機窒素化合物の合成に利用される(下図)。すなわち，NH_4^+ はグルタミン酸と結合し［ソ］となる。次いで［ソ］は［タ］と反応し，2分子のグルタミン酸が生成する。(b)ある種の酵素の働きにより，グルタミン酸は各種有機酸と反応し，これにより各種アミノ酸が合成される。これらのアミノ酸は，(c)さまざまな有機窒素化合物の合成に利用される。

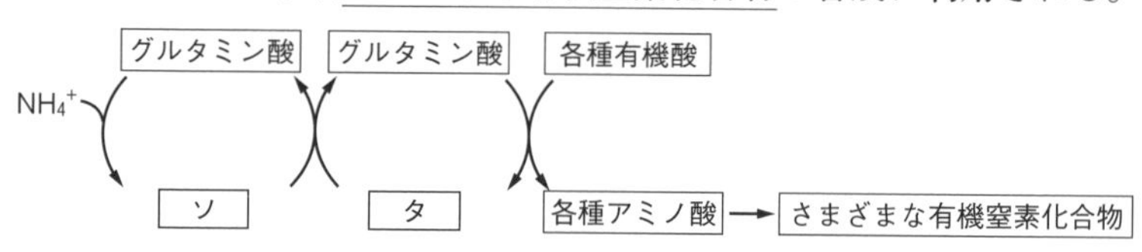

図　植物における有機窒素化合物の合成

問1　上の文と図中の空欄に適語および数値を入れよ。

問2　下線部(a)に関して答えよ。

(1)　このような反応を何というか。

(2)　同様の反応が行える独立栄養生物を次からすべて選べ。

①　アゾトバクター　　②　ネンジュモ

③　クロストリジウム　　④　乳酸菌

問3　下線部(b)の酵素の説明として正しいものを，次から1つ選べ。

①　各種有機酸のアミノ基をグルタミン酸に転移させる。

②　グルタミン酸のアミノ基を各種有機酸に転移させる。

③　グルタミン酸のカルボキシ基を各種有機酸に転移させる。
④　各種有機酸のカルボキシ基をグルタミン酸に転移させる。

問4　下線部(c)に関して，次の中から有機窒素化合物をすべて選べ。
①　核酸　　②　ATP　　③　クロロフィル
④　アミラーゼ　　⑤　ピルビン酸

（東京薬大）

精講

●硝化作用　遺体や排出物の分解で生じたNH_4^+は**亜硝酸菌**により**酸化**されてNO_2^-に，NO_2^-は**硝酸菌**により**酸化**されてNO_3^-となる。亜硝酸菌と硝酸菌はまとめて**硝化菌（硝化細菌）**と呼ばれ，硝化菌による一連の反応を**硝化（硝化作用）**という。亜硝酸菌や硝酸菌は**化学合成細菌**の一種である。

●窒素同化　低分子窒素化合物を高分子の有機窒素化合物に合成する反応を**窒素同化**という。植物における窒素同化では，根から吸収したNO_3^-の**還元**により生じたNH_4^+が**グルタミン酸**と反応して**グルタミン**となり，グルタミンは**ケトグルタル酸（α-ケトグルタル酸）**と反応して2分子のグルタミン酸になる。グルタミン酸のアミノ基は**アミノ基転移酵素**により種々の有機酸に転移され，種々のアミノ酸が生じる。

●窒素固定　遊離の窒素（窒素ガス）からNH_4^+を生成する反応を**窒素固定**という。

Point 75　窒素固定細菌ベスト4

根粒菌（マメ科植物の根に共生），アゾトバクター（好気性の細菌），クロストリジウム（嫌気性の細菌），ネンジュモ（シアノバクテリアの一種）

問2　(2)　①や③も窒素固定を行うが従属栄養生物である。ネンジュモは光合成を行う独立栄養生物。

問4　アミラーゼは酵素なので成分はタンパク質。ピルビン酸はグルコースの分解で生じる有機酸の一種なので有機窒素化合物ではない。

問1　アー窒素同化　イー亜硝酸　ウー酸化　エー硝酸　オー硝化（硝化細）
カー2　キー3　クー2　ケー2　コー4　サー2　シー1　スー2
セー還元　ソーグルタミン　ターケトグルタル酸（α-ケトグルタル酸）

問2　(1)　窒素固定　(2)　②　**問3**　②

問4　①，②，③，④

第9章　生態

物質循環

次の図1は，生態系の炭素の循環，図2は窒素の循環を示している。

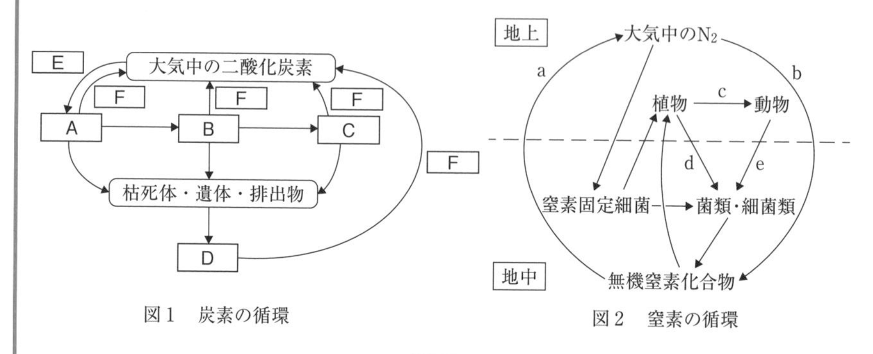

図1　炭素の循環　　図2　窒素の循環

大気中のCO_2濃度は，図1中の［A］が行う［E］による減少と生物の［F］による増加のバランスによってほぼ一定に保たれるが，近年，人間活動の影響によりCO_2濃度の増加がみられるようになってきた。原因として，石油や石炭などの化石燃料の燃焼があげられる。CO_2はフロンなどとともに［G］ガスと呼ばれ，地球温暖化をもたらすと考えられている。また窒素に関して，近年工業的な窒素固定が盛んに行われ，それにより河川などにおいて窒素などが多く含まれるようになる［H］化が起こり，その結果，特定の植物プランクトンが異常増殖する現象が起こり，池などでは［I］，内湾では［J］と呼ばれる。

問1　図1中の［A］～［D］に当てはまる栄養段階の名称を答えよ。

問2　図1および文中の［E］～［J］に適語を入れよ。

問3　図2のaの反応と，その反応を行う細菌の名称を答えよ。

問4　図2のbの中には生物の関与しない自然現象も含まれている。その自然現象は何か。

問5　図2の窒素固定細菌の中で，単独で窒素固定を行う従属栄養の好気性細菌を次からすべて選べ。

①　根粒菌　　②　ネンジュモ　　③　クロストリジウム
④　酵母　　⑤　アゾトバクター

問6　生態系における炭素や窒素の循環とエネルギーの流れに関する記述として最も適当なものを，次から1つ選べ。

①　生態系内で物質と同様にエネルギーも循環している。

②　炭素は生態系内で循環しているが，エネルギーは生態系内を一方向に

流れている。
③ 太陽の光エネルギーは熱エネルギーに変換されて，有機物に蓄えられる。
④ エネルギーは最終的には化学エネルギーとなって生態系外へと移動する。
(京都女大・獨協医大)

精講

●**脱窒** NO_3^- は脱窒素細菌の働きで N_2 となり大気中に戻る。この現象を脱窒という。

●**温室効果** 地表面から放射される熱(赤外線)の一部が大気中の物質に吸収され，再び地表面に放射されることで，地表付近の温度を上昇させる効果を温室効果といい，温室効果をもたらす気体を温室効果ガスという。CO_2 やメタン，フロンなどが温室効果ガスである。

Point 76 窒素固定と脱窒

反応	関与する細菌
窒素固定 $N_2 \longrightarrow NH_4^+$	窒素固定細菌 (根粒菌，アゾトバクターなど)
脱窒 $NO_3^- \longrightarrow N_2$	脱窒素細菌

問1 Aは植物，Bは植物食性動物，Cは動物食性動物，Dは細菌や菌類を示すが，問われているのは栄養段階の名称。

問4 窒素固定細菌による窒素固定だけでなく，空中放電(雷)によっても N_2 が固定される。

問5 根粒菌は，単独ではなくマメ科植物と共生することで窒素固定を行う。ネンジュモは光合成を行う独立栄養生物。クロストリジウムは嫌気性の細菌。酵母は窒素固定を行わない。

問6 エネルギーは最終的に熱エネルギーになって生態系外へ失われ，循環しない。

第9章 生態

答

問1 A－生産者 B－一次消費者 C－二次消費者 D－分解者
問2 E－光合成 F－呼吸 G－温室効果 H－富栄養
I－アオコ(水の華) J－赤潮
問3 反応：脱窒 反応を行う細菌：脱窒素細菌
問4 空中放電 問5 ⑤ 問6 ②

必修基礎問

84 生態ピラミッド

生物基礎 生物

右表は，ある湖での測定結果から算出した各栄養段階における生物群集の年間のエネルギー収支を示している。表の数値の単位は，kcal/m^2/年である。

	生産者	(1)	(2)	(3)
総生産量	20810	3368	383	21
(A)	11977	1890	316	15
純生産量	8833	1478	67	6
成長量および死亡量，次の栄養段階の不消化排出量	5465	(ア)	(イ)	6

問1 生態系において，表中の(1)～(3)の各栄養段階の生物群は，まとめて何と呼ばれているか。

問2 (A)は，各栄養段階におけるエネルギー消費の一部である。何による消費か。

問3 (ア)と(イ)に入る数値を求めよ。

問4 各栄養段階の総生産量を生産者から順に積み重ねた図は，必ずピラミッド型になる。その理由を100字以内で述べよ。

問5 この湖に入射する太陽放射エネルギーは年間およそ 1700000 kcal/m^2 と算出されている。この湖の生産者の光合成によって利用されるエネルギーは，入射する太陽放射エネルギー量のおよそ何パーセントか。小数第二位を四捨五入して値を求めよ。

（東京学芸大）

●生態系 生物的環境(生産者・消費者・分解者)と非生物的環境(光・水・大気・温度・土壌)からなる。

生産者：無機物から有機物を合成できる独立栄養生物。

〔例〕 緑色植物，光合成細菌，化学合成細菌

消費者：生産者が生産した有機物を，直接，あるいは間接的に利用する従属栄養生物。

- 一次消費者：生産者を直接摂食する植物食性動物。
- 二次消費者：一次消費者を餌とする動物食性動物。
- 高次消費者：二次消費者以上を餌とする動物食性動物。
- 分解者：各栄養段階の生物の遺体や排出物などの有機物を無機物に分解し，非生物的環境に戻す。 〔例〕 細菌や菌類

●生態ピラミッド 個体数，生体重量，エネルギー量などについて，生産者を下にして各栄養段階の量を順に描いた図を生態ピラミッドという。

① **個体数ピラミッド**　個体数について描いた生態ピラミッド。一般にピラミッド形になるが，生産者が樹木で小型昆虫が一次消費者のような場合は，ピラミッドの形が逆転する。

② **生体量(現存量)ピラミッド**　生体重量について描いた生態ピラミッド。一般にピラミッド形になるが，生産者が植物プランクトンのような場合はピラミッド形は逆転する。

③ **エネルギーピラミッド**　エネルギー量について描いた生態ピラミッド。生産者が取り込んだエネルギーが消費されながら上位の栄養段階のものに利用されるので，ピラミッド形が逆転することはない。

●物質収支の内訳

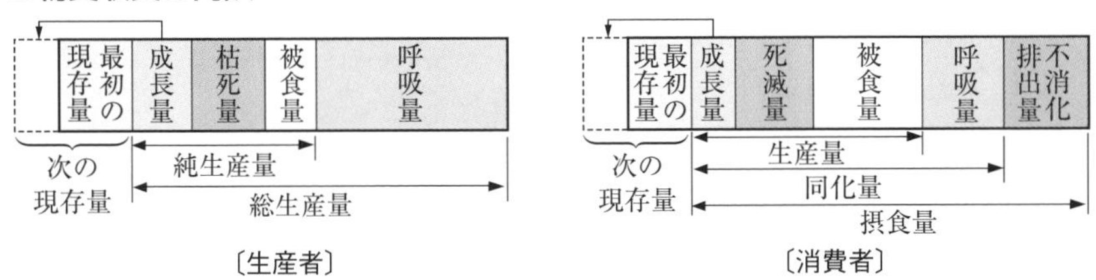

※消費者の場合は，総生産量，純生産量に相当する量をそれぞれ同化量，生産量という。

●エネルギー効率

$$\text{生産者のエネルギー効率(\%)} = \frac{\text{総生産量}}{\text{入射した太陽からの光エネルギー}} \times 100$$

$$\text{消費者のエネルギー効率(\%)} = \frac{\text{同化量}}{\text{1つ前の栄養段階の同化量(総生産量)}} \times 100$$

問3　生産者の純生産量(8833)から(1)の総生産量(3368)を引いた値が生産者の成長量，死亡量と，一次消費者の不消化排出量の和(5465)となっている。同様に，(ア)＝1478－383＝1095，(イ)＝67－21＝46

問5　$\frac{20810}{1700000} \times 100 \fallingdotseq 1.2(\%)$

答

問1　消費者　　**問2**　呼吸　　**問3**　(ア)　1095　　(イ)　46

問4　下位のもつエネルギーの一部は呼吸として失われ，また，上位の栄養段階が摂取したエネルギーの一部は不消化排出量として排出されるので，上位の栄養段階ほど利用できるエネルギー量は減少するから。(92字)

問5　1.2%

必修基礎問

85 生態系のバランス

生物基礎 生物

ヒトの生活にとって生物多様性を維持することは重要である。生物多様性を考える上で重要な位置を占めるものが，絶滅のおそれがある生物(絶滅危惧種)と(a)外来生物である。絶滅危惧種について，日本では，環境省が絶滅の危険度に応じて分類した［ア］を発表し，これをまとめた［イ］を発行している。外来生物については，日本では外来生物法が制定され，その中で［ウ］が指定されている。［ウ］に指定されると，原則として，飼育や栽培，生きたままの運搬や輸入が禁止される。また，人間活動が生態系のバランスに影響を与えている現象の例として，近年，化石燃料の燃焼などにより(b)温室効果ガスが増加したことで，(c)地球の平均気温が上昇している［エ］があげられる。

問1 下線部(a)に関して，日本の外来生物についての記述として適当なものを，次からすべて選べ。

① もともとカブトムシが生息しない北海道に，本州からカブトムシが持ち込まれた場合，これは国内間の移動であるため外来生物とはいえない。

② 高山の登山道において，登山客の靴底についていた種子によってオオバコなどが生えた場合,これは意図的ではないため外来生物とはいえない。

③ もともとフイリマングースが生息していない地域に，ハブの駆除のためフイリマングースを導入した場合，これは外来生物といえる。

④ 食用にウシガエルを輸入した場合，これは養殖目的であるため外来生物とはいえない。

⑤ 夏鳥のカッコウや冬鳥のオシドリなどは，他国からやってくるので外来生物といえる。

問2 上の文中の空欄に適語を入れよ。

問3 次の記述のうち，文中の［ウ］に指定されている生物に関する正しいものをすべて選べ。

① ［ウ］は，中形～大形の動物食性動物であるため在来の生物を捕食する。

② ［ウ］には天敵がいないことが多いため，個体数が急増しやすい。

③ ［ウ］は，生態系だけでなく，人体や農林水産業にも大きな影響を及ぼす。

問4 下線部(b)に関して，次の気体のうち，温室効果ガスをすべて選べ。

① メタン　② 窒素　③ 二酸化炭素　④ フロン

問5　下線部(c)に関して，地球の平均気温が上昇することによって起こると考えられる現象として間違っているものを，次から1つ選べ。

① 環境の変化に対応できない生物が絶滅する。
② 低地に生育していた植物が，標高の高い場所に分布するようになる。
③ サンゴの生育が盛んになり，今あるサンゴ礁が拡大する。
④ 熱帯地域で分布する蚊の分布域が北上し，蚊の媒介する感染症が発生しやすくなる。
⑤ 日本ではサクラの開花時期が早まる。

（名古屋学芸大）

精講

●外来生物　人間の活動によって，意図的かどうかにかかわらず本来の生息場所から他の場所に移され，そこに定着した生物を**外来生物**という。外来生物の中で，特に生態系や人間活動への影響が大きいものを**侵略的外来生物**という。またこの中で国が法律に基づき指定した外来生物を**特定外来生物**という。特定外来生物に指定されたものは，飼育，栽培，輸入などが禁止される。

〔特定外来生物の例〕 オオクチバス，ブルーギル，フイリマングース，グリーンアノール，ヒアリ，カミツキガメ，アライグマ，ボタンウキクサ，アレチノギク

●レッドデータブック　野生生物のうち，個体数が特に少なく，近い将来絶滅の恐れがある生物種を**絶滅危惧種**といい，それらの生物をリストアップしたものを**レッドリスト**という。レッドリストにあげられた生物の生息状況などを記した本を**レッドデータブック**という。

解説

問1　①海外からでなくても，本来の生息場所から他の場所に移されれば外来生物。②意図的でなくても外来生物。④目的に関係なく外来生物。⑤渡り鳥などは人間活動によるものではなく，また定住するものでもないので外来生物ではない。

問5　地球温暖化によってサンゴに共生していた藻類(褐虫藻)がサンゴから離れ，サンゴの**白化**が起こる。その結果，サンゴは褐虫藻からの光合成産物を受け取れなくなり死滅してしまう。

答

問1　③
問2　ア－レッドリスト　イ－レッドデータブック　ウ－特定外来生物　エ－地球温暖化
問3　②，③　　問4　①，③，④　　問5　③

水質汚染

図1，２は河川の川上で有機物を多く含む汚水が流入したときにみられる，河川の生物相の変化(図１)と化学物質の変化(図２)の模式図である。生物相の変化に関しては細菌，原生動物，藻類，水生昆虫の個体数変動を示している。化学物質の変化に関しては有機物，アンモニウムイオン(NH_4^+)，硝酸イオン(NO_3^-)および溶存酸素(O_2)の濃度変動を示している。ただし河川の流速および汚水排出口から流出する化学物質の量は一定とみなす。

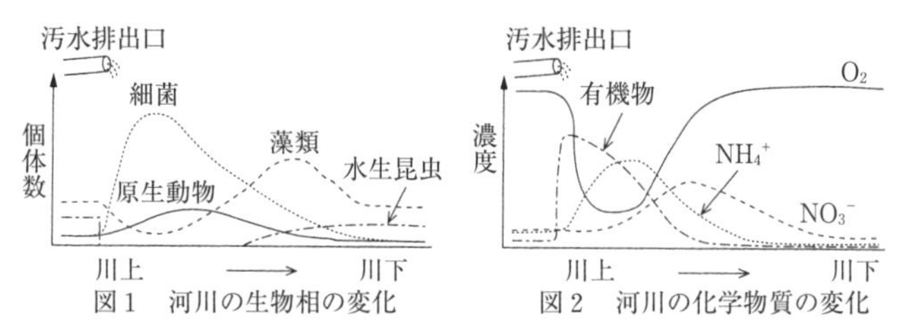

図１　河川の生物相の変化　　図２　河川の化学物質の変化

問1　図２で溶存酸素の濃度は汚水排出地点から急速に減少し，川下に行くにしたがって増加する。この変化がなぜ起こるのかを生物と関連づけて，70字以内で説明せよ。

問2　次の文中の空欄に適語を入れよ。

図２の無機栄養塩類のNH_4^+は，まず［　ア　］により酸化され，次に［　イ　］の働きによってNO_3^-になる。これらの無機イオンは栄養塩として［　ウ　］に吸収されるので，川下に進むにしたがって濃度は減少していく。このような作用を［　エ　］という。

問3　河川の水質は水生昆虫などの水生生物相の変化によっても判定することができる。

(1)　このような生物を何というか。

(2)　化学的な水質判定と水生生物を使った水質判定は，水質のどのような変化をそれぞれ明らかにするのか，その違いを50字以内で説明せよ。

問4　通常，生物によって分解または排出されない有害物質が，汚水中に含まれていた場合，生物の食物連鎖の働きにより起こる現象を何というか。

(三重大)

精講　**●自然浄化**　河川などに有機物が流入しても，水中の細菌などによって有機物が分解されて無機物に戻り，水質の汚染は免れる。これを自然浄化という。

●富栄養化　湖沼や海に栄養塩類が多量に流れ込み，特定のプランクトンの異常増殖が引き起こされる。赤潮，アオコ(水の華)など。

●酸性雨　自動車の排気ガスや工場排煙などに含まれる窒素酸化物や硫黄酸化物が上空で硝酸や硫酸となり，これが雨滴に溶ける。ふつう pH5.6以下の雨や雪をいう。湖沼の水質を酸性にして直接水生生物に影響を及ぼすだけでなく，土壌中のアンモニウムイオンを溶け出させて，森林などにも大きな被害をもたらしている。

●砂漠化　森林の伐採や過剰な放牧，不適切なかんがいなどによって，土壌有機物や水分が減少し，土地の生産力がなくなっていく現象。

●生物濃縮　重金属やDDT，ダイオキシンなどのように，分解されにくく排出されにくい物質は生物体内で高濃度に濃縮される。このような現象を生物濃縮という。食物連鎖によって高次の栄養段階の生物ほど，より高濃度に濃縮される。

●地球温暖化　ヒトの生活活動(化石燃料の大量消費，森林の大規模な伐採など)により，二酸化炭素などの温室効果ガスが増加し，地球規模で気温が上昇する現象。南極の氷の融解，海面水位の上昇，昆虫などの生育域が変化し感染症の拡大などの危険がある。

●オゾンホール　フロンガスなどが原因で，有害な紫外線を吸収するオゾン層が破壊され，極度にオゾン濃度が低下したオゾンホールが出現している。地表に到達する紫外線量が増加することで，皮膚がんや白内障などの増加が起こる。

●環境ホルモン　正確には外因性内分泌撹乱化学物質といい，ホルモン作用の変動を引き起こす物質のこと。ダイオキシン，PCBなど。

第9章 生態

問1　有機物が細菌により分解され，細菌の呼吸により O_2 は減少するが，透明度や栄養塩類が増加するため藻類が増加し，光合成が盛んに行われるから。(66字)

問2　ア－亜硝酸菌　イ－硝酸菌　ウ－藻類　エ－自然浄化

問3　(1)　指標生物

(2)　化学的判定では各物質の個々の濃度変化が，水生生物を使う判定では総合的な生活環境の変化が明らかになる。(49字)

問4　生物濃縮

演習問題

⇨ 解答は335ページ

40 必修基礎問 84

図1のAからCは，人工林などの同樹種，同齢林における生産者(植物，特に樹木)の物質収支の時間的変化を模式的に表したものである。まずAにおいて，[ア]は，はじめ急激に増加しピークを迎えた後，やや減少しその後ほぼ一定となる。[イ]は，この[ア]の変化に伴うため同じ曲線で示される。また，[ウ]は，[ア]の変化と同じパターンを示す。一方，[エ]は時間とともに増加していき，[オ]はその変化に伴うため同じ曲線で示される。Bにおいて，この[ウ]と[オ]の合計が全体の[カ]となり，縦線部分が[キ]を表す。Cにおいて，この[キ]から[ク]を差し引いたものが[ケ]となり点部分に該当する。実際に森林の一次生産量を求める場合，それらは直接測定することが難しいため，成長量，枯死・被食量，呼吸量から計算によって求める，いわゆる「つみあげ法」という推定方法がある。表1は，2種類の森林(暖温帯照葉樹林，熱帯多雨林)における測定値である。

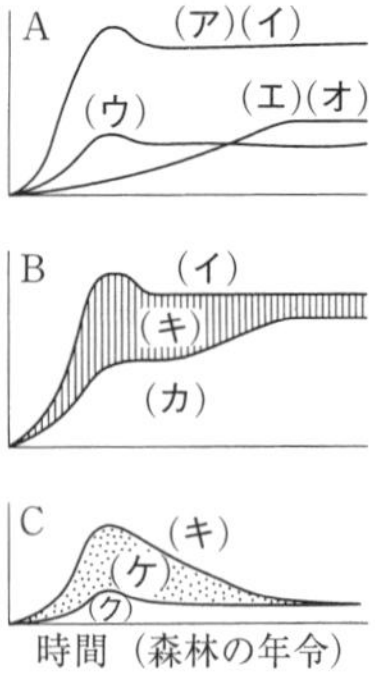

図1
(縦軸は相対的なスケールである)

表 1

	成長量	枯死・被食量	呼吸量
暖温帯照葉樹林	4.4	14.1	34.1
熱帯多雨林	7.0	20.4	54.5

単位はトン/ha/年(1年当たり，1ヘクタール当たりの乾物重)である

問1 図1および文中の空欄に当てはまる語句を次から1つずつ選べ。

① 葉の量　② 葉呼吸量　③ 枯死・被食量　④ 呼吸量
⑤ 非同化部(枝・幹・根)の量　⑥ 非同化部(枝・幹・根)呼吸量
⑦ 総生産量　⑧ 純生産量　⑨ 成長量(植物体の増加量)

問2 近年の大気中CO_2濃度増加問題に対し，森林のもつCO_2吸収能力に関心がもたれている。図1に従って考えた場合，この森林のCO_2吸収量は，十分に森林が発達した段階ではどのようになっているか，図1から読み取った根拠とともに80字以内で述べよ。

問3 表1の暖温帯照葉樹林と熱帯多雨林について，総生産量および純生産量の値をそれぞれ計算せよ。なお計算過程も示し，結果は単位とともに書くこと。

問4 森林生態系が保持する総炭素量は，植物体の量と土壌中の有機物量から計算される。熱帯多雨林と亜寒帯針葉樹林を比較した場合，前者の方が植物の成育に適した環境であるため，単位土地面積当たりの植物体の量は大きな値となる。それに対し，単位土地面積当たりの土壌中の有機物量は，後者の方が大きくなる場合が多い。その理由を50字以内で述べよ。

〈岩手大〉

41 ➡ 必修基礎問 84，実戦基礎問 38

干潟では底質がやわらかい砂泥の場合が多く，大型藻類が生育しにくいため，海中を浮遊する植物プランクトンや海底表面に付着する微細藻類が［ア］者の主体となっている。このため干潟には，①アサリのように餌をえらで［イ］して摂食する動物や，②ミズヒキゴカイ(多毛類)などのように，海底表面の有機物などを摂食する動物が多くみられる。これら［ウ］者は，［エ］食性の巻貝類，③ヒトデ，④カレイ類や，鳥類などの［オ］者によって捕食される。このような，生態系における被食・捕食の関係は［カ］，あるいはより複雑な構造として［キ］と呼ばれる。それらの過程で，環境汚染物質のうちの特定物質が捕食者に移行し，その体内に環境中よりも高濃度に蓄積する，⑤［ク］現象が地球規模で問題になっている。また，環境汚染物質のうち，動物に取り込まれてホルモンと類似の作用を示すため⑥環境ホルモンともいわれる物質は［ケ］と呼ばれ，海洋の生態系に悪影響を与えることが懸念されている。

問1　上の文中の空欄に適語を入れよ。

問2　下線部①～④の動物が所属する動物門はそれぞれ何か答えよ。

問3　下線部⑤が問題となる物質には，生体内への移行や生体内に取り込まれてからの消長に共通した特徴がある。その特徴を40字以内で述べよ。

問4　下線部⑥の物質は，どのようなメカニズムで生物に影響を与えるのか。それら物質の構造的特徴を考慮しつつ，80字以内で述べよ。

問5　下図は海洋における被食・捕食の関係を示したもので，矢印の上の数字は重量転換効率(捕食量に対する捕食者の体重増加率)の仮想値である。この図の順で捕食が進む場合，カモメが 0.3kg 成長するために何 kg の植物プランクトンが必要か，小数点以下第一位を四捨五入して答えよ。

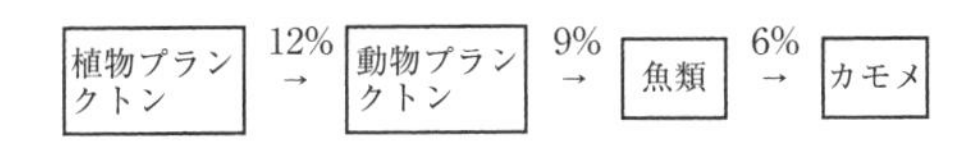

〈東京海洋大〉

42 ➡ 必修基礎問 75，85

地球上には多くの生物が生息しており，人類はそれらを記載し続けている。生物の基本的な分類単位は種であり，種より高次の分類には(A)階層的分類法が用いられている。これらの生物の特徴や生活様式は種によって多様である。生物多様性を考える場合，種のみがその対象ではない。すなわち，同じ種内での遺伝子の多様性，種の多様性，生態系の多様性の３つの視点が存在する。

遺伝子の多様性が重要な場合について例をあげてみよう。ある生物種が生息している地域が，土地開発によって複数の小さな生息地に小さなグループで分断されると，その個体群は生息地毎に孤立しやすくなる。孤立した個体群では，遺伝子の多様性が低下して，(B)近交弱勢が起こりやすくなり個体数が減少する。また，遺伝子の多様性が減少すると環境の変動に対する抵抗性の幅が減少し，絶滅が起こりやすくなる。さらに，個体数が減少すると(C)アリー効果の影響で，個体群の成長速度が低下する。

次に種の多様性の視点からみてみよう。生物多様性国家戦略では，日本の生物多様性を脅かし，種の絶滅をもたらしている原因として，4つの危機をあげている。それは，先に示した開発行為などによる生息地の破壊に加えて，伝統的管理の放棄，外来生物の侵入，気候変動である。上記4つのうち，外来生物の侵入について，例えば陸上の植物では，光や栄養分をめぐる競争で外来生物が在来生物を圧倒しているものが多い。その中には［あ］のように，他の植物の成長を阻害する化学物質を土壌中に放出し，非生物的環境を変えることで［い］などの在来生物を排除すると考えられているものもいる。一方，日本から海外の国や地域へ侵出して外来生物となった生物もある。例えば，マメのなかまのつる植物［う］は，緑化や飼料などの用途で北米に導入された。しかし，現在では他の植物の成長を妨げるようになっている。また，［あ］の原産地である北米では［い］が外来生物として侵入している。さらに，在来生物の種の集団と他の地域から人為的に持ち込まれた外来生物の種の集団が交雑する事例も報告されている。(i)例えば，下北半島で飼育されていたタイワンザルが野生化し，在来のニホンザルと交雑し，繁殖可能な雑種が生じた，などが知られている。こうした，外来生物の影響は，特に島の生態系で強く発揮されることが多い。例えば，奄美大島や沖縄本島に導入された［え］による捕食は，希少種であるアマミノクロウサギ等の固有種の生存を脅かしていることが知られている。また，小笠原諸島では，［お］が樹上の固有種の昆虫類を激減させる要因となることや，ヤギが植物を摂食することで生態系の構造に大きな変化が生じていることが報告されている。

生態系にも多様性があり，異なる生態系には異なる生物群集が成立している。人類はこうした生態系から直接的，間接的にさまざまな恩恵を受けている。これを(ii)生態系サービスと呼ぶ。しかし，人類はさまざまな影響を生態系に与え続けており，生態系サービスを持続的に得るためには，生物多様性の保全に留意する必要があるだろう。

問1　下線部(A)では，最上層に細菌，古細菌，真核生物の3つの「ドメイン」が配置されている。それ以下の「界」から「種」の間にある次の階層を正しい順に並べよ。

（ア）属　（イ）綱　（ウ）目　（エ）門　（オ）科

問2　次のうち，下線部(B)の影響として当てはまらない文章を1つ選べ。

① 動物園で飼育されている哺乳類では，近親交配によって子の死亡率が高まることがある。

② 伝染病で個体数が著しく減少した動物の個体群では，奇形の精子の割合が増加することがある。

③ 樹木の種子が，親木の近くで発芽すると，親個体に光を遮られることで生存率が低くなることがある。

④ 伝染病で個体数が著しく減少した動物の個体群では，産子数が減少することがある。

⑤　近親交配の確率が上がると，生存に不利な遺伝子をホモ接合でもつ個体の割合が増加することがある。

問3　次のうち，下線部(C)の効果に当てはまる文章を２つ選べ。

①　ある地域で絶滅した生物を自然界に復帰させるとき，個体数が少なすぎると天敵によって捕食される影響を受けやすくなって死亡率が高まる。

②　生物の個体数が増加すると，一個体当たりに利用できる資源が少なくなり，個体の成長が制限される。

③　魚が群れをつくると，天敵に見つかりやすくなり，各個体の適応度が減少する。

④　個体群密度が減少すると，競争相手が減って交配相手を見つけることが容易になる。

⑤　個体数の多い鳥の群れでは，捕食者を見つけやすく，逃げやすくなる。

問4　波線部(i)のような例において，在来生物の種の保全の観点から懸念される事項とはどのようなことか。句読点を含めて60字以内で答えよ。

問5　本文中の［あ］～［お］に当てはまる最も適切な生物種を，次の生物種から１つずつ選べ。

①　オオクチバス	②　オオハンゴンソウ	③　セイタカアワダチソウ
④　フイリマングース	⑤　グリーンアノール	⑥　ニホンカモシカ
⑦　アメリカザリガニ	⑧　ヒシ	⑨　ヨシノボリの一種
⑩　カンサイタンポポ	⑪　クズ	⑫　ススキ

問6　複数の外来生物が同じ生態系に侵入していることは近年では珍しくない。この場合，特定の外来生物のみを駆除すると，別の外来生物の影響を拡大させる可能性がある。このような状況が，図１に示す生物種A，B，C，Dが生息するため池の外来種駆除において生じた。次の問いに答えよ。

(1)　図１のA，B，C，Dに当てはまる最も適切な生物種を，問５の①～⑫からそれぞれ１つずつ選べ。

(2)　このため池でAを駆除するとB～Dの個体数は増加するか減少するか。理由とともに50字以内で答えよ。

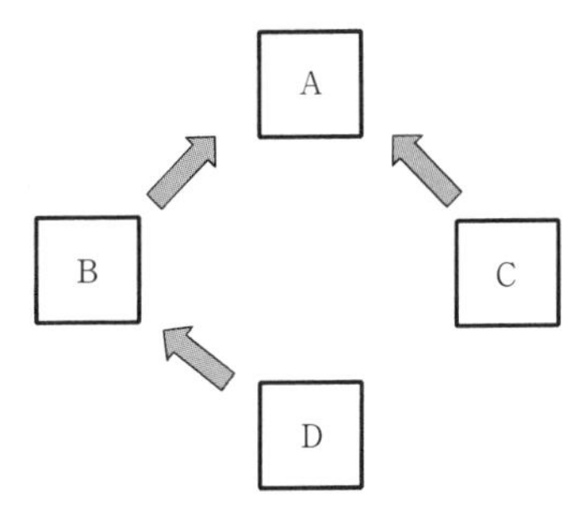

図１　あるため池における特定の外来生物を駆除する前の各種の関係を示す食物網（矢印の先が捕食者）

問7　波線部(ii)は次の(1)～(4)の４種類に大別される。それぞれの内容を示すサービスの名称を答えよ。

(1)　生命の生存の基礎となる場の提供

(2)　水や材料，燃料などの物質の提供

(3)　病気や害虫の制御，洪水の緩和

(4)　レクリエーションの場などの提供

演習問題解答

第1章　細胞と組織

1

答 **問1**　a－細胞壁　b－細胞膜　c－液胞　d－葉緑体　e－核　f－核小体　g－リボソーム　h－ミトコンドリア　i－小胞体　j－ゴルジ体

問2　ア－○　イ－○　ウ－×　エ－×　オ－×　カ－○　キ－×　ク－×　ケ－○　コ－○　サ－×　シ－×　ス－○　セ－×　ソ－○　タ－×　チ－○　ツ－○　テ－○　ト－×

解説 **問2**　ウ．細胞壁が除かれると，生じるプロトプラストは丸い形になる。

エ．師管では細胞壁は木化していない。

オ．原形質分離が起こるのは，高張液に浸した場合。

キ．液胞は若い細胞では小さい。植物細胞では成熟するにしたがって大きくなる。

ク．キサントフィルは葉緑体中に含まれる同化色素。液胞中の色素はアントシアン。

サ．水の分解反応はチラコイド，カルビン回路はストロマで行われる。

シ．スクロースは道管ではなく師管を通って運ばれる。

セ．DNA の遺伝情報を細胞質に運ぶのは mRNA(伝令 RNA)。tRNA(転移 RNA, 運搬 RNA)は文字通り，アミノ酸を運搬する RNA。

タ．解糖系は細胞質基質で行われる。

ト．動物細胞には d の葉緑体もみられない。

2

答 **問1**　重力加速度

問2　①　分画E　②　分画C　③　分画D　④　分画B

問3　③　理由：酵素作用を低下させ，加水分解酵素による細胞小器官の分解を防ぐ。(31字)

解説 **問2**　分画Aは核，分画Bは葉緑体，分画Cはミトコンドリア，分画Dはリボソームや小胞体，分画Eは細胞質基質中の酵素や物質が含まれている。

問3　細胞をすりつぶすと，1枚の生体膜をもつ液胞・小胞体・リソソームなどは簡単に壊れてしまう。リソソームには種々の加水分解酵素が含まれているので，この酵素が働くとせっかく分画した葉緑体やミトコンドリアが分解されてしまう。そのため，酵素がほとんど働けないくらいの低温(4℃ 以下)にする必要がある。

3

答 **問1**　(1)　チミジンは DNA の構成成分で，DNA 合成の際に使われる物質なので，DNA を合成する S 期の核に取り込まれる。(53字)　(2)　G_1 期

問2　下図　　**問3**　(1)　下図　(2)　下図

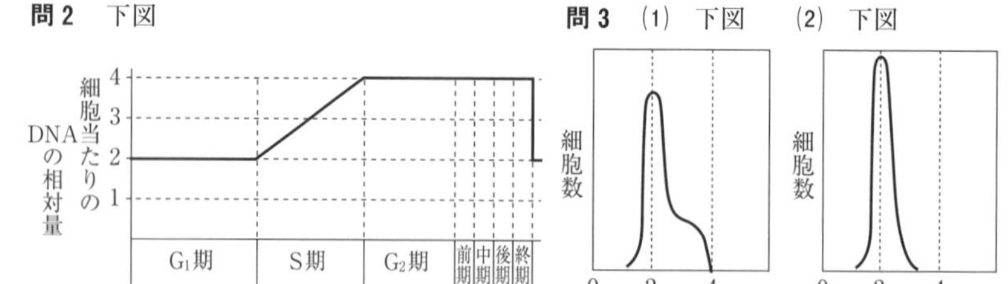

解説 **問1** (2) 16時間培養すると，下図のような状態になる。

G_1(10)	S(8)	G_2(4)	M(2)	G_1(10)	S(8)

←16時間→

←16時間→

問2 DNA 量は，S期で2倍に増加し，終期の終わりで半減する。

問3 (1) DNA ポリメラーゼは DNA 合成を行わせる酵素。これが阻害されると DNA は合成されず，S期にいる細胞の細胞周期の進行が停止する。DNA 合成が終わっていた細胞は G_1 期の終わりまで細胞周期が進行する。

(2) ふつうの培地で10時間培養すると，S期の途中で停止していた細胞も G_1 期の終わりにいた細胞もすべてS期を完了する。その後アフィディコリン添加下で16時間培養すると，すべての細胞が G_1 期の終わりまで来て停止する。

答 **問1** 赤血球の溶血と同じように，吸水して膨張し細胞膜が破裂した。(29字)

問2 Qは注入した水が原因でないことを，Rは注入操作そのものが影響しないことを調べるために行われた。(47字)

問3 集合管における水の再吸収を促進する。(18字)

問4 翻訳後ゴルジ体に運ばれないか，4分子が集合できない。(26字)

問5 (1) 野生型分子は変異型分子ともランダムに集合するが，4分子とも野生型分子の場合のみ正常な水チャネルとして機能できる。1分子でも変異型分子と集合すると機能しないため，全体として水チャネルの機能が低下した。(99字)

(2) 野生型分子と変異型分子の生成量は同じで，4分子とも野生型分子が集合して正常な水チャネルとなるのは，野生型のホモと比べると $\left(\frac{1}{2}\right)^4=\frac{1}{16}$ となる。(75字)

解説 **問1** 問題文にあるように，水も水チャネル(アクアポリンという)を通って細胞膜を通過する。卵母細胞Pでは，水チャネルの mRNA から翻訳されて生じた水チャネルにより，水が細胞内に移動する。細胞内に水が入り膨張して破裂する類似する例としては赤血球の溶血をあげればよい。

問2 卵母細胞Pでは「mRNA＋水＋注入」を行っているので，水や注入という操作が原因でないことを確かめるための対照実験が必要となる。

問4 問題文中の「ゴルジ体を経る」，「途中では4分子集まっている」に注目する。ゴルジ体への輸送が行われないか，4分子が集まることができないかのいずれかである。

問5 (1) 潜性変異の場合は，変異型分子は正常分子と結合できず，結果的に正常分子のみが結合した水チャネルが形成されるので，機能は低下しない。顕性変異の場合は，変異型分子が正常分子と結合してしまい，生じた4分子からなる水チャネルの中で，1分子でも変異型分子が混ざっていると正常に機能しないと考えられる。

(2) 野生型分子をA，変異型分子をA′とすると，生成量はA：A′＝1：1。Aのみが結合する確率は，$\frac{1}{2}\times\frac{1}{2}\times\frac{1}{2}\times\frac{1}{2}=\frac{1}{16}$ となる。それ以外はすべて正常に機能しないので，全体としては水チャネルの機能は $\frac{1}{16}$ に低下することになる。

5

答 **問1** 化学進化

問2 ①

問3 二酸化炭素を吸収して有機物を生成する光合成の働き。

問4 同量のグルコースを呼吸基質としたとき，呼吸で生じるATPは発酵で生じるATPの約19倍もあり，発酵よりも呼吸の方が非常に効率が高い。

問5 海底や湖底，土の中，動物の腸内など嫌気条件の場所。

問6 (1) ③

(2) 胚が胚膜に包まれて発生し，水に不溶性の尿酸を排出する。また，体表をうろこや甲羅で被って，乾燥を防いでいる。

解説 **問6** (2) 陸上生活で最も重要なのは水の確保，乾燥から身を守る手段である。

6

答 **問1** 野生型：正常眼･異常翅：異常眼･正常翅：異常眼･異常翅＝14：1：1：4

問2 野生型：正常眼･異常翅：異常眼･正常翅＝2：1：1

解説 **問1** 実験2より，F_1の雄から生じた配偶子は $EW:ew=1:1$ とわかる。すなわち，雄は完全連鎖している。実験3より，F_1の雌から生じた配偶子は $EW:Ew:eW:ew=4:1:1:4$ とわかる。すなわち，雌は20%組換えがある。よって，これらのF_1どうしを交配するので，右表のようになる。（●は野生型，○は正常眼･異常翅，■は異常眼･正常翅，□は異常眼･異常翅）

	4EW	Ew	eW	4ew
EW	4●	●	●	4●
ew	4●	○	■	4□

問2 今度は，$EEww \times eeWW$から生じたF_1なので，Eとw（eとW）が連鎖している。しかし，雄は完全連鎖，雌は20%組換えで配偶子をつくるので，雄から生じる配偶子は $Ew:eW=1:1$，雌から生じる配偶子は $EW:Ew:eW:ew=1:4:4:1$ となる。よって右表の通り。

	EW	4Ew	4eW	ew
Ew	●	4○	4●	○
eW	●	4●	4■	■

7

答 **問1** a，X染色体

問2 25%

問3 3種類

問4 9：3：3：1

問5 検定交雑 分離比－1：1：1：1

解説 **問1** F_1の結果の中で雌雄で表現型が異なるのはaだけである。

問2 F_2が33：15：15：1となっている$B(b)$と$D(d)$は連鎖している。配偶子を$m:n:n:m$とおくと，右表のようになる。よって，$m^2=1$，$2mn+n^2=15$ となる。これを解くと，$m=1$，$n=3$ となるので，配偶子は $BD:Bd:bD:bd=1:3:3:1$ であったことがわかる。よって組換え価は25%。

	mBD	nBd	nbD	mbd
mBD				
nBd				
nbD			n^2	mn
mbd			mn	m^2

□＝〔bD〕，□＝〔bd〕

問3 $A(a)$は性染色体，$B(b)$と$D(d)$はひとつの常染色体上に連鎖している。$C(c)$はそれとは別の常染色体上に存在するので，3つの連鎖群に分けることができる。

問 4　親　♀）X^AX^Abb　×　♂）X^aYBB
〔Ab〕　　　〔aB〕

F1　♀）X^AX^aBb　×　♂）X^AYBb

♀＼♂	X^AB	X^Ab	YB	Yb
X^AB	●	●	●	●
X^Ab	●	■	●	■
X^aB	●	●	□	□
X^ab	●	■	□	▲

F_1 どうしの交配は，右表のようになる。
●＝〔AB〕，■＝〔Ab〕，□＝〔aB〕，▲＝〔ab〕，
よって，〔AB〕：〔Ab〕：〔aB〕：〔ab〕＝9：3：3：1　となる。

問 5　$C(c)$と$D(d)$は別々の常染色体上にある。

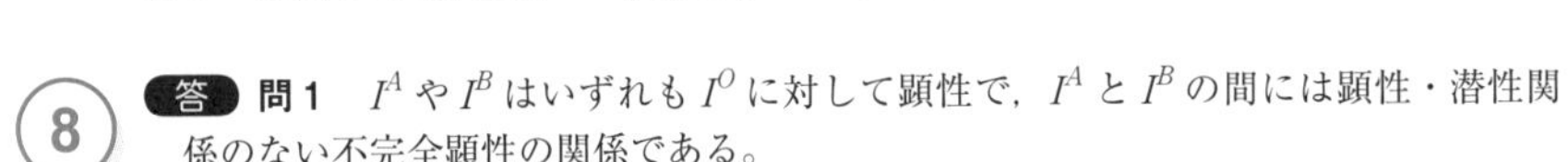

8

答 **問 1**　I^AやI^BはいずれもI^Oに対して顕性で，I^AとI^Bの間には顕性・潜性関係のない不完全顕性の関係である。

問 2　$I^A-0.3$　$I^B-0.2$　$I^O-0.5$

解説 **問 2**　I^A，I^B，I^Oの遺伝子頻度をそれぞれp，q，r（ただし$p+q+r=1$）とすると，　$I^AI^A:I^AI^B:I^BI^B:I^AI^O:I^BI^O:I^OI^O=p^2:2pq:q^2:2pr:2qr:r^2$
ここで O 型（I^OI^O）が25％なので　$r^2=0.25$　　∴　$r=0.5$　$p+q=0.5$
また，B 型が24％なので，$q^2+2qr=0.24$　　∴　$p=0.3$　　$q=0.2$

9

答 **問 1**　ア－維管束　イ－表皮　ウ－気孔　エ－胞子　オ－配偶
カ－胚珠　キ－重複

問 2　a－⑥，⑪　b－②，⑨　c－①，④　d－⑤，⑬

問 3　接合藻類はクロロフィル a と b をもつが，植物もすべてクロロフィル a と b をもつという共通点がある。

解説 **問 1**　シダ植物と種子植物だけが維管束をもつ。コケ植物の本体は配偶体（配偶子をつくる体）で，胞子をつくる体である胞子体は，配偶体から栄養分を供給されて生活する。シダ植物の本体は胞子体で，配偶体は前葉体と呼ばれる小さな体である。しかし，前葉体も光合成を行うことができるので，胞子体とは独立して生活できる。

問 2　③・⑫は地衣類，⑦・⑧・⑭は緑藻類，⑩は褐藻類。

問 3　接合藻類は植物（コケ植物・シダ植物・種子植物）と同じくクロロフィル a と b をもつ。一方，褐藻類はクロロフィル a と c，紅藻類はクロロフィル a をもつ。

10

答 **問1**　自らは反応の前後で変化しないが，化学反応における活性化エネルギーを低下させ，反応を促進する。(46字)

問2　最終生成物のdCTPによってACTの反応速度が低下するので，過剰なdCTPの蓄積を防ぐことができる。(50字)

問3　dATPによってACTの反応速度が上昇するので，両ヌクレオチドの比を一定に保つことができる。(46字)

問4　フィードバック調節

問5　ア－コハク酸　イ－活性部位
ウ－競争的　エ－競争的阻害　オ－低く
カ－アロステリック部位　キ－活性部位

問6　右図

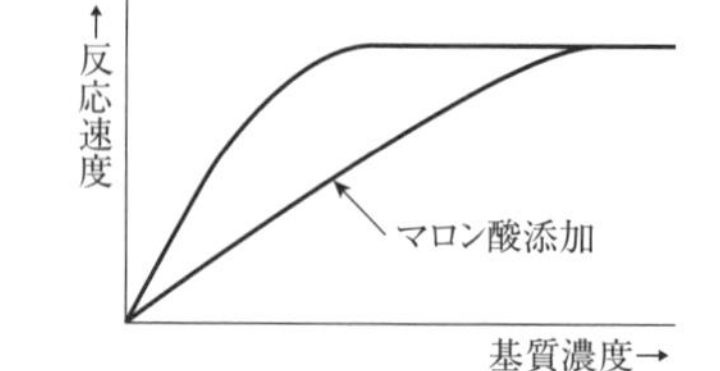

問7　④

解説 **問1**　活性化エネルギーの低下と，触媒自身は反応前後で変化しないことの2点を書く。

問2　過剰の生成物の蓄積を防ぐ，あるいは生成物の濃度を一定にすることを書く。

問3　アデニンとグアニンはプリン系の塩基，シトシンとチミンはピリミジン系の塩基である。dATPが増加したときにACTの活性が上昇すると，dCTPの生成量が増え，dATPとdCTPの量比が一定に保たれる。

問5　dCTPやdATPといった，基質とは構造の異なる物質によって活性が変化するのはアロステリック酵素の特徴で，dCTPやdATPは酵素のアロステリック部位(活性部位とは異なる部位)に結合して，ACTの活性を調節する。一方，競争的阻害(拮抗的阻害)では，阻害剤は酵素の活性部位に結合する。

問6　アロステリック酵素以外は，S字型の曲線にはならない。

競争的阻害では基質濃度が低い場合は阻害の程度は大きいが，基質の濃度が高くなると，阻害の程度は小さくなる。よって，最大の反応速度はマロン酸を添加してもしなくても同じになる。

問7　S字型を描くのは，タンパク質が四次構造をもち，アロステリック部位に調節物質が結合すると活性部位の構造が変化するような物質の場合だけである。

ヘモグロビンは2種類のサブユニットが2つずつ合計4つ結合した構造で，そのうちの1か所に酸素が結合すると，それによって他のサブユニットの活性部位の立体構造が変化し，活性が上昇する。

11

答 **問1**　脂肪は，他の呼吸基質に比べ，1gの酸化で生じるエネルギーが最も多いので，少量でも多くのエネルギーを貯蔵できるから。(57字)

問2　脂肪分子中には炭素原子や水素原子に比べて酸素原子の割合が少なく，酸化には多量の遊離の酸素分子を使う必要があるから。(57字)

問3　炭水化物：46.5g　脂肪：9.0g

問4　体外ではタンパク質中の成分のすべてが酸化されてエネルギーとなるが，体内では窒素成分は酸化されずアンモニアとなるから。(58字)

問5　酸素は電子伝達系で消費されるが，呼吸の大部分のATPは電子伝達系で生成する。そのため，呼吸基質が異なっても，代謝量およびATP生成量はほぼ酸素消

費量に反映されるから。(83字)

解説 **問3**　酸化された炭水化物を x g, 脂肪を y g とすると次の2つの式が成立する。

$$0.96\times3.0+0.84x+2.0y=60$$

$$0.96\times3.0\times0.8+0.84x+2.0y\times0.7=54$$

これを解けばよい。

12

答 **問1**　ア，イ－水，二酸化炭素

問2　酸素は水の分解で生じるが，光合成細菌は，二酸化炭素の還元に必要な電子源として水を利用しないから。(48字)

問3　(1)　4キロルクス　　(2)　28 mg　　(3)　237 mg

(4)　右図　**光合成の性質**：光の強さが弱いうちは光合成速度は光の強さに比例して上昇し，光の強さが限定要因となり，温度の影響を受けない。しかし，最大光合成速度は温度が高い方が大きく，光飽和点も温度が高い方が大きい。また温度が高いと呼吸速度も大きくなるため光補償点も高くなる。(122字)

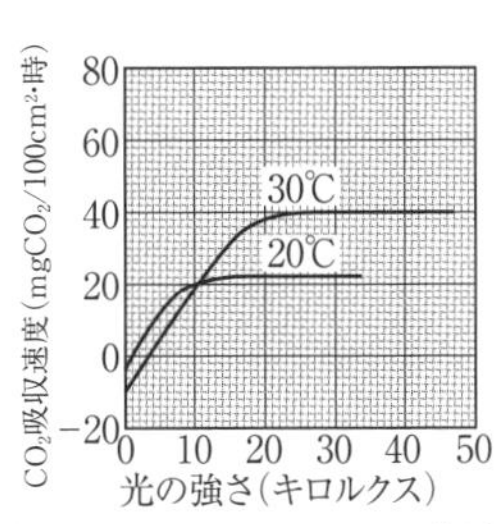

問4　(1)　海藻A：緑色　海藻B：橙色

(2)　クロロフィル a　　(3)　クロロフィル b

(4)　20 m の深さでも波長 550 nm 前後の緑色光は比較的届いているので，この波長を吸収・利用する海藻Bは生育できるが，海藻Aはこの波長をあまり吸収しないので生育できない。(80字)

解説 **問3**　(2)　光合成量は真の光合成量を求める。よって真の CO_2 吸収量は

$23+5=28$ mg

(3)　24時間で差し引き吸収した CO_2 は $41\times12-12\times12=348$ mg　これをグルコースに換算する。6×44 mg の CO_2 で1モル(180 mg)のグルコースなので，348 mg の CO_2 であれば 237.2 mg。

13

答 **問1**　ア－ピルビン酸　イ－2　ウ－水　エ，オ－脱水素，脱炭酸

カ－二酸化炭素　キ－2　ク－酸素

問2　光化学系Ⅱ　　**問3**　ADP，リン酸　　**問4**　①　　**問5**　*a*. 8　　*b*. 2

問6　植物は光合成によって光エネルギーを有機物中の化学エネルギーに変換し，さらにこれを呼吸で取り出す。動物は他の生物の有機物の化学エネルギーを食物として取り込み，これを呼吸で取り出す。(89字)

解説 **問2**　光化学系Ⅰで $NADPH+H^+$ が生じ，光化学系Ⅱで水の分解が起こる。

問5　解糖系で生じた4個の電子からも $2\times(NADH+H^+)$ が生じる。1分子の $(NADH+H^+)$ から 3ATP が生じるので，$(2+a)$ の $(NADH+H^+)$ からは $3\times(2+a)$ 分子の ATP が生じる。また，1分子の $FADH_2$ から 2ATP が生じるので，b 分子の $FADH_2$ からは $2b$ 分子の ATP が生じる。電子伝達系全体では34分子の ATP が生じるので，$3(2+a)+2b=34$　…①

また，クエン酸回路では $(NADH+H^+)$ と $FADH_2$ が合計10分子生じるので，

$a+b=10$　…②

よって，①と②から a と b を求めて，$a=8$，$b=2$

14

答 **問1**　ア－クエン酸　イ－解糖　ウ－脱アミノ　エ－アンモニア

問2　(1)　(i)　$2C_{18}H_{34}O_2 + 51O_2 + 68H_2O \longrightarrow 36CO_2 + 102H_2O$

(ii)　$C_5H_{11}NO_2 + 6O_2 + 8H_2O \longrightarrow 5CO_2 + 12H_2O + NH_3$

(2)　(i)　0.71　　(ii)　0.83

問3　(1)　強い強度の無酸素運動では，供給される酸素が不足するため，無酸素でも進行する解糖系により主に炭水化物が呼吸基質として利用される。中程度の有酸素運動では，酸素を利用してクエン酸回路や電子伝達系が進行するので，脂肪が呼吸基質として利用される割合が増加する。よって効率の良い脂肪の減量には中規模の有酸素運動の方が期待できる。(158字)

(2)　脂肪も呼吸基質として利用するようになるため，呼吸商の値は小さくなる。(34字)

問4　④

解説 **問1**　アミノ酸からアミノ基が取られ，その結果，有機酸とアンモニアが生じる反応を脱アミノ反応という。脂肪酸はβ酸化という反応によってアセチルCoAとなり，クエン酸回路に入る。

問2　まずグルコースを呼吸基質とした反応式における酸素の由来について確認しておこう。

$$C_6H_{12}O_6 \ + \ 6O_2 \ + \ 6H_2O \longrightarrow 6CO_2 \ + \ 12H_2O$$

左辺で吸収したO_2は電子伝達系で使われて右辺のH_2Oとなる。左辺のグルコースおよびH_2Oの酸素はクエン酸回路でCO_2となる。基質が脂肪酸になっても同様に考えればよい。

(i)　オレイン酸

$$C_{18}H_{34}O_2 + \boxed{ア}O_2 + \boxed{イ}H_2O \longrightarrow \boxed{ウ}CO_2 + \boxed{エ}H_2O$$

まず左辺のCの数から[ウ]には18が入る。$18 \times 2 = 36$ のOが左辺のオレイン酸とH_2Oに含まれればよいので，[イ]には $36 - 2 = 34$ が入る。左辺のHは$34 + 34 \times 2 = 102$ になるので，[エ]には$102 \div 2 = 51$ が入る。生じた右辺のH_2OのOは左辺のO_2に由来するので，[ア]には$\dfrac{51}{2}$が入る。解答は係数を整数で答えればよい。

(ii)　バリン

アミノ酸が基質の場合は，CO_2やH_2O以外にNH_3が生じる。

$$C_5H_{11}NO_2 + \boxed{ア}O_2 + \boxed{イ}H_2O \longrightarrow \boxed{ウ}CO_2 + \boxed{エ}H_2O + \boxed{オ}NH_3$$

まず，Nの数で[オ]には1が，Cの数で[ウ]には5が入る。CO_2がもつ$5 \times 2 = 10$ のOがバリンと左辺のH_2Oに含まれればよいので，[イ]には $10 - 2 = 8$ が入る。左辺のHは $11 + 8 \times 2 = 27$ になるので，[エ]には $(27 - 3) \div 2 = 12$ が入る。右辺のH_2OのOはO_2に由来するので，[ア]には $12 \div 2 = 6$ が入る。

(2)　(i)　$\dfrac{36}{51} = 0.705 \fallingdotseq 0.71$　　(ii)　$\dfrac{5}{6} = 0.833 \fallingdotseq 0.83$

問3　(1)　解糖系は酸素がなくても進行するが，クエン酸回路や電子伝達系は酸素がない状態では進行しない。よって無酸素運動では主に炭水化物を解糖系で消費する反応が行われる。有酸素運動では脂肪から生じた脂肪酸がクエン酸回路で消費されることになる。

(2) 炭水化物が呼吸基質に用いられた場合の呼吸商は約1.0，脂肪が呼吸基質に用いられた場合は約0.7になる。

問 4　1日で0.8ナノグラムなので1時間では約0.033ナノグラムの ATP が用いられている。しかし細胞内には0.0008ナノグラムの ATP しか存在しないので，0.033÷0.0008≒41.6回，生成と分解を繰り返していると考えられる。

第4章 遺伝情報とその発現

15

答 **問1** ② **問2** ファージ増殖に必要な酵素が失活したから。(20字)
問3 ① **問4** ④ **問5** ①, ③, ④, ⑤, ⑥, ⑦
問6 ファージBとCのDNAの間で組換えが起こった。あるいはファージの変異遺伝子が正常遺伝子に突然変異した。(51字)

解説 **問1** 100分後であれ，15分後であれ，ファージに由来するのはDNAのみ。

問2 ファージ増殖にも酵素が必要なので，その酵素が加熱によって失活すると，増殖できなくなる。100分後にはすでに酵素の必要な反応が完了していたので，加熱してもファージは増殖できたと考えられる。ファージの殻もタンパク質だが，100分後に加熱しても増殖できたのだから，ファージのタンパク質が変性しても増殖はできると解釈できる。

問3 ファージBやCはそれぞれ増殖に必要な遺伝子に変異があるが，その変異の場所は異なっていると考えられる。その結果，両ファージが同じ大腸菌に感染すると，大腸菌内で必要な物質を補い合い，増殖できたと考えられる。したがって，ファージA，B，Cを同時に感染させると，いずれのファージも増殖できる。

問4 15分後にはまだ，ファージDNAしか存在しない。100分後にはすでにDNAの複製もタンパク質合成も完了している。それらの抽出液を加熱しても最終的に加熱していない大腸菌に注入すれば増殖できる。

問5 DNA分解酵素で処理すると，ファージは増殖できなくなる。タンパク質分解酵素で処理すると，再度タンパク質を合成すれば増殖できるが，それには20分以上の時間がかかる。したがって，これらの酵素で処理したものは少なくとも20分では増殖がみられなくなる。

16

答 **問1** X線や紫外線を照射する。アクリジン色素や亜硝酸で処理する。
問2 アーC イーB ウーA エーⅢ オーⅡ カーⅠ
問3 〔ⅠとⅡの交配〕 黒褐色：赤色：薄茶色＝1：2：1
〔ⅠとⅢの交配〕 黄色：薄茶色＝1：1
問4 GGACGTCGAGGTGAAGTTGGTTGCA **問5** 13から24の間
問6 G2−1：20のGがAに置換した。
G2−2：16のGが欠失した。別解：14のAが欠失した。15のAが欠失した。

解説 **問2** 変異株Ⅰは他の変異株に蓄積した物質が供給されてもメラニンが合成できないので，最終段階のE3の酵素に欠陥があると判断される。

問3 変異株Ⅰの遺伝子型はG2g3，変異株Ⅱはg2G3とおける。接合子はG2g2G3g3となる。これらの遺伝子は独立の関係にあるので，これが減数分裂して生じる胞子は G2G3：G2g3：g2G3：g2g3=1：1：1：1。

G2G3はメラニン色素を合成できるので黒褐色，G2g3は薄茶色，g2G3とg2g3はいずれも赤色を呈する。

同様に変異株Ⅰ(G1g3)と変異株Ⅲ(g1G3)を接合させるとG1g1G3g3となる。これらの遺伝子(G1とg3，g1とG3)が完全連鎖という条件なので，生じる胞子は G1g3：g1G3=1：1。G1g3は薄茶色，g1G3は黄色を呈する。

問5 ロイシンの暗号に対応するのは2～4のCUG，8～10のCUC，13～15のCUUの3か所があるが，次がグルタミンで，その次がプロリンになるのは13～15

から始まった場合のみ。

問6　G2－1はmRNAの20のCがUに置き換わっている。問われているのはDNAの鋳型鎖なので注意すること。G2－2は16～18のCAAがアスパラギンを指定するAAUかAACに変わっており，問題文には「1つの塩基の変異による」とある。16のCがなくなると，17のA，18のAと19のCでAACとなる。同様に，14のUあるいは15のU(鋳型鎖の14のA，15のA)が欠失しても，17～19がAACとなる。

17

答 **問1**　ア－半保存的複製　イ－らせん　ウ－鋳型
エ－DNAポリメラーゼ　オ－核　カ－細胞質　キ－転移RNA(tRNA)

問2　RNAポリメラーゼ　機能：2本鎖DNAの一方のヌクレオチド鎖を鋳型にして，その塩基に相補的な塩基をもつmRNAを合成する。(48字)

問3　DNAの塩基は4種類しかないので，1塩基では4種類，2塩基では16種類のアミノ酸しか指定できず，タンパク質を構成する20種類のアミノ酸のすべてを指定できない。(77字)

問4　遺伝子突然変異

問5　対応するアミノ酸に複数の暗号があり，塩基配列が変化しても同じアミノ酸を指定した場合。(42字)

問6　1つのアミノ酸に複数の暗号が対応する場合が多いので，塩基配列からはアミノ酸配列を1通りに決定できるが，アミノ酸配列から塩基配列は1通りには決定できないから。(78字)

解説 **問3**　1つの塩基で1つのアミノ酸では，4種類のアミノ酸にしか対応できない。2つの塩基では$4\times4=16$種類のアミノ酸にしか対応できない。タンパク質を構成するアミノ酸は20種類あるので，これではすべてのアミノ酸に対応できず，正常にタンパク質を合成できない。3つの塩基であれば$4\times4\times4=64$種類となり，20種類のアミノ酸に十分対応できる。また，1つのアミノ酸に複数の暗号が存在することもできる。それが問5，問6に関係してくる。

18

答 **問1**　二重らせん構造

問2　②－制限酵素　③－DNAリガーゼ

問3　1，2，4，5　理由：pBR322に*Bam*HIを使ってヒト遺伝子が組み込まれると，tet^R遺伝子の機能が失われるため，アンピシリン存在下では生育できるがテトラサイクリン存在下では生育できなくなるから。(89字)

問4　もともとアンピシリンを無毒化するamp^Rをもっており，またヒト遺伝子が組み込まれず，*Bam*HIによって切断された切断部位どうしが結合し，テトラサイクリンを無毒化するtet^R遺伝子も働いたから。(96字)

問5　6.84×10^5個

解説 **問2**　③は単にリガーゼでも可。

問3　amp^Rが働けばアンピシリンが存在しても生育できる。tet^Rが働けばテトラサイクリンが存在しても生育できる。ヒト遺伝子が組み込まれると，tet^Rの機能が失われ，テトラサイクリンの存在下では生育できなくなる。

問5　DNAの塩基配列がGGATCCとなる確率は$\left(\frac{1}{4}\right)^6$

よって　$2.80\times10^9\times\left(\frac{1}{4}\right)^6$

19

答 **問1**　a－制限酵素　b－DNA リガーゼ

問2　(1)　青色－③　白色－④　　(2)　②

解説 **問2**　(1)　次の3通りの大腸菌が生じる。

α：GFP 遺伝子が組み込まれたプラスミドを取り込んだ大腸菌
⇒ GFP 遺伝子が組み込まれると *lacZ* は働かず β-ガラクトシダーゼはつくられないので，X-gal を与えても青くならない。
⇒ 白いコロニー

β：GFP 遺伝子が組み込まれなかったプラスミドを取り込んだ大腸菌
⇒ GFP 遺伝子が組み込まれなければ *lacZ* が働き，β-ガラクトシダーゼがつくられるので，X-gal を与えると青くなる。
⇒ 青いコロニー

γ：プラスミドを取り込まなかった大腸菌
⇒ プラスミドを取り込まないと，amp^r がないので，アンピシリンを含む培地では増殖できない。
⇒ コロニーは形成されない。

(2)　白色コロニーを形成しているので，GFP 遺伝子が組み込まれたプラスミドを取り込んだ大腸菌である。紫外線を照射して緑色の蛍光を発するのは，GFP 遺伝子が発現したことを，緑色の蛍光を発しないのは，GFP 遺伝子が発現しなかったことを示す。同じ制限酵素を用いて切断した場合，切断端の両端は同じ配列になるので，正常とは逆方向に GFP 遺伝子が組み込まれる可能性もある。正常と逆方向に GFP 遺伝子が組み込まれると，正常な GFP タンパク質が生じないため蛍光は発しない。

答 **問1**　④　　**問2**　②，③　　**問3**　リボソーム

問4　①　　**問5**　③　　**問6**　③，⑤，⑦

解説 **問1**　酵母は細菌類ではなく，菌界に属する。ミドリムシは原生生物界，ミズカビは菌界，ユレモはシアノバクテリアの一種で，原核生物界に属する。

問2　栄養分の不足，生活空間の不足などで個体数の増加が起こらなくなる。

問3　ラクトース分解酵素も成分はタンパク質。

問4　B以降も20分までは酵素合成量は0にはなっていないので，酵素量は増加する。

問6　z^+ であることは必要。i^- で正常なリプレッサーが生成できなければ常にラクトース分解酵素が合成される。また o^c で，リプレッサーがオペレーター遺伝子領域に結合できなければ，常にラクトース分解酵素が合成される。

第5章　発生と遺伝子発現

21

答　**問1**　ア－無性生殖　イ－有性生殖　ウ－始原生殖細胞　エ－先体
オ－ミトコンドリア　カ－鞭毛

問2　(1)　4C　　(2)　1C

問3　32個

問4　3：5

問5　精子に対して免疫反応が起こり，精子の受精能力が低下する。(28字)

問6　①，②，③，⑤

解説　**問2**　(1)　減数分裂第一分裂直前なので，S期も完了し，DNA 複製が終わっていると考えられる。

問3　3回体細胞分裂を行うと $2^3=8$ 個の精原細胞が生じている。それぞれの精原細胞が一次精母細胞になり，減数分裂を行うと $8\times4=32$ 個になる。

問4　断面積の比で計算すればよい。正常な精細管の断面積(セルトリ細胞＋造精細胞 $=100^2\pi-20^2\pi=9600\pi$)から，遺伝子改変の精細管(セルトリ細胞のみ $=100^2\pi-80^2\pi=3600\pi$)を引けば，造精細胞全体の面積($6000\pi$)が求められる。よって，3600：6000＝3：5 となる。

問5　精子を異物と認識し，これに対して免疫反応が起こると考えられる。その結果，運動性が低下したり，卵との結合が阻害されたりする。

問6　④　接着結合は，細胞内では中間径フィラメントではなくアクチンフィラメントと結合している。

22

答　**問1**　局所生体染色　　**問2**　原口背唇(部)　　**問3**　①，⑥　　**問4**　④

問5　a－①　b－③　c－①　d－③

問6　③　理由：細胞の外側にあるタンパク質Aが失われ，タンパク質Aによる神経への分化の抑制が解除されたため，本来の発生運命である神経組織に分化するから。(68字)

解説　**問5**　本問で登場したタンパク質Aは，胞胚期の動物極側(アニマルキャップという)の細胞が分泌する BMP と呼ばれるタンパク質で，これが受容体と結合すると表皮への分化を引き起こす遺伝子が発現し，表皮へと分化する。しかし形成体が分泌するノギンやコーディンというタンパク質(これがタンパク質Bの正体)が，BMP の受容体への結合を阻害し，表皮への分化が阻害され，本来の発生運命である神経へと分化するようになる。

これらの物質名を知らなくても，タンパク質Aがあると神経への分化が抑制されて表皮になること，タンパク質BがAの働きを抑制するので，タンパク質Bがあるときおよびタンパク質Aがないときは神経に分化することを本文から読み取れればOK。

aやcではタンパク質Aがあるので表皮，bやdではタンパク質Bがあるので神経に分化する。

問6　問題文に「タンパク質Aは細胞の外側に存在する分泌タンパク質である」と書いてあるので，外胚葉片をばらばらの細胞にしてよく洗浄すれば，細胞外にあったタンパク質が洗い流されて，なくなってしまうと予想される。

23

答 **問1** ②

問2 卵の前方に偏在しているmRNAから翻訳されたPは，前方に多く存在し，後方に行くにしたがって濃度が低下する。Pの相対濃度が6以上あると頭部，1～6で胸部が形成され，1未満では腹部が形成されるため前後軸パターンが形成される。(110字)

問3 ①，③，④

問4 タンパク質Rは腹部形成を抑制する。(17字)

問5 遺伝子*R*から生じたmRNAは卵全体に均一に存在し，この翻訳で生じたタンパク質Rは腹部形成を抑制する。遺伝子*Q*から生じたmRNAは卵の後方に偏在し，この翻訳で生じたタンパク質QはRのmRNAの翻訳を阻害し，後方での腹部形成抑制を解除する。(118字)

解説 **問1，2** 図1－1(a)，(c)から，タンパク質Pの相対濃度が1以上6未満で胸部，6以上で頭部が形成されることがわかり，(b)よりタンパク質Pが存在しなくても腹部は形成されるので，タンパク質Pの働きは頭部および胸部を形成させることとわかる。

問4 タンパク質Rが多いと腹部が形成されないので，タンパク質Rには腹部形成を抑制する働きがあると判断できる。

問5 RのmRNAが翻訳されてタンパク質Rになる。後方ではRのmRNAが存在しているのにタンパク質Rが生じていないので，翻訳が阻害されているとわかる。その後方にはQのmRNAが偏在し，タンパク質Qが多く存在しているので，タンパク質QがRのmRNAからタンパク質Rへの翻訳を阻害していると判断できる。

腹部はタンパク質Rが存在しない部分で形成されるので，タンパク質Qがなくてもタンパク質Rさえなければ腹部は形成される。

24

答 **問1** アーペプシン　イー内胚葉　**問2** 心臓，血管

問3 事柄：上皮組織においてペプシノゲン遺伝子が発現するには，間充織組織からの働きかけが必要である。　**実験の名称**：対照実験

問4 上皮組織にペプシノゲン遺伝子を発現させる働きは砂のうや小腸の間充織組織にはない。前胃の間充織組織でも6日目胚にはその働きがあるが，15日目胚ではなくなる。また，間充織組織からの働きかけに応じてペプシノゲン遺伝子を発現させる能力は前胃や砂のうの上皮組織にはあるが，小腸の上皮組織にはない。

解説 **問1** 上皮組織でも体表の上皮組織は外胚葉性だが，消化管内壁の上皮組織は内胚葉性である。

問3 間充織組織からの働きかけ(誘導)があって初めてペプシノゲン遺伝子が発現すると考えられる。

問4 ペプシノゲン遺伝子が発現するためには，誘導する側からの働きかけがあることと，誘導される側がそれに応じる能力があることの両方が必要。

25

答 **問1** (1) 2A＋XX　(2) A＋X　(3) 常染色体　(4) 22本

問2 (1) 1　(2) 2

問3 細胞分裂を停止し，遺伝子がリセットされた状態になった。(27字)

問4 分化した細胞の核では，特定の遺伝子以外の発現が抑制されているが，発生に必要なすべての遺伝子が含まれている。(53字)

解説 **問1** (4) ヒトの染色体数は $2n=46$ だが，そのうちの2本は性染色体なので，常染色体は44本。

問2 取り出した乳腺細胞は分裂を停止しており，DNA 複製もしていない状態と考えられる。減数分裂第一分裂前に DNA を複製するので第一分裂中期(2)は DNA 量は2倍になっている。第一分裂終期で半減するので，第二分裂中期(1)では DNA 量は1倍となる。第二分裂終期でさらに半減するので，最終的には DNA 量は0.5倍になる。核相と混同しないこと。核相は，減数分裂第一分裂中期では $2n$，第二分裂中期には n，減数分裂が完了しても n である。

問4 「分化した細胞の核」，「すべての遺伝子」，「遺伝子の発現が抑制」の3つがキーワード。

答 **問1** アー行われにくい　イー盤割　ウー少なく　エー等黄

問2 (1) 茶色，黒色

(2) 3個

(3) まだら模様が生じるには，両系統の細胞が混在する必要がある。n 個の細胞が発生したとすると，まだら模様が生じる確率は $1-2\times\left(\frac{1}{2}\right)^n$ となる。実験1で生じたまだら模様の割合が $\frac{3}{4}$ なので，$n=3$ となるから。(95字)

問3 (1) 茶色：Aa　黒色：aa

(2) まだら模様の個体の配偶子には A と a の2種類が混在するから。(29字)

問4 胚盤胞内部の細胞の発生運命は決定しておらず，すべての細胞が胎児に発生する調節能力を備えている。

解説 **問2** (2),(3) 1個の細胞が胎児になったのであれば(1)で答えたように，茶色か黒色かのいずれかのマウスしか生じず，まだら模様は生じない。もし2個の細胞が胎児になったとすると，茶色の遺伝子をもった細胞だけが選ばれて茶色マウスが生じる確率は，$\frac{1}{2}\times\frac{1}{2}$

黒色についても同様に，$\frac{1}{2}\times\frac{1}{2}$

逆にまだら模様のマウスが生じる確率は，

$$1-\left\{\left(\frac{1}{2}\times\frac{1}{2}\right)+\left(\frac{1}{2}\times\frac{1}{2}\right)\right\}=1-\left\{2\times\left(\frac{1}{2}\right)^2\right\}$$

3個の細胞が胎児になったと考えると，まだら模様のマウスが生じる確率は，

$$1-\left\{2\times\left(\frac{1}{2}\right)^3\right\}$$

同様に，n 個の細胞が胎児になるとすると，まだら模様のマウスが生じる確率は，

$1-\left\{2\times\left(\frac{1}{2}\right)^n\right\}$ となる。

実際に生まれたまだら模様のマウスの割合は，$\frac{75}{12+75+13}=\frac{3}{4}$

よって，$1-\left\{2\times\left(\frac{1}{2}\right)^n\right\}=\frac{3}{4}$ を解くと，$n=3$ となる。

このように，1個の個体に，遺伝子型の異なる細胞が混在する個体をキメラという。

問3　まだら模様の個体であっても，生殖母細胞は AA あるいは aa のいずれかで，生じる配偶子も A あるいは a である。これと黒色マウス(aa)が交配するので，生じる子供は Aa あるいは aa となる。

27

答 **問1**　ゲノム

問2　細胞によって特定の遺伝子だけが発現し，それぞれ特定の遺伝子産物が生じることで，異なる機能や形をもつようになる。

問3　再生

問4　肝臓の一部の切除後の再生

問5　初期胚の割球が2つに分離されると，一卵性双生児が生じる。

問6　多能性

問7　遺伝子を初期化して未分化な状態に戻し，それを維持する機能をもつ遺伝子。

問8　ES細胞は他人の受精卵由来の初期胚の内部細胞塊を基に作製するため，倫理的な問題があるが，iPS細胞は，体細胞を用いるためそのような倫理的な問題が起こりにくい。また，ES細胞は他人の細胞由来なので，ES細胞から作った臓器などを移植する場合は，拒絶反応が起こる可能性が高いが，自己のiPS細胞から作った臓器であれば，拒絶反応も起こらないと考えられる。(173字)

解説 **問1**　n 本の染色体がもつDNAあるいはその遺伝情報をゲノムという。$2n$ 本の染色体をもつ体細胞では，2組のゲノムをもつことになる。

問2　特定の遺伝子のみが発現することによって異なる細胞へと分化する。これを選択的遺伝子発現という。

問7　具体的にはOct3/4，Sox2，Klf4，c-Mycといった遺伝子だが，そのような具体的な遺伝子の名称が問われているのではない。これらの遺伝子を導入することで，いったん分化していた体細胞を脱分化させ，未分化な状態に戻すことができる。

問8　倫理的な問題と拒絶反応について書けばよい。

第6章　動物の体内環境の維持

28

答 **問1** (1) 肺胞　(2) 電子伝達系　(3) 内膜　(4) 水　(5) 1.0
(6) 960 mL

問2 40 mmHg

問3 14 g

問4 92.6 L/分

問5 母体ヘモグロビンより酸素親和性が高い胎児ヘモグロビンにより，胎盤を通して酸素を取り込む。(44字)

解説 **問1** (6) 肺に送り込まれる酸素が1.2Lなので，放出される二酸化炭素を x(L)とすると，$\dfrac{x\text{(L)}}{1.2\text{(L)}}=0.8$

問2 肺動脈を流れる血液は静脈血。この中に750 mL/分の酸素が残存しており，ここに新たに250 mL/分の酸素が取り込まれるので，HbO_2 が100%であれば(750＋250) mL/分の酸素が含まれている。しかし，静脈血では 750 mL/分なので，HbO_2 の割合は $\dfrac{750\text{ mL}}{1000\text{ mL}}\times 100=75\%$

グラフから HbO_2 の割合が75%のときの酸素分圧を読む。

問3 1分間で5Lの血液が送り出され，この中に1000 mLの酸素が含まれているので，血液100 mLでは20 mLの酸素が含まれている。1分子のヘモグロビンは4本のポリペプチド鎖からできており，それぞれのポリペプチド鎖に1分子の酸素が結合する。よって1モルのヘモグロビン(66440 g)には4モルの酸素(4×22.4L)が結合できる。20 mLの酸素を結合させるには，

$$\frac{66440\text{ g}\times 20\text{ mL}}{4\times 22.4\times 10^3\text{mL}}\fallingdotseq 14.8\text{ g}$$

解答は「小数点以下を切り捨てよ」なので指示に従うこと。

問4 1分間での求める水量を x mLとすると，水中の酸素含有量が0.3%なので，$x\times 0.003$ がえらを通過した水の中の酸素量。酸素の拡散比率が90%なので，$x\times 0.003\times 0.9$ が血液に取り込まれた酸素量。これが本文にある250 mLになればよいので，$x\times 0.003\times 0.9=250$　$x\fallingdotseq 92593$ mL $\fallingdotseq 92.6$ L

答 **問1** ア－B細胞　イ，ウ－H鎖，L鎖　エ－可変部　オ－定常部

問2 H鎖・L鎖の可変部に対応する遺伝子は，複数のグループに分節化されており，B細胞が成熟する過程で，各遺伝子群から1つずつ選んで遺伝子を再編成する。その組合せは非常に多様であるので，多様なB細胞が生じる。(100字)

問3 0.30 mg　**問4** (1) ⓓ　(2) ⓑ

問5 (1) X：ヤギ　Y：ウマ　Z：ウサギ

(2) 血清1にはウマおよびヤギのアルブミンに対する抗体が，血清2にはウマおよびウサギのアルブミンに対する抗体が含まれている。よってその両血清で反応するYはウマアルブミン，血清1でのみ反応するXはヤギアルブミン，血清2でのみ反応するZはウサギアルブミンに由来すると判断できるから。(136字)

解説 **問1** イ，ウのH鎖，L鎖はそれぞれ重鎖，軽鎖でも可。

問2 H鎖可変部の遺伝子はV，D，Jの3つの領域に分節化されており，それぞれの領域に多数の小遺伝子群が存在する。たとえばVに300種類，Dに20種類，Jに

6種類があったとすると，それぞれから1つずつ取り出して組合せるとその組合せは300×20×6＝36000種類となる。同様に，L鎖可変部の遺伝子はVとJの2つの領域に分節化されており，Vは300種類，Jに5種類あるとすると，300×5＝1500種類となる。これらが組合さって免疫グロブリンが形成されるので，全体では36000×1500＝5400万種類という膨大な種類となる。このような現象を遺伝子の再編成といい，利根川進によって解明された。

問3　抗体には抗原との結合部が2つあるので，1モル(15万g)の抗体には2モル(2×5万g)の抗原が結合できる。よって0.45mgの抗体には0.30mgの抗原が結合することができる。

問4　(1)　抗体の濃度を2倍にすると小孔(ウェル)から拡散する抗体量も多くなり，沈降線の位置が抗原の小孔に近づくことになる。

(2)　ともに2倍にすると，沈降線の位置は変わらないが，形成される沈殿の量も増加するので，もとよりも太い沈降線が生じる。

30

答　**問1**　ア－中胚葉　イ－糸球体　ウ－血圧　エ－ボーマンのう

問2　(1)　⑤　(2)　ナトリウムイオン　(3)　③

問3　(1)　②，④，⑧，⑨　(2)　①

問4　①，④

問5　①，④

解説　**問2**　(2)　水と同じ割合で再吸収されれば血しょう中での濃度と尿中での濃度は等しくなり，濃縮率は1になる。

(3)　原尿中に17gあれば，再吸収されないので尿中にも17g存在する。よって尿中での濃度は17g/1.5L。これを血しょう中での濃度で割ればよい。

問3　血しょう中の濃度が(ア)未満では物質Aは尿中に排出されない。すなわち100%再吸収されている。

問4，5　水の再吸収が行われると尿の浸透圧は上昇する。

31

答　**問1**　ア－⑫　イ－⑯　ウ－⑳　エ－⑪　オ－⑦　カ－⑤　キ－④　ク－⑬　ケ－③

問2　②　**問3**　③

問4　受容体が受け取った情報を，細胞内において増幅する役割。(27字)

問5　小胞体を経由してゴルジ体に運ばれ，ゴルジ体から形成された小胞の膜に組み込まれて運ばれ，この小胞が細胞膜に融合して細胞膜に組み込まれる。(67字)

解説　**問1**　ホルモンの受容体は，細胞内にあるか細胞膜にあるかに大別される。細胞膜に受容体がある場合は，受容体自身に酵素活性のある場合(インスリンの受容体など)とGタンパク質が関与する場合(アドレナリンやグルカゴンの受容体)がある。**実戦基礎問24**の精講(p.198)を参照。ちなみに，①のPGAはカルビン回路に登場するホスホグリセリン酸の略，②のNADPは光合成に登場する補酵素でニコチンアミドアデニンジヌクレオチドリン酸の略，⑥のGFPはオワンクラゲがもつ緑色蛍光タンパク質でGreen Fluorescent Proteinの略。

問2　②　水溶性のシグナル分子は細胞膜を透過できないので，その場合の受容体は細胞膜にある。

問3　③　トル様受容体をもつのは，自然免疫に関与する好中球，マクロファージ，樹状細胞などである。T細胞がもつ受容体はTCR。

問4 cAMPによって活性化された酵素が，別の酵素を活性化し，さらにその酵素が次の酵素を活性化し…と連鎖的に反応が進むことで，受け取った情報を増幅させることができる。

問5 **実戦基礎問25** の精講の図(p.207)をそのまま文章にすればよい。小胞体(粗面小胞体)，ゴルジ体，小胞の膜，細胞膜に融合などがキーワードになる。

答 **問1** ア－アミラーゼ イ－デンプン ウ－ペプシン エ－塩酸 オ－タンパク質 カ－強酸 キ－トリプシン ク－弱アルカリ ケ－B コ－インスリン

問2 前期では甘みを感じたという刺激によってXの分泌が促進されるが，後期では血液中のグルコース濃度の上昇によってXの分泌が促進されている。

問3 (B) 理由：ホルモンの生産や分泌に異常があるのであれば，Xを注射すればヒトAと同様に細胞内へグルコースが取り込まれるはずである。しかし，Xを注射してもグルコースの取り込みは促進されないので，標的細胞の異常と考えられるから。

解説 **問2** 糖とは無関係なサッカリンでも前期にはXの濃度が上昇しているので，血糖濃度上昇とは無関係にXの分泌を促進するしくみがあることがわかる。サッカリンも「糖と同じように甘い味を感じる」と本文にあるので，甘みを感じることでXの分泌が促進されたと考えられる。

問3 インスリン分泌の異常によっても，標的細胞の異常によっても血糖濃度は正常に低下しなくなる。しかし，前者の異常によるものであれば，インスリンを与えれば血糖濃度は低下するはずである。

33

答 **問1** アー収縮　イー厚く　ウー上下左右　エー385　オー680　カー540　キー630　クー440

問2 桿体細胞

問3 3種類の錐体細胞の光の吸収率の違いによって色覚が生じるから。

問4 盲斑には光を受容する視細胞が存在しないから。

問5 網膜に結ばれた像を認識するのは大脳だが，大脳での認識には人により異なる過去の経験などが作用するため。

問6 運動神経，脳，骨格筋，骨

問7 ①，②，③，⑤，⑦，⑧

解説 **問3** 3種類の錐体細胞の興奮の度合いによって色を識別している。

問4 盲斑は，視神経が束になって網膜を貫いて出て行く部分なので，視細胞が存在しない。視神経と視細胞を混同しないようにしよう。

問5 最終的に認識するのは大脳で，その認識の仕方は，経験やそのときの状況などで異なる。

問6 どのように4つをあげるのかによって解答は異なってくる。解答にあげた以外にも腱なども必要だろうし，脳も細かくは大脳や小脳が随意運動には必要となる。組織として，運動神経や脳は神経組織，骨格筋は筋組織，骨は結合組織というように答えることもできるだろう。

問7 ④の圧力は皮膚の圧点などで感知できる。⑥の重力も耳の前庭器官で感知できる。⑨の二酸化炭素は延髄の呼吸中枢で感知される。

34

答 **問1** 中枢パターン　**問2** ④

問3 (1) ■－③　●－⑦　▲－①　(2) ■－③　●－⑧　▲－④

解説 **問1** 昆虫は，翅を上げる筋肉(打ち上げ筋)と，翅を下げる筋肉(打ち下げ筋)が一定の運動パターンによってリズミカルに動くことで飛翔する。このような一定の運動パターンを生じさせる神経回路を**中枢パターン発生器**という。

問2 図1の神経回路が，中枢パターン発生器の神経回路を簡略化して示したもので，筋の一方は打ち上げ筋，もう一方は打ち下げ筋である。入力ニューロンAからの信号がニューロンBとCに伝わるが，問題文に書いてある**「ニューロンBのほうがわずかに早く活動電位が生じる」**というヒントを読み飛ばさないようにしよう。

よって，まずニューロンBに活動電位が発生し，Bの興奮は興奮性シナプスによってニューロンDに伝えられて筋(例えば打ち上げ筋)を収縮させる。またBの興奮は抑制性シナプスによってニューロンCにも伝えられ，その結果ニューロンBがニューロンCを抑制している間はニューロンCに活動電位が発生しない。また，問題文にあるように**「活動電位の発生は同じ一定時間しか持続しない」**ので，やがてニューロンBの活動電位が生じなくなる。すると抑制が解除され，ニューロンCに活動電位が生じる。Cの興奮は興奮性シナプスによってニューロンEに伝えられて筋(打ち下げ筋)を収縮させる。またCの興奮は抑制性シナプスによってニューロンBにも興奮を伝えるので，Cに活動電位が生じている間はBに活動電位は発生しない。やがてCに活動電位が生じなくなると，再びBに活動電位が生じ…と一定の運動パターンが生じることになる。

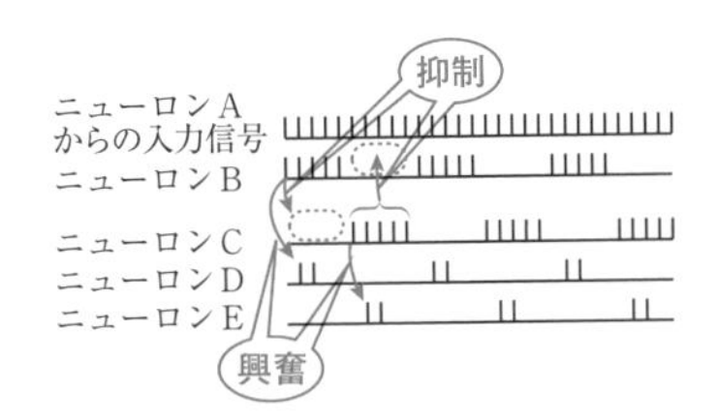

問3　軸索末端(神経終末)にまで興奮が伝導すると，電位依存性カルシウムチャネルが開口し Ca^{2+}(■)が細胞内に流入する。これは興奮性シナプス，抑制性シナプスにかかわらず同じである。

(1)　興奮性シナプスでは，神経伝達物質としてグルタミン酸(●)やアセチルコリンなどが放出される。神経伝達物質がシナプス後細胞にある伝達物質依存性(リガンド依存性)チャネルに結合すると，チャネルが開口して主に Na^{+}(▲)が流入し，シナプス後細胞の膜電位を＋方向に変化させる(脱分極)。

(2)　抑制性シナプスでは，神経伝達物質としてγ-アミノ酪酸(GABA)(●)やグリシンが放出される。これを伝達物質依存性(リガンド依存性)チャネルが受容すると，チャネルが開口して主に Cl^{-}(▲)が流入し，シナプス後細胞の膜電位をより－方向に変化させる(過分極)。

35

答 **問1**　雄は視覚以外の感覚で雌を認識する。(17字)

問2　雄は触角で感知する情報で雌を認識するが，両方の触角で雌の位置を判断する。(36字)

問3　雄は，はばたきによって空気の流れを生じさせ，空気中の物質を触角で感知して雌の位置を認識し接近する。(49字)

解説 **問1**　視覚が遮断されている雄も雌にたどりついたので，視覚は必要ないことがわかる。

問2　触角がないと全く反応しないので，雌を認識するには触角が必要であることがわかる。一方の触角しかなくても反応することはできるが，雌にたどりつくことはできなかったので，雌の位置を判断するには両方の触角が必要であることがわかる。

問3　はばたきによって触角の方向に空気の流れが生じると考えられる。

36

答 **問1**　(あ)　明帯　　(い)　暗帯　　変化しない部分：(い)

問2　(ア)

問3　(a)－(B)　(b)－(A)

問4　(c)

問5　(イ)

問6　筋繊維の長さを変化させても，アクチンフィラメントやミオシンフィラメント自体の長さは変化しないが，筋繊維の長さが長くなると発生する力が減少している。このことから，アクチンフィラメントとミオシンフィラメントの重なりによって収縮しようとする力が発生し，フィラメントどうしの重なりが大きくなることで筋繊維の長さが短くなり，筋肉が収縮すると考えられる。(171字)

問7　カルシウムイオン，筋小胞体

問8　アセチルコリン

問9　クレアチンリン酸

問10　１本１本の神経繊維は，刺激の大きさが閾値未満では興奮せず，閾値以上では一定の大きさの興奮が生じるという全か無かの法則に従うが，座骨神経には閾値の異なる多数の神経繊維が含まれているので，刺激が強くなるにつれて，興奮する神経繊維の数が増えるため筋収縮は大きくなる。しかし，含まれる神経繊維がすべて興奮すると，それ以上刺激を強くしても筋収縮は大きくならないから。(178字)

解説 **問2**　明帯の中央にZ膜がある。

問3　明帯にはアクチンフィラメントしかない。暗帯のH帯以外にはアクチンフィラメントとミオシンフィラメントの両方がある。図の斜線部はH帯の部分で，H帯にはミオシンフィラメントしかないので，ここでの横断面は図の(C)のようになる。

問4　暗帯の中央部へ向かってアクチンフィラメントが滑り込む。

問5　ミオシンフィラメントの突起部分がアクチンフィラメントと結合し，アクチンフィラメントを滑り込ませるので，ミオシンフィラメントとアクチンフィラメントの重なりが少なくなると張力も減少する。

問6　細かな知識を問うているのではないので，図４の結果から導かれることについて書く。

問7　筋収縮には筋小胞体から放出されるカルシウムイオンが必要である。

問8　運動神経や副交感神経の末端から放出される神経伝達物質はアセチルコリン，交感神経の場合はノルアドレナリン。

問10　「神経には閾値が異なる多数の神経繊維(神経細胞)が含まれていること」,「刺激が強くなると興奮する細胞の数が増えること」について書けばよい。これは定番の頻出記述なので解答を覚えてしまおう。

第8章 植物の環境応答

37

答 **問1** ア－③ イ－① **問2** ② **問3** ジベレリン **問4** アブシシン酸

問5 暗所においてはフィトクロムは赤色光吸収型の状態にあり，種皮から分泌されるアブシシン酸によって発芽が抑制されている。光が当たるとフィトクロムは遠赤色光吸収型に変化する。これによってアブシシン酸による発芽抑制の働きが解除され，ジベレリンの分泌が促進され，ジベレリンの働きで発芽が促進される。(143字)

問6 光合成反応では，光をエネルギー源として利用するため，照射した光の量が関係する。しかし，実験1では赤色光照射後に遠赤色光を照射した場合と，遠赤色光照射後に赤色光を照射した場合では光の総量は同じだが，発芽率が異なっている。したがって，光発芽には光合成が主な要因とは考えられない。(137字)

解説 **問1** 最後に照射した光が赤色光なら発芽率が約80%，遠赤色光であれば数%となっている。

問2 赤色光を照射すると，赤色光吸収型が赤色光を吸収し遠赤色光吸収型に変化する。その結果発芽が促進されたので，実際に発芽を引き起こすのは遠赤色光吸収型である。

問5 光照射→遠赤色光吸収型が生じる→アブシシン酸による発芽抑制解除＋ジベレリン分泌による発芽促進 という過程を書く。

問6 フィトクロムの変化による光発芽のしくみは，光がちょうどスイッチのような役割をしている。光合成反応の特徴というのは光をエネルギー源にしているということ。

38

答 **問1** ア－光発芽種子 イ－ジベレリン

問2 フィトクロムは赤色光によって活性型になり発芽が促進されるが，上部に葉があると，クロロフィルによって赤色光が吸収され，地表では遠赤色光の割合が高くなる。その結果，フィトクロムは不活性型になるので発芽が抑制される。赤色光が届き十分に光合成が行える環境になるまで発芽を抑制することで発芽後の生存率を高めることができる。(156字)

問3 (1) ウ－① エ－② オ－① (2) カ－④ キ－①

解説 **問2** 利点について答えるときは，「○○することができる。」というように「できる」内容を答えるとよい。赤色光が届く環境＝上部に葉が茂っていない環境＝発芽後にも十分に光合成が行える環境を意味している。「下線を引け」といわれなくても，指定用語がある場合は，用いた用語に下線を引き，きちんと指定用語をすべて用いたかどうかを確認するようにしよう。

問3 (1) 図1より，赤色光のみでフォトトロピンが関係しなくても少しは気孔が開くことがわかる。したがってフォトトロピンの機能を失った変異体であっても赤色光を照射すれば野生型に赤色光を照射した場合と同じ気孔開度になる。しかし変異体では赤色光＋青色光にしても赤色光のみの場合と同じ気孔開度しか示すことができない。

(2) K^+ が細胞内に流入すると，細胞内の浸透圧が上昇する。その結果，細胞が吸水し，膨圧が上昇する。

39 答 **問1** (1) 胚のう母細胞から胚のう細胞が形成されるとき。

(2) 右図 (3) 前葉体

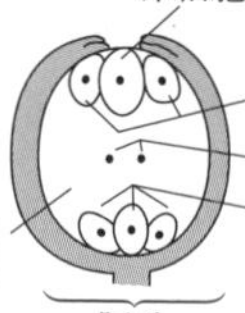

問2 酢酸オルセイン

問3 (1) 花粉母細胞 (2) 11本

(3) ③：酢酸オルセインによって固定されているので，そのまま観察していても核分裂は進行しない。また十分成熟した葯では減数分裂が完了しているから。

問4 11本

問5 (1) ア－卵細胞 イ－極核 (2) 重複受精

問6 子葉

解説 **問1** (2) 胚珠の珠孔側に卵細胞を描くこと。

(3) シダ植物に限定して答えれば前葉体だが，一般的には配偶体でも可。

問2 酢酸カーミンでも可。

問3 (2) 相同染色体が2本対合したものが1本の二価染色体なので，22本の染色体があれば11本の二価染色体が形成される。

(3) 酢酸オルセイン(酢酸カーミン)には染色体を染色する働きと同時に細胞を固定する働きもある。すなわち，生命活動が停止しているので，そのまま観察を続けても分裂期に入ることはない。

問4 雄原細胞は，すでに減数分裂が終わっているので，核相は n である。

第9章 生　態

40

答 **問1** ア－① イ－⑦ ウ－② エ－⑤ オ－⑥ カ－④ キ－⑧ ク－③ ケ－⑨

問2 森林の発達初期には，純生産量の増加とともにCO_2吸収量は増加するが，森林が十分発達してしまうと，非同化器官の呼吸量，枯死・被食量が増加するためCO_2吸収量は低下する。(79字)

問3 暖温帯照葉樹林：

総生産量＝4.4＋14.1＋34.1＝52.6　∴ 52.6トン/ha/年

純生産量＝52.6－34.1＝18.5　∴ 18.5トン/ha/年

熱帯多雨林：

総生産量＝7.0＋20.4＋54.5＝81.9　∴ 81.9トン/ha/年

純生産量＝81.9－54.5＝27.4　∴ 27.4トン/ha/年

問4 熱帯多雨林の方が高温多湿で，土壌有機物は活発な分解者の活動によって分解され少なくなるため。(45字)

解説 **問1** 葉の量の増加に伴って総生産量も増加する。また，葉の量が増加すれば葉の呼吸量も増加する。より老齢になって増加するのが非同化器官の量である。

問3 総生産量＝成長量＋枯死・被食量＋呼吸量

純生産量＝総生産量－呼吸量

41

答 **問1** ア－生産 イ－ろ過 ウ－一次消費 エ－動物 オ－二次消費 カ－食物連鎖 キ－食物網 ク－生物濃縮 ケ－外因性内分泌撹乱化学物質(内分泌撹乱物質)

問2 ① 軟体動物門　② 環形動物門　③ 棘皮動物門　④ 脊索動物門

問3 取り込まれやすいが分解・排出されにくく，脂肪組織に蓄積しやすい。(32字)

問4 生体内のホルモンと構造が似ているため，ホルモンの受容体と結合し，ホルモン作用を現したり，ホルモン作用を阻害して，ホルモンの働きを撹乱する。(69字)

問5 463 kg

解説 **問3** 取り込まれやすく排出されにくいため，蓄積する。

問4 たとえば，雌性ホルモンと同様の作用を現したり，逆に雄性ホルモンの作用を阻害したりして，メス化を引き起こしたりする。

問5 0.3 kg÷0.06÷0.09÷0.12

42

答 **問1** (エ)→(イ)→(ウ)→(オ)→(ア)

問2 ③　**問3** ①，⑤

問4 外来生物が近縁な在来生物と交雑し雑種が生じることで，在来生物固有の遺伝子構成が変化する遺伝子汚染が生じる可能性がある。(59字)

問5 あ－③ い－⑫ う－⑪ え－④ お－⑤

問6 (1) A－① B－⑦ C－⑨ D－⑧

(2) BやCはAに捕食されなくなるので増加し，DはBの増加により捕食されやすくなるため減少する。(45字)

問7 (1) 基盤サービス　(2) 供給サービス　(3) 調節(調整)サービス

(4) 文化的サービス

解説 **問6** (1) ため池の話なので，水生動物および水生植物をまず選ぶと，①オオクチバス(外来生物の魚類)，⑦アメリカザリガニ(外来生物の甲殻類)，⑧ヒシ(被子植物の水草(浮葉植物))，⑨ヨシノボリの一種(魚類)の4種類。この中で①オオクチバスは昆虫・魚類・甲殻類などを捕食するのでAに入り，B，Cに⑦アメリカザリガニあるいは⑨ヨシノボリの一種が入る。⑨ヨシノボリは主に水生昆虫やミミズなどを捕食するが，⑧ヒシは捕食対象として該当しないのでBではなくCに入る。⑦アメリカザリガニは雑食性で，藻類・水草・水生昆虫などを捕食する。⑧ヒシは，⑦アメリカザリガニに捕食される可能性がある。よってBに⑦アメリカザリガニ，Dに⑧ヒシが入る。

(2) Aの駆除により結果的にDの個体数が減少する。このように，直接，被食者－捕食者相互関係の関係にない種間の影響を間接効果という。

問7 生態系から受ける恩恵を生態系サービスという。生態系サービスは供給サービス(食料や水などの供給)，文化的サービス(人間が自然に触れることで得られる文化的な価値)，調節サービス(水の自然浄化，気候の調節，洪水の防止など)，基盤サービス(土壌の形成，植物の光合成など生命活動の基礎となる場の提供)に分けられる。